# सस्य विज्ञान का मूलभूत ज्ञान

# Fundamental Knowledge of Agronomy

## लेखक के बारे में

**डा॰ राम प्यारे** का जन्म ग्राम – मनिकाडीह, पो॰–चन्डेसर, जिला– आजमगढ़ (उ॰प्र॰) में 09 नवम्बर, 1969 को हुआ था। डा॰ प्यारे कृषि स्नातक (1990), सस्य विज्ञान में परास्नातक (1992) में, एम॰बी॰ए॰ 1995 एवं बी॰एड॰ 1997 में पूर्वांचल विश्वविद्यालय, जौनपुर से, एवं पीएच–डी. (सस्य विज्ञान) वर्ष 2000 में गोरखपुर विश्वविद्यालय, गोरखपुर से किया। डा॰ प्यारे सहायक प्राध्यापक (1998–2007), सह–प्राध्यापक (2007–2013) तथा प्राध्यापक के पद पर 2013 से सस्य विज्ञान विभाग, चन्द्रशेखर आजाद कृषि एवं प्रौद्योगिक विश्वविद्यालय, कानपुर में कार्यरत् है। आपने 45 शोध पत्र, एक पुस्तक, एक पुस्तक का अध्याय, 5 प्रैक्टिकल मैनुअल, 15 तकनीकी लेख लिखें एवं 18 शोध पत्र राष्ट्रीय एवं अन्तरराष्ट्रीय संगोष्ठी में प्रस्तुत किये। आपने 3 पीएच–डी. एवं 20 एम॰एस–सी॰ शोध ग्रन्थों में निर्देशन किया।

**डा॰ केदार प्रसाद** का जन्म 02 नवम्बर, 1950 को ग्राम– चकतकुली, जिला–बॉदा, उ॰प्र॰ में हुआ था। डा॰ प्रसाद ने कृषि स्नातक वर्ष 1970 में, परास्नातक (सस्य विज्ञान) वर्ष 1972 में उ॰प्र॰ कृषि विज्ञान संस्थान, कानपुर एवं पीएच.डी. वर्ष 1984 में चन्द्रशेखर आजाद कृषि एवं प्रौद्योगिक विश्वविद्यालय, कानपुर से किया। डा॰ प्रसाद की सेवायें वरिष्ठ शोध सहायक (सस्य विज्ञान) दिसम्बर 1973 से जुलाई 1978 तक उ॰प्र॰ कृषि विज्ञान संस्थान, कानपुर एवं सहायक प्राध्यापक (1978–1985), सह–प्राध्यापक (1986–2004), प्राध्यापक (2004–2012), विभागाध्यक्ष, सस्य विज्ञान विभाग (नवम्बर 2010 से मई 2011) एवं विभागाध्यक्ष, कृषि व्यवसाय प्रबन्धन विभाग (अप्रैल 2009–अप्रैल 2011) चन्द्रशेखर आजाद कृषि एवं प्रौद्योगिक विश्वविद्यालय, कानपुर में रहे। इस बीच डा॰ प्रसाद ने 80 शोध पत्र, 71 तकनीकी लेख, 6 प्रैक्टिकल मैनुअल, 2 तकनीकी बुलेटिन, 2 पुस्तके, 2 पुस्तकों के अध्याय, 17 शोध पत्र राष्ट्रीय एवं अन्तरराष्ट्रीय संगोष्ठी में प्रस्तुत किया। आपने 10 पीएच–डी॰ एवं 29 एम॰एस–सी॰ शोध ग्रन्थ में निर्देशन किया। डा॰ प्रसाद जून 2012 में चन्द्रशेखर आजाद कृषि एवं प्रौद्योगिक विश्वविद्यालय, कानपुर से सेवानिवृत्त हुए।

# सस्य विज्ञान का मूलभूत ज्ञान

# Fundamental Knowledge of Agronomy

**डा॰ राम प्यारे**

प्राध्यापक (सस्य विज्ञान)
सस्य विज्ञान विभाग,
चन्द्रशेखर आजाद कृषि एवं प्रौद्योगिकी विश्वविद्यालय,
कानपुर – 208 002 (उ॰प्र॰)

एवं

**डा॰ केदार प्रसाद**

पूर्व प्राध्यापक एवं विभागाध्यक्ष (सस्य विज्ञान)
सस्य विज्ञान विभाग,
चन्द्रशेखर आजाद कृषि एवं प्रौद्योगिकी विश्वविद्यालय,
कानपुर – 208 002 (उ॰प्र॰)

साईन्टिफिक
पब्लिशर्स

प्रकाशक
**साईन्टिफिक पब्लीशर्स (इण्डिया)**
5-ए, न्यू पाली रोड, पो. बा. नं. 91
जोधपुर-342 001 (राज.)
टेलिफोन : 0291-2433323
**E-mai: info@scientificpub.com**
**Web: www.scientificpub.com**

**मुद्रण वर्षः 2020**



ISBN: 978-93-87307-05-6
eISBN: 978-93-89061-22-2

भारत में मुद्रित

# भगवद् गीता–सन्देश

**कर्मण्येवाधिकारस्ते मा फलेषु कदाचन।**
**मा कर्मफलहेतुर्भूर्मा ते संगोऽस्त्वकर्मणि।।(2/47)**

श्री कृष्ण कहते हैं "हे मानव! तेरा अधिकार स्वधर्म स्वरूप कर्म करने में ही है, कर्मफल में नहीं। तू कर्म फल के हेतु कभी न हो और कर्त्तव्य न करने में भी तेरी आसक्ति न हो। **मानव मात्र का स्वधर्म में अधिकार है परन्तु फल में आसक्ति के बिना ही कर्म करना चाहिए।**

## "जननी जन्म भूमिश्च स्वर्गादपि गरीयसी" चाणक्य नीति

जननी (जन्म देने वाली माँ), जन्मभूमि (धरती माँ) स्वर्ग से भी महान होती है।

पृथ्वी माँ संसार के सभी जीवधारियों (असंख्य जीवों) की माँ है सबका पालन पोषण करती हैं तथा रहने का स्थान देती है इसी पर फसलें उगाई जाती हैं जिनका सस्य विज्ञान में अध्ययन करते हैं।

माँ को समर्पित

श्रीमती धर्मा देवी, माता श्री डा॰ राम प्यारे

# माँ को समर्पित

स्व० श्रीमती धोखिया देवी, माता श्री डा० केदार प्रसाद

# प्राक्कथन

'भारत माता ग्रामवासिनी' भारत गाँवों का देश है और ग्रामीणों का मुख्य व्यवसाय कृषि है, लगभग 65 प्रतिशत से अधिक आबादी आज भी कृषि पर निर्भर है। कृषि का विकास ही ग्रामीण पुनरुत्थान की सीढ़ी है। भारत की अपनी समस्यायें हैं और उनका हल भी अपने ढंग से निकालना होगा। हरित क्रान्ति के पश्चात्, वैज्ञानिकों के अथक प्रयास तथा किसानों की जागरूकता के कारण हमारा देश 'भुखमरी से अन्नदाता' की स्थिति में पहुँच गया है। आज की कृषि, वैज्ञानिक तथा खर्चीली हो गई है इसका कारण कृषि निवेशों की अधिक आवश्यकता तथा निवेशों का महँगा होना, श्रमिकों की मजदूरी का महँगा होना तथा मशीनीकरण है। इस बदलते हुये परिवेश में कृषि को लाभकारी बनाने, फसलोत्पादन में स्थिरता लाने हेतु बहुत सी कृषि तकनीकें वैज्ञानिकों द्वारा विकसित की गई है जिन्हे अपनाकर निश्चित रूप से कृषक एवं छात्र लाभान्वित होंगें।

इस पुस्तक **''सस्य विज्ञान का मूलभूत ज्ञान''** में जलवायु, भूपरिष्करण, फसलों का वर्गीकरण, बीज एवं बुवाई, फसल प्रणाली, खाद एवं उर्वरक, सिंचाई, जल निकास, खरपतवार, शुष्कखेती, टिकाऊ खेती, जैविक खेती, कृषि प्रणाली, परिशुद्ध खेती, नैनो प्रौद्योगिकी, भौतिक सूचना विज्ञान, कृषि एवं सस्य विज्ञान के विकास के सम्बन्ध में प्रमुख बिन्दुओं, सिद्धान्तों, उद्देश्यों तथा लाभों का विस्तृत वर्णन किया गया है। पिछले कुछ महिनों में पंचम डीन्स की संस्तुतियाँ पूरे देश में लागू हो जाने के कारण पठन–पाठन के बदलते हुये स्वरूप और कुछ विषयों में एडवान्स पाठ्यक्रम आने से छात्रों में बढ़ती बेचैनी ने लेखकगण को यह पुस्तक लिखने पर मजबूर कर दिया। आशा है यह छात्रों और अध्यापकों को अवश्य पसन्द आयेगी। लेखकों ने अपने अनुभवों एवं अपने कृषि सम्बन्धी ज्ञान को इस पुस्तक में उतारने की कोशिश की है। सभी अनुभवों को व्यक्त नहीं किया जा सकता इसलिये कुछ गलतियाँ भी हो सकती है।

यह पुस्तक कृषि स्नातक, कृषि परास्नातक तथा विभिन्न प्रकार की कृषि प्रतियोगी परीक्षाओं के Syllabus को ध्यान में रखकर लिखी है। यह पुस्तक निश्चित रूप से कृषि स्नातक, कृषि परास्नातक विद्यार्थियों, शिक्षकों, प्रसार कार्य कर्ताओं, कृषि बैंक अधिकारियों, प्रतियोगिता में सम्मिलित होने हेतु लोगों के लिए उपयोगी सिद्ध होगी।

इस पुस्तक को तैयार करने में जिन पुस्तकों, पत्रिकाओं, मैगजीन आदि का सहयोग लिया गया है लेखकगण उनका आभार व्यक्त करते हैं। लेखकगण **तनय शर्मा, साइंटिफिक पब्लिशर्स, जोधपुर** के भी आभारी है जिनके सहयोग एवं परिश्रम से इस पुस्तक को तैयार करके स्कूलों, महाविद्यालयों, विश्वविद्यालयों में अध्ययनरत छात्रों को उपलब्ध कराया है। लेखक उन सभी का आभार व्यक्त करते है जिन्होंने इस पुस्तक को

तैयार करने में प्रत्यक्ष अथवा परोक्ष रूप से सहयोग प्रदान किया है। इस पुस्तक के अन्दर यदि कोई त्रुटि हो अथवा इस पुस्तक को अधिक उपयोगी बनाने हेतु कोई सुझाव हो तो लेखकों को अवगत कराने का कष्ट करें जिससे भविष्य के संस्करण में इनको सम्मिलित कर अधिक उपयोगी बनाया जा सके।

**डा॰ राम प्यारे**
**डा॰ केदार प्रसाद**

डा॰ एस॰ सोलोमन
कुलपति
**Dr. S. Solomon**
Vice-Chancellor

**चन्द्रशेखर आजाद कृषि एवं प्रौद्योगिकी विश्वविद्यालय**
कानपुर – 208 002, उत्तर प्रदेश, भारत
**Chandra Shekhar Azad University of Agriculture & Technology**
Kanpur - 208 002, Uttar Pradesh, India

# सन्देश

बड़े हर्ष का विषय है कि विश्वविद्यालय के प्राध्यापक **"सस्य विज्ञान का मूलभूत ज्ञान"** (Fundamental Knowledge of Agronomy) नामक पुस्तक प्रकाशित कर रहे हें जिसमें कृषि एवं सस्य विज्ञान का विकास फसलचक्र, बहु व सह–फसली खेती, फसल प्रणाली, खाद एवं उर्वरक, सिंचाई, खरपतवार नियंत्रण, टिकाऊ खेती, कार्बनिक खेती, परिशुद्ध खेती, नैनों प्रौद्योगिकी, भौगोलिक सूचना विज्ञान आदि विषयों के मूलभूत ज्ञान का समावेश है जो अधिष्ठाता, समिति की पंचम रिपोर्ट के पाठ्यक्रम से सम्बन्धित है। ये पुस्तक हिन्दी में लिखी गयी है जिससे महाविद्यालयों एवं विश्वविद्यालयों में अध्ययन कर रहे छात्र/छात्राओं, कृषि प्रसार कार्यकर्ताओं एवं कृषकों के लिए विशेष उपयोगी सिद्ध होगो।

मैं इस संकलन के लिए डॉ॰ राम प्यारे, प्राध्यापक एवं डॉ॰ केदार प्रसाद, पूर्व प्राध्यापक एवं अध्यक्ष, सस्य विज्ञान विभाग को बधाई देता हूँ एवं शुभकामनाएँ व्यक्त करता हूँ जिनके अथक परिश्रम से यह पुस्तक प्रकाशन हेतु तैयार की गई है।

30. 8. 2017

**(सुशील सोलोमन)**
कुलपति

**Phone: +91-512-2534155 (Off.), Fax: +91-512-2533808 E-mail: vc@csauk.ac.in, www.csauk.ac.in**

# विषय सूची

## अध्याय–1

# प्राकृतिक संसाधनों का महत्व (Importance of Natural Resources)

### भूमिका

प्रकृति (ईश्वर) ने मानव कल्याण के लिए विभिन्न प्रकार की मिट्टियाँ, मैदान, पहाड़, नदियाँ, पशु, पक्षी, चिड़ियाँ, पेड़, पौधे, फूलों व फलों के पौधे तथा उनकी बहुत सी किस्में दी है, जिनका उपयोग तथा उपभोग करके मानव प्रसन्न व संतुष्ट रहे परन्तु वे आपसी प्रतिस्पर्धा व ईर्ष्या के कारण अप्रसन्न व असंतुष्ट रहते हैं। मानव की तरह पेड़ पौधे के विभिन्न भाग भी आकाश (वातावरण), पृथ्वी (मिट्टी), अग्नि (ऊर्जा सूर्य), जल तथा वायु तत्त्वों से मिलकर बना है। इन सभी तत्त्वों को प्रकृति ने उपहार स्वरूप संसार को दिया है। पौधे इन्हें अंकुरण से लेकर बीजों के पकने तक प्रकृति से लेते हैं तथा अन्त में इसी में मिल जाते हैं। इन्हीं की उपस्थिति में पौधे पल्लवित एवं पुष्पित होते हैं। इन्हीं का वर्णन फसल व पौधों की वृद्धि के दृष्टिकोण से संक्षिप्त में किया गया है क्योंकि ये फसलों/पौधों की मूलभूत आवश्यकता है तथा इनका ज्ञान होना आवश्यक है।

**प्रमुख बिन्दु**

- प्रकृति ने पौधों के अन्दर एक तंत्र विकसित किया है जिससे पौधों का जीवन सुचारू रूप से चलता है।
- प्रकृति के द्वारा दिये गये उपहार स्वरूप प्राकृतिक संसाधन की संक्षिप्त जानकारी दी गई है जिससे पौधों की मूलभूत आवश्यकताओं की जानकारी हो सके।
- कृषि के महत्व एवं एक स्वावलंबी किसान के गुणों को दर्शाया गया है।
- विभिन्न प्रकार की कृषि क्रान्तियों का विवरण दिया गया है।
- फसलोत्पादन के अति महत्वपूर्ण सिद्धान्तों को बताया गया है।
- कृषकों की आय बढ़ाने के कुछ महत्वपूर्ण सुझाव दिये गये है।

प्रकृति प्रदत्त निम्नलिखित प्राकृतिक संसाधन संसार में उपलब्ध है जिनका भरपूर उपयोग फसलोत्पादन में किया जाता है।

1. **भूमिः** भूमि या पृथ्वी को जगत जननी कहा जाता है। भूमि को Soil कहते है। S से तात्पर्य Soul (आत्मा), O का तात्पर्य ऑफ, I से Infinite (असंख्य) और L से Life (जीवन)। कहने का तात्पर्य यह है कि भूमि असंख्य जीवों की आत्मा (Soul of Life) हैं अर्थात् इस पर असंख्य जीव रहते हैं तथा सबका जीवनयापन भूमि से होता है। भूमि में मानव व जानवरों के अलावा केचुआँ, साँप, चूहे, बैक्टेरिया, फंजाई व पेड़–पौधे आदि रहते हुए जीवन निर्वाह करते है। भूमि की संरचना ऐसी रहती है जो देखने में कठोर दिखाई देती है परन्तु उसके अन्दर जल, वायु, बैक्टेरिया, फंजाई, छोटे–छोटे कीड़े–मकोड़े तथा पौधों की जड़ें भी रहती है। कृषि से सम्बन्धित सभी कार्य इसी पर किये जाते हैं। इसी पर पौधे खड़े रहते हैं, जल का अवशोषण करते हैं, इसी से पोषक तत्त्वों को लेते हैं। मृदा में कई तरह के कण होते हैं जैसे बालू, सिल्ट तथा छोटे कण (Clay) आदि। इन्हीं के आधार पर भूमि की किस्म का निर्धारण होता है। मिट्टी में कार्बनिक पदार्थ मिला देने से भूमि अच्छी गुणवत्ता की हो जाती है, भूमि की जलधारण क्षमता बढ जाती है। कार्बनिक पदार्थों को खाकर भूमि में पाये जाने कीट, फफूंद, जीवाणु, केचुआ आदि जीवित रहते हैं साथ ही उर्वरकों व कार्बनिक पदार्थों को पोषक तत्त्वों में बदल देते है। मृदा घोल की अम्लीयता के आधार पर इसको अम्लीय, क्षारीय तथा उदासीन मृदा में वर्गीकृत किया जाता हैं मृदायें ही पौधों का आधार है।

2. **जलः** जल को पौधों का प्रथम भोजन एवं पौधों का खून (Water is blood of plant) भी कहा जाता है। पृथ्वी में लगभग 3/4 भाग जल पाया जाता है। परन्तु ये जल अधिकतर समुद्र में खारे पानी के रूप में रहता है। लगभग 2.5 से 3.5 प्रतिशत पानी शुद्ध होता है जिसका कृषि तथा मनुष्य अपने उपयोग में खर्च करता है। जल के बिना संसार में कोई भी जीव–जन्तु बहुत दिनों तक जीवित नहीं रह सकता है। पौधे में लगभग 80 से 90 प्रतिशत जल पाया जाता है। पौधे जल का उपयोग अपनी प्यास बुझाने, भोजन बनाने, भूमि से पोषक तत्त्व लेने तथा बने हुए भोजन को पौधों के विभिन्न भागों में पहुँचाने के लिए करते है। पौधा ग्रहण किए हुए पानी का लगभग 99 प्रतिशत अपने पत्तियों के द्वारा भाप के रूप में उड़ा देता है, जिससे पौधे का ताप नियंत्रित रहता है। जिसके फलस्वरूप पौधे को जाड़े में जाड़ा तथा गर्मी में गर्मी महसूस नहीं होती है। पौधे केवल 1 से 2 प्रतिशत जल को अपनी चयापचय क्रियाओं (Metabolic activities) में उपभोग करता है। जल ऊसर भूमि के सुधारने में भी उपयोग किया जाता है। जल आक्सीजन तथा हाइड्रोजन के अणुओं के संयोग से बना है। यह वर्षा एवं जलाशयों से उपलब्ध होता है।

## तालिका– जल के भौतिक गुण

| तापक्रम (°C) | घनत्व ग्राम / घन सेमी. | विशिष्ट उष्मा कैलोरी / ग्राम / dg | गुप्त उष्मा वैपोराइजेशन कैलोरी / ग्राम | पृष्ठ तनाव डाइन / सेमी. | गाढापन (ग्रा॰ / सेमी. / सेकेन्ड $\times 10^{-2}$ |
|---|---|---|---|---|---|
| 10 | 0.9979 | 1.02 | 603 | - | - |
| 0 | 0.9998 | 1.007 | 597.3 | 75.6 | 1.787 |
| 10 | 0.9997 | 1.001 | 591.7 | 74.2 | 1.307 |
| 20 | 0.9982 | 0.999 | 586.1 | 72.7 | 1.002 |
| 30 | 0.9957 | 0.998 | 580.4 | 71.1 | 1.798 |
| 40 | 0.9922 | 0.998 | 574.7 | 69.5 | 1.653 |
| 50 | 0.9881 | 0.999 | 569.0 | 67.9 | 1.547 |

(Source- Irrigation and Drainage by D. Lenta Page 44)

## संसार के जल स्रोत

| विवरण | जल की मात्रा ($Km^3$) | कुल का प्रतिशत |
|---|---|---|
| समुद्र (Oceans) | 1,348,000,000 | 97.39 |
| Polar ice, Ice-bergs and glaciers | 27,820,000 | 2.01 |
| सतह जल (Ground water) और मृदा नमी (Soil moisture) | 8,062,000 | 0.58 |
| Lakes and rivers | 2,25,000 | 0.02 |
| वातावरण जल (Atmospheric water) | 13,000 | 0.001 |
| **कुल** | **1,384,120,000** | **100.00** |

1. **वायुः** पृथ्वी में हमारे चारों तरफ वायु का भण्डार होता है। वायु में मुख्य रूप से (वातावरण) 20.948 प्रतिशत आक्सीजन, 78.088 प्रतिशत नाइट्रोजन, 0.033 प्रतिशत कार्बन डाई आक्साइड, 0.930 प्रतिशत आर्गन आदि रहती हैं। हवा के बिना संसार के कोई भी प्राणी एक पल (एक सेकंड) भी जीवित नहीं रह सकता है। वायुमण्डल में पायी जाने वाली सभी गैसों का महत्त्वपूर्ण योगदान रहता है परन्तु यदि गैसों का संतुलन बिगड़ जाता है (कारखानों या ग्रीन हाउस गैसों के कारण) तो उसका हानिकारक प्रभाव पृथ्वी के सभी जीव जन्तुओं पर पड़ता है, जैसे कार्बन डाई आक्साइड की अधिकता से ग्लोबल वार्मिंग का प्रभाव। आक्सीजन गैस पेड़–पौधे व सभी जीव–जन्तु लेते हैं जिससे वे जीवित रहते हैं। पौधे कार्बन डाई आक्साइड गैस लेकर पत्तियों में अपना भोजन बनाते हैं तथा जीव–जन्तुओं द्वारा निकली कार्बन डाई

आक्साइड गैस को आक्सीजन में बदल देते हैं। जिससे वातावरण प्रदूषित होने से बचता है। वायु की उपस्थिति में भूमि के अन्दर के सूक्ष्म जीव अनेक कार्य करते हैं जैसे कार्बन या उर्वरकों का नाइट्रेट रूप से उपलब्ध होना आदि।

2. **सूर्य का प्रकाशः** यह पूरे विश्व का ऊर्जा का श्रोत है। इसी ऊर्जा से मिट्टी के अन्दर, सतह पर तथा भूमि के सतह के ऊपर पाये जाने वाले सभी जीव–जन्तुओं का तापक्रम नियंत्रित रहता है पौधों में जमाव, बढ़वार, किल्ले निकलना, दाना बनना, फसल पकना आदि क्रियायें एक निश्चित तापक्रम पर होती है। पौधे पत्तियों द्वारा अपना भोजन सूर्य के प्रकाश की उपस्थिति में ही बनाते है। अगर सूर्य का प्रकाश न मिले तो पौधे ही क्या कोई भी जीव–जन्तु बहुत दिनों तक जीवित नहीं रह सकते। सूर्य के ताप के कारण उत्स्वेदन तथा वाष्पोत्सर्जन की क्रिया पौधों तथा मृदा में होती है। सूर्य से कई प्रकार की प्रकाश किरणें पृथ्वी पर आती है इन किरणों का कुछ भाग वातावरण से वापस लौट जाता है तथा कुछ भाग पृथ्वी द्वारा अवशोषित कर लिया जाता है। ग्रीन हाउस गैसों के अधिक उत्सर्जन के फलस्वरूप वायुमंडल में ओजोन गैस की पर्त पतली हो गई है जिससे सूर्य से निकलने वाली एल्ट्रावाइलेट किरणें सीधे पृथ्वी पर आ रही है फलस्वरूप वातावरण में गर्मी बढ़ रही है जिसे जलवायु परिवर्तन कहा जाता है। इससे ग्लेशियर पिघल रहे है तथा समुद्र जलस्तर बढ़ रहा है, असामयिक कम व अधिक वर्षा हो रही है।

3. **पेड़–पौधेः** सोचिये! अगर पृथ्वी पर पेड़ पौधे न होते तब जीवन कैसे चलता। सभी प्रकार के प्राकृतिक रूप से उगे हुए पौधों के समूह को जिसका क्षेत्र विस्तृत होता है उसे वन या जंगल कहते हैं। एक ही प्रकार के उगाये गये पौधों के समूह को फसल कहते हैं। फलों वाली फसल को बाग या बगीचा कहते हैं। जगदीशचन्द्र बोस ने यह सिद्ध कर दिया था कि पौधे जीवित प्राणी की तरह कार्य करते हैं। पौधे जड़ों से पानी पीते हैं तथा पोषक तत्त्व लेते हैं। पौधे पत्तियों में अपना भोजन बनाते हैं, पौधे सांस लेते हैं। पत्तियों से उत्स्वेदन की क्रिया करते हैं। पौधे निषेचन क्रिया करते हैं जिसके फलस्वरूप पौधे अपने समान बच्चा (दाना) पैदा करते हैं। पौधे अपच्य पदार्थ को जड़ के द्वारा बाहर निकालते है जिसे एलीलोपैथी कहते हैं। पौधों के पास संगीत अथवा हवन करने से पौधे का विकास अच्छा होता है तथा पौधे आपस में बात–चीत भी करते हैं जिसे वह ही सुन व समझ सकते हैं। (वैज्ञानिकों का विचार)। इसी लिए प्राचीन काल में धान की रोपाई व फसलों की कटाई के समय महिलायें गीत गाते हुये कार्य करती थी। इसलिये पौधों (फसलों) की देखरेख अपने बच्चों की तरह करनी चाहिए। अगर आप रोज फसल के पास जाये तो फसलों को देखकर आपको महसूस हो जायेगा कि फसल को पानी की आवश्यकता है, किस तत्त्व की कमी हो रही है, कीट व रोग कौन सा लगा है, खरपतवार कैसे हानि पहुँचा रहे है, तथा पकने के क्या लक्षण है। प्रकृति ने पौधों के अन्दर एक तंत्र (System) दिया जिसके तहत वे सभी क्रियायें करते है इनके तंत्र में अवरोध हो जाने पर उसकी क्रियायें रुक जाती है तथा कभी–कभी पौधा मर जाता है जैसे जड़ के नष्ट होने पर, तना टूट जाने पर आदि। बीज में अंकुरण के समय सबसे पहले जड़ निकलती है जिससे

बीजांकुर भूमि से जल व पोषक तत्त्व लेकर आगे वृद्धि करता है। पौधों में मानव की तरह सृजन, पालन पोषण तथा विनाश की क्रियायें होती है। प्रकृति ने पौधों के अन्दर ऐसा तंत्र विकसित किया है कि विभिन्न प्रकार के पौधे उसी भूमि से मीठा गन्ना तथा तीखा मिर्च पैदा करते है। जंगलों (वनों) में कई किस्म के पेड़ उगते हैं उनमें न कोई जुताई–गुड़ाई करता है, न सिंचाई व खाद देता है तथा ना ही फसल सुरक्षा के उपाय अपनाये जाते हैं परन्तु वे भी वृद्धि एवं विकास करते हैं तथा फल देते हैं। तात्पर्य यह है कि प्रकृति ने सभी प्रकार के जीवों, पेड़–पौधों के लिए प्राकृतिक संसाधन उपहार स्वरूप दे रखे हैं जिनसे उनका जीवन स्वतः चलता रहता है। ये सभी प्राकृतिक संसाधन पर्याप्त मात्रा में उपलब्ध है परन्तु हम आपसी प्रतिस्पर्धा तथा अपने स्वयं के विकास हेतु संसाधनों का अधिक दोहन करते है जिससे उनकी कमी महसूस हो रही है तथा मानव विकास के बजाय विनाश की तरफ कदम बढ़ा रहा है।

## कृषि क्षेत्र में महत्वपूर्ण क्रान्तियाँ

**क्रान्तिः** जब किसी वस्तु का उत्पादन आशा (उम्मीद) से ज्यादा हो जाता है तो उसे क्रान्ति कहते है। पिछले कई वर्षों से कृषि क्षेत्र की क्रान्तियों का वर्णन निम्नवत हैः

| क्र॰सं॰ | क्रान्ति का नाम | सम्बन्धित क्षेत्र | जनक |
|---|---|---|---|
| 1 | हरित क्रान्ति | खाद्यान्न उत्पादन | नार्मन ई॰ बोरलाग, भारत में डा॰ एम॰एस॰ स्वामीनाथन |
| 2 | पीली क्रान्ति | तिलहन उत्पादन | बिन्देश्वर प्रसाद सिंह |
| 3 | श्वेत क्रान्ति | दुग्ध उत्पादन | वर्गीज कुरियन |
| 4 | नीली क्रान्ति | मत्स्य उत्पादन | डा॰ हीरालाल चौधरी / डा॰ अरुण कृष्णन |
| 5 | ग्रे क्रान्ति | उर्वरक उत्पादन | |
| 6 | गुलाबी क्रान्ति | झींगा उत्पादन | दुर्गेश पटेल |
| 7 | सिल्वर (रजत) क्रान्ति | अण्डा उत्पादन | – |
| 8 | गोल्डेन क्रान्ति (सुनहरी) | फलोत्पादन | के॰एल॰ चड्ढ़ा / निरपाख तुतेज |
| 9 | लाल क्रान्ति | मांस एवं टमाटर | विशाल तिवारी |
| 10 | ब्राउन या ब्लेक क्रान्ति | वैकल्पिक ऊर्जा | |
| 11 | इन्द्रधनुषी (रेनबो) क्रान्ति | देश में समग्र विकास | नितिश कुमार |
| 12 | समग्र क्रान्ति (भारत में) | कृषि में समग्र विकास | एम॰एस॰ स्वामीनाथन |

## कृषि की आवश्यकता (Need of Agriculture)

1. **मनुष्य के समग्र विकास के लिए कृषि की आवश्यकताः** मनुष्य के मानसिक, शारीरिक, सामाजिक, आर्थिक व स्वास्थ्य के लिए कृषि जरूरी है, चाहे बागवानी के रूप में ही क्यों न हो।

2. **मानवीय मूल्यों को ध्यान में रखकर कृषि की आवश्यकताः** औद्योगिकी करण के दौर में मनुष्य यह भूल चुका है कि कृषि योग्य भूमि घटती जा रही है। अतः समय आ चुका है कि हम उपजाऊ क्षेत्र को सिर्फ कृषि के लिए संरक्षित क्षेत्र घोषित करें, जहाँ सिर्फ कृषि ही हो।

3. **आध्यात्मिक रूप से कृषि की आवश्यकताः** स्वामी विवेकानन्द ने कहा था कि भूखे लोगों को धर्म की बात बताना व्यर्थ है। अतः यह हमारा परम कर्तव्य तथा धर्म है कि हम वर्तमान में खाद्यान्न आपूर्ति में (भविष्य को ध्यान में रखकर) आत्मनिर्भर हो।

4. **आर्थिक व राजनीतिक रूप से कृषि की आवश्यकताः** मुझे लगता है कि हमारा देश उन दिन पंगु हो जायेगा, जिस दिन हमें खाद्यान्न आपूर्ति के लिए दूसरे देशों पर निर्भर होना होगा। अतः समय आ चुका है कि हम भारत की बढ़ती हुई जनसंख्या को ध्यान में रखकर अभी से सचेत हो जाएँ।

5. **प्रकृति हमारी माँ के समान हैः** हमें नहीं भूलना चाहिए कि मानव सभ्यता के शुरूआत में हामरा अस्तित्त्व सिर्फ प्रकृति पर निर्भर था, परन्तु अब हमने अन्न उपजाना सीख लिया है, पर इसका मतलब यह नहीं कि हम प्रकृति को भूल जाये। जिस तरह से जीवन निर्वाह के लिए कृषि जरूरी है ठीक उसी तरह मानव जाति को बचाएं रखने के लिए प्रकृति तथा वन संरक्षण जरूरी है। अतः कृषि एवं प्रकृति एक ही सिक्के के दो पहलू है।

## स्वावलम्बी कृषक की विशेषताएँ

देश में हरित क्रान्ति आने के पहले अधिकतर कृषक या तो अपने द्वारा उत्पादित बीज या पड़ोसियों से बीज लेकर बुआई किया करते थे। जुताई तथा बुआई व सभी कार्य अपने बैलों से करते थे और गोबर, कम्पोस्ट तथा हरी खाद का प्रयोग किया जाता था। सिंचाई अधिकतर नहरों, तालाबों, कुओं से की जाती थी। खरपतवार, बीमारियों तथा कीटों का नियंत्रण फसलचक्रों तथा मिश्रित खेती अपनाकर किया जाता था। जिससे कृषकों को कृषि निवेश बाजार से नहीं खरीदने पड़ते थे। हरित क्रान्ति के प्रादुर्भाव से नई प्रजातियों के बीज, उर्वरक (यूरिया, डी॰ए॰पी॰, म्यूरेट आफ पोटाश आदि), खरपतवार, फफूंदनाशक, कीट नियंत्रक कृषि रसायन तथा डीजल आदि किसानों को बाजार से खरीदना पड़ रहा है। साथ ही समयानुसार इनके कीमतों में वृद्धि हुई है। इसलिए फसल उत्पादन महंगा हो गया है। ऐसे समय में मेरे विचार से स्वावलम्बी किसान वहीं है जो कृषि निवेश की अधिकतर चीजें अपने यहाँ तैयार कर इस्तेमाल करें। स्वावलम्बी कृषक की विशेषताएं निम्नलिखित हैः

1. कृषकों को प्राकृतिक संसाधनों का विवेकपूर्ण प्रबन्धन करना चाहिए।

2. कृषि तकनीकी पर पूरा भरोसा/विश्वास करना चाहिए क्योंकि कृषि वैज्ञानिक कई वर्षों के परीक्षणों के फलस्वरूप कृषि तकनीकी विकसित करते है।

3. **शत प्रतिशत बीज प्रति स्थापन एवं बीज उपचारः** प्रमाणित बीज से लगभग 10–20 प्रतिशत तक उत्पादन में वृद्धि होती है तथा बीज उपचार से जमाव अच्छा होता है व बीज से उत्पन्न होने वाली बीमारियों की सम्भावना कम हो जाती है।

4. **संतुलित एवं एकीकृत पोषक तत्त्व प्रबन्धनः** जो कृषक पौधों के सभी पोषक तत्त्वों को संतुलित मात्रा में देता है उससे पैदावार में निश्चित रूप से बढ़ोतरी होती है क्योंकि पौधों को वृद्धि एवं बढवार के लिए सभी पोषक तत्त्वों की संस्तुति मात्रा में आवश्यकता होती है। एकीकृत पोषक तत्त्व प्रबन्धन से (रासायनिक उर्वरक, कार्बनिक खादें, जैविक उर्वरक, हरी खाद) पोषक तत्त्वों की पूर्ति के साथ–साथ भूमि की दशा, संरचना, कार्बनिक पदार्थ तथा सूक्ष्मजीवों की वृद्धि होती है।

5. **क्रान्तिक अवस्थाओं में फसलों में सिंचाईः** स्वावलम्बी कृषक फसलों में क्रान्तिक अवस्थाओं पर सिंचाई करते हैं। क्योंकि कृषि वैज्ञानिकों का परीक्षण के आधार पर ऐसा मत है कि क्रान्तिक अवस्थाओं पर सिंचाई करने पर फसल के उत्पादन में वृद्धि होती है तथा ऐसा न करने पर उत्पादन काफी कम हो जाता है।

6. **वर्षा जल का संरक्षण एवं संवर्धनः** अच्छे कृषक में यह गुण होना चाहिए कि वर्षा का पानी खेत के चारों तरफ मेड़बन्दी कर रोका जाय अथवा खेत के पास तालाबों, पोखरों आदि में जल का संरक्षण करें जिससे इसका इस फसल के साथ–साथ अगली फसल में भी लाभ मिल सके।

7. **स्वयं का सिंचाई साधनः** आधुनिक युग में जितनी भी नई प्रजातियाँ विकसित हुई है सबको पानी की आवश्यकता होती है। यदि सिंचाई का साधन अपना स्वयं का है तो उसमें लागत कम आती है साथ सिंचाई समय पर कर सकते हैं जिससे उत्पादन में कमी नहीं आयेगी।

8. **फसल विविधीकरणः** अधिक आय देने वाली फसलों को अपने फसल चक्र में सम्मिलित कर देने से भूमि का स्वास्थ्य भी ठीक रहता है तथा अधिक आय प्राप्त होती है।

9. **उन्नतिशील कृषि यंत्रों का उपयोगः** आज का युग यंत्रीकरण (मशीनरी) युग हो गया है। कृषि कार्यों हेतु बहुत से कृषि यन्त्र विकसित हो गये हैं जैसे– बुआई के लिए सीडड्रिल मशीन, कल्टीवेटर, कम्बाइन, पोटैटोप्लान्टर, पोटैटो डिगर (आलू खुदाई यन्त्र), थ्रेसर आदि जिससे कृषि के बहुत सारे कार्य कम समय में कम मजदूरों से हो जाते हैं जिससे लागत कम आती है और लाभ अधिक प्राप्त होता है।

10. **एकीकृत रोग – कीट प्रबन्धनः** कीटों व बीमारियों के नियंत्रण हेतु इस समय भौतिक तथा रासायनिक विधियां कृषि वैज्ञानिकों द्वारा विकसित की गई है। एकीकृत प्रबन्धन से फसल के उत्पादन में नुकसानदायक रसायन काम नहीं आते है तथा लागत कम आती है।

11. **उन्नत किस्म के बीज, कार्बनिक खाद स्वयं बनायेंः** यदि कृषक कृषि वैज्ञानिकों की सहायता से फसलों के उन्नति किस्म के बीज का उत्पादन स्वयं करें इससे स्वयं की आवश्यकताओं की पूर्ति के अतिरिक्त बीजों का विक्रय करके अतिरिक्त आय प्राप्त कर सकता है। इसी प्रकार घर के कूड़ा करकट प्रक्षेत्र से निकाली गई घास व पशुओं के मल–मूत्र से निकाले गये गोबर से खाद/कम्पोस्ट तैयार करके उर्वरक से होने वाले व्यय में कटौती कर सकते हैं।

12. **कृषि उत्पाद का श्रेणीकरण (ग्रेडिंग) पश्चात् विक्रयः** अपने खेतों से तैयार उत्पादन को यदि कृषक श्रेणीबद्ध करके बाजार में बेचता है तो उसे अधिक आय प्राप्त होगी।

13. **अनाज भण्डारण का आधुनिक तरीकाः** कृषि वैज्ञानिकों द्वारा समय–समय पर अन्न भण्डारण के तरीके तथा उनमें आने वाले कीटों से बचाव हेतु सुझाव दिये जाते है। अतएव कृषक बंधु यदि पूर्व तरीकों को अनाज भण्डारण में अपनाये तो निश्चित रुप से अनाज को लम्बे समय तक सुरक्षित रखा जा सकता है।

14. **कृषकों के आय बढ़ाने के सुझावः** कृषि निवेशों के अत्यधिक महंगे होने, कृषि उत्पादन के अपेक्षाकृत अधिक बाजार मूल्य न होने तथा कृषि की आय भी जलवायु/मानसून पर निर्भर होने के कारण किसानों को उस अनुपात में आय नहीं बढ़ रही है। जैसा कि उद्योगधंधों, नौकरीपेशा लोगों की आय में वृद्धि होती है। पहले कृषि परिवार के जीवन–यापन के रूप में की जाती थी लेकिन अब कृषि को व्यवसाय के रूप में करने की आवश्यकता है।

## कृषकों की आय बढ़ाने के सुझाव

(अ) **सहकारिता पर जोरः** आज गाँव में एकल परिवार हो गया है। जिसमें सभी संसाधनों के प्रबन्धन, कृषि उत्पाद के विक्रय हेतु बाजार में जाना पड़ता है। जिससे कृषक का बहुमूल्य समय नष्ट होता है। यदि गाँव में कम से कम 20–25 लोगों के साथ सहयोग लेकर यह कार्य किया जाय तो सभी कृषि कार्य समय पर, सस्ते में, अधिक आय के साथ किये जा सकते हैं।

(ब) **खेती के साथ–साथ हर कृषक पशुपालन को अवश्य सम्मिलित करें:** इससे परिवार को दूध के साथ–साथ बाजार में बेच कर अधिक आय, कृषि निवेश के लिए धन मिलेगा तथा साथ ही इसके गोबर से फसल उत्पादन हेतु खाद मिलेगी।

(स) **फसल उत्पादन के साथ–साथ मछली पालनः** प्रक्षेत्र के मध्य में आवश्यकतानुसार गड्ढे की खुदाई करके, वर्षा के पानी को एकत्र करके, मत्स्य पालन करने से मछलियों से अधिक आय मिलती है तथा उस एकत्र पानी को फसल उत्पादन में उपयोग किया जा सकता है।

(द) **फसल उत्पादन के साथ–साथ फलदार वृक्ष लगायें:** फलदार वृक्ष के बीच में चारे वाली तथा खाद्यान्न फसलें उगाने से भूमि की उर्वरा शक्ति बनी रहती है तथा फसल उत्पादन के साथ–साथ फल भी मिलते हैं। जिससे अतिरिक्त आय प्राप्त होती है।

(य) **फसल उत्पादन में औषधीय एवं मसाले की फसलों को भी सम्मिलित करें:** औषधीय एवं मसाले की फसलों से प्राप्त उत्पादन अधिक महंगा होता है। जिसके विक्रय पर निश्चित रूप से अधिक आय प्राप्त होती है।

(र) **फसल उत्पादन के साथ–साथ सब्जी की फसल भी उत्पन्न करें:** अगर आपका प्रक्षेत्र शहर या कस्बे से 20–30 किमी॰ के अन्दर है तो सब्जी

उत्पादन में अधिक लाभ मिलता है। क्योंकि शहर या कस्बे में सब्जी की आपूर्ति शहर के चारों तरफ उगाई गई सब्जी से होती है।

(ल) **फसलों के साथ–साथ फूलों की खेती के महत्व पर विचार करना चाहिएः** यदि अपने प्रक्षेत्र पर किसान थोड़े से प्रक्षेत्र पर फूलों की खेती करें तो अधिक लाभ होता है यदि शहर से प्रक्षेत्र दूर न हो।

(द) **फसल उत्पादन के साथ–साथ छोटे–छोटे कुटीर उद्योग सम्मिलित करनाः** फूलों, सब्जियों व फसलों के खेतों के मध्य, मधुमक्खी बॉक्स रखने से अतिरिक्त शहद मिल जाता है। तथा छोटे–छोटे कुटीर उद्योग जैसे– टोकरी बनाना, रस्सी बनाना आदि करने से किसानों को फसल उत्पादन के अतिरिक्त आय बढ़ जाती है।

(व) **सभी कृषक आवश्यक कृषि निवेश स्वयं विकसित करेंः** कृषक अपनी आवश्यकतानुसार प्रमाणित बीज, कम्पोस्ट व वर्मी कम्पोस्ट एवं सिंचाई के स्वयं के साधन विकसित करें जिससे कृषि उत्पाद में लागत कम आये तथा शुद्ध लाभ अधिक मिले।

(स) **फसलोत्पादन के साथ–साथ मशरूम की खेती भी करेंः** मशरूम में प्रोटीन की मात्रा काफी अधिक होती है। तथा शहरों में होटल व शादियों में या उत्सवों में इसकी सब्जी लोगों द्वारा काफी पसन्द की जाती है। इसके विक्रय से काफी आय मिल जाती है।

(द) भारत सरकार को चाहिए कि किसानों को डीजल तथा सभी कृषि निवेशों को बहुत सस्ते दर से उपलब्ध कराये तथा उसके उत्पाद का अच्छा मूल्य दें। साथ ही खेती करने वाले किसानों को विशेष प्रोत्साहन के रूप में धन (Incentive) प्राप्त हो सके। शहरों के आस–पास गाँव तक प्राइवेट/सरकारी संस्थायें बहुत खुल रहीं है जिसे कृषि क्षेत्र कम हो रहा है। अतः सरकार को कृषि भूमि के उपयोग परिवर्तन पर नियंत्रण करना होगा।

(य) भारत सरकार को कृषि उत्पादों का न्यूनतम समर्थन मूल्य (MSP) उसी अनुपात में बढ़ाकर निश्चित करना चाहिए जैसे कि उद्योगों के उत्पाद का तथा सरकारी अधिकारियों व कर्मचारियों का वेतन दिया जाता है।

■■■■

## अध्याय–2

# कृषि एवं सस्य विज्ञान का विकास (Agriculture and Agronomical Development)

### भूमिका

कहा गया है 'कृषि ही जीवन है' अर्थात् कृषि ही जीवन दाता है। अगर देश या विश्व में कृषि न हो तो मनुष्य के किसी भी आवश्यकता की पूर्ति नहीं हो सकती। मानव की न तो उदरपूर्ति होती न तन ढकने को कपड़ा होता न रहने को मकान तथा न तो कोई कारखाना होता क्योंकि कारखाने के लिए कच्चा माल कृषि उत्पाद से ही मिलता है इसलिए कृषि का जन्म भी हमारी संस्कृति के समय से हुआ है। सस्य विज्ञान कृषि की बहुत महत्वपूर्ण शाखा है जिससे मानव की उदरपूर्ति, पशुओं के लिए चारा तथा अनेक कारखाने चलते हैं जिससे वस्त्र, आटा, चावल, साबुन, चीनी, तेल आदि सभी वस्तुयें बनती है। सस्य विज्ञान में पौधों व उनके समूह (फसल) का अध्ययन करते हैं फसल के पौधे जीवित प्राणी की तरह कार्य करते हैं जिससे यह एक विज्ञान है तथा इसको प्रक्षेत्र में कला के रूप में अर्थात् पंक्तियों में निश्चित गहराई पर बोकर उगाते हैं।

**कृषि एवं सस्य विज्ञान के प्रमुख बिन्दु**

- हमारे देश की कृषि इतनी पुरानी है जितनी हमारे देश की संस्कृति।
- पीटर डेक्रीसेन्जी को सस्य विज्ञान का जनक कहा जाता है।
- सस्य विज्ञान फसल योजना से शुरू होता है तथा उत्पाद की बिक्री (Marketing) में समाप्त होता है अर्थात् इसका क्षेत्र बहुत बड़ा है।
- सस्य विज्ञान एक गतिशील शाखा है जिस पर सुधारों के अनुसार उसका कार्यक्षेत्र बढ़ता जाता है।
- इस समय सस्य वैज्ञानिक कम लागत पर अधिक उत्पादन की खोज में लगे हुए हैं।

**कृषि (Agriculture):** एग्रीकल्चर शब्द की उत्पत्ति लेटिन (Latin) दो शब्द से हुई है। जिसका अर्थ "ager or agri" (एगर अथवा एग्री) का मतलब 'Soil' (मृदा) और "Cultura" (कल्चरा) का मतलब 'Cultivation' (खेती) करना।

Agriculture = ager or agri + 'Cultura'
↓ ↓
'Soil' 'Cultivation'

**कृषि:** पृथ्वी के स्रोतों का इष्टतम् प्रयोग करने के लिये, मनुष्य द्वारा प्रारम्भिक उद्देश्य भोजन, कपड़ा व ईंधन आदि की पूर्ति के लिये जो क्रियायें की जाती हैं उन्हें कृषि कहते हैं। जैसे–फसलोत्पादन (Crop production), फलोत्पादन (Pomology) पशुपालन (Animal husbandry), मधुमक्खी पालन (Bee keeping), मछली पालन (Fisheries), रेशम कीट पालन (Sericulture) एवं सुअर पालन (Piggery) आदि।

**Agriculture:** "An activity of human primarily aims at the production of food, fibre and fuel etc. by optimum use of terrestrial resources is called as Agriculture".

अथवा

**कृषि:** पृथ्वी के प्राकृतिक स्रोतों का इष्टतम् प्रयोग करके मानव द्वारा प्रारम्भिक उद्देश्यों जैसे–भोजन, कपड़ा, चारा, रेशा व ईंधन आदि आवश्यकताओं के लिये जो क्रियायें की जाती हैं, वे कृषि कहलाती हैं। जैसे – फसलोत्पादन, फलोत्पादन, पुष्पोत्पादन, शाकोत्पादन, पशुपालन, मधुमक्खी पालन, रेशम कीट पालन, वर्मीकल्चर (केंचुआ पालन), मछली पालन एवं सुअर पालन आदि।

Agriculture: "An activity of human primary aims like food, fodder, fibre and fuel etc. by optimum use of terrestrial resources is called as agriculture e.g., crop production, pomology, floriculture, olericulture, animal husbandry, apiculture, sericulture, lac culture, vermiculture, fisheries and piggery etc."

**सस्य विज्ञान (Agronomy) की परिभाषा:** सस्य विज्ञान शब्द की उत्पत्ति 'ग्रीक' (Greek) भाषा के 'एग्रोनोमास' (Agronomos) शब्द से हुई है। जिसका अर्थ 'एग्रो' का अर्थ 'फील्ड' और 'नोमोस' का अर्थ 'का प्रबन्ध' है।

Agronomy = 'Greek word'

Agro + nomos
↓ ↓
'field' 'to manage'

''सस्य विज्ञान, कृषि विज्ञान की वह शाखा है जिसके अन्तर्गत मृदा, जल एवं फसल प्रबन्धन के सिद्धान्त एवं क्रियाओं का अध्ययन किया जाता है।''

"Agronomy is a branch of agricultural science which deals with principles and practices of soil, water and crop management."

डा॰ महाराज सिंह के अनुसार सस्य विज्ञान फसलोत्पादन का विज्ञान एवं तकनीकी है जिसका सम्बन्ध वैज्ञानिक के रूप से पौधा, भूमि, जल, वातावरण एवं खेती के संसाधनों से है।

"Agronomy may be defined as science and technology of crop production. It is concerned with the scientific use of plant, soil, water, atmosphere and farming resources." **(Dr. Maharaj Singh)**

डा॰ एम॰एस॰ रन्धावा के अनुसार सस्य विज्ञान फसलोत्पाद एवं मृदा प्रबन्धन का विज्ञान है।

Agronomy can be defined as science of land management and crop production. **(Dr. M.S. Randhawa)**

डा॰ के॰एस॰ राठी के अनुसार सस्य विज्ञान कृषि विज्ञान की वह शाखा है जिसमें एक कृषि वर्ष में फसलों से अधिकतम आर्थिक लाभ लेने हेतु फसलोत्पादन के सिद्धान्तों एवं क्रियाओं का अध्ययन किया जाता है जिसमें भूमि की उर्वरता का ह्रास न हो।

Agronomy is that branch of agricultural sciences which deals with the principles (science) and practices (art) of crop production for obtaining maximum economical yield from a crop during one agricultural year without impairing the fertility of soil. **(Dr. K.S. Rathi, Ex Head Agronomy, CSAU, Kanpur)**

लेखक के अनुसार सस्य विज्ञान फसलोत्पाद एवं भूमि प्रबन्धन की एक तकनीकी है जिसमें एक निश्चित क्षेत्र से अधिकतम आर्थिक लाभ प्राप्त किया जा सके।

Agronomy is the technology of crop production and land management for achieving maximum economical yield from a field.

## कृषि एवं सस्य विज्ञान का विकास

पृथ्वी पर लगभग 15 लाख वर्ष पहले मानव का विकास हुआ। यह मानव बन्दर के जैसा चलता–फिरता था, बाद में यह मानव धीरे–धीरे सीधे होकर चलने लगा। इस सीधे खड़े होकर चलने वाला मानव **'होमो इरैक्टस'** (Homo erectus) अथवा जावा मानव (Java man) जिसका अर्थ है (Homo-continuous, erectus – erect) ''लगातार सीधे खड़े होकर चलने वाला मानव''। जावा मानव के बाद यह मानव आधुनिक मानव में परिवर्तित होता चला गया। आधुनिक मानव का जन्तु वैज्ञानिक नाम ''**होमो सैपियन**'' (Homo sapiens), **सैपियन** (Sapiens) शब्द का अर्थ है **''सीखने की प्रवृत्ति''** (Learning habit) है। इस आधुनिक मानव का नामकरण ''**होमो सैपियन सैम्पियन**'' (Homo sapiens sapien) कर दिया गया।

लगभग 3500 वर्ष पहले आधुनिक मानव 'अफ्रीका' में पाया गया। इस आधुनिक मानव ने 8700–7700 ईसी पूर्व (B.C.) में भेड़ और कुत्ता को पहला पालतू जानवर बनाया। मानव अपने शिकार के लिये पहले पालतू जानवर कुत्ता (Dog) की सहायता लेता था। धीरे–धीरे मानव को खेती करने की आवश्यकता होने लगी, खेती का कार्य 7500 ईसी पूर्व (B.C.) में शुरू हुआ। मानव पहले कुछ बीजों को जंगल साफ करके छिड़क दिया करता था जिन बीजों का जमाव हो जाता था उनसे फसल तैयार होने तक जो पैदावार होती थी वह अपने भरण–पोषण के लिये रख लिया करता था। धीरे–धीरे समय बीतता गया और मानव जानकार होने लगा, फिर कृषि में वैज्ञानिक परिवर्तन आया, इसमें एक कृषि की शाखा सस्य विज्ञान का विकास हुआ। अतः हम कह सकते हैं कि

विश्व के अन्य भागों की तरह भारत में कृषि का विकास भारतीय संस्कृति के साथ हुआ है (Agriculture is as old as Indian culture)।

इसके विकास का अध्ययन हम दो भागों में कर सकते हैं–

**(अ) प्रारम्भिक कृषि विकास (Primary Agricultural Development):** प्रारम्भ में मानव अपने भरण–पोषण के लिये निम्नलिखित कार्य किया करता था–

**(1) शिकार करना (Hunting stage):** प्रारम्भ में मानव को खेती करने की आवश्यकता महसूस नहीं हुई क्योंकि उस समय मानव प्राकृतिक फल, फूल, खाद्य भण्डार एवं जंगली जानवरों का शिकार करके अपना पेट भरता था। प्रारम्भ में मानव प्राकृतिक प्रकोपों जैसे–ठंड, गर्मी व वर्षा आदि से बचने के लिये जंगली जानवरों की खाल अपने शरीर पर ओढ़कर इन प्राकृतिक प्रकोपों से सुरक्षा करता था।

**(2) पशुपालन करने का युग**– जैसे–जैसे समय बीतता गया मानव के विकास के साथ–साथ मानव की जनसंख्या बढ़ती गयी, जनसंख्या बढ़ने पर प्राकृतिक खाद्य सामाग्री के स्रोत कम होते गये तब मानव को जीवन निर्वाह करने के लिये पशुओं को पालने की आवश्यकता महसूस होने लगी। प्रारम्भ में मानव ने पशु को मांस के लिये पाला होगा। इन पशुओं में भेड़, बकरी व गाय आदि सम्मिलित थे। प्रारम्भ में मानव इन पशुओं के खाने–पीने के प्रबन्ध के लिये ऐसे जगहों की तलाश करता था जहां पर कोई जल का साधन हो जैसे – तालाब, झील व नदी आदि। इन पशुओं के चारे के लिये घास एवं प्राकृतिक वनस्पतियों को खिलाने के काम लाता था। प्रारम्भ में मानव ऐसे जगह पर पशुओं को तब तक रखता था जब तक कि साधन रहते थे, बाद में जगह बदल देते थे और नई जगह पर पशुओं के साथ रहने लगते थे।

**(3) प्रारम्भिक कृषि करने का युग (Primary Agriculture stage):** प्रारम्भ में मानव अपने पशुओं के भोजन के रूप में चारे का विशेष ध्यान रखता था यह उनका मुख्य उद्‌देश्य था। लेकिन जब मानव जनसंख्या बढ़ती गयी तब खाद्य सामग्री की समस्या कठिन होती चली गयी तब मानव ने बीजों को जमीन में बोना आरम्भ किया। उस समय मानव, कृषि करने के बारे में जानकार नहीं थे। प्रारम्भ में मानव ने खेतों की जुताई के लिये पत्थर, लकड़ी या हड्डियों से बने औजारों का प्रयोग किया करता था। मानव को जिस वनस्पति की आवश्यकता होती थी उस वनस्पति का बीज जमीन में बोकर आवश्यकता पूर्ति करता था। जब मानव ने खेती करना प्रारम्भ कर दिया तब मानव के खेती करने का ज्ञान बढ़ता गया तथा उसने खेतों से खरपतवार व खड़ी फसलों की निराई–गुड़ाई करना प्रारम्भ कर दिया। प्रारम्भ में मानव खेतों की सिंचाई का साधन उपलब्ध न होने के कारण, ऐसे जगह की तलाश करता था जहाँ पर नदी, तालाब या झील होती थी मानव इन्हीं से सिंचाई करता था या वर्षा पर निर्भर रहता था। प्रारम्भ में मानव को फसलों के पोषक तत्त्वों का ज्ञान नहीं था इससे धीरे–धीरे

फसलों की उपज कम होती जाती थी। इस समस्या के लिये मानव प्रारम्भ में कुछ समय तक जमीन के एक टुकड़े पर खेती करता था। बाद में मानव दूसरी जगह बदल कर खेती करने लगता था। इस प्रकार प्रारम्भ में मानव अपनी खाद्य समस्या का समाधान करता था। इस प्रकार से खेती करने की प्रणाली को **''स्थानान्तरित खेती''** या **''झूम खेती'' (Shifting cultivation or jhooming cultivation) -** कहा जाता है। 'झूम खेती' अब भी अपने देश में प्रचलित है। अपने देश में असम राज्य के कुछ हिस्सों में जंगलों को साफ करके की जाती है। जैसे–जैसे मानव जनसंख्या बढ़ती गयी, मानव की खाद्य समस्या बढ़ती गयी, तब जंगलों को साफ करके जमीन को बराबर करके खेती करने की जमीन को बढ़ाता गया तथा भोजन सम्बन्धित समस्या का हल करता गया। जब मानव कृषि करने में जागरूक हुआ तब मृदा की उर्वरता का महत्त्व समझा जाने लगा व प्रारम्भिक खेती करने के तरीकों को बदलकर मानव मृदा उर्वरता के लिये कूड़ा–करकट व पशुओं के गोबर की खाद को लेकर खेतों में प्रयोग करने लगा और मृदा उर्वरता को बनाये रखने लगा इससे फसलों की अच्छी उपज होने लगी।

## (अ) आधुनिक कृषि विकास (Modern Agricultural Development)

जब मनुष्य ने खेती करना प्रारम्भ कर दिया तब धीरे–धीरे खेती का ज्ञान होता गया और मनुष्य ने खेती करने की विधियों और तकनीकों में सुधार जारी रखा। धीरे–धीरे कृषि करने के तरीकों में अनुसंधान कार्य होने लगे इन अनुसंधान कार्यों के परिणामों को मनुष्य ने अपनाना आरम्भ कर दिया। अनुसंधानों से मनुष्य को फसलें उगाने के मौसम जैसे–खरीफ, रबी व जायद मौसमों में कौन–कौन सी फसलें उगानी चाहिये एवं कौन सी फसल को किस प्रकार की मिट्टी में उगाया जाये जिससे फसल उपज में वृद्धि हो, की जानकारी हुई। वैज्ञानिक आधार पर फसलों को मनुष्य ने फसल चक्र (Crop rotation) एवं सस्य योजना के अनुसार उगाना आरम्भ कर दिया। धीरे–धीरे फसलों की किस्मों में सुधार कार्य प्रारम्भ हुआ इस कार्य के लिये **आनुवंशिकी एवं पादप प्रजनन विभाग** ने कार्य प्रारम्भ किया और बहुत सी फसलों की किस्में विकसित होने लगी। फसलों में लगने वाले कीट एवं रोगों के नियंत्रण के लिये कीट विज्ञान एवं पादप रोग (Entomology and Plant Pathology) विभागों ने अनुसंधान कर कीट व रोगों का समाधान करना जारी रखा जिससे फसल उत्पादन में वृद्धि हुई। मृदा कृषि रसायन विभाग पौधों के पोषक तत्त्वों की आवश्यकता सम्बन्धी व भूमि में इसकी उपस्थिति व कमी एवं उपलब्धता सम्बन्धी जानकारी देता है। इस प्रकार सस्य विज्ञान (Agronomy) अन्य कर्षण क्रियायें जैसे–उचित समय पर बुवाई करना, भूमि की समय पर तैयारी करना, बीज की दर उचित रखना, समय पर फसल को सिंचाई देना, समय पर खाद छिड़कना, उचित समय पर खरपतवारों का नियंत्रण करना, उचित समय पर फसलों की कटाई करना आदि समस्याओं पर अनुसंधान कार्य जारी रखता है। इन सभी विभागों के अनुसंधान कार्यों के लाभदायक परिणाम, सरकार द्वारा अपने कृषि प्रसार विभागों (Agriculture Extension) से किसानों को नई–नई फसल उत्पादन सम्बन्धित जानकारी पहुंचाती है। वर्तमान समय में किसान इन नई–नई तकनीकों को अपनाकर जैसे समय पर फसलों की बुवाई करना,

उचित फसल बीज दर प्रयोग करना, खरपतवारों को उचित रसायन एवं जैविक नियंत्रण (Biological Control) के द्वारा करना, कीट व रोगों के नियंत्रण के लिये कीट नाशक (Insecticide) एवं कवक नाशक (Fungicide) और कीट व रोगों के नियंत्रण के लिये जैविक नियंत्रण (Biological control) की विधियों का प्रयोग किसान करने लगा है। वर्तमान समय में किसान एक जमीन के टुकड़े पर कई फसलें एक साथ उगाने लगा है जिससे उसकी आर्थिक स्थिति मजबूत हुई है। वर्तमान में कुल कृषित क्षेत्र 43.5 प्रतिशत पर कृषि कार्य हो रहा है। जनसंख्या वृद्धि के कारण कृषि जोत छोटी हो रही है जिससे जनसंख्या की खाद्य समस्या के लिये कृषि में अनुसंधान कार्य जारी है जो भविष्य में कृषि के लिये एक वरदान सिद्ध हो सकता है।

## कृषि के इतिहास में महत्त्वपूर्ण घटनायें
## (Important Events in the History of Agriculture)

| अवधि (Period) | घटनायें (Events) |
|---|---|
| (B.C. ईसा से पूर्व) | (विश्व में) |
| 10,000 | शिकार करना एवं उसे इकट्ठा करना |
| 8,700 | भेड़ (Sheep) पालन |
| 7,700 | बकरी पालन |
| 7,500 | गेहूँ, जौ की खेती |
| 6,000 | गौ–पशुओं (Cattle) एवं सूकर पालन (Piggery) |
| 4,400 | मक्का की खेती |
| 3,500 | आलू की खेती |
| 3,000 | काँसे (Bronze) का औजारों में प्रयोग |
| 2,900 | हल (Plough) का विकास, सिंचित खेती की शुरूआत |
| 2,700 | चीन में रेशम कीट पालन |
| 2,300 | चना, नाशपाती, सरसों, कपास की खेती, मुर्गी, भैंस, हाथी का घरेलू उपयोग हेतु पालन |
| 2,200 | धान की खेती |
| 1,800 | रागी (Finger millet) की खेती |
| 1,725 | ज्वार की खेती |
| 1,500 | गन्ने की खेती, सिंचाई में विकास |
| 15th Century A.D. | नारंगी, जंगली बैंगन, अनार की खेती |
| 1230-1307 A.D. | “Opus Ruralium Kamo-Darum सस्य विज्ञान–किताब साहित्य का माइका। 'सस्य विज्ञान का जनक' पीटर डिक्रीसेन्जी को कहा जाता है। |
| | **(भारत में)** |
| 16th Century A.D. | पुर्तगालियों (Portugese) द्वारा भारत में अनेक फसलों का विकास–आलू, टमाटर, मिर्च, कद्दू, पपीता, मक्का, अन्नानास, अमरूद, मूँगफली, तम्बाकू, रबर आदि। |

| अवधि (Period) | घटनायें (Events) |
|---|---|
| सन् 1880 | अकाल (Famine) कमीशन नियुक्त, बाद में 1898 तथा पुनः 1901 में संशोधित। |
| सन् 1903 | सिंचाई आयोग (Irrigation Commission) बना। |
| 20वीं सदी के शुरू में | लार्ड कर्जन ने सरकार द्वारा कृषि विकास की नींव डाली। |
| 1905–1907 | देश में 6 कृषि कालेज (साबौर, पूना, कानपुर, नागपुर, कोयम्बटूर तथा लायलपुर) (अब पाकिस्तान में) खोले गये। |
| 1920 | ग्रामीण पुनर्गठन के लिए गाँधीवादी प्रयोग आरम्भ किये गये। |
| सन् 1929 (जून 21) | Imperial Council of Agricultural Research (जिसे बाद में ICAR कहा गया) का शुभारम्भ Royal Commission on Agriculture की सिफारिशों पर Resolution 23 मई, 1929, Societies Registration Act 1860 के अधीन 16 जुलाई, 1929 को हुआ (मुख्यालय–कृषि भवन, नई दिल्ली में है।) जिसे दो बार 1965 व 1973 में पुनर्गठित किया गया जिसकी अन्य इमारतें कृषि अनुसंधान भवन I व II एवं NASC नई दिल्ली है। ICAR में DARE दिसम्बर, 1973 में बना। |
| सन् 1935 | भूकम्प (Earthquake) से सम्पूर्ण भवन नष्ट, पुनः स्थानान्तरित नई दिल्ली (नया पूसा ICAR) को। हेनरी फिलिप्स, अमरीकन Philanthropist ने भारत में ICAR के लिए 30,000 पौण्ड दान दिये, जिससे अनुसंधान कार्य के फार्म, पशु फार्म, सुसज्जित प्रयोगशाला, छात्रों के लिये ट्रेनिंग आदि शुरू हुई। |
| 1942 | खाद्यान्न उत्पादन बढ़ाओं अभियान चलाया गया। |
| 1945 | ग्राम उत्थान योजना आरम्भ की गई। |
| सन् 1950 | Imperial Council of Agricultural Research (बाद में Imperial = Indian i.e., ICAR नाम पड़ा) की पूसा (बिहार) में स्थापना। |
| 1952 | सामुदायिक विकास कार्यक्रम आरम्भ किया गया। |
| 1953 | राष्ट्रीय विस्तार सेवा आरम्भ की गई। |
| 1959 | पंचायती राज की स्थापना की गई। |
| 1960 | सघन कृषि जिला कार्यक्रम (IADP) आरम्भ किया गया। |
| 1964 | सघन कृषि क्षेत्र कार्यक्रम (IAAP) आरम्भ किया गया। |
| 1964 | राष्ट्रीय प्रदर्शन (National demonstration) कार्यक्रम आरम्भ किया गया। |
| 1974 | कृषि विज्ञान केन्द्रों (KVK) की स्थापना की गई। |
| 1975 | प्रायोगिक अनुसंधान परियोजनाएँ आरम्भ की गई। |
| 1979 | प्रयोगशाला से खेल परियोजना आरम्भ की गई। |
| 1995 | संस्थान ग्राम–सम्पर्क कार्यक्रम भा॰कृ॰अनु॰प॰ के संस्थानों में आरम्भ की गई। |

| अवधि (Period) | घटनायें (Events) |
|---|---|
| 1998 | प्रौद्योगिकी मूल्यांकन तथा परिष्करण के लिए विश्व बैंक के सहयोग से राष्ट्रीय कृषि प्रौद्योगिकी परियोजना (NATP) आरम्भ की गई। |
| 2007 | राष्ट्रीय खाद्य सुरक्षा मिशन योजना का आरम्भ हुआ। |
| 2008 | त्वरित दलहन उत्पादन परियोजना का शुभारम्भ हुआ। |
| 2016 | प्रधानमंत्री सिंचाई योजना का आरम्भ हुआ। |

सर्वप्रथम सस्य विज्ञान में अनुसंधान कार्य सन् 1834 में **एलसेस** नामक स्थान पर **जे॰बी॰ बोसिगाल्ड** नामक कृषि वैज्ञानिक द्वारा प्रथम अनुसंधान केन्द्र स्थापित करने पर आरम्भ हुआ। इससे पूर्व फसल एवं भूमि प्रबन्ध सम्बन्धी प्रमाण अनेक अनुभव तथा प्रयोगों के आधार पर मालूम किये जा चुके थे।

सस्य विज्ञान को कृषि विज्ञान की एक अलग शाखा के रूप में **20वीं शताब्दी** में ही स्थान मिला। **सन् 1908 ई॰ में अमेरिकन सोसाइटी ऑफ एग्रोनामी की स्थापना हुई।** इस सोसाइटी के कारण सस्य विज्ञान के क्षेत्र में काफी प्रोत्साहन मिला।

## सस्य विज्ञान कला एवं विज्ञान दोनों है (Agronomy is both an art and Science)

**कला (Art):** कला का सही ज्ञान अभ्यास से होता है। सस्य विज्ञान विषय का क्रियान्वयन (फसल उत्पादन) प्रक्षेत्र पर किया जाता है। फसलोत्पादन में खेत की तैयारी, खादों एवं उर्वरकों को निश्चित गहराई पर सम्पूर्ण खेत में देना, सीधे एवं समान गहराई के कूड़ खोलना, कूड़ों में समान मात्रा में बीज डालना अथवा समान रूप से खेत में बीज व खाद बिखेरना तथा निराई, गुड़ाई ऐसी करें जिसमें फसल पौधों की जड़ों को हानि न पहुँचे। समान रूप से खेत में सिंचाई हो जाये, फफूंदनाशक, कीटनाशक व शाकनाशी रसायनों का ठीक से छिड़काव हो जाये, ये सभी क्रियायें अच्छी तरह से तभी सम्भव है जब फसलोत्पादक उन्हें हमेशा करता रहता है (अभ्यास से) इस प्रकार हम कह सकते है कि फसलोत्पादन (सस्य विज्ञान) एक कला है।

**विज्ञान (Science)**: किसी भी विषय के क्रमबद्ध ज्ञान (Systematic knowledge) को विज्ञान कहा जाता है। इसमें 'क्यों' व 'कैसे' का उत्तर भी छिपा रहता है। फसलोत्पादन में खेत की तैयारी से लेकर फसल की कटाई तक सभी कार्य क्रमबद्ध तरीके से किये जाते है साथ ही उन क्रियाओं की आवश्यकता का उत्तर भी रहता है। जैसे निराई गुड़ाई करने से मृदा में वायुसंचार होता है, मृदा बैक्टीरिया अपना कार्य सुचारू रूप से करते है तथा जड़ों व पौधों का अच्छा विकास होता है। सभी फसलों का जमाव, विकास व फसलों की विभिन्न क्रियायें एक निश्चित समय पर की जाती है। बीजों की बुवाई निश्चित गहराई (संस्तुति गहराई) पर करने से बीज का जमाव अच्छा होता है। कम गहराई में करने पर नमी की कमी से जमाव ठीक नहीं होता तथा अधिक गहरा बोने पर बीजांकुर (Coleoptile) छोटा होने के कारण जमाव ठीक से नहीं होता तथा अधिक गहरा होने पर किल्ले कम निकलते है। पौधा जीवित प्राणी की तरह कार्य करता है। अतः इसमें विज्ञान की क्रियायें जैसे उत्स्वेदन क्रिया, प्रकाश संश्लेषण क्रिया, श्वसन क्रिया, पोषक तत्त्व ग्रहण करना, फूल बनना, बीज बनना आदि समाहित है। अतः हम कह सकते

हैं कि सस्य विज्ञान 'विज्ञान' एवं 'कला' दोनों है अर्थात दोनों का सामंजस्य है। फसल उत्पादन के विज्ञान को कला के रूप में प्रक्षेत्र पर अंकित (उतारते) करते हैं।

## सस्य विज्ञान का क्षेत्र (Scope of Agronomy)

सस्य विज्ञान एक गतिमान विज्ञान है। अधिक उत्पादन के लिये नई–नई कृषि क्रियाओं एवं वातावरण और पौधों के अच्छे विकास के ज्ञान को समझने के लिये सस्य विज्ञान का ज्ञान सहायता करता है। उदाहरण के लिये उर्वरकों के प्रयोग करने की विधि, कितनी मात्रा में, और किस समय पर इन उर्वरकों का प्रयोग किया जाये इसकी जानकारी सस्य विज्ञान के ज्ञान के द्वारा ही सम्भव है। फसलों के उत्पादन में हानि पहुँचाने वाले खरपतवारों के नियंत्रण के लिये प्रयोग होने वाले शाकनाशी (Herbicides) के चयन (Select) करने, उनका मृदा एवं फसलों में समय पर छिड़काव करने जिससे खरपतवारों का फसल में नियंत्रण होता है यह कार्य सस्य विज्ञान के ज्ञान के द्वारा सम्भव है। विभिन्न प्रकार की जलमग्न मृदाओं का प्रबन्ध और उन मृदाओं में किस प्रकार से फसल उत्पादन करना है, किस प्रकार की फसल की किस्में जलमग्न मृदाओं में उगायें जिससे इन मृदाओं में भी फसलों का उत्पादन किया जा सके जैसे अधिक पानी चाहने वाली फसलों की किस्मों (Varieties) को उगाना चाहिये। मृदा की उर्वरता का ह्रास होने पर, विभिन्न प्रकार की मृदाओं जैसे – लवणीय, क्षारीय और अम्लीय मृदाओं का प्रबन्ध करके फसल उत्पादन को बढ़ाना एवं मृदा उर्वरता (Soil fertility) बनाये रखना, किस समय पर जुताई करना, कितनी मात्रा में उर्वरक देना, फसलों को हेर–फेर कर बोना एवं दलहनी फसलों को फसल चक्र में शामिल करना यह सब सस्य विज्ञान के ज्ञान के द्वारा ही सम्भव है जिससे मृदा उर्वरता एवं फसल उत्पादन अधिक हो तथा किसान की आय में वृद्धि हो। बढ़ती जनसंख्या वृद्धि के कारण भूमि सीमित है जिससे कृषि जोत छोटी होती चली जा रही है। इसको ध्यान में रखते हुये हमें अन्त में समस्या के समाधान के जिसे छोटी जोत पर अधिक उत्पादन करना होगा जिससे मानव की भोजन समस्या पूरी की जा सके। अतः सस्य विज्ञान फसल योजना से शुरू होता है तथा फसल उत्पाद के विक्रय पर समाप्त होता है। अर्थात इसका क्षेत्र व्यापक है।

## सस्य विज्ञान का महत्त्व एवं योगदान (Importance and contribution of Agronomy)

1. **भोजन समस्या का समाधानः** बढ़ती जनसंख्या के कारण भोजन समस्या को सघन कृषि द्वारा ही पूरा किया जा सकता है। कृषि के क्षेत्र में विभिन्न प्रकार की कृषि क्रियाओं के द्वारा देश में कृषि उन्नति से अन्न समस्या का समाधान हुआ है जिससे अब हमारा देश विदेशों पर निर्भर नहीं रहा।
2. **कपड़ा एवं वस्त्र समस्या का समाधानः** अब हमारे देश में रेशे वाली फसलें जैसे–जूट, कपास व सनई आदि का उत्पादन होने से हमारे देश में कपड़ा समस्या नहीं रही।
3. **पशुओं के लिये चारे की समस्या का समाधानः** अपने देश में मशीनीकरण के युग होते हुए भी अभी भी हमारे देश में किन्हीं कारणों से मशीनों का प्रयोग न होने के कारण, इनकी जगह पर पशुओं से कृषि कार्य किया जाता है। इनके पालन–पोषण के लिये विभिन्न प्रकार के चारे वाली फसलों जैसे–

बरसीम, ज्वार, बाजरा, मक्का आदि उगाकर चारे की समस्या का समाधान किसान कर लेता है जिससे पशु हृष्ट–पुष्ट रहते हैं और कृषि कार्य सफलतापूर्वक कर सकें।

4. **मृदा उर्वरता में वृद्धिः** फसलों को वैज्ञानिक तरीके से हम उगाकर मृदा की उर्वरा शक्ति का संरक्षण कर सकते हैं। फसल उत्पादन में बीच–बीच में फसल चक्रों में दलहनी फसलें जैसे–मटर, चना, उर्द, मूँग आदि फसलें उगाकर मृदा उर्वरता में वृद्धि होती है एवं फसल उत्पादन बढ़ता है।

5. **उद्योगों के लिये कच्चे माल की पूर्तिः** देश में चीनी उद्योग, वस्त्र उद्योग आदि की पूर्ति के लिये जैसे–गन्ना, चुकन्दर, कपास, जूट आदि फसलें (कच्चा माल) सस्य उत्पादन से ही प्राप्त होता है। जिससे इन उद्योगों को कच्चा माल की पूर्ति होती है।

6. **राष्ट्रीय आय में वृद्धिः** फसल के अच्छे उत्पादन से कृषक के आय में वृद्धि होती है। इसके अतिरिक्त फसल उत्पादन से विभिन्न करों जैसे–प्रान्तीय तथा केन्द्रीय सरकार की सहायता भी आधारित है। जैसे–मालगुजारी, कृषि कर, सिंचाई कर आदि। सस्य उत्पादन राष्ट्र का एक प्रमुख अंग है।

7. **विदेशी मुद्रा की प्राप्तिः** प्रमुख फसलें जैसे–तम्बाकू, मसाले, चाय, रबर, कपास व जूट आदि फसलों का निर्यात भी अपने देश से किया जाता है जिससे राष्ट्र को विदेशी मुद्रा की प्राप्ति होती है।

8. **रोजगार की प्राप्तिः** सस्य विज्ञान के द्वारा परोक्ष या अपरोक्ष तरीके से रोजगार प्रदान करता है। परोक्ष तरीके से उन मनुष्यों को जो सस्य उत्पादन में लगे हुए हैं, जैसे– कृषक व कृषि कार्य करने वाले श्रमिक व अप्रत्यक्ष रूप से कृषि पर निर्भर धन्धे करने वाले लोग जैसे– बढ़ई, लुहार व कृषि उपज के व्यापारी आदि को रोजगार की प्राप्ति होती है।

9. **ईंधन स्रोत की प्राप्तिः** सस्य अवशेष से ईंधन स्रोत की प्राप्ति होती है। जैसे–फसलों की सूखी लकड़ी आदि।

10. **रहन–सहन के स्तर में वृद्धिः** अच्छे फसल उत्पादन से मनुष्य की आय बढ़ती है और रहन–सहन का स्तर अच्छा होता है।

## सस्य विज्ञान का अन्य विज्ञानों से सम्बन्ध (Relationship of Agronomy with other branches)

सस्य विज्ञान एक व्यावहारिक (Applied) विज्ञान है। सस्य विज्ञान, अन्य मौलिक (Basic) एवं व्यावहारिक विज्ञानों पर मुख्यतया आधारित है। सस्य विज्ञान का सम्बन्ध विभिन्न व्यावहारिक समस्याओं के समाधान हेतु करते हैं। उदाहरणार्थ कृषि रसायन विज्ञान में मृदा, पौध, उर्वरक एवं दुग्ध रसायन विज्ञान का अध्ययन करते हैं। कृषि वनस्पति विज्ञान का विकास मौलिक वनस्पति विज्ञान एवं रसायन विज्ञान से विकसित किया गया है। इसमें पादप पोषण, पादप दैहिकी आदि का अध्ययन करते हैं। पादप रोग एवं कीट विज्ञान में पौधों के रोग एवं कीटों का अध्ययन किया जाता है।

सभी कृषि विज्ञान विषयों का विकास मुख्यतया सन् 1930 के बाद हो पाया है। सभी विज्ञान एक दूसरे की शाखा से सम्बन्धित है इनकी शाखा की सहायता के बिना उन्नति

नहीं कर सकते हैं। सस्य विज्ञान में मृदा प्रबन्ध एवं फसल उत्पादन और जल प्रबन्ध के सिद्धान्तों एवं क्रियाओं के अध्ययन से सम्बन्धित है। अतः सस्य विज्ञान में उर्वरक प्रयोग के समय, उर्वरक प्रयोग के बाद होने वाली रासायनिकी का सहारा लेना पड़ेगा। मृदा कटाव (जल, वायु द्वारा) होने पर मृदा संरक्षण की सहायता लेना पड़ेगी एवं प्रबन्ध के तरीकों को अपनाना होगा। विभिन्न प्रकार की समस्याग्रस्त मिट्टी या जैसे–अम्लीय, क्षारीय और लवणीय आदि का प्रबन्ध मृदा विज्ञान (Soil Science) की सहायता लेकर करना होगा। फसल उत्पादन में मौसम की जानकारी के लिये कृषि मौसम की सहायता लेनी पड़ेगी। फसल जाति की छांट करते समय जलवायु क्षेत्र के लिये पादप प्रजनन विज्ञान की सहायता लेनी होगी। फसलों में लगने वाले कीट एवं रोगों के नियंत्रण के लिये कीट विज्ञान (Entomology) और पादप रोग विज्ञान (Plant Pathology) की सहायता लेनी होगी। अतः सस्य विज्ञान का सम्बन्ध इन सभी विज्ञानों से है।

## सस्य विज्ञान का कृषि के अन्य विषयों से समन्वय (Coordination of Agronomy with other Agricultural subjects)

सस्य विज्ञान का मुख्य उद्देश्य अधिकतम लाभ या आर्थिक दृष्टि से फसलोत्पादन है। अतः इसका प्रारम्भ फसल योजना (Crop planning) से होता है। इसलिये इसके अध्ययन का विस्तृत प्रसार है। जिसके कारण निम्नलिखित विषयों से इसका समन्वय स्थापित करना पड़ता है।

**मृदा एवं कृषि रसायन विज्ञानः** इसमें भूमि के प्रकार, उर्वराशक्ति तथा पोषक तत्त्वों के देने का अध्ययन किया जाता है।

**फसल प्रजनन एवं आनुवंशिकीः** इसमें फसल चक्र, सहफसली, सूखा एवं बाढ़ से सम्बन्धित विभिन्न फसलों की प्रजातियों का अध्ययन किया जाता है।

**पादप रोग विज्ञानः** इस विभाग में फसलों में लगने वाली बीमारियों तथा उनकी रोकथाम का अध्ययन होता है।

**कीट विज्ञान विभागः** फसलों में लगने वाले कीटों, उनका जीवन चक्र तथा उनसे बचाव व नियंत्रण का अध्ययन किया जाता है।

**कृषि अर्थशास्त्र विभागः** फसलों के उत्पादन में होने वाले व्यय, बाजार में विक्रय सम्बन्धी अन्य खर्चों का अध्ययन किया जाता है।

**बीज विभागः** इसमें विभिन्न फसलों के प्रमाणीकृत, जनक, आधारीय बीजों एवं बीजों की गुणवत्ता का अध्ययन किया जाता है।

इन सभी विषयों का सस्य विज्ञान के साथ समन्वय रहता है।

**कृषि अभियांत्रिकी विभागः** फसलोत्पादन में प्रयुक्त होने वाले यंत्रों, मशीनरी के प्रयोग का अध्ययन।

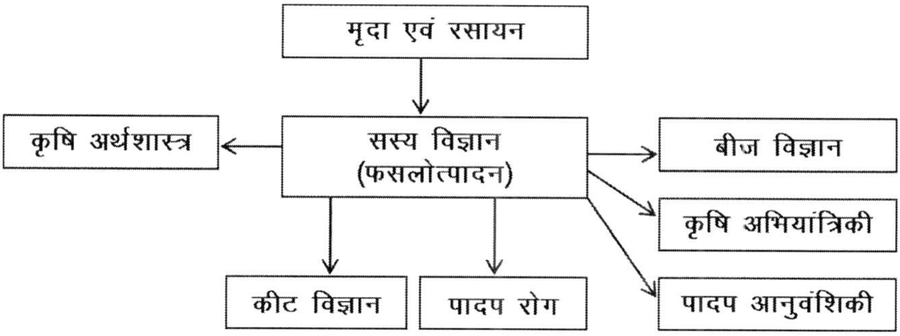


**सस्य विज्ञान का अन्य विभागों से समन्वय**

## सस्य वैज्ञानिक का कर्त्तव्य (Role of Agronomist)

एक अच्छे सस्य वैज्ञानिक का उद्देश्य होता है कि कम से कम लागत में अधिक से अधिक उत्पादन करना। कृषि विज्ञान में अन्य विशेषज्ञों जैसे–पादप प्रजनन वैज्ञानिक, पादप रोग वैज्ञानिक, कीट विज्ञान वैज्ञानिक, मृदा विशेषज्ञ आदि द्वारा प्राप्त अनुसंधानों को खेत के अन्दर पूर्ण रूपेण अन्तिम परिणाम सस्य वैज्ञानिक ही खोजता है। सस्य वैज्ञानिक की तुलना उस डाक्टर से कर सकते हैं जोकि विभिन्न प्रकार के मरीजों को दवाइयाँ देता है और आवश्यकता पड़ने पर मरीज को उसके रोग विशेषज्ञ के पास जाकर सलाह लेता है व आवश्यकता पड़ने पर मरीज को विशेषज्ञ के पास भेज देता है। इस प्रकार सस्य वैज्ञानिक, फसल उत्पादन की पैदावार पर विभिन्न कारकों जैसे–मृदा, मौसम, फसल की जाति, पौधों की बीमारियाँ, पौधों पर कीट–पतंगों का आक्रमण के साथ–साथ फसल के बुवाई के समय, बुवाई के तरीकों, बीज दर, पानी की मात्रा, समय–समय पर खाद देना, खाद की मात्रा, खरपतवार नियंत्रण आदि का आपस में समन्वय स्थापित करके कम से कम लागत में अधिक से अधिक फसलोत्पादन हेतु सुझाव देना एक अच्छे सस्य वैज्ञानिक का कर्त्तव्य है। आधुनिक युग में कृषि क्षेत्र से तीन से चार फसलें लेने हेतु एग्रोनॉमिस्ट का कार्य कपड़े सिलने वाले दर्जी (Tailor) के समान होता है। जैसे कपड़ों को सिलने के लिए सही नाप के अनुसार फिटिंग देता है उसी प्रकार सही समय पर फसलों की बुआई तथा अन्य कृषि कार्य सही समय पर करने की सलाह देता है जिससे एक खेत में एक वर्ष में 3–4 फसलें उगाई जा सकें।

## फसलोत्पादन के प्रमुख सिद्धान्त

आज–कल खेती मुख्य रूप से यांत्रिक है क्योंकि अधिकतर कृषि कार्य मशीनों/यन्त्रों की सहायता से किया जाता है। जैसे ट्रैक्टर, थ्रेसर, कम्बाइनर व सीड्रिल आदि। खेती अधिक खर्चीली हो गयी है। क्योंकि अधिकतर निवेश जैसे प्रमाणित बीज, उर्वरक, फसल सुरक्षा रसायन, डीजल आदि बाजार से खरीदने पड़ते हैं तथा श्रमिकों की मजदूरी भी बढ़ गयी हैं फसलों से अच्छा उत्पादन लेने हेतु नई–नई तकनीकी का विकास हो गया है जिससे खेती पारम्परिक न होकर वैज्ञानिक हो गयी है। जिसकी जानकारी करना अतिआवश्यक है।

कृषि निवेशकों की लागत ज्यादा होने से यह आवश्यक हो गया है कि फसलों को जितने निवेशकों की जितनी मात्रा में आवश्यकता है उतना ही दिया जाय जिससे उत्पादन भरपूर मिले तथा निवेश बर्बाद न हो जिसके लिये फसल उत्पादन से सम्बन्धित निम्न बिन्दुओं पर ध्यान देना अति आवश्यक है।

1. किसानों को अपने खेतों की नाप–जोख वर्गमीटर में कर लेनी चाहिए क्योंकि वैज्ञानिक संस्तुतियाँ एकड़ अथवा हेक्टेयर में है जिससे निवेशकों के आंकलन में कमी न हो। (10000 वर्गमीटर = 1 हेक्टेयर) अथवा 4000 वर्गमीटर = 1 एकड़।
2. फसल के बुआई के एक–दो माह पूर्व फसल योजना तैयार कर लें जिससे आपको पता रहे कि कितने क्षेत्र में कौन सी फसल बोनी है। तथा उसमें प्रयुक्त होने वाले कृषि निवेशों को खरीद कर अपने स्टोर (भंडारण) में पहले से रख लें।
3. कृषक बन्धुओं को फसल का चुनाव भूमि, निवेशकों की उपलब्धता, सिंचाई संसाधन, घरेलू आवश्यकता तथा बाजार माँग के अनुसार करनी चाहिए।
4. फसल व प्रजातियों का चुनाव, घरेलू आवश्यकताओं, बाजार माँगों तथा फसल चक्र के अनुरूप करना चाहिए।
5. पलेवा करके खेत की बुआई करने पर तथा प्रमाणित बीज बोने पर जमाव अच्छा होता है। जिससे बाद में घने पौधों को निकालकर (थीनिंग) पौधों की संख्या सुनिश्चित कर लेते हैं। संस्तुति दूरी पर पंक्तियों में बुआई करने पर छिटकवाँ विधि की तुलना में अधिक उत्पादन मिलता है।
6. संस्तुति मात्रा में उर्वरकों को सही समय एवं सही विधि से देना चाहिए। भूमि की स्वास्थ्य को बनाये रखने में एकीकृत पोषक प्रबन्धन (कार्बन युक्त खादें, हरी खाद, जैविक उर्वरक एवं रासायनिक उर्वरक का समन्वय) करें।
7. फसलों के क्रान्तिक अवस्थाओं में मेढ़ विधि (Check basin) द्वारा हल्की सिंचाई करें जहाँ पानी की अधिक कमी हो वहाँ प्लास्टिक पाइप बिछाकर/बौछारी विधि/टपकाव विधि से सिंचाई करें।
8. खरपतवार नियंत्रण यान्त्रिक विधि से करने पर उर्वरक/खादें मिट्टी में मिल जाते हैं, जिससे उर्वरकों के नष्ट होने की सम्भावना कम हो जाती है। रासायनिक विधि में खरपतवार नाशी की संस्तुति मात्रा को सही समय व सही विधि से डालें।
9. सभी फसल सुरक्षा उपाय जैसे बीमारी नाशक एवं कीट नाशकों की संस्तुति मात्रा को सही समय पर प्रयोग करें जिससे फसल को उनसे होने वाली क्षति से बचाया जा सके।
10. फसल उत्पाद को कटाई के समय तथा क्षेत्र से खलिहान तक ले जाने में काफी नुकसान हो जाता है उसको बचाने के लिए पर्याप्त सावधानी वर्तनी चाहिए।

## फसलोत्पादन की समस्यायें (Problems in crop production)

**कृषि क्षेत्र का कम होता (Reduction in Agricultural Land):** सरकारी योजनाओं के अन्तर्गत, सड़क निर्माण, पंचायत भवन, स्कूल, कालेज तथा नई तहसीलों व जिलों के बनने से भवनों के अन्तर्गत कृषि भूमि का उपयोग किया जा रहा है जिससे खेती योग्य भूमि दिनों दिन कम होती जा रही है। विभिन्न प्रकार के कारखानों के निर्माण के कारण भी कृषि योग्य क्षेत्र कम होता जा रहा है।

- **सीमान्त व लघु किसानों की अधिकता:** संयुक्त परिवारों के कम होने से पैतृक भूमि का विभाजन परिवारों में होने के कारण सीमान्त तथा लघु किसानों की संख्या बढ़ रही है तथा बड़े कृषकों की संख्या घट रही है जिससे यांत्रिक खेती (Mechanical farming) में असुविधा हो रही है।
- **वैश्वीयताप (Global warming):** रासायनिक उर्वरकों, कृषि रसायनों के अधिक प्रयोग, कारखानों, डीजल, पेट्रोल व ए॰सी॰, रिफ्रीजिरेटर आदि उपकरणों के अधिक इस्तेमाल के कारण ग्रीन हाउस गैसों (GHG) का उत्सर्जन अधिक हो रहा है जिससे वायुमंडल में स्थित ओजोन गैस का खतरा उत्पन्न हो गया है फलस्वरूप लगभग 0.1 से 0.5 डिग्री सेन्टीग्रेड तापमान बढ़ जाने के कारण बाढ़, सूखा जैसी समस्याओं के कारण फसले समय से पहले पक जाती है जिससे दाना पतला हो जाता है, किल्ले/शाखायें कम निकलती है फलस्वरूप उत्पादन कम हो जाता है। इसका मानव, पशु–पक्षी तथा फसलों पर प्रतिकूल प्रभाव पड़ता है।
- वनों का कम होना (Reduction in forest)।
- ऊसर भूमि के क्षेत्र में बढ़ोत्तरी (Increased saline and alkaline soil land)।
- उर्वरकों का असंतुलित प्रयोग (Imbalanced use of fertilizer)।
- भूमि में कार्बनिक पदार्थों की कमी (Lack of organic carbon in soil)।
- भूमि जल का गिरता स्तर (Reduction in soil water level)।
- प्राकृतिक घटनाये (Natural aclimaties)।
- कृषि यंत्रों का महंगा होना (Higher cost of agricultural machinary and instruments)।
- अधिक उत्पादन लागत (Higher cost of production)।
- कार्बनिक खादों, जैव उर्वरकों, जैविक पेस्टीसाइड की लोकप्रियता व उपलब्धता में कमी (Lack of organic manures, biofertilizers and biopesticide availability and popularity)।
- सिंचाई के साधनों में कमी (Lack of irrigation soruces) अभी लगभग 60 प्रतिशत क्षेत्र पर असिंचित दशा में खेती की जाती है।
- बौछारी एवं टपक विधि से सिंचाई का कम प्रसार (Lack of extension in sprinkler and drip method of irrigation)।
- फसल विविधीकरण का कम होना (Lack of crop diversity)।

- सस्ते दर पर बीजों की उपलब्धता में कमी (Lack of cheaper rates of seed availability)।
- कटाई के पश्चात कृषि उत्पाद पर ध्यान न देना (Lack of careness in agricultural product at post harvest level)।

■■■■

अध्याय–3

# फसलों का वर्गीकरण (Classification of Crops)

## भूमिका

दाने (बीज) को जब नमीयुक्त मिट्टी में डाला जाता है तब वह भूमि से नमी को अवशोषित करके अंकुरित होता है जिससे जड़ तथा तने के भाग का निर्माण होता है यहीं से पौधे का निर्माण शुरू होता है। पौधे के अन्दर सभी चयापचय क्रियायें होती है क्योंकि वह भी जीवित प्राणी की श्रेणी में रखा गया है। सभी पौधे पहले जंगली अवस्था में थे, मानव में जाग्रति आई अर्थात बौद्धिक विकास हुआ तब उनका उपयोग फसल के रूप में विकसित किया। इस प्रकार फसले पौधे का समूह होती है तथा उसको उगाया जाता है। प्रत्येक फसल के उगाने के कुछ विशेष उद्देश्य होते हैं जैसे भोजन के लिए, कपड़ों के लिए, तेल के लिए, दवाइयों के लिए अथवा अधिक धन कमाने के लिए (आर्थिक उद्देश्य)। अतः फसल वह पौधों का समूह है जिन्हें आर्थिक अथवा अन्य उद्देश्यों की पूर्ति हेतु उगाते हैं।

**फसलों के वर्गीकरण के प्रमुख बिन्दु**

- सभी पौधे प्रारम्भ में जंगली पौधे थे।
- निश्चित उद्देश्य से उगाये गये पौधों के समूह को फसल कहते है।
- फसलों का वर्गीकरण फसलों के बीजों, फलों, तना, जड़ों की उपयोगिता के आधार पर किया गया है।
- फसलों के बीजों के जमाव, पौधों की बढ़वार, फूलने तथा फलने हेतु विभिन्न प्रकार के मौसम की आवश्यकता होती है जिससे उन्हें ऋतुओं के अनुसार उगाया जाता है।
- फसलों से मानव के सभी आवश्यकताओं की पूर्ति होती है तथा कारखानों हेतु कच्चा माल फसलों के उत्पाद से दिया जाता है।

## फसल की परिभाषा

1. ''किसी निश्चित उद्देश्य की पूर्ति हेतु उगाये गये पौधों के समूह को फसल कहते हैं''।

   "Group of plants grown for certain purpose is known as crop".

2. ''आर्थिक उद्देश्य से उगाये गये पौधों के समूह को फसल कहते हैं''।
"Group of plants grown for economic use is called crop".

## फसल के मुख्य अवयव (Elements of crops)

1. पौधों का समूह
2. उत्पादक (कृषक) द्वारा उगाया जाना
3. निश्चित उद्देश्य

## फसलों का वर्गीकरण (Classification of crops)

फसलों की उपयोगिता के आधार पर उनका वर्गीकरण विभिन्न प्रकार से किया गया है।

### 1. ऋतुओं (Season) के आधार पर वर्गीकरण:

(क) **खरीफ ऋतुओं की फसलें (Kharif season crops):** खरीफ मौसम में वातावरण का तापक्रम ऊँचा व आर्द्रता अधिक पाई जाती है। जहाँ पर सिंचाई का साधन नहीं होते वहाँ पर वर्षा प्रारम्भ होने पर फसलों की बुवाई जून–जुलाई में करते हैं। इस ऋतु में उगायी जाने वाली मुख्य फसलें जैसे–ज्वार, मक्का, बाजरा, ग्वार, मूंग, लोबिया, सोयाबीन, ढैंचा, मूंगफली, कपास, जूट व धान आदि। इन्हें वर्षा ऋतु में उगाई जाने वाली फसलें भी कहते हैं।

(ख) **रबी ऋतुओं की फसलें (Rabi season crops):** रबी ऋतुओं की फसलों के अंकुरण व प्रारम्भिक वृद्धि के लिये ठण्डी जलवायु व अल्प प्रकाशकाल की आवश्यकता होती है। रबी फसलों के पकने के समय अधिक तापक्रम व दीर्घ प्रदीप्तिकाल की आवश्यकता होती है। रबी ऋतु की मुख्य फसलें जैसे– गेहूँ, जौ, जई, चना, मटर, मसूर, लाही, सरसों, आलू, अलसी आदि। इन फसलों की बुवाई अक्टूबर–नवम्बर, दिसम्बर तक करते हैं। इन्हें जाड़े की ऋतु में उगाई जाने वाली फसलें भी कहते हैं।

(ग) **जायद ऋतुओं की फसलें (Zaid season crops):** जायद ऋतु की फसले अधिक तापक्रम व अधिक प्रकाशकाल में वृद्धि करती है। सूखा व लू सहन करने की क्षमता इन फसलों में अधिक पायी जाती है। जायद ऋतु की मुख्य फसलें जैसे–खरबूजा, तरबूज, लोबिया, ककड़ी, मूंग आदि। इनकी बुवाई फरवरी–मार्च में करते हैं। इन्हें गर्मी की ऋतु में उगाई जाने वाली फसलें भी कहते हैं।

### 2. पौधों के जीवन चक्र (Life cycle) पूरा करने के आधार पर वर्गीकरण:

पौधा अपने जीवन में अंकुरण से बीज उत्पादन तक जितना समय लेता है उसे पौधों का जीवन चक्र कहते हैं।

(क) **एक वर्षीय पौधे (Annual Plants):** इस वर्ग की फसलें बुवाई से कटाई तक एक वर्ष या इससे भी कम समय लेती हैं एक वर्षीय पौधे कहलाते हैं। जैसे– मक्का, गेहूँ, जौ, ज्वार, मूंग, सोयाबीन व सरसों आदि।

(ख) **द्विवर्षीय पौधे (Binnial Plants):** इस प्रकार के पौधे प्रथम वर्ष में वानस्पतिक वृद्धि व दूसरे वर्ष में फूल व बीज तैयार करते हैं। इस प्रकार बीज बोने से लेकर बीज उत्पादन तक दो वर्ष का समय लगता है। जैसे–चुकन्दर, प्याज आदि।

(ग) **बहुवर्षीय पौधे (Perennial Plants):** बहुवर्षीय पौधे अनेक वर्षों तक जीवित रहते हैं। जैसे–लुसर्न, गन्ना आदि।

3. **फसलों का सस्य वैज्ञानिक अथवा आर्थिक (Agronomical or Economic classification) वर्गीकरण:** इस वर्गीकरण में फसलों को उनके उपयोग की दृष्टि से अग्र वर्गों में विभक्त करते हैं –

1. **धान्य की फसलें (Cereal crops):** इस वर्ग की फसलों का प्रयोग इन फसलों के दानों का प्रयोग मनुष्य अनाज के रूप में करते हैं। इस वर्ग की फसलों का वानस्पतिक अंग अधिकतर पशुओं के काम आता है। इसमें– गेहूँ, जौ, धान के अलावा लघुखाद्यान्न (मिलेट्स) जैसे–ज्वार, बाजरा, मक्का व सांवा, कौदों, चीना, काकुन, मंडुआ व कुटकी आदि की फसलें हैं।
2. **दलहनी फसलें (Pulse crops):** इस वर्ग में दो बीजपत्रों वाली फसलें आती है जिनके खंडित (Split) करने के पश्चात दाल के रूप में प्रयोग की जाती है। जैसे–मूंग, उर्द, चना, मटर, मसूर, अरहर आदि।
3. **तिलहनी फसलें (Oilseed crops):** इस वर्ग में दलहनी व अदलहनी दोनों प्रकार की फसलें आती हैं। इनके बीजों को पीसने से तेल प्राप्त किया जाता है। जैसे–सरसों, राई, तोरिया, दुआ, सूरजमुखी, मूंगफली, तिल, अलसी, सोयाबीन, अरंडी आदि।
4. **रेशे वाली फसलें (Fibre crops):** इन फसलों से रेशा प्राप्त कर जीवन उपयोगी वस्तुएं जैसे–कपड़ा, बोरे टाट व रस्सी आदि समान तैयार किया जाता है। इस वर्ग की मुख्य फसलें जैसे–कपास, जूट, पटसन, सनई व अलसी आदि।
5. **चारे वाली फसलें (Fodder or forage crops):** इस वर्ग की फसलों का प्रयोग पशुओं के चारे के लिये किया जाता है। इस वर्ग की मुख्य फसलें जैसे–बरसीम, ज्वार, बाजरा, ग्वार, लोबिया, मोठ व मक्का, लुसर्न, मटर, जई, जौ, नेपियर घास, सूडान घास आदि।
6. **शर्करा की फसलें (Sugar crops):** इस वर्ग की फसलों के तना व जड़ से रस निकाल कर शर्करा तैयार की जाती है। जैसे–चुकन्दर, गन्ना आदि।
7. **उद्दीपक फसलें (Stimulant crops):** इस वर्ग की मुख्य फसलें जैसे–चाय, तम्बाकू, पोस्ता व कॉफी है। इनके प्रयोग से शरीर में नई उत्तेजना आती है।
8. **सब्जी की फसलें (Vegetable crops):** इस वर्ग की फसलों को सब्जी के रूप में प्रयोग किया जाता है। इसमें मुख्य फसलें जैसे–आलू, टमाटर, भिन्डी, बैंगन, मिर्च, करेला, फूलगोभी, बन्दगोभी, मटर, शलजम, पालक, प्याज व मूली आदि।

9. **मसाले वाली फसलें (Condiments and spices crops):** इस वर्ग की मुख्य फसलें जैसे–जीरा, धनिया, पोदीना, सौंफ, हल्दी, अदरक, मेथी, मिर्च, लहसुन आदि का प्रयोग अचारों व सब्जियों के बनाने में करते हैं।

10. **फल वाली फसलें (Fruit crops):** इस वर्ग की फसलें जैसे–तरबूज, खरबूज, ककड़ी, खीरा आदि है। इनके फलों को खाने में उपयोग किया जाता है।

11. **जड़ों तथा कन्द वाली फसलें (Root and tuber crops):** इस वर्ग की फसलों में आलू ट्यूबर की फसल है। जड़ वाली फसलें जैसे–गाजर, चुकन्दर, शलजम, मूली आदि। इन फसलों की जड़ व भूमिगत तने कन्द (Tuber) को सब्जी के रूप में प्रयोग करते हैं।

## 4. फसलों का वानस्पतिक (Botanical) वर्गीकरण

| **क्र॰सं॰** | **कुल** (Family) | **फसले** (Crops) |
|---|---|---|
| 1. | घास परिवार (Poaceae or grass [Graminae] Family) | गेहूँ, जौ, जई, मक्का, ज्वार, धान, चीना, गन्ना, कोदों, सांवा, नैपियर व गिन्नी घास आदि। |
| 2. | दलहन परिवार (Leguminosae or Papilionaceae or Pea Family) | मूंग, उर्द, लोबिया, चना, मसूर, ग्वार, मटर, सोयाबीन, अरहर, लुसर्न, बरसीम आदि। |
| 3. | सरसों परिवार (Cruciferae or Mustard Family) | सरसों, लाही, राई, गोभी व तारामिरा आदि। |
| 4. | कपास कुल (Malvaceae or cotton Family) | कपास, भिन्डी, पटसन आदि। |
| 5. | आलू परिवार (Solanaceae Family) | आलू व तम्बाकू, बैंगन, मिर्च, टमाटर। |
| 6. | जूट परिवार (Tiliaceae Family) | जूट, फालसा |
| 7. | कम्पोजिटी परिवार (Asteraceae or compositae Family) | सूरजमुखी, कुसुम, नाइजर |
| 8. | चीनोपोडेसी परिवार (Chenopodiaceae Family) | चुकन्दर, पालक (Spinach) |
| 9. | कद्दू परिवार (Cucuabitaceae Family) | तरबूजा, खरबूजा, खीरा, ककड़ी, करेला, कद्दू, तोरई, टिंडा, लौकी आदि। |
| 10. | गाजर परिवार (Umbelliferae Family) | गाजर, सौंफ, जीरा व धनिया आदि। |
| 11. | प्याज परिवार (Aliaceae or uliaceae Family) | प्याज, लहसुन |
| 12. | अंडी परिवार (Euphorbiaceae Family) | अंडी, टैपिओका (Tapioca) |
| 13. | अलसी परिवार (Linaceae or flat Family) | अलसी |

5. **फसलों के बीज आकार के आधार पर वर्गीकरण:** बीज का आकार बोने की गहराई को प्रभावित करता है। फसलों के मोटे बीज अधिक गहराई पर व छोटे बीज कम गहराई पर बोये जाते हैं जिसमें नमी के सम्पर्क में रहे।

(क) **छोटे बीज वाली फसलें (Small sized seed crops):** जैसे–गोभी, सरसों, तम्बाकू, बरसीम आदि।

(ख) **मध्यम आकार के बीज वाली फसलें (Medium sized seed crops):** जैसे– गेहूँ, जई, जौ, ज्वार व बाजरा आदि।

(ग) **बड़े बीज वाली फसलें (Large sized seed crops):** यह फसलें जैसे– मटर, चना, मक्का, कपास आदि।

6. **जड़ों की गहराई के आधार पर फसलों का वर्गीकरण (Classification of crops on the basis of depth of roots):** यह वर्गीकरण निम्न प्रकार है–

(क) **उथली जड़ वाली (Shallow rooted):** मक्का, गेहूँ, जौ आदि।

(ख) **गहरी जड़ वाली फसलें (Deep rooted crops):** कपास, अरहर, चना, ग्वार आदि।

7. **फसलों की पानी आवश्यकता के आधार पर वर्गीकरण**

(क) **अधिक पानी सहन करने वाली फसलें**: धान, गन्ना आदि।

(ख) **अधिक सिंचाई चाहने वाली फसलें**: आलू, गन्ना, सब्जियां आदि।

(ग) **औसत सिंचाई वाली फसलें**: गेहूँ, मक्का, जौ, जई व लोबिया।

(घ) **कम सिंचाई वाली फसलें**: चना, मटर, कपास, अरहर, ज्वार, बाजरा आदि।

**(ड़) सूखा सहन करने वाली फसलें:** ज्वार, बाजरा, सांवा आदि।

8. **मृदा एवं मृदा पी एच के आधार पर फसलों का वर्गीकरण**

(क) **दोमट (Loamy) मिट्टी की फसलें:** सभी फसलें सफलतापूर्वक उगा सकते हैं।

(ख) **मटियार (Clay) मिट्टी की फसलें:** कपास, धान, चना, मटर आदि।

(ग) **दोमट बलुआर (Sandy loamy) मिट्टी की फसलें:** मूली, चुकन्दर, आलू, गाजर, शलजम, शकरकन्द आदि।

(घ) **रेतीली (Sandy) मिट्टी की फसलें:** खरबूजा, तरबूजा, ककड़ी आदि।

(ड़) **ऊसर (Saline) मिट्टी की फसलें:** चुकन्दर, धान, कपास, बरसीम, जौ आदि।

(ञ) **अम्लीय (Acidic) मिट्टी की फसलें:** राई, सरसों, बक–व्हीट आदि।

**9. मृदा कटाव को बढ़ाने व रोकने वाली फसलों के आधार पर वर्गीकरण**

(क) **मृदा कटाव को रोकने वाली फसलें:** मूंग, लोबिया, उर्द, चना, मटर, सोयाबीन, बरसीम आदि।

(ख) **मृदा कटाव को बढ़ाने वाली फसलें:** मक्का, सरसों, अरहर आदि।

**10. फसलों के विशेष उपयोग के आधार पर वर्गीकरण (Special utilization classification of crop)**

(क) **नगदी फसलें (Cash crop):** इन फसलों को उगाकर कृषक पूरा का पूरा उपयोग न करके इन्हें बाजार में लाकर नगद बेच देता है। इन्हें नकदी फसलें कहते हैं। जैसे – गन्ना, आलू, कपास, तम्बाकू व चाय आदि। इन फसलों को उगाने का मुख्य उद्देश्य कृषक को अधिक आर्थिक लाभ प्राप्त करने का होता है।

(ख) **हरी खाद की फसलें (Green manure crops):** मृदा की उर्वरा शक्ति एवं कार्बनिक पदार्थ बढ़ाने के लिये दलहनी व अदलहनी फसलों को उगाते हैं और उसी खेत में कुछ समय बाद वहीं दबा देते हैं। प्रमुख फसलें जैसे–सनई, ढैंचा, लोबिया, मूँग आदि।

(ग) **सूचक फसलें (Indicator crops):** वे फसलें जो मृदा में किसी पोषक तत्त्व की विशेष कमी अथवा मृदा नमी की कमी को शीघ्र प्रदर्शित कर देती हैं सूचक फसलें कहलाती हैं। जैसे – मक्का, सूरजमुखी।

(घ) **मृदा अच्छादित फसलें (Soil cover crops):** इस प्रकार की फसलें भूमि को अपने वानस्पतिक वृद्धि द्वारा ढक लेती है तथा जल व वायु द्वारा कटाव से मृदा की रक्षा करती हैं। इस वर्ग की मुख्य फसलें मूँग, लोबिया, उर्द व बरसीम आदि हैं।

(ङ) **अन्तर्वर्ती फसलें (Catch crops):** कभी–कभी किन्हीं कारणों से मुख्य फसल खेत में नष्ट हो जाये या बोने में देर हो जाये तो उस समय पर कम समय में तैयार होने वाली फसलों को ही अन्तवर्ती फसलें कहलाती हैं। जैसे–चीना, मूंग, लाही, सांवा आदि।

(च) **उतेरा अथवा पाइरा फसलें (Uterea or Paira crops):** निचली भूमि में खड़ी फसल में भूमि की अवशेष नमी का उपयोग करने के लिये अगली फसल का बीज बो देते हैं जैसे–धान के खेत में मसूर, बरसीम की बुवाई कर दी जाती है उसे पाइरा अथवा उतेरा फसल करते हैं।

(छ) **ढाकनेवाली फसलें (Smother crops):** ऐसी फसलें जो भौतिक रूप से वृद्धि करके खरपतवार को दबाकर नष्ट कर देती है या अपने विशेष प्रकार के प्रभाव से नष्ट कर देती है वे शिकारी फसलें कहलाती हैं। जैसे–बरसीम, उर्द, मूँग, लोविया इत्यादि।

(झ) **कृषित फसलें (Arable crops):** वे सभी फसलें जिनमें जुताई (Tillage) की आवश्यकता पड़ती है कृषित फसलें कहलाती हैं।

(ञ) **रक्षक फसलें (Guard crops):** इसमें मुख्य फसल की पशुओं तथा मनुष्यों से रक्षा के लिए खेत के चारों तरफ दूसरी फसल बो देते है। जैसे चना या मटर के चारो तरफ तीन चार पंक्तियाँ कुसुम की बो देते हैं।

(ट) **कीट आकर्षिणी फसलें (Trap crops):** फसल को कीटों से बचाने के उद्देश्य से मुख्य फसल के चारों तरफ दूसरी फसल बो देते है। जैसे कपास की फसल को गुलाबी कीट से बचाने के लिए चारों तरफ भिंडी की फसल बो देते हैं।

(ठ) **ट्रक फसलें (Truck crops):** वे फसलें जिनकी पैदावार काफी अधिक होती है तथा उन्हें ताजे रूप में बाजार में बेचने हेतु भारी वाहन की आवश्यकता होती है उन्हें ट्रक फसलें कहते हैं। जैसे गन्ना, आलू, बैंगन, टमाटर, मूली आदि।

(ड) **ऊर्जा फसलें (Energy crops):** जिन फसलों से इथेनाल अथवा अलकोहल प्राप्त किया जाता है उन्हें ऊर्जा फसलें कहते हैं। जैसे मक्का, जौ, गन्ना, आलू आदि।

(ढ) **एवेन्यू फसलें (Avenue crops):** जिन फसलों को खेतों के रास्ते पर अथवा वाड़ के रूप में उगाया जाता है उन्हें एवेन्यू फसलें कहते है। जैसे अरहर, शीशम आदि।

(ण) **शोषक फसलें (Exhaustive crops):** ये वे फसले हैं जो भूमि से बहुत अधिक मात्रा में पोषक तत्त्वों को ग्रहण करती है जिससे भूमि की उर्वरा शक्ति कम हो जाती है। जैसे ज्वार, बाजरा, चरी आदि।

■■■■

**अध्याय–4**

# जलवायु
# (Climate)

## भूमिका

जलवायु शब्द जल एवं वायु से मिलकर बना है अर्थात किसी क्षेत्र का जल सम्बन्धी ज्ञान जैसे वर्षा की कुलमात्रा, वर्षा का वितरण, मेघों को बनना, मेघों का बरसना तथा वायु सम्बन्धी जैसे वायु की दिशा, वायु की गति, आंधी, तूफान, वायुमंडलीय दाब, आर्द्रता, ताप आदि का ज्ञान सम्मिलित है। इसके अतिरिक्त उस क्षेत्र की नदियों, जलाशयों, पहाड़ों का ज्ञान होने से उस क्षेत्र के लिए उपयुक्त फसलें एवं उनकी प्रजातियों का चयन करके अच्छा उत्पादन प्राप्त किया जा सकता है।

**जलवायु के प्रमुख बिन्दु**

- जलवायु किसी विशेष क्षेत्र के दीर्घकालीन मौसम के औसत को कहा जाता है जबकि मौसम कम समय की वर्षा, तापक्रम, वायुदाब, आर्द्रता आदि की दशाओं से है।
- मौसम कभी–कभी एक दिन में कई बार बदलता है।
- वर्षा, तापक्रम, वायुदाब, आर्द्रता, वायु की गति, वायु की दिशा, प्रकाश आदि की जानकारी यंत्रों के द्वारा ज्ञात की जाती है।
- जलवायु के द्वारा ही किसी विशेष क्षेत्र की मिट्टियों की दशा व प्रकार, फसलों की अवधि के अनुसार फसलों का चयन किया जाता है।
- इसके अन्तर्गत बादलों का भी अध्ययन किया जाता है।
- भारत को कृषि जलवायवीय क्षेत्र के अनुसार 15 भागों (क्षेत्रों) में तथा उत्तर प्रदेश को 9 भागों में बांटा गया है।
- भारत को कृषि परिस्थिति के अनुसार 21 क्षेत्रों (भागों) में बांटा गया है।
- किसी क्षेत्र की स्वचालित मौसम रिपोर्ट (Automatic weather report) के आधार पर उस क्षेत्र के किसानों को भविष्य की घटनाओं की जानकारी व सलाह दी जाती है।
- मौसम सम्बन्धी सभी यंत्र खुले स्थान में स्थापित किये जाते हैं।

- भारत में इस समय लगभग 300 मौसम आवजरवेटरी (Meleoratosical observatories) है। लगभग सभी क्षेत्रों व जिलों में स्वचालित मौसम स्टेशन लगाये जा रहे है।
- प्रोफेसर एल॰ए॰ रामदास को भारतीय Agrometeorology का जनक कहा जाता है।

## मौसम विज्ञान (Meteorology)

फसलों की वृद्धि एवं विकास को जलवायु एवं वातावरण दशायें नियंत्रित करती हैं। वातावरणीय कारकों से फसलों की वृद्धि एवं विकास प्रभावित होते हैं। इसके अध्ययन के लिये मौसम विज्ञान (Meteorology) शब्द का उद्भव हुआ।

मौसम विज्ञान का उद्भव अरस्तु के प्रसिद्ध ग्रन्थ 'मैट्रोलाजिका' (Meteorologica) से हुआ जिसका अर्थ 'ऊपर की वस्तुओं की विवेचना' से है। मौसम विज्ञान को वायुमण्डलीय विज्ञान का पर्यायवाची माना जाता है।

मौसम जो मौसम विज्ञान (Meteorology) को जन्म देता है जिसका मुख्य ध्येय वायुमण्डल के भौतिक अवयवों द्वारा उसमें घटित होने वाली विभिन्न घटनाओं की व्याख्या करना है।

### प्रो॰ जे॰ एम॰ आल्टिन के अनुसार

''किसी भी स्थान के मौसम का तात्पर्य उस स्थान के अन्तरिक्ष सम्बन्धी परिवर्तनशील तत्त्वों जैसे–तापक्रम, वायुदाब, हवा, आर्द्रता, वर्षा एवं आकाश की दशाओं से है।''

"The weather at a given place is the sum or total of all the meteorological variable such as temperature, pressure, wind, humidity, precipitation and the state of sky at a given time".

***"According to J.M. Altin"***

### ट्रिवाथी के अनुसार

''किसी स्थान की अल्पकालिक वायुमण्डल की दशाओं–तापक्रम वायुदाब, वायु, आर्द्रता तथा वर्षा के योग को मौसम कहते हैं।''

"Weather is the sum of atmospheric conditions temperature, pressure, winds, moisture and precipitations for a short period of time".

***According to Tribarth***

### ब्लेयर के अनुसार

''वायुमण्डल तथा उसकी उन सभी घटनाओं जिन्हें मौसम कहा जाता है, का अध्ययन करने वाले विज्ञान को मौसम विज्ञान कहा जाता है।''

"**Agro-Meteorology** - Agricultural meteorology or simply agro-meteorology is the science related to the atmosphere and its phenomena, especially to the weather and its effect on agriculture. A science deals with climatologically conditions which have relevance or relation to agriculture is called agro-meteorology".

"Meteorology is also defined as a branch of physics that deals with physical process in the atmosphere that produce weather".

"Agricultural meteorology is the branch of applied meteorology which deals with the response of crops to the physical environment is called agricultural meteorology".

## वायुमण्डल (Atmosphere)

पृथ्वी के चारों ओर रंगहीन, स्वादहीन और गन्धहीन गैस के मिश्रण पाया जाना ही वायुमण्डल कहलाता है यह लगभग 600 किलोमीटर की ऊँचाई तक फैला रहता है। हमारी पृथ्वी का भूमण्डल एवं जल मण्डल का ग्लोब पर असमान वितरण है जबकि पृथ्वी पर वायुमण्डल समान रूप से वितरित है। वायुमण्डल में वायु का न कोई रंग होता न ही गन्ध और न स्वाद होता है। वायु का हम अनुभव कर सकते हैं देख नहीं सकते। वायुमण्डल अनेक प्रकार के विकिरणों के लिये पारदर्शी (Transparent) होता है।

## वायुमण्डल का संघटन (Composition of the Atmosphere)

वायुमण्डल का संघटन विभिन्न प्रकार की गैसों, जल, वायु और कणों से हुआ है। वायुमण्डल में अनेक प्रकार की गैसें पायी जाती हैं जिसमें नाइट्रोजन (Nitrogen), आक्सीजन (Oxygen), आर्गन (Argon), कार्बन डाईआक्साइड प्रमुख है। यह गैसें 99.98 प्रतिशत तक वायुमण्डल को घेरती है।

| गैसें (Gases) | शुष्क वायु का आयतन (Volume %) | अणुभार (Molecular weight) |
|---|---|---|
| नाइट्रोजन ($N_2$) (Nitrogen) | 78.088 | 75.527 |
| आक्सीजन ($O_2$) (Oxygen) | 20.948 | 23.143 |
| कार्बनडाई आक्साइड ($CO_2$) | 0.033 | 0.045 |
| आर्गन (Argon) | 0.930 | 1.282 |
| अन्य गैस | न्यून (Trace) | न्यून (Trace) |

न्यून (Trace) गैसें जैसे–नीओन (Neon), हिलियम (Helum), मिथेन (Methane), क्रीपटोन (Krypton), नाइट्रस अक्साइड (Nitrous oxide), हाइड्रोजन (Hydrogen), ओजोन (Ozon), जीनोन (Xenon) आदि एवं वायुमण्डल के नीचे भाग में 0–4 प्रतिशत तक जलवाष्प होती है। वायुमण्डल की निचली परत में धूलकण, साल्ट (Salt) क्रिस्टल, जीवाणु, पराग पाये जाते हैं।

## वायुमण्डल की संरचना (Structure of Atmosphere)

वायुमण्डल अनेक परतों की संरचना से बना है ये परतें निम्नलिखित हैं–

1. क्षोभ मण्डल (Troposphere)
2. समताप मण्डल (Stratosphere)
3. मध्य मण्डल (Mesosphere)
4. ताप मण्डल (Thermosphere)

1. **क्षोभ मण्डल (Troposphere)**: यह वायुमण्डल की सबसे निचली परत (Layer) है जिसमें वायुमण्डल के कुल आणविक या गैस भार का 75 प्रतिशत संकेन्द्रित रहता है। Troposphere शब्द का प्रयोग सर्वप्रथम टीजरेन्स डिबर्ट (1902) ने किया था। इसका अर्थ 'परिवर्तन' या 'क्षोभ' है। क्षोभ मण्डल (Troposphere) में आर्द्रता, जलकण, धूलकण, वायुधुन्ध (Aerosol) तथा समस्त वायुमण्डल गतियां तथा विक्षोभ (Turbulences) पाये जाते हैं। क्षोभ मण्डल की ऊचाई 8 से 18 किलोमीटर पृथ्वी से है। यह समुद्रतल से निर्भर करता है। क्षोभ मण्डल की ओर प्रतिहजार मीटर पर 6.5 सेन्टीग्रेट तापमान घटता है। ताप के घटने की यह दर तापक्षय दर (Lapse rate) कहलाती है।

   क्षोभ सीमा (Tropospause) पारिभाषिक शब्द कोश (Huschke Glossary of Meteorology) के अनुसार क्षोभ सीमा, क्षोभ मण्डल (Troposphere) तथा समताप (Stratosphere) मण्डल के मध्य की परत (Layer) है जिसमें तापक्षय दरों (Lapse rate) में अनायास परिवर्तन आ जाता है। इसकी ऊँचाई कर्क तथा मकर रेखा के मध्य 15 किमी॰ तथा ध्रुवीय प्रदेशों के लगभग 10 किमी॰ रहती है। क्षोभ मण्डल की ऊपरी सतह क्षोभ सीमा (Tropospause) कहलाती है। इसे ''मौसम परिवर्तनों की छत'' भी कहा जाता है। इसकी औसत ऊँचाई 11 किमी॰ है। क्षोभ सीमा (Tropospause) बादलों, धूलकणों तथा आर्द्रता की अन्तिम सीमा हे। मेघ, तूफान, विद्युत, गर्जन, संवाहनिक धाराएं तथा इनकी वायु विक्षोभ (Cyclones) इसी परत में मिलते हैं।

2. **समतापमण्डल (Stratoshphere):** समताप मण्डल का आरम्भ क्षोभ मण्डल (Tropospheres) सीमास्तर (Tropopause) से होता है। पृथ्वी से 50 किमी॰ तक मानी जाती है। इस पर सामान तापमान रहने के कारण इस परत को समताप क्षेत्र (Isothermalzone) कहते हैं। इस परत में संवाहनिक धाराएं, धूलकण, मेघ तथा नमी (Moisture) लगभग शून्य होते हैं। यहां आजोन (Ozone) गैस की अधिकता के कारण पराबैंगनी विकिरण (Ultaviolet radiation) का अवशोषण अधिक होता है। ग्रीष्म ऋतु में ऊँचाई के साथ ताप की निरन्तर वृद्धि होती है। विषुवत रेखा के निकट समताप मण्डल का तापमान न्यूनतम रहता है। शीत ऋतु में विषुवत रेखा के निकट –80 से॰ग्रेट ताप रहता है। 50 तथा 60 से॰ग्रेट तापमान उत्तरी अक्षांश के निकट ताप कुल अधिक (–40 से 50 से॰ग्रेट) रहते हैं। 25 किमी॰ ऊँचाई पर ओजोन (Ozone) द्वारा सूर्यातप के अवशोषण के कारण निचले समताप मण्डल में ऋणात्मक (Negative) तापक्षय दर (Lapse rate) पायी जाती है

जो ऊपरी समताप मण्डल में धनात्मक (Positive) हो जाती है। ऊपरी वायुमण्डल में अधिक ताप का कारण सूर्यातप तथा ओजोन का घनत्व होता है।

3. **मध्यमण्डल (Mesosphere):** इस परत की ऊँचाई धरातल से 80 किलोमीटर है। समताप मण्डल और मध्यमण्डल (Mesosphere) होते हैं एक संकरी ट्रांजिसनल परत (Transitional layer) के द्वारा अलग–अलग होते हैं, इस परत को स्ट्रेटोपऊस (Stratopause) कहते हैं। समताप मण्डल (Stratosphere) के ऊपर 80 किलोमीटर तक निरन्तर ताप गिरता है तथा –80 से॰ग्रेट रह जाता है।

4. **तापमण्डल (Thermosphere):** यह 80 किमी॰ से 500 किमी॰ तक फैली परत तापमण्डल (Thermosphere) कहलाती है। इस परत की निचली तह नाइट्रोजन ($N_2$), आक्सीजन ($O_2$) तथा आक्सीजन परमाणु से निर्मित है। तापमण्डल (Thermosphere) परत, मध्यमण्डल (Mesosphere) परत से मीसोपऊस (Mesopause) परत द्वारा अलग होती है। तापमण्डल (Thermosphere) की निचली परत को आइनोस्फीयर (Inosphere) कहते हैं। आयोनाइज्ड परत (Ionised layer) द्वारा लम्बी दूरी के रेडियो संचार (Radio communication) तैयार होना सम्भव है।

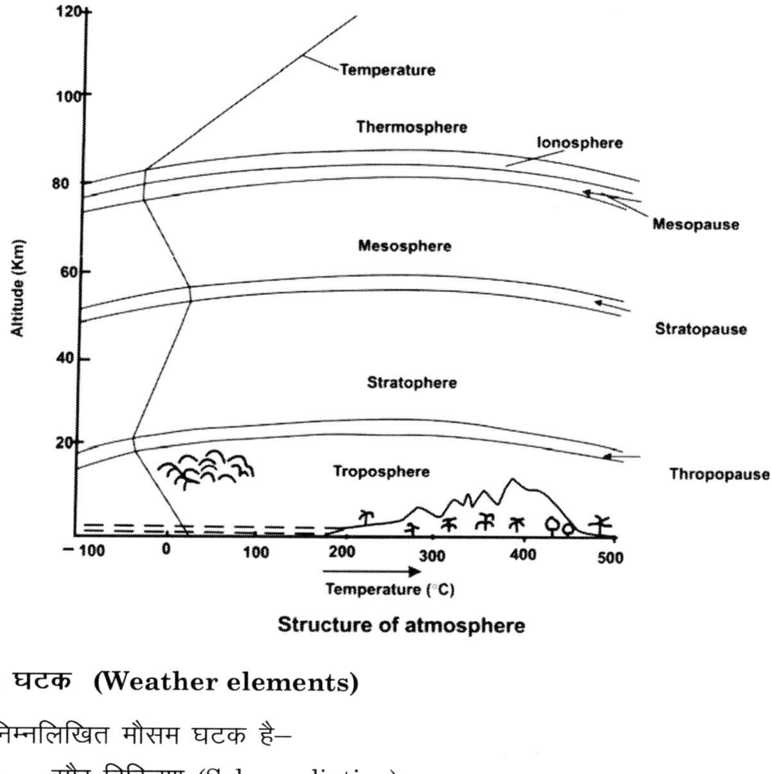


Structure of atmosphere

## मौसम घटक (Weather elements)

निम्नलिखित मौसम घटक है–

1. सौर विकिरण (Solar radiation)

2. वायु तापमान (Air temperature)
3. वातावरणीय दबाव (Atmospheric pressure)
4. हवा बहाव (Wind movement)
5. सापेक्ष आर्द्रता (Relative humidity)
6. अवक्षेपण (Precipitation)
7. बादल (Clouds)

1. **सौर विकिरण (Solar radiation):** पृथ्वी 99.9 प्रतिशत तक ऊर्जा सूर्य (Sun) द्वारा प्राप्त करती है। वायुमण्डल (Atmosphere) में होने वाली सभी भौतिक प्रक्रियाओं का स्रोत सौर विकिरण है। यह ऊर्जा प्रकाशसंश्लेषण, वाष्पोत्सर्जन, हवा और मृदा की ऊष्मा की प्रक्रियाओं द्वारा होती है। प्रायः लगातार सौर विकिरण (Solar radiation) 1.94 कैल0 प्रति वर्ग सेमी॰ प्रति मिनट (1.94 Cal/cm$^2$/min) मात्रा सूर्य से निकलती है। इसका तात्पर्य यह कि वायुमण्डल (Atmosphere) के चारों ओर बाहर की ओर सौर विकिरण निरन्तर ऊर्जा (Energy) एक सतह क्षेत्र पर एक मिनट में एक वर्ग सेमी॰ ऊर्जा गिरती है। सौर विकिरण बादलों (Clouds) के द्वारा परावर्तित (Reflected) होकर जाती है। सौर विकिरण (Solar radiation) को इलैक्ट्रोमैग्निटिक तरंगों (Electromagnetic waves) के रूप (Form) में लेता है। सौर विकिरण बहता है कण बहता है। इन कण को क्वान्टा (Quanta) अथवा फोटोन (Photons) कहते हैं।

## सौर विकिरण के प्रकार (Form of solar Radiation)

1. सीधा सौर विकिरण (Direct solar radiation)
2. विकर्णीय सौर विकिरण (Diffused solar radiation)
3. ग्लोबल सौर विकिरण (Global solar radiation)

1. **सीधा सौर विकिरण (Direct solar radiation):** सूर्य से सीधे सौर विकिरण समस्या सतह पर आना सीधा सौर विकिरण कहलाता है।
2. **विकर्णीय सौर विकिरण (Diffused solar radiation):** सौर विकिरण जब बादल या कणों से सौर विकिरण विकर्णीय या इधर–उधर फैलता है तो इसे विकर्णीय सौर विकिरण कहते हैं।
3. **ग्लोबल सौर विकिरण (Global solar radiation):** ग्लोबल सौर विकिरण, सीधा सौर विकिरण (Direct solar radiation) और विकर्णीय सौर विकिरण (Diffused solar radiation) को मिलाकर होने वाले क्षैतिज सतह (Horizontal surface) पर पड़ने वाले सौर विकिरण को ग्लोबल सौर विकिरण कहते हैं।

विकर्णीय सौर विकिरण में प्रकाशसंश्लेषण क्रियाशील विकिरण (Photosynthetially active radiation or PAR) 65% तक होता है जबकि सीधे सौर विकिरण में PAR 45% तक होता है।

**विभिन्न प्रकार के सौर विकिरण (Different forms of radiation)**

| सौर विकिरण के प्रकार (Type of solar radiations) | अल्ट्रावायलेट (Ultra violet) | प्रकाश संश्लेषण क्रियाशील विकिरण Photo synthetically active radiation (PAR) | नियर इनफ्रारेड (Near infrared) |
|---|---|---|---|
| सीधा सौर विकिरण (Direct radiation) | 0.02 | 0.42 | 0.56 |
| विकिर्णीय सौर विकिरण (Diffused radiation) | 0.10 | 0.65 | 0.25 |
| ग्लोबल विकिरण (Global solar radiation) | 0.03 | 0.50 | 0.47 |

## सौर विकिरण मापने का यंत्र (Measurement of solar radiation)

- ईकाई (Units)- वाट प्रति वर्गमीटर (Watts per square) (SI)
- मौसम विज्ञान में सौर विकिरण मैट्रिक (CGS) ईकाई को कैलोरी प्रतिवर्ग सेमी॰ प्रति मिनट का प्रयोग किया जाता है।
- एक वाट (Watts) ऊर्जा समतुल्य होती है एक जुल प्रति सेकेन्ड

    1 Watt = 1 Joule/s

    697.93 $W/m^2$ = 1 $Cal/cm^2/min$

    10,000 Lux = 3.47 Mega joules
- यंत्र (Instruments)- कुल सौर विकिरण (Total incoming radiation) को मापने के लिये पायरेनोमीटर (Pyranometer) का उपयोग करते हैं।
- सीधा सौर विकिरण (Direct solar radiation) को प्येरिहीलीयोमीटर (Pyrheliometer) का उपयोग किया जाता है।

    1m = 1000 millimeters (mm)

    1mm = 1000 micrometers (μm)

    1μm = 1000 nanometers (nm)

    1nm = 1000 picometers (pm)

## 2. वायुमण्डलीय तापमान (Atmospheric Temperature)

**तापमान (Temperature):** किसी अवयव का गर्म अथवा ठन्डा होना तापमान कहलाता है।

"Temperature is defined as the degree of hotness or coldness of a substance".

तापमान को थर्मामीटर (Thermameter) के द्वारा मापा जाता है उसकी ईकाई सेल्सीयस (Celcies °C) अंश, फारेनहाइट अंश (Farenhiet °F) और केल्विन (Kelvin) मापक भी प्रयोग किये जाते हैं।

वायुमण्डलीय तापमान का स्रोत सूर्य ही है। यह उल्लेखनीय है कि वायुमण्डल का ताप परोक्ष रूप से सूर्य से प्राप्त होता है। जबकि प्रत्यक्ष रूप से ताप अल्प मात्रा में ही प्राप्त होता है। वायुमण्डल का गर्म होना पर्णिव ऊर्जा (Terrestrial energy) है।

**वायु तापमान (Air temperature)-** वायु तापमान का मुख्य स्रोत (Main source) सौर विकिरण (Solar radiation) है। पृथ्वी के बाहर सीमा पर सौर विकिरण का प्राप्त होना वायुमण्डल में उपस्थित बादलों पर निर्भर करता है। कुछ सौर विकिरण बादलों (Clouds) से वापस (reflect) हो जाता है और कुछ से ह्रास हो जाता है। बादलों की अनुपस्थिति में, सौर विकिरण सीधे जाता है। वायुमण्डल के ठोस पदार्थ और कुछ सूक्ष्मकण गैसों द्वारा सौर विकिरण वायुमण्डल में तितर–बितर (Scattered) हो जाते है। यह तितर–बितर (Scattered) विकिरण वातावरण से ह्रास हो जाता है। यह औसत बादलों पर लगभग 43 प्रतिशत सौर विकिरण पृथ्वी द्वारा अवशोषित हो जाता है, वायुमण्डल द्वारा लगभग 22 प्रतिशत तक अवशोषित हो जाता है, तथा लगभग 35 प्रतिशत विकिरण वातावरण से वापस (Reflected) हो जाता है। पृथ्वी एवं वायुमण्डल द्वारा जो सौर विकिरण अवशोषित होता है। वह तापीय ऊर्जा (Thermal energy) में परिवर्तित हो जाती है।

दिन और रात के बीच जो विविध तापक्रम होता है उसे दिन के तापक्रम की विविधता कहते है।

"The temperature variation between day and night is called diurnal variation of temperature".

**Temperature Gradient** - "The decrease in temperature in higher altitudes in the air is known as vertical temperature gradient".

**Lapse Rate** - Vertical temperature decrease or gradient is expressed as lapse rate.

The normal lapse rate is 6.5°C per kilometer or 3.5°F per 1000 feet.

**Adiabatic lapse rate-** The rate at which the temperature change as air rises or falls is called adiabatic lapse rate".

The dry adiabatic lapse rate is 10°C per kilometer.

**Inversion-** "The condition in which there is abrupt rise instead of fall in temperature is called inversion".

**मापने की विधि (Measurement):** ईकाई (Units) तापक्रम को फारेनहाइट, सेल्सियस (Fahrenheit or Celsius) और केल्विन (Kalvin) ईकाई में मापते हैं। जल का फारेनहाइट (Farenheit °F) में ग्लनांक (Melting) और क्वथनांक (Boiling point) क्रमशः 32°F और 212°F है जबकि सैल्सियस (Celsius) (°C) में यह शून्य (0) और 100°C तक होता है।

केल्विन में जल का गलनांक बिन्दु (Melting point) 273°K होता है।

सूत्र–

$$C = (F - 32)\ 5/9$$

$$F = C\ (9/5) + 32$$

$$K = C + 273$$

### 3. वातावरणीय दबाव (Atmospheric pressure)

पृथ्वी के चारों ओर वायुमण्डल फैला है जो अनेक गैसों से निर्मित, हजारों किमी॰ मोटा आवरण है। वायुमण्डल का गैसमय आवरण पृथ्वी पर दबाव डालता है जिसे वायुमण्डलीय दाब (atmospheric pressure) कहते हैं।

वायु दाब की खोज सर्वप्रथम ग्यूरिक्स (Guericks, 1951) ने की थी। सागर तल पर प्रति वर्ग सेमी॰ क्षेत्र पर 2.7 किग्रा॰ औसत भार होता है। वायु का यह भार वायुदाबमापी (Barometer) के पारे को 760 किमी॰ ऊपर उठा सकता है।

- वायुमण्डलीय दबाव (Atmospheric pressure) को मिलीबार (Millibar) इकाई में मापते हैं।
- वायुमण्डलीय दबाव (Atmospheric pressure) को बैरोमीटर (Barometer) यंत्र से मापते हैं।

### 4. पवनें (Winds)

पृथ्वी पर ताप की विभिन्नता के कारण इससे वायुभार की विभिन्नता पैदा होती है। इस वायुभार की विभिन्नता को दूर करने के लिये वायु गतिशील होती रहती है। इसी प्रकार निम्न अक्षांशों के उच्च अक्षांशों की ऊष्मा का क्षैतिज (Horizontal) रूप से अथवा अभिवाहनिक Advective) स्थानान्तरण होता है। वायुमण्डल में ऊष्मा को इस लम्बवत् तथा क्षैतिज एक स्थान से दूसरे स्थान पर स्थानान्तरण से वायुमण्डल में बड़े पैमाने पर संचार होता रहता है। इससे मेघ वर्षा की उत्पत्ति होती है। इस प्रकार की गति या संचार को वायुधारा (Air current) कहते हैं। वायुमण्डल में क्षैतिज (Horizontal) संचार अधिक व्यापक होता है इसे पवन (Wind) कहते है।

**परिभाषाः** वायु के अधिक दबाव क्षेत्र से कम दबाव क्षेत्र की ओर क्षैतिज गतिसंचार को पवन कहते है।

"Wind is air in horizontal motion which travels from high pressure area to a low pressure area".

- पवनों की दिशा को विन्डवेन (Wind vane) यंत्र द्वारा मापते हैं।
- पवनों की गति को एनीमोमीटर (Anemometer) यंत्र द्वारा मापते हैं।

### 5. आर्द्रता (Humidity)

पृथ्वी के चारों ओर उपस्थित जलवाष्प (Water vapour) की मात्रा को वायुमण्डलीय आर्द्रता कहते हैं। तरल जल जलवाष्प में, वाष्पोत्सर्जन के द्वारा परिवर्तित होता है। तापक्रम के रूप में सौर विकिरण द्वारा यह आवश्यक ऊष्मा प्रदान करता है। जलवाष्प (Water vapour) रंगहीन, स्वादहीन और गन्धहीन होता है। यह वायु में घुली

होती है। यह जलवाष्प (Water vapour) की मात्रा पर निर्भर करती है। तापमान और वायु पर वायुमण्डल (Atmosphere) में जलवाष्प का वितरण वायु द्वारा होता है। अधिक तापमान पर वायुमण्डल में अधिक मात्रा में जलवाष्प (Water vapour) है। जब वायु जल वाष्प से संतृप्त (Saturated) होती है तब एक निश्चित तापमान पर अधिक जलवाष्प उपस्थित होती है।

वायुमण्डलीय आर्द्रता को दो रूपों में व्यक्त किया जाता है–

(अ) निरपेक्ष आर्द्रता (Absolute humidity)

(ब) सापेक्ष आर्द्रता (Relative humidity)

(स) विशिष्ट आर्द्रता (Specific humidity)

**(अ) निरपेक्ष आर्द्रता (Absolute humidity):** यह वायुमण्डल में किसी भी समय वायुराशि में मौजूद वाष्प की आर्द्रता है। इसे प्रति घन मीटर ग्राम में ($gm/m^3$) में व्यक्त किया जाता है। वास्तव में यह वायु में प्रति घन इकाई में मौजूद जल वाष्प का भार है। निरपेक्ष आर्द्रता विषुवत रेखा पर सर्वाधिक होती है तथा ध्रुवों की ओर कम होती जाती है।

**Absolute humidity-** "is the absolute or actual quantity of water vapour by weight present in a given volume of air".

$$\text{Absolute humidity } (gm/m^3) = \frac{\text{Weight of water vapour}}{\text{Volume of air}}$$

**(ब) विशिष्ट आर्द्रता (Specific humidity) -** विशिष्ट आर्द्रता कुल वायु की मात्रा तथा उसमें मौजूद जलवाष्प की मात्रा का अनुपात है। इसे प्रति किलोग्राम वायु में जलवाष्प के भार (ग्राम) में व्यक्त किया जाता है।

**परिभाषाः** 'प्रति इकाई हवा में उपस्थित जल वाष्प के भार को विशिष्ट आर्द्रता कहते हैं'।

"Specific humidity is the weight of water vapour per unit weight of air"

$$\text{Specific humidity } = \frac{\text{Weight of water vapour}}{\text{Weight of the air including water vapour}}$$

**Example:** When the weight of air sample including water vapour is 4 kg and the weight of water vapour is 20 gm, the specific humidity is-

$$\text{Specific humidity } = \frac{20}{4} = 5 \text{ gm/kg}$$

**(स) सापेक्ष आर्द्रता (Relative humidity)-** किसी निश्चित तापमान पर वायु की वास्तविक (निरपेक्ष) आर्द्रता तथा उसी ताप पर वायु को संतृप्त करने के

लिये आवश्यक वाष्प की मात्रा के अनुपात (Ratio) को सापेक्ष आर्द्रता (Relative humidity) कहते हैं।

"Relative humidity is the ratio between the amount of water vapour present in the air and the amount of water vapour required for saturation at a particular temperature and pressure".

सापेक्ष आर्द्रता (Relative humidity) को प्रतिशत (%) में व्यक्त करते हैं। इसी का आज भी उपयोग किया जाता है।

$$\text{Relative Humidity} = \frac{\text{Water vapour present in the air}}{\text{Water vapour required for saturation}} = 100$$

**Examples:** When the water vapour required for saturation of a parcel of air is 50 gm and the actual amount of water vapour present is 40 gm, the relative humidity is.

$$\text{R.H.} = \frac{40 \times 100}{50} = 80\%$$

**सापेक्ष आर्द्रता (Relative humidity)** को साइक्रोमीटर अथवा हाइग्रोमीटर (Psychrometer or Hygrometer) यंत्र द्वारा मापते हैं।

**वाष्पोत्सर्जन (Evaporation)-** वाष्पोर्त्सजन वह प्रक्रिया है जो तरलजल को जलवाष्प में परिवर्तित करती है और वायु में होती है।

"Evaporation is the process by which water in a liquid state is converted to vapour and escapes into air"

**वाष्पोत्सर्जन को इवेपोरिमीटर** (Evaporimeter) द्वारा मापते हैं। इसकी ईकाई मिमी॰ प्रतिदिन (mm/day) है।

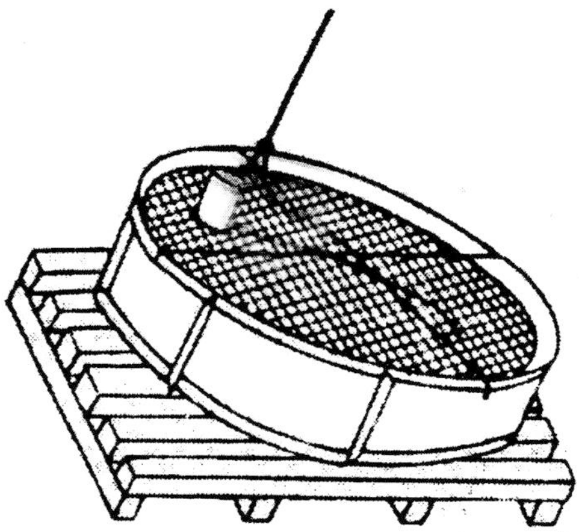

Open Pan Evaporimeter

## 6. वर्षा और वर्षण (Rainfall and Precipitation)

वर्षा शब्द का प्रयोग वर्षण (Precipitation) के रूप में करते हैं। ''भूमि सतह पर किसी प्रकार की नमी सान्द्रण का गिरना वर्षण (Precipitation) कहलाता है''।

"The falling of any type of condensed moisture to the ground surface is called precipitation".

**वर्षा (Rainfall):** ''द्रव बूंद के रूप में वर्षण (Precipitation) का आकार 0.5 मिमी॰ व्यास से बड़ा पृथ्वी पर गिरना वर्षा कहते हैं''।

"Rainfall is precipitation in the form of liquid drops larger than 0.5 mm in diameter falling on the earth".

वर्षा की बूंद का आकार 0.5 से 4 मिमी॰ तक पाया जाता है।

वर्षा (Rainfall) को रेनगेज (Rain gauges) के द्वारा मापते हैं।

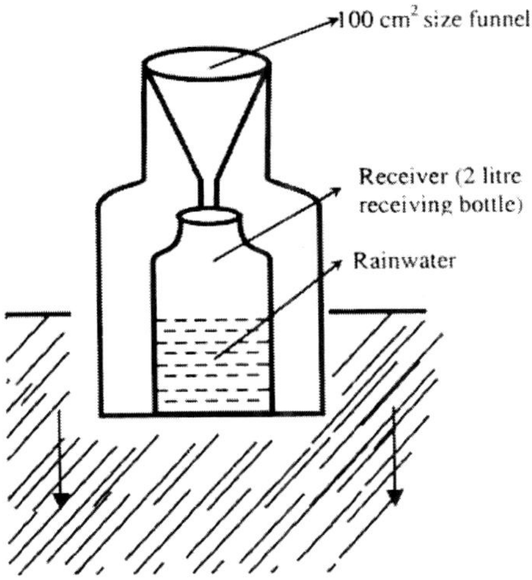


Ordinary Rainguage

**ड्रिजिल** (Drizzle) is rain of very light intensity composed of fine droplets less than 0.5 mm in diameter.

**Cloud (Definition):** Cloud refers as a visible mass of liquid droplets or frozen crystals made of water or various chemicals suspended in the atmosphere above the surface of planetary body.

## 7. मेघ अथवा बादल (Clouds)

बादलों के वर्गीकरण का आधार उनकी ऊंचाई, आकार, रंग, प्रकाश परावर्तन के आधार पर किया गया है।

इस प्रकार बादलों के 10 प्रकार बताये गये हैं–

1. Cirrus clouds (पक्षाभ मेघ)
2. Cirro-cumulus clouds (पक्षात कपासी मेघ)
3. Cirro-stratus clouds (पक्षाभ स्तरी मेघ)
4. Alto-stratus clouds (उच्च स्तरी मेघ)
5. Alto-cumulus clouds (उच्च कपासी मेघ)
6. Stratus clouds (स्तरी मेघ)
7. Nimbo-stratus clouds (वर्षीले स्तरी मेघ)
8. Strato-cumulus clouds (स्तरी कपासी मेघ)
9. Cumulus clouds (कपासी मेघ)
10. Cumulo-nimbus clouds (कपासी वर्षा मेघ)

1. **पक्षाभ मेघ (Cirrus clouds)-** पक्षाभ मेघ सबसे अधिक ऊंचाई पर पाये जाते है। यह धरातल से 6000 मी॰ तथा ऊपरी तल 12,000 मीटर तक होता है। दिन के समय ये श्वेत परों की भाँति होते हैं। ये आकृति में श्वेत रेश्मी कुंतल जैसी होती है। इसीलिये इनका नामकरण लेटिन भाषा में 'Cirrus' (कुंतल) किया गया है। तब पक्षाभ मेघों के चारों ओर एक प्रकाश वृत्त बन जाता है जिसे प्रभामण्डल (Nalo) कहते हैं।

2. **पक्षाभ स्तरी मेघ (Cirro-stratus clouds)-** पक्षाभ स्तरी मेघ 6000 से 10,000 मी॰ की ऊंचाई पर पाये जाते हैं। पक्षाभ स्तरी मेघ आकार व रंग में श्वेत रेशम या घुंघराले बालों की अपेक्षा एक श्वेत चादर की तरह पूरे आकाश को घेर लेते हैं। तभी इन्हें पक्षाभ स्तरी मेघ कहते हैं। यह क्षैतिज पंखों से बने होते हैं। जब पूरे आकाश का रंग दूधिया सा हो जाता है तब यह मेघ किसी तूफान या चक्रवात के आने का सूचक होते हैं।

3. **पक्षाभ कपासी मेघ (Cirro-cummulus clouds) -** पक्षाभ कपासी मेघ में सूक्ष्म हिमकण पाये जाते हैं, श्वेत पट्टियां तथा गोलाकार समूह लहर जैसी–आकृति दिखाई देती है। ये मेघ 7,000 से 10,000 मीटर की ऊंचाई पर मिलते हैं। पक्षाभ–कपासी मेघ, प्रातःकाल में दिखाई देते हैं तथा धूप में गायब हो जाते हैं।

4. **उच्च स्तरी मेघ (Alto-stratus clouds) -** यह बादल (Clouds) एक विशाल चादर की भाँति पूरे आकाश को घेर लेते हैं। यह मेघ हल्के नीले व भूरे रंग के होते हैं। यह 6,000 मी॰ की ऊंचाई पर मिलते हैं। इनमें सूर्य व चन्द्रमा का प्रकाश धुधंला सा पड़ जाता है। वास्तव में ये घने पक्षाभ स्तरीय मेघ ही है। जिनमें हिमकणों की अपेक्षा सूक्ष्म जल कण होते है। कभी–कभी इनसे लगातार कई दिनों तक वर्षा भी होती है। मध्य अक्षांशों में अधिकांश समय चक्रवातीय वर्षा इन्हीं मेघों से होती है।

5. **उच्च कपासी मेघ (Alto-cumulus clouds) -** ये 3000–8000 मी॰ तक की ऊंचाई पर पाये जाते हैं। यह आकाश में धब्बे के रूप में दिखाई देते हैं।

इन मेघों का रंग श्वेत व भूरे होते हैं। यह घने, गुम्बदाकार व छायादार होते है।

6. **वर्षीले स्तरी मेघ (Nimbo-stratus clouds)** - ये मेघ धरातल के पास बनते हैं। ये आकार विहीन, घने और काले एक पिण्ड जैसे होते हैं। लेटिन भाषा में निम्बस (Nimbus) का अर्थ घना मेघ होता है। इन मेघों से वर्षा होती है। जब यह आते हैं तब अन्धकार छा जाता है।

7. **स्तरी कपासी मेघ (Strato cumulus clouds)** - स्तरी कपासी मेघ गुम्बद की आकृति में स्थित होते हैं तो इन्हें स्तरी कपासी मेघ कहते हैं। इनकी ऊंचाई 3000 मीटर होती है। यह आकार में गोलाकार या लहरों जैसे होते है। यह मेघ हल्के भूरे तथा निचले स्तर में कभी–कभी काले रंग के होते है।

8. **स्तरी मेघ (Stratus clouds)** - इनकी ऊंचाई एक या दो मील होती है। यह सम्पूर्ण आकाश को चादर की तरह घेर लेते हैं। इनका रंग धूसर हो जाता है। यह कभी हल्के भूरे, कभी धूसर, कभी गुलाबी, बैंगनी व नारंगी रंग के दिखाई देते हैं।

9. **कपासी मेघ (Cumulus clouds)** - यह मेघ अधिक घने होते हैं। इस प्रकार के मेघ 'गोभी के फूल'' (Cauliflower like) जैसी आकृति बनाते हैं। इनकी ऊंचाई लगभग एक से तीन मील होती है। जब ये छोटे तथा बिखरे होते है तो मौसम साफ रहता है। परन्तु विशाल गुम्बद जाने पर इनका रंग गहरा भूरा या काला हो जाता है। तब ये आँधी तूफान के सूचक होते है। उष्ण कटिबन्ध में दोपहर बाद संवाहनिक धाराओं के साथ ये मेघ प्रतिदिन बनते हैं। शाम के समय यह गरज एवं विद्युत के साथ घोर वर्षा होती है।

10. **कपासी वर्षा मेघ (Cumulo-nimbus clouds)** - इन मेघ के घने व काले होने पर उनसे विद्युत तथा गर्जन सहित वर्षा होती है तो उन्हें गर्जन मेघ (Thunder cloud) कहते हैं। यह आधार से शीर्ष तक 10 किमी॰ से अधिक ऊंचे होते हैं। इन मेघों से वर्षा, आँधी, गर्जन तथा कभी–कभी ओले भी गिरते हैं।

## भारत के कृषि जलवायवीय क्षेत्र (Agro-Climatic Zone)

भारत में सन् 1988 में सस्य जलवायु क्षेत्र योजना (Agro-Climatic Regional Planning) योजना आयोग (Planning Commission) द्वारा आयी। यह योजना सप्तम पंचवर्षीय योजना (Seventh Five Year Plan) में बनी। इसका आधार सस्य–जलवायु कारक (Agro-Climatic Factors) थे। यह सस्य जलवायु कारक निम्न प्रकार है जैसे– वर्षा (Rainfall), तापमान (Temperature), मृदा (Soil), धरातल (Topography) फसल एवं खेती प्रणालियां (Cropping & Farming System) और जल स्रोत (Water Resources)। सस्य जलवायु क्षेत्रों को योजना आयोग (Planning Commission) ने देश के कुल भौगोलिक क्षेत्र 329 मिलियन हेक्टेयर को 15 सस्य (कृषि) जलवायु क्षेत्रों में विभाजित किया है–

1. पश्चिमी हिमालय क्षेत्र (Western Himalayan Region)

2. पूर्वी हिमालय क्षेत्र (Eastern Himalayan Region)
3. निचला गंगा का मैदानी क्षेत्र (Lower Gangetic Plains Region)
4. मध्य गंगा का मैदानी क्षेत्र (Middle Gangetic Plains Region)
5. ऊपरी गंगा का मैदानी क्षेत्र (Upper Gangetic Plains Region)
6. पार–गंगा का मैदानी क्षेत्र (Trans-Gangetic Plains Region)
7. पूर्वी पठारी एवं पर्वतीय क्षेत्र (Eastern Plateau & Hills Region)
8. मध्य पठारी एवं पर्वतीय क्षेत्र (Central Plateau & Hills Region)
9. पश्चिमी पठारी एवं पर्वतीय क्षेत्र (Western Plateau & Hills Region)
10. दक्षिणी पठारी एवं पर्वतीय क्षेत्र (Southern Plateau & Hills Region)
11. पूर्वी–घाट मैदानी एवं पर्वतीय क्षेत्र (Eastern-Ghats Plains & Hill Region)
12. पश्चिमी तटीय मैदानी एवं घाट क्षेत्र (West Coast Plains & Ghat Region)
13. गुजरात मैदानी एवं पर्वतीय क्षेत्र (Gujarat Plains & Hills Region)
14. पश्चिमी सूखा क्षेत्र (Western Dry Region)
15. द्वीप क्षेत्र (Islands Region)

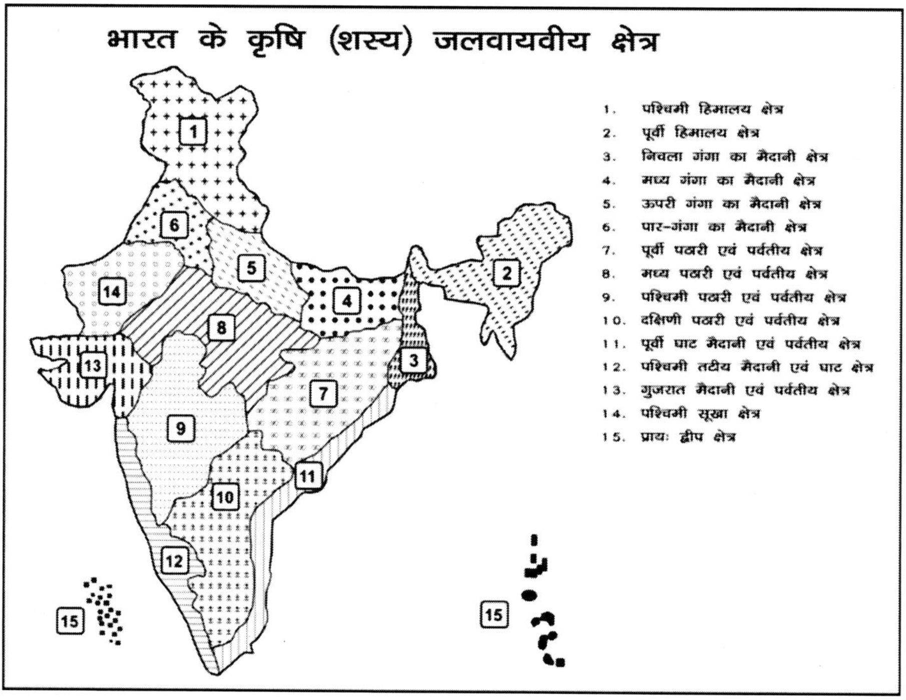

सस्य जलवायु क्षेत्रों का विस्तृत विवरण निम्न प्रकार है–

## 1. पश्चिमी हिमालय क्षेत्र (Western Himalayan Region)

- इसमें जम्मू–कश्मीर, हिमाचल प्रदेश और उत्तर प्रदेश का हिमालय क्षेत्र आता है।
- इन क्षेत्रों की जलवायु ठंडी (Cool) और गीली, नम (Humid) पायी जाती है।
- इन क्षेत्रों की वार्षिक वर्षा 1650–2000 मिमी॰ तक होती है।
- इन क्षेत्रों की महत्वपूर्ण फसलें मक्का, गेहूँ, धान और आलू है।
- इन क्षेत्रों में जम्मू कश्मीर (J&K) की सस्य सघनता (Cropping intensity) कम होती है और हिमाचल प्रदेश की सस्य सघनता अधिक होती है।
- इन क्षेत्रों में उगाई जाने वाली फसलों की औसत उपज राष्ट्रीय औसत उपज स्तर से कम होती है।

**इन क्षेत्रों को विकसित करने के लिये निम्न उपाय करें –**

- इन क्षेत्रों में जल एवं मृदा संरक्षण की योजना बनाना चाहिये।
- इन क्षेत्रों में भूमि का उपयेाग की योजना यंत्रों के साथ बनाना चाहिये। जैसे–30 प्रतिशत ढाल (Slopy) भूमि पर कृषि, 30–50 प्रतिशत ढाल पर बागवानी करनी चाहिए, 50 प्रतिशत ढाल पर धान को उगाना चाहिये।
- बाजार और संसाधन, स्थान्तरण के लिये अच्छा भंडारण होना चाहिये।
- इन क्षेत्रों में सिंचाई का प्रबन्ध वाटर हारवेस्टिंग जैसी विधियों से करना चाहिये।
- पशुपालन प्रबन्ध करना चाहिये।

## 2. पूर्वी हिमालयन क्षेत्र (Eastern Himalayan Region)

- इन क्षेत्रों में सिक्किम, दार्जलिंग का हिमालय क्षेत्र, अरूणाचल प्रदेश, नागालैण्ड, मेघालय, मनीपुर, त्रिपुरा, मिजोरम, असम, पश्चिमी बंगाल का जलपाइगुडी का क्षेत्र और बिहार का कुछ भाग पूर्वी हिमालयन क्षेत्र में आता है।
- इन क्षेत्रों की जलवायु गीली–नम (Humid) और उप गीली–नम (Sub humid) पायी जाती है।
- इन क्षेत्रों की वार्षिक वर्षा 1840–3528 मिमी॰ तक पायी जाती है।
- इन क्षेत्रों को पांच उप क्षेत्रों में बांटा गया है (5-sub region)।
- इन क्षेत्रों की मुख्य फसलें जैसे–मक्का, धान, जूट, सरसों आदि हैं।
- इन क्षेत्रों पर 1/3 भाग पर झूम या शिफ्टिंग खेती होती है।
- इन क्षेत्रों में मृदा क्षरण अधिक होता है।

**इन क्षेत्रों के विकास के लिये**

- इन क्षेत्रों में मृदा और जल संरक्षण के लिये वाटरशेड अपनाना चाहिये।
- बाजार–स्थानान्तरण, संसाधन एवं भंडारण के लिये अच्छी सुविधायें होनी चाहिये।
- इन क्षेत्रों में समन्वित खेती (Integrated farming system) प्रणाली अपनानी चाहिये।
- इन क्षेत्रों में रहने वाले लोगों को शिक्षित करके मृदा क्षरण के ह्रास (Loss) के बारे में जानकारी दे एवं उसके समाधान के उपाय बतायें।
- अच्छे संचार माध्यम और स्थानान्तरण सुविधायें होनी चाहिये।

**3. निचला गंगा का मैदानी क्षेत्र (Lower Gangetic Plain Region)**

- इसमें पश्चिमी बंगाल का क्षेत्र आता है।
- इन क्षेत्रों में चावल की उपज कम होती है। परन्तु भारत में चावल के कुल उत्पादन में पश्चिमी बंगाल का क्षेत्र 12 प्रतिशत तक हिस्सा होता है।
- इन क्षेत्रों में मुख्य रूप से चावल, जूट, राई, गेहूँ, मक्का, आलू फसलें उगायी जाती है।
- इन क्षेत्रों में नमी–गीली नमी (Moist humid) और शुष्क गीली नमी (Dry humid) जलवायु पायी जाती है।
- इन क्षेत्रों को चार उप क्षेत्रों में बांटा गया है।
- इन क्षेत्रों की वार्षिक वर्षा 1302–1607 मिमी॰ तक पायी जाती है।

**इन क्षेत्रों की नकारात्मक बिन्दु (Negative points) है जो निम्न है–**

- अच्छे जल प्रबन्ध की कमी।
- जल निकास की समस्या।
- देशी फसलों की जातियों का उपयोग करना।
- अधिक उपज वाली जातियों (High yielding varieties) का कम प्रयोग।
- इस क्षेत्र का प्रसार कार्य अच्छा नही है।
- बाजार एवं संसाधनों की सुविधा अच्छी नही है।
- भंडारण एवं स्थानान्तरण की उचित व्यवस्था में कमी।
- इन क्षेत्रों के लोग मानसून पर निर्भर रहते हैं।
- इन क्षेत्रों में मृदा एवं जल क्षरण होता है।
- इस क्षेत्र के किसान अशिक्षित और गरीब हैं।
- विद्युत सप्लाई अच्छी नहीं है।

### 4. मध्य गंगा का मैदानी क्षेत्र (Middle Gangetic Plain Region)

- इन क्षेत्रों में उत्तर प्रदेश का पूर्वी भाग और बिहार का मैदानी क्षेत्र आता है।
- इन क्षेत्रों में 40 प्रतिशत तक कुल कृषित सिंचित क्षेत्र है।
- इन क्षेत्रों की फसल सघनता (Cropping intensity) 142 प्रतिशत तक होती है।
- इन क्षेत्रों की चावल उत्पादकता (Rice Productivity) कम होती है।
- इसमें पूर्वी उ0प्र0 को तीन उप क्षेत्रों एवं बिहार को 9 उप क्षेत्रों में बांटा गया हे।
- इन क्षेत्रों में नम एवं अर्धनम (Moist sub humid) से गीली–नमी (Sub humid) तक जलवायु पायी जाती है।
- इन क्षेत्रों की वार्षिक वर्षा 1211–1470 मिमी॰ तक होती है।
- इन क्षेत्रों की मुख्य फसलें जैसे–धान, गन्ना, मक्का, गेहूँ है।

### 5. ऊपरी गंगा का मैदानी क्षेत्र (Upper Gangetic Plain Region)

- इसमें उ0प्र0 का शेष भाग आता है।
- इन क्षेत्रों को तीन उपक्षेत्रों में बांटा गया है और शुष्क उपगीली–नमी (Dry sub humid) उप शुष्क (Sub dry) जलवायु पायी जाती है।
- इन क्षेत्रों की वार्षिक वर्षा 721–979 मिमी॰ तक होती है।
- इन क्षेत्रों की मुख्य फसलें जैसे–चावल, गेहूँ, मक्का और गन्ना है।
- इन क्षेत्रों की सस्य सघनता 145 प्रतिशत तक होती है।
- इन क्षेत्रों में सिंचाई, नहर और ट्यूबवेल से करते हैं।
- इन क्षेत्रों में विशेष योजना है कि सब्जियां और फलों को वैज्ञानिक ढंग से उगाये।
- इन क्षेत्रों में दूध उत्पादन (Milk Production) और संसाधन (Processing) ईकाई को स्थापित करना।

### 6. पार–गंगा का मैदानी क्षेत्र (Upper Gangetic Plain Region)

- इन क्षेत्रों में पंजाब, हरियाणा, शिवालिक, श्रीगंगानगर, दिल्ली और शुष्क एवं अर्द्धशुष्क मैदानी क्षेत्र थार (राजस्थान) आते हैं।
- इनमें अधिकतम कुल क्षेत्र (Net irrigated area) और सिंचित क्षेत्र आता है।
- इन क्षेत्रों की सस्य सघनता (Cropping intensity) अधिक है।
- इन क्षेत्रों में अधिकतम भूमिगत जल (Ground water) का उपयोग होता है।

**इन क्षेत्रों के विकास के लिये निम्नलिखित बिन्दु है–**

- अच्छा जल प्रबन्ध होना चाहिये।
- ऊसर मिट्टी का सुधार एवं प्रबन्ध करना।
- लगातार भूमिगत जल का प्रयोग करें।
- फसलों की विविधता (Crop diversification) अवश्य करें।
- फसल प्रणालियों में दलहनी फसलों का प्रयोग अवश्य करना चाहिये।
- पशुपालन और चारागाह का अच्छा प्रबन्ध करना।
- सब्जियों, फलों और चारागाह के क्षेत्र को बढ़ाना चाहिये।

### 7. पूर्वी पठारी एवं पर्वतीय क्षेत्र (Eastern Plateau & Hills Region)

- इसके अन्तर्गत वैन गंगा, मध्य प्रदेश का पूर्वी हिमालय, हाइलैण्ड, उड़ीसा, छोटा नागपुर का पठारी, पश्चिम बंगाल का हिमालय पठारी क्षेत्र और छत्तीसगढ क्षेत्र आते हैं।
- इसके पाँच उपक्षेत्र पाये जाते हैं।
- शुष्क गीली नमी (Dry humid) से उपनमी (Sub humid) जलवायु पायी जाती है।
- इन क्षेत्रों की वार्षिक वर्षा 1271–1436 मिमी॰ तक होती है।
- इन क्षेत्रों की मुख्य फसलें–चावल, गेहूँ, मक्का, रागी है।
- इन क्षेत्रों में 67 प्रतिशत छोटे किसान और 25 प्रतिशत सीमान्त किसान पाये जाते हैं।
- उबड़–खाबड़ (undulated) और उथली भूमि पायी जाती है।
- इन क्षेत्रों में सिंचाई टैंक और ट्यूबवेल द्वारा की जाती है।

### 8. मध्य पठारी एवं पर्वतीय क्षेत्र (Central Plateau & Hills Region)

- इसमें लगभग 46 जिला मध्य प्रदेश के, छत्तीसगढ़, उ0प्र0 और राजस्थान आते हैं।
- इन क्षेत्रों का धरातल (Topography) उबड़–खाबड़ (Undulating) है।
- इन क्षेत्रों को 14 उप क्षेत्रों में पाया गया है।
- इन क्षेत्रों में 400–1550 मिमी॰ तक वार्षिक वर्षा होती है।
- इन क्षेत्रों की जलवायु शुष्क से अर्द्धशुष्क तक पायी जाती है।
- इन क्षेत्रों में मुख्य रूप से गेहूँ, चना, ज्वार, बाजरा, धान फसलें उगायी जाती हैं।
- इसमें 75 प्रतिशत क्षेत्र वर्षा से प्रभावित है।

### 9. पश्चिमी पठारी एवं पर्वतीय क्षेत्र (Western Plateau & Hills Region)

- इसके अन्तर्गत महाराष्ट्र, मध्य प्रदेश का मुख्य भाग और कुछ भाग राजस्थान का आता है।
- इसके चार उपक्षेत्र पाये जाते हैं।
- इन क्षेत्रों की जलवायु अर्द्धशुष्क है।
- इन क्षेत्रों की वार्षिक वर्षा 602–1040 मिमी॰ तक होती है।
- इन क्षेत्रों में मुख्य फसलें जैसे–ज्वार, बाजरा, कपास और गेहूँ उगायी जाती है।
- कुल क्षेत्र 65 प्रतिशत, 11 प्रतिशत वन क्षेत्र, 12.4 प्रतिशत सिंचाई का क्षेत्र आता है।
- यहां पर सिंचाई मुख्यता नहर द्वारा की जाती है।

**इन क्षेत्रों के विकास के लिये मुख्य बिन्दु निम्न है–**

- सिंचाई का प्रबन्ध करना।
- पशुओं (गाय, भैंस) की दशाओं में सुधार करना।
- महंगी फसलों की खेती करना।

### 10. दक्षिणी पठारी एवं पर्वतीय क्षेत्र (Southern Plateau & Hills Region)

- इसमें 35 जिला आन्ध्र प्रदेश के, कर्नाटक, तमिलनाडु क्षेत्र आते हैं।
- इसमें अर्द्ध–शुष्क जलवायु पायी जाती है।
- इन क्षेत्रों पर 81 प्रतिशत तक शुष्क खेती होती है एवं 111 प्रतिशत सस्य सघनता होती है।
- इन क्षेत्रों को 6 उप–क्षेत्रों में बांटा गया है।
- इन क्षेत्रों की वार्षिक वर्षा 677–1000 मिमी॰ तक होती है।

**इन क्षेत्रों के विकास के लिये मुख्य बिन्दु निम्न है–**

- जल विभाजन या वाटरशेड (Watershed) क्षेत्र में शुष्क खेती तकनीक का लगातार उपयोग करना।
- उर्वरक उपयोग क्षमता को बढ़ाना चाहिये।
- लघु सिंचाई योजना को विकसित करना।

### 11. पूर्वी घाट मैदानी क्षेत्र (East Coast Plains)

- इसमें तमिलनाडु का पूर्वी घाट, आन्ध्र प्रदेश और उड़ीसा का क्षेत्र आता है।
- इन क्षेत्रों में मुख्यतः जलोढ़ (Alluvial soil) मृदा और कोस्टल बालू (Coastal sands) पायी जाती है।

- इन क्षेत्रों में सिंचाई मुख्यता नहर और टैंक (Tank) द्वारा करते हैं।
- इन क्षेत्रों को 6 उप क्षेत्रों में बांटा गया है।
- इन क्षेत्रों की जलवायु (Climate) शुष्क उप गीली–नम (Dry sub humid) और अर्द्धशुष्क पायी जाती है।
- इन क्षेत्रों की वार्षिक वर्षा लगभग 780–1287 मिमी॰ तक होती है।
- इस क्षेत्र में उगाई जाने वाली मुख्य फसलें चावल, मूंगफली, रागी, ज्वार और बाजरा है।
- इस क्षेत्र (Zone) से 20.3 प्रतिशत भारत की कुल चावल उत्पादन का होता है और 17.5 प्रतिशत तक मूंगफली होती है।
- इन क्षेत्रों में जलाक्रान्ति (Waterlogging) लगभग 75 तक क्षेत्र में होता है। इसलिए मत्स्य पालन (Fisheries) का विकास करना चाहिये।
- इन क्षेत्रों में झूम खेती, समन्वित उद्यान विज्ञान, कृषि योजना करना चाहिये।

## 12. पश्चिमी तटीय मैदान एवं घाट क्षेत्र (West coast plains & Ghats)

- इन क्षेत्रों में पश्चिमी तटीय क्षेत्र तमिलनाडु, केरल, कर्नाटक, महाराष्ट्र और गोवा आते हैं।
- इन क्षेत्रों में मुख्य व्यवसाय मसालों (Spices) की खेती करना।
- इन क्षेत्रों को 4 उप क्षेत्रों में बांटा गया है।
- यहां की जलवायु गीली–नम (Humid) से शुष्क उप गीली–नम (Dry sub humid) पायी जाती है।
- इन क्षेत्रों की वार्षिक वर्षा लगभग 2226–3640 मिमी॰ तक होती है।
- इन क्षेत्रों में मुख्य फसलें जैसे–चावल, रागी, मूंगफली उगायी जाती है।

**सुझाव निम्न है–**

- बरसाती जल का भंडारण।
- भूमिगत जल का लगातार उपयोग।
- सब्जियों एवं फलों का क्षेत्र बढ़ाना चाहिये।
- मत्स्य पालन का प्रबन्ध करना।

## 13. गुजरात मैदान एवं पर्वतीय क्षेत्र (Gujarat Plains & Hills Region)

- इसमें गुजरात के 19 जनपद आते हैं।
- इन क्षेत्रों को 7 उप क्षेत्रों में बांटा गया है।
- इन क्षेत्रों में शुष्क और कम वर्षा वाली जलवायु पायी जाती है।
- इन क्षेत्रों की वार्षिक वर्षा 340–1793 मिमी॰ तक होती है।

- इन क्षेत्रों में लगभग 32.5 प्रतिशत सिंचाई कुएं (Wells) और ट्यूबवेल द्वारा की जाती है।
- मुख्य फसलें– मक्का, गेहूँ, चावल, मूंगफली, तम्बाकू, कपास, ज्वार, बाजरा उगायी जाती है।
- यह क्षेत्र तिलहनी (Oilseed crops) फसलों के लिये प्रसिद्ध है। इसलिये इस क्षेत्र को तिलहन क्षेत्र कहते हैं।
- इस क्षेत्र की सस्य सघनता लगभग 114 प्रतिशत तक पायी जाती है।

**इन क्षेत्रों के लिये सुझाव**

- बरसाती जल का भंडारण एवं प्रबन्ध करना।
- शुष्क खेती करना और नहर एवं भूमिगत जल का प्रबन्ध करना।
- शुष्क उद्यान और कृषि–वानिकी का विकास करना चाहिये।

## 14. पश्चिमी सूखा क्षेत्र (Western Dry Region)

- इसमें 9 जिला राजस्थान के हैं।
- इन क्षेत्रों में गर्म सूखी बालू (Hot sandy desert) सीधी बरसात, अधिक वाष्पोत्सर्जन (Evaporation), कम वनस्पति, सामान्यतया सूखी जलवायु पायी जाती है।
- यहां की वार्षिक वर्षा 95 मिमी॰ तक होती है।
- यहां पर 1.2 प्रतिशत तक वन क्षेत्र, 4.5 प्रतिशत चारागाह क्षेत्र और 6.3 प्रतिशत तक सिंचित क्षेत्र पाया जाता है।
- यहां की सस्य सघनता (Cropping intensity) 105 प्रतिशत तक होती है।
- यहां की मुख्य फसलें– बाजरा, चना, गेहूँ, राई है।

**दो मुख्य योजनाएं–**

1. इन्दिरा गांधी नहर (Indira Gandhi Canal)
2. सूखा विकास योजना (Drought Development Programme)

## 15. द्वीपीय क्षेत्र (Island Regions)

- इन क्षेत्रों में अंडमान एवं निकोबार और लक्षद्वीप का क्षेत्र आता है।
- यहां की वार्षिक वर्षा लगभग 3000 मिमी॰ तक होती है।
- ज्यादा से ज्यादा वनों वाला क्षेत्र के साथ उबड–खाबड़ (Undulating) भूमि पायी जाती है।
- कुल कृषित क्षेत्र पर लगभग 50 प्रतिशत नारियल की खेती होती है।
- यहां पर गीली–नम जलवायु पायी जाती है।
- यहां चावल, नारियल उगायी जाती है।

**मुख्य बातें–**

- फसल सुधार करना।
- जल प्रबन्धन।
- मत्स्यपालन करना।

## भारत के कृषि परिस्थिति का क्षेत्र (Agro-Ecological zones/ Regions of India)

भारत के कृषि (सस्य) परिस्थिति की क्षेत्रों को योजना आयोग (Planning Commision) द्वारा 21 क्षेत्रों में बांटा गया है जो निम्न प्रकार है।

### 1. पश्चिमी हिमालयन प्रथम (Western Himalayan I)

- इसमें ठण्डा शुष्क क्षेत्र आता है।
- इन क्षेत्रों में लद्दाख (Laddakh) और गिलगित (Gilgit) आते है।
- इन क्षेत्रों का तापमान 8°C तक रहता है।
- वर्षा 150 मि॰मी॰ से कम होती है।
- इन क्षेत्रों की फसल उगने की अवधि 90 दिनों से कम होती है।
- कुल भौगोलिक क्षेत्र का 15.6 मिलियन है॰ है।

### 2. पश्चिमी मैदानी क्षेत्र (Western Plains Region)

- इन क्षेत्रों की जलवायु गर्म (Hot) शुष्क एवं सूखा और लवणीय मृदा पायी जाती है।
- इन क्षेत्रों में राजस्थान (Rajasthan) दक्षिण पश्चिम हरियाणा, पंजाब, कुछ उत्तर कैथवाड़ा का क्षेत्र आता है।
- कुल भौगोलिक क्षेत्र का 29.6 मि॰ है॰ तक पाया जाता है।
- वार्षिक वर्षा 300 मि॰ मी॰ तक होती है।
- वाष्पोत्सर्जन क्षमता (PET) लगभग 1500–1900 मि॰मी॰ तक होता है।
- फसल अवधि 90 दिनों से कम होती है।

### 3. डक्कन पठारी प्रथम (Deccan Plateau- I)

- इन क्षेत्रों में गर्म शुष्क क्षेत्र आते हैं।
- इन क्षेत्रों में लाल एवं काली मिट्टी पायी जाती है।
- इन क्षेत्रों में आन्ध्र का अनन्तपुर, कर्नाटक का बिलारी व डक्कन पठारी भाग आते है।
- वार्षिक वर्षा 400–500 मि॰मी॰ तक एवं वाष्पोत्सर्जन क्षमता (PET)] 1800–1900 मिमी॰ तक होती है।
- फसल अवधि 90 दिनों की होती है।

### 4. उत्तर मैदानी और केन्द्रीय हाईलैण्ड (North Plain and Central Highland)

- इसमें उत्तर मैदानी भाग गुजरात का केन्द्रीय ऊँची भूमि के मैदानी क्षेत्र आते है।
- यहाँ की जलवायु (Climate) गर्म अर्द्धशुष्क क्षेत्रों के साथ जलोढ़ मिट्टी पायी जाती है।
- कुल भौगोलिक क्षेत्र का 32.9 मि॰ है॰ तक पाया जाता है।
- वर्षिक वर्षा 400—800 मिमी॰ तक होती है और वाष्पोत्सर्जन क्षमता (PET) 1400—1800 mm., फसल उगाने की अवधि 90—150 दिनों की होती है।

### 5. केन्द्रीय (मालवा) ऊँची भूमि और कैथवाड़ा पैनसुलार (Central (Malwa) High land and Kathiawada Peninsular)

- यहाँ पर गहरी काली मिट्टी पायी जाती है और गर्म अर्द्धशुष्क जलवायु पायी जाती है।
- ठसमें पश्चिमी उत्तर प्रदेश, पूर्वी राजस्थान और गुजरात, काठियावाड़ क्षेत्र आते है।
- वर्षा लगभग 600—900 मिमी॰ तक होती है PET 1600—2000 मिमी॰ तक होता है।
- फसल उगाने की अवधि 90—150 दिनों की होती है।

### 6. दक्षिणी पठारी द्वितीय (Deccan Plateau II)

- इन क्षेत्रों में गर्म अर्द्धशुष्क जलवायु पायी जाती है।
- उथली और मध्यम काली मिट्टी पायी जाती है।
- पश्चिमी महाराष्ट्र, उत्तर कर्नाटक, उ॰प्र॰ का क्षेत्र आता है।
- इसका क्षेत्र 33.0 मि॰हे॰ है।
- वर्षा (Rainfall) 600—1000 मिमी॰ तक होती है।
- यहाँ PET-1600-1800 mm. है।
- फसल उगाने की अवधि 90—150 दिनों की है।

### 7. दक्षिणी पठारी और पूर्वी घाट (Deccan Plateau and Eastern Ghat)

- इसमें मुख्य भाग आन्ध्र प्रदेश का आता है।
- गर्म अर्धशुष्क जलवायु पायी जाती है।
- इन क्षेत्रों की मिट्टी लाल एवं काली रंग की पायी जाती है।
- वर्षा 600—1000 मिमी॰ तक होती है।

- PET-40% से कम होती है।
- फसल अवधि 90–150 दिनों की होती है।

## 8. पूर्वीघाट (तमिलनाडु का ऊपर भाग) और दक्षिणी पठारी क्षेत्र (Eastern Ghat (T.N. Upland) and Deccan Plateau Region)

- इन क्षेत्रों में गर्म अर्धशुष्क जलवायु पायी जाती है।
- लाल बलुई मिट्‌टी पायी जाती है।
- इन क्षेत्रों में तमिलनाडु का ऊपर भाग, दक्खनी पठारी का दक्षिणी, पश्चिमी कर्नाटक आता है। इसके अन्तर्गत 22.7 मि॰ है॰ तक क्षेत्र आता है।
- वर्षा –600–1000 मिमी॰ तक होती है।
- PET- 400–700 मिमी॰ तक होती है।
- फसल अवधि 120–150 दिनों का होता है।

## 9. उत्तरी मैदानी क्षेत्र (Northon Plains Region)

- इसमें सिन्धुगंगा का मैदानी क्षेत्र, पश्चिमी हिमालयन का मैदान आता है।
- गर्म उपनमी वाली (Hot Subhumid) जलवायु पायी जाती है।
- यहाँ जलोढ़ मिट्‌टी पायी जाती है।
- वार्षिक वर्षा 1000–1200 मिमी॰ तक होती है।
- PET- 1400–1800 मिमी॰ है।
- फसल अवधि 150–180 दिनों की होती है।

## 10. केन्द्रीय ऊँची भूमि (मालवा और बुन्देलखण्ड) क्षेत्र (Central High land (Malwa Bundelkhand)

- इसमें रायपुर जिला, सागर, भोपाल, सीहोर, सजापुर, होशिंगाबाद आदि क्षेत्र जाते है।
- यहाँ मध्यम से गहरी काली मिट्‌टी पायी जाती है।
- वर्षा 1000– 1500 मिमी॰ तक होती है।
- यहाँ PET-1300-1500 mm. है।
- फसल अवधि (Crop Growing Period) 150–180 दिनों की है।

## 11. दक्षिणी पठारी और केन्द्रीय ऊपरी भूमि (बुन्देलखण्ड) (Deccan Plateau and Central High land (Bundelkhand))

- इसमें मध्यप्रदेश का बुन्देलखण्ड भाग और उत्तर विदर्भ आता है।
- वर्षा –1000–1500 मिमी॰ तक होती है।
- PET- 1500–1600 मिमी॰ तक होती है।

- इन क्षेत्रों में लाल और काली मृदायें पायी जाती है।
- गर्म और उपनमी गीली (Subhumid) जलवायु पायी जाती है।
- फसल अवधि 150–180 दिनों की होती है।

## 12. पूर्वी पठारी (छत्तीसगढ़ क्षेत्र) (Eastern Plateau (Chhattisgarh Region)

- इसमें छत्तीसगढ़ प्रदेश को शामिल करते हुए पूर्वी पठारी का भाग आता है। और झारखण्ड का पालामू, बिहार का कैमूर आता है।
- इन क्षेत्रों की लाल और पीली (Yellow) मृदायें पायी जाती है।
- गर्म उपगीली नम (Hot Subhumid) जलवायु पायी जाती है।
- यहाँ की वर्षा 1200–1600 मिमी॰ तक होती है।
- फसल अवधि 150–180 दिनों की होती है।

## 13. पूर्वी (छोटा नागपुर) पठार और पूर्वी घाट क्षेत्र (Eastrn Chhota Nagpur Plateau & Eastern Ghat Region)

- इसके अन्तर्गत छोटा नागपुर झारखण्ड का पठारी, पश्चिमी बंगाल, उड़ीसा का पूर्वी घाट, मध्यप्रदेश का भाग आता है।
- यहाँ पर वार्षिक वर्षा 1000–1600 मिमी॰ तक पायी जाती है।
- PET- 1400–1700 मिमी॰ तक होती है।
- यहाँ की जलवायु गर्म उपनमी (Subhumid) होती है।
- इन क्षेत्रों में लाल दोमट मृदायें पायी जाती हैं।
- फसल अवधि 150–180 दिनों की होती है।

## 14. पूर्वी मैदानी क्षेत्र (Eastern Plains Regions)

- उ॰प्र॰, उत्तर बिहार, हिमालय का पूर्वी क्षेत्र आता है।
- इन क्षेत्रो मे गर्म उपनमी (Hot subhumid) जलवायु पायी जाती है।
- इन क्षेत्रों में एल्यूवियल मृदायें पायी जाती है।
- वार्षिक वर्षा 1400–1600 मिली मीटर तक होती है।
- PET- 1300–1500 मिमी॰ तक होती है।
- फसल उगाने की अवधि 180–120 दिनों का होता है।

## 15. पश्चिमी हिमालयन द्वितीय (Western Himalayan II)

- जम्मू कश्मीर (J&K) हिमाचल प्रदेश और उत्तर प्रदेश का हिमालय क्षेत्र आता है।
- यहां पर गर्म उप गीली नम (Warm subhumid) जलवायु पायी जाती है।

- इनका क्षेत्र 17.7 मि॰है॰ तक है। वार्षिक वर्षा 1600–2000 मि॰मी॰ तक होती है।
- फसल अवधि 150–210 दिन है।

### 16. असम और बंगाल मैदानी क्षेत्र (Assam & Bangal Plains Region)

- इसमे ब्रह्मपुत्र (Brahamputra) का मैदानी, गंगानदी, पश्चिम बंगाल और असम का भाग (Parts of Assam & W.B.) क्षेत्र आते है।
- गर्म गीलीनम (Hot humid) जलवायु पायी जाती है।
- यहाँ पर एलूवियल मृदायें पायी जाती है।
- वार्षिक वर्षा 1400–1600 मिली मीटर तक होती है।
- PET- 1000–1400 मिमी॰ तक होती है।
- फसल उगाने की अवधि 270 दिनों से अधिक होती है।

### 17. पूर्वी हिमालयन (Eastern Himalayan) क्षेत्र

- इन क्षेत्रों में उत्तर असम, अरुणाचल प्रदेश का मुख्य भाग, सिक्किम आते है।
- गर्म गीली नम (Warm humid) जलवायु पायी जाती है।
- वर्षा 2000 मिली मीटर तक होती है।
- फसल उगाने की अवधि 270 दिनों से अधिक होती है।

### 18. उत्तर पूर्वी पहाड़ी (पूर्वांचल) क्षेत्र (North Eastern Hills (Purwanchal))

- यहाँ की जलवायु गर्म गीलीनम होती है।
- इन क्षेत्रों में लाल और लैटराइट मृदायें पायी जाती है।
- इसके अन्तर्गत नागालैण्ड का उत्तर पूर्वी प्रदेश, मणिपुर, मिजोरम, दक्षिण त्रिपुरा क्षेत्र आते हैं।
- यहाँ वार्षिक वर्षा 1600–2600 मिली मीटर तक होती है।
- PET- शुष्क 100–150 मिमी॰ तक होती है।
- फसल उगाने की अवधि 270 दिनों से अधिक होती है।

### 19. पूर्वी तटीय मैदानी क्षेत्र (Eastern Coastal Plain Region)

- इसमें पूर्वी तटीय क्षेत्र, कावेरी डेल्टा से गंगा डेल्टा का क्षेत्र आता है।
- यहाँ गर्म और उपगीली नमी (Hot & Subhumid) जलवायु पायी जाती है।
- इन क्षेत्रों में एलुवियल (Alluvial) मृदायें पायी जाती है।
- वार्षिक वर्षा 1200–1600 मिली मीटर तक होती है।

- PET- 400—500 मिमी॰ तक होती है।
- फसल उगाने की अवधि—150—210 दिनों से अधिक होती है।

## 20. पश्चिमी घाट तटीय मैदानी क्षेत्र (Western Ghat & Coastal Plain Region)

- महाराष्ट्र का पश्चिमी तटीय क्षेत्र कर्नाटक, केरल क्षेत्र आते हैं।
- यहाँ पर एलवियल एवं लाल लैटराइट मृदायें पायी जाती है।
- यहाँ गर्म गीली नमी (Hot humid) जलवायु पायी जाती है।
- वार्षिक वर्षा 2000 मिली मीटर तक होती है।
- PET- 1400—1600 मिमी॰ तक होती है।
- फसल उगाने की अवधि 270 दिनों से अधिक होती है।

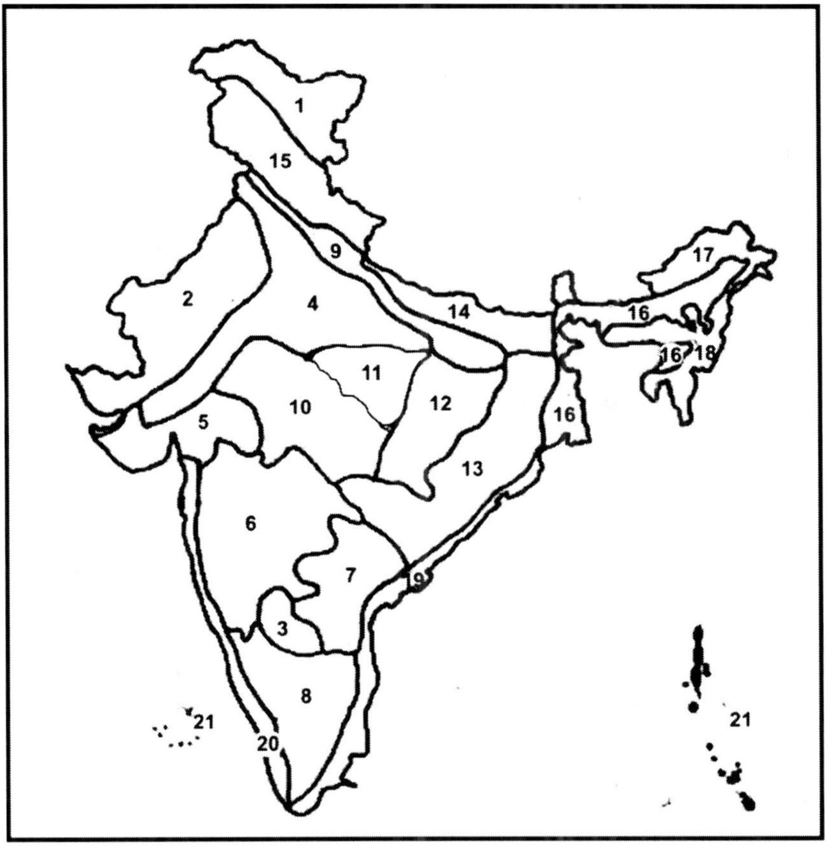


**Agro-Ecological Regions**

### 21. अण्डमान निकोबार और लक्षद्वीप क्षेत्र (Island of Andman, Nicobar & Lakshdweep Region)

- इसमें अण्डमान निकोबार और लक्षद्वीप समूह आता है।
- यहाँ पर जलवायु गर्म गीली नम (Hot humid) पायी जाती है।
- लाल दोमट बालू मिट्टी पायी जाती है।
- वार्षिक वर्षा 1600–3000 मिली मीटर तक होती है।
- PET- 300–400 मिमी० तक होती है।
- रोपित फसलों के लिए उपयुक्त है।
- फसल उगाने की अवधि 270 दिनों से अधिक होती है।

### उत्तर प्रदेश के कृषि जलवायु क्षेत्र (Agro-climatic zones of Uttar Pradesh)

उत्तर प्रदेश को 9 क्षेत्रों (Zone) में बांटा गया है जो निम्न प्रकार है–

1. भाबर तराई मैदानी क्षेत्र (Bhabar and Tarai plains zone)
2. पश्चिमी मैदानी क्षेत्र (Western plain region)
3. मध्य पश्चिमी मैदानी क्षेत्र (Mid-west plain region)
4. दक्षिण पश्चिमी अर्द्धशुष्क क्षेत्र (Southern-western semi dry regions)
5. मध्य मैदानी क्षेत्र (Mid-plains region)
6. बुन्देलखण्ड क्षेत्र (Bundelkhand region)
7. उत्तरी पूर्वी मैदानी क्षेत्र (Northern-eastern plain region)
8. पूर्वी मैदानी क्षेत्र (Eastern plains region)
9. विन्ध्यन क्षेत्र (Vindhyan region)

### 1. भाबर एवं तराई मैदानी क्षेत्र (Bhabar Tarai Plains Regions)

- इन क्षेत्रों का न्यूनतम तापमान 4.3 से०गेट एवं अधिकतम तापक्रम 38.4 से०ग्रेट होता है।
- इन क्षेत्रों की औसत वार्षिक वर्षा 1400 मिमी० तक होती है।
- इन क्षेत्रों में उपलब्ध फास्फोरस में न्यून से मध्यम, मध्यम से उच्च पोटेशियम और कार्बनिक पदार्थ इन मृदाओं में अधिक पाया जाता है।
- इस क्षेत्र की प्रमुख फसलें धान, गेहूँ, मक्का, गन्ना, चना, मसूर, दलहन है।
- यहां का सिंचित क्षेत्रफल 73.29 प्रतिशत तक है।
- इसके अन्तर्गत सहारनपुर, बिजनोर, रामपुर, पीलीभीत, खीरी, बहराइच, श्रावस्ती जनपद आते है।

### 2. पश्चिमी मैदानी (Western Plains Regions)

- इस क्षेत्र में सहारनपुर, मुजफ्फरनगर, बागपत, मेरठ, गाजियाबाद एवं बुलन्दशहर आते हैं।
- फसलें–धान, गेहूँ, गन्ना, आलू, मक्का, ज्वार, बाजरा, दलहन, राई, सरसो है।
- यहाँ का तापमान न्यूनतम, 15 से॰ग्रेट अधिकतम 43.3 से॰ग्रेट तक रहता है।
- इन क्षेत्रों की औसत वार्षिक वर्षा 795 मिमी॰ तक होती है।
- इन क्षेत्रों का सिंचित क्षेत्रफल 89.23 प्रतिशत तक है।
- इन क्षेत्रों में जलोढ़ मृदायें पायी जाती हैं जिसमें कार्बनिक पदार्थ कम मात्रा में पाया जाता है।
- कुल प्रतिवेदित क्षेत्रफल 19.23 लाख प्रति हेक्टेयर।

### 3. मध्य–पश्चिमी मैदानी क्षेत्र (Mid-western plains Regions)

- इसमें जिला बिजनौर, मुरादाबाद, रामपुर, बरेली, बदायूं, पीलीभीत एवं शाहजहांपुर (7 जनपद) आते हैं।
- यहां का न्यूनतम् तापमान 4.5 से॰ग्रेट, अधिकतम तापमान 45.4 से॰ग्रेट तक रहता है।
- इन क्षेत्रों की औसत वार्षिक वर्षा लगभग 1032 मिमी॰ तक होती है।
- यहां का सिंचित क्षेत्रफल 83.21 प्रतिशत तक है।
- इन क्षेत्रों की मृदायें अधिकांश जलोढ़ सामान्य से हल्की, क्षारीय तथा कार्बनिक पदार्थ मध्यम मात्रा में पाया जाता है।
- क्षेत्रफल 30.36 लाख/है॰ तक है।
- फसलें – धान, गेहूँ, आलू, गन्ना, सब्जियाँ मूंगफली, सरसो, दलहन हैं।

### 4. दक्षिणी पश्चिमी अर्द्धशुष्क क्षेत्र (Southern-western semi-dry Regions)

- इन क्षेत्रों में अलीगढ़, मथुरा, आगरा, फिरोजाबाद, एटा, मैनपुरी (6 जनपद) जिले आते हैं।
- इन क्षेत्रों का न्यूनतम तापमान 4.0 से॰ग्रेट, अधिकतम तापमान 47.0 से॰ग्रेट तक रहता है।
- औसत वार्षिक वर्षा लगभग 662 मिमी॰ तक होती है।
- सिंचित क्षेत्रफल 75.52 प्रतिशत तक है।
- कुल प्रतिवेदित क्षेत्रफल 22.30 लाख प्रति हेक्टयर है।
- इन क्षेत्रों में अल्यूवियल मृदा एवं अरावली पायी जाती है।
- फसलें–आलू, गन्ना, गेहूँ, मक्का, ज्वार, बाजरा, दलहन, तिलहन है।

## 5. मध्य मैदानी क्षेत्र (Middle Plain Regions)

- इन क्षेत्रों में जिला–फर्रूखाबाद, कन्नौज, इटावा, कानपुर नगर, देहात, उन्नाव, हरदोई, खीरी, सीतापुर, लखनऊ, रायबरेली, फतेहपुर, प्रतापगढ़ एवं इलाहाबाद (14 जनपद) आते हैं।
- न्यूनतम तापमान 5.5 से॰ग्रेट, अधिकतम तापक्रम 45.0 से॰ग्रेट।
- औसत वार्षिक वर्षा 863 मिमी॰ तक।
- सिंचित क्षेत्र 66.41 प्रतिशत है।
- क्षेत्रफल 61.22 लाख/है॰ है।
- यहां की मृदायें जलोढ़ कार्बनिक पदार्थ कम मात्रा में पाया जाता है।
- फसलें – गेहूँ, आलू, धान, चना, ज्वार, बाजरा, जौ, अरहर, सरसो, मूंगफली, सब्जियाँ, तम्बाकू, आंवला, अमरूद आदि है।

## 6. बुन्देलखण्ड क्षेत्र (Bundelkhand Regions)

- इसमें जिला–ललितपुर, झांसी, जालौन, हमीरपुर, महोबा, बांदा एवं चित्रकूट (7 जनपद) आते हैं।
- इन क्षेत्रों का न्यूनतम तापमान 3.0 से॰ग्रेट, अधिकतम तापमान 47.8 से॰ग्रेट तक होता है।
- इन क्षेत्रों में औसत वार्षिक वर्षा 867 मिमी॰ तक होती है।
- सिंचित क्षेत्रफल 38.65 प्रतिशत तक है।
- इन क्षेत्रों में राकर, परवा, काबर तथा मार मृदायें पायी जाती है।
- यहां का प्रतिवेदित क्षेत्रफल 29.61 लाख/है॰।
- मुख्य फसलें – धान, दलहनी फसलें, तिलहनी फसलें, गेहूँ, ज्वार।

## 7. उत्तरीपूर्वी मैदानी क्षेत्र (Northern-Eastern Plain Zone)

- इस क्षेत्र में जिला – बलरामपुर, बहराइच, गोण्डा, सिद्धार्थनगर, बस्ती, महराजगंज, गोरखपुर, कुशीनगर एवं देवरिया (9 जनपद)।
- न्यूनतम तापमान 4.9 से॰ग्रेट, अधिकतम तापमान 44.2 से॰ग्रेट रहता है।
- इस क्षेत्र की औसत वार्षिक वर्षा 1240 मिमी॰ तक होती है।
- सिंचित क्षेत्रफल 48.24 प्रतिशत होता है।
- कुल क्षेत्रफल 33.80 लाख/है॰ तक है।
- इन क्षेत्रों में अल्यूवियल तथा चूरेवाली (केलकेरियस) भाट मृदायें पायी जाती हैं।
- मुख्य फसलें – धान, गेहूँ, जौ, बाजरा, ज्वार, सरसो, गन्ना, सब्जियाँ हैं।

**उत्तर प्रदेश के कृषि जलवायु क्षेत्र (अंचल)**
(Agro-Clomatic Zones of Uttar Pradesh) (9)

## 8. पूर्वी मैदानी क्षेत्र (Eastern Plain Zone)

- इसमें बाराबंकी, फैजाबाद, सुल्तानपुर, जौनपुर, आजमगढ़, मऊ, बलिया, गाजीपुर, वाराणसी एवं संत रविदास नगर जनपद (10 जनपद) आते हैं।
- इस क्षेत्र का न्यूनतम तापमान 5.7 से॰ग्रेट, अधिकतम तापमान 41.4 से॰ग्रेट तक होता है।
- औसत वार्षिक वर्षा 803 मिमी॰ तक होती है।
- सिंचित क्षेत्रफल 69.43 प्रतिशत है।
- कुल क्षेत्र 32.08 लाख/है॰ तक है।
- यहाँ अल्यूवियल, सोडिक (क्षारीय) तथा दियारा मृदायें पायी जाती हैं।
- फसलें – सब्जियां, धान, गेहूँ, आलू, गन्ना, चना, सरसो, मसूर, तिल।

## 9. विन्ध्यन क्षेत्र

- इसमें मिर्जापुर एवं सोनभद्र (2 जनपद) जिले आते हैं।
- न्यूनतम तापमान 5 से॰ग्रेट, अधिकतम तापमान 45.2 से॰ग्रेट तक होता है।
- औसत वार्षिक वर्षा 1134 मिमी॰ तक होती है।
- सिंचित क्षेत्रफल 52.85 प्रतिशत तक है।
- कुल क्षेत्रफल 11.34 लाख हेक्टयर हे।

- मृदायें–काली भारी, लाल दानेदार तथा मैदानी क्षेत्रों में अल्युवियल मृदायें पायी जाती हैं।
- फसलें – दलहन, गेहूँ।

## मौसम की भविष्यवाणी (Weather Forecasting)

मौसम सम्बन्धी जानकारी जैसे वर्षा, पाला, ओला, आंधी, तूफान का भविष्य में आने की सम्भावना कृषकों को देने पर वे अपनी फसल/पशुओं की सुरक्षा कर सकते है। आजकल सभी जिलों में ISRO की तरफ से स्वचालित मौसम स्टेशन स्थापित किये जा रहे है जिससे कृषकों को जानकारी देकर फसलों की सुरक्षा की जा सके। उदाहरण के लिए अगर फसल की बुवाई के लिए उपयुक्त मौसम नहीं है तो बीज, बुवाई के उपयुक्त होने वाले मजदूरों तथा डीजल की बचत की जा सकती है। अधिक वर्षा की भविष्यवाणी पर फसलों की सिंचाई बचाई जा सकती है तथा परिपक्व अवस्था में फसल की कटाई जल्दी की जा सकती है। कृषि से सम्बन्धित मौसम की भविष्यवाणी 3 प्रकार की होती है।

1. **लघु सीमा भविष्यवाणी (Short range forecast)**: यह 24 से 48 घंटे के लिए होती है तथा लगभग 70–80 प्रतिशत सत्य होती है जिसमें कुल वर्षा, तापक्रम, हवा का वेग, हवा की दिशा, सूर्य के प्रकाश आदि का विवरण होता है जिससे फसल की सुरक्षा की जा सकती है।
2. **मध्यम सीमा भविष्यवाणी (Medium range forecast)**: यह 5 दिन के लिए उपयुक्त होती है तथा 60–70 प्रतिशत सत्य होती है। इसमें मौसम की घटनायें जैसे तेज आंधी, तूफान, सूखा, वर्षा की जानकारी होती है। यह फसलों के उगाने की योजना में सहायक होती है।
3. **दीर्घकालीन सीमा भविष्यवाणी (Long range forecast)**: यह एक माह से 3 माह तक (एक ऋतु) के लिए मान्य होती है जो असमान्य ताप व वर्षा को बताता है इससे मृदानमी प्रबन्धन, सिंचाई प्रबन्धन, फसलों के चुनाव में सहायता मिलती है।

■■■■

# अध्याय–5

# भूपरिष्करण (Tillage)

## भूमिका

प्रत्येक फसल के बीजों के जमाव, बढ़वार, फूलने–फलने तथा जड़ों के विकास के लिए भूमि तथा वातावरण में कुछ निश्चित दशाओं की आवश्यकता होती है। भूमि की ये दशायें बीजों/पौधों के भूपरिष्करण के पश्चात् ही सम्भव है। भूपरिष्करण क्रिया करने से भूमि की भौतिक दशा में सुधार होते हैं, मिट्टी के कणों के मध्य रन्ध्रावकाश खुल जाते है जिससे वायु एवं पानी का संचार होता है, खरपतवार नष्ट हो जाते है, पिछली फसल के ठूठ कट कर सड़ जाते हैं, खाद पूरे खेत में समान रूप से मिट्टी में मिल जाती है। फलस्वरूप पौधों की वृद्धि तथा उपज अच्छी मिलती है।

**भूपरिष्करण के प्रमुख बिन्दु**

- जेथरोतुल (Jethro Tull) को भूपरिष्करण का जनक कहा जाता है।
- कृषि यंत्रों की सहायता से खेत की मिट्टी की जुताई, गुड़ाई, बुवाई आदि क्रियायें करना भूपरिष्करण कहलाता है। इससे बीज के जमाव हेतु उपयुक्त वातावरण मिल जाता है, फसल फूलती–फलती है फलस्वरूप अच्छा उत्पादन देती है। भूपरिष्करण से मिट्टी की जो भौतिक दशा बनती है उसे टिल्थ (Tilth) कहा जाता है।
- भूपरिष्करण की सभी क्रियायें यंत्रों से की जाती है जिन्हें संचालित करने के लिए ऊर्जा (शक्ति) की आवश्यकता होती हैं। ये शक्ति मानव, बैलों तथा ट्रैक्टर आदि से दी जाती है।
- फसलों को भूपरिष्करण की आवश्यकता खेत की तैयारी से लेकर कटाई के पूर्व तक होती है जो फसलों के अनुसार अलग–अलग है।
- इसका मुख्य उद्देश्य फसलों को खरपतवारों से मुक्त रखना, भूमि में वायुसंचार बढ़ाना तथा खाद व उर्वरकों को मिट्टी में मिलाना है जिससे उनका ह्रास न हो।
- आधुनिक विचार के अनुसार भूमि में इष्टतम भूपरिष्करण (Optimum tillage), न्यूनतम भूपरिष्करण (Minimum tillage) एवं शून्य भूपरिष्करण

(Zero tillage) करने चाहिए जो संरक्षित भूपरिष्करण (Conservation tillage) की तरह कार्य करते हैं।

- शून्य भूपरिष्करण के लिए जीरो ट्रिल सीडड्रिल भी विकसित की जा चुकी है तथा इसको अपनाने पर खरपतवार नियंत्रण रासायनिक विधि से किये जाते हैं।

## भूपरिष्करण का विकास

मानव ने जब से खेती करना प्रारम्भ किया, उस समय मानव, खेतों की जुताई पत्थर, हड्डी या लकड़ी से बने यंत्रों की सहायता से करता था। जब मानव को जुताई की आवश्यकता हुई तो वह बैलों या घोड़ों अथवा अन्य पशुओं से चालित लोहे के यंत्रों की सहायता से जुताई करने लगा।

जुताई की महत्ता को सबसे पहले जेथ्रोटुल (Jethro Tull) ने सन् 1731 में बताया। इसीलिये **भूपरिष्करण के पिता जेथ्रोटुल को कहते है।** उसने इस पर एक पुस्तक प्रकाशित की जिसका नाम 'हार्स होइंगहस्वैन्ड्री' था।

भूपरिष्करण (Tillage) में खेतों को जोतना, हैरो या कल्टीवेटर चलाना, पाटा लगाना, भूमि को समतल करना और निकाई–गुड़ाई करना, मेड़ बनाना, सिंचाई की नालियाँ बनाना, मिट्टी चढ़ाना आदि क्रियाओं को शामिल किया जाता है।

**भूपरिष्करण की परिभाषा:** "फसल की अच्छी वृद्धि और अकुंरण के लिये भूमि की भौतिक दशा को यंत्रों और औजारों की सहायता से अच्छा (उपयुक्त) बनाना भूपरिष्करण कहलाता है।"

**Definition of tillage:** "Tillage is the physical manipulation of soil with tools and implements to result in good tilth for better germination and subsequent growth of crops."

**भूपरिष्करण के प्रकार (Type of tillage):** कृषि क्रियाओं के आधार पर भूपरिष्करण दो समूह में विभक्त किया है।

1. **खेती की प्रारम्भिक तैयारी (Preparatory cultivation):** इसका पर्यायवाची बीज शैय्या तैयार करना हैं जो भूपरिष्करण की क्रियायें प्रथम फसल की कटाई के पश्चात तथा अगली फसल की बुवाई तक की जाती है उन्हे खेती की प्रारम्भिक तैयारी (Preparatory cultivation) कहते हैं। इसका मुख्य कार्य भूमि को 0–90 सेमी॰ गहराई तक काटना तथा ढीली (भुरभुरी) करना है। विभिन्न प्रकार के हलों द्वारा संघनित भूमि (Compact soil) को खोलना है। इससे मिट्टी पलटती है, खरपतवारों की जड़ें तथा फसलों के अवशेष उखड़ जाते है। भूमि के अनुसार अच्छी Tilth तैयार करने के लिए कई बार जुताई करनी पड़ती है। इसमें तीन विभिन्न प्रकार की भूपरिष्करण क्रियायें सम्मिलित है–

(अ) **प्राथमिक भूपरिष्करण:** पहली फसल की कटाई के पश्चात् खेत में पहली गहरी जुताई करना जिसमें संघनित मिट्टी (Compact soil) को हल से

खोल देते है प्राथमिक भूपरिष्करण कहलाता है। इसमें खरपतवारों की जड़ें तथा फसलों के अवशेष उखड़कर टूट जाते हैं।

**(ब) द्वितीयक भूपरिष्करण (Secondary tillage):** प्राथमिक भूपरिष्करण के पश्चात कई बार जुताई करके ढेलों को तोड़ना, खरपतवारों व फसल के अवशेषों को पूर्ण रूप से छोटे–छोटे टुकड़ों में काटना, भूमि को भुरभुरी करना, नमी को संरक्षित करना तथा बीज बुवाई करना द्वितीयक भूपरिष्करण कहलाता है। इसमें हैरो, रोलर, पटेला व सीडड्रिल का प्रयोग किया जाता है जो फसलों तथा भूमि की दशाओं पर निर्भर करता है। बीज शैय्या का अभिन्यास भी इसी के अन्तर्गत आता है।

**(स) शैय्या विन्यास (Layout of seed bed):** बुवाई के पश्चात खेत में पानी लगाने हेतु उर्वरकों के प्रबन्धन एवं कृषि क्रियाओं के करने हेतु मेड़ व नालियाँ बनाते हैं।

2. **बुवाई के पश्चात भूपरिष्करण (After cultivation or Inter-cultivation):** फसल की बुवाई एवं प्रक्षेत्र विन्यास के पश्चात जो भूपरिष्करण क्रियायें खड़ी फसल के अन्दर की जाती है उन्हें बुवाई के पश्चात भूपरिष्करण (After cultivation tillage) कहते हैं। जैसे खरपतवारों को नष्ट करना, गन्ना, आलू जैसी फसलों में मिट्टी चढ़ाना, उर्वरकों को मिट्टी में मिलाना आदि है। ये कार्य फसलों के अनुसार, खुर्पी, हो, फावड़े आदि से किये जाते है। इससे पानी का अन्तःस्रवण (Infilteration), भूमि में वायु संचार बढ़ता है तथा मृदा में वाष्पीकरण कम होता है। मिट्टी चढ़ाने से गन्ना गिरता नहीं है। मूँगफली व आलू की खुदाई भी इसी भूपरिष्करण के अन्तर्गत सम्मिलित है।

**भूपरिष्करण के उद्देश्य (Aim of tillage):** भूपरिष्करण के निम्नलिखित उद्देश्य हैं–

1. मृदा में उपस्थित सूक्ष्म जीव और पौधे की उपापचय क्रियाओं को सुचारू रूप से चलाने के लिये आवश्यक कार्य है।
2. मिट्टी को ढीला और भुरभुरी बनाने का कार्य जुताई के द्वारा किया जाता है जिससे पौधे को अनुकूल वातावरण मिल सके।
3. मृदा में वायु संचार बढ़ाने के लिये भूपरिष्करण कार्य आवश्यक है।
4. मृदा का तापक्रम, जुताई के द्वारा बढ़ाया जा सकता है।
5. जुताई के द्वारा खरपतवारों का नियंत्रण होता है।
6. खेतों में फसल कटाई के बाद बचे ठूंठों (Stubbles) को जुताई करके खेत साफ किया जाता है और पाटा लगाकर खेत तैयार किया जाता है।
7. गर्मी की जुताई करके खेतों को खुला छोड़ने से खेतों में पनप रहे, रोग, कीट और उनके लारवा व अण्डे नष्ट हो जाते हैं।
8. मिट्टी की सख्त सतह को जुताई द्वारा भुर–भुरा बनाया जाता है।
9. कार्बनिक खादों और सड़ी खादों को खेतों में जुताई द्वारा मिलाया जाता है।
10. जुताई से मृदा उर्वरता बनी रहती है।

11. मृदा में जुताई करके जल धारण क्षमता को बढ़ाया जा सकता है।
12. मृदा की नमी को कम जुताई करके संरक्षित किया जा सकता है।
13. जुताई का उद्देश्य है कि मृदा की भौतिक दशा बनायें रखना।

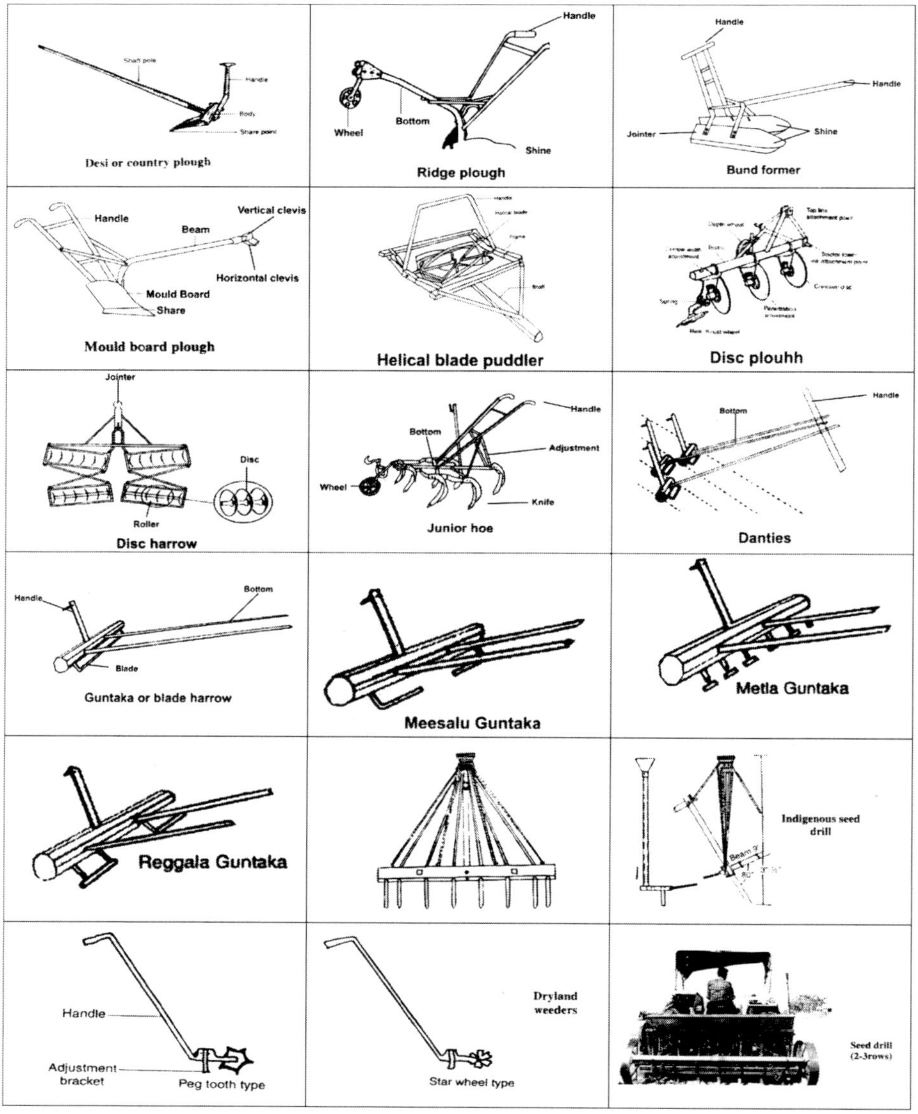


**भूपरिष्करण कार्य में प्रयोग होने वाले यन्त्र**

## विभिन्न भूपरिष्करण कार्य में प्रयोग होने वाले यन्त्रों की सूची

| क्र॰ सं॰ | भूपरिष्करण कार्य | प्रयोग होने वाले यन्त्र |
|---|---|---|
| 1. | प्रारम्भिक भूपरिष्करण (Primary Tillage) | लकड़ी का हल, सबसोयलर (Sub soil plough), कार्डसेल हल (Chisel plough), मेड़ बनाने वाला हल (Ridge plough), चक्रम हल (Rotary plough), चक्रय हो (Rotary hoes), बेसीन लीस्टर (Basin-lister) इत्यादि। |
| 2. | द्वितीय भूपरिष्करण (Secondary Tillage) | ट्रैक्टर चालित कल्टीवेटर (Tractor drawn cultivator) और वीप कल्टीवेटर (Weep cultivator), हैरो (Harrows), डिस्क हैरो (Disc harrow), ब्लेड हैरो (Blade harrow), पलानगर (Plankar) और वेलन (Roller) आदि। |
| 3. | बीज शैया बनाने वाले यंत्र (Implement for layout of seed bed) | देशी हल (Country plough), मेड़ बन्दी बनाने वाल (Bund former), मेड़ बनाने वाला हल (Ridge plough) आदि। |
| 4. | बुवाई के लिये (Sowing) | देशी हल (Country plough), सीड ड्रिल (Seed drill), यांत्रिक सीड ड्रिल (Mechanical seed drill) आदि। |
| 5. | निराई–गुड़ाई के लिये (Intercultivation) | हल (Plough), ब्लेड हैरो (Blade harrow), मेड़ वाला हल (Ridge plough), हाथ वाल हो (Hand hoe), वीडरस (Weeders) आदि। |
| 6. | आलू की खुदाई (Potato digging) | पोटेटो डिगर |

## मृदा के भौतिक गुणों पर जुताई का प्रभाव (Influence of tillage on physical properties of soil)

जुताई के द्वारा मृदा के भौतिक गुण जैसे–रन्ध्रवकाश, संरचना, रचना, जल और रंग पर प्रभाव पड़ता है। जुताई की क्रियायें बीजों के अंकुरण, बीजांकुर निकलने और पौध स्थापित करने में सहायता करती है। जुताई का मृदा की भौतिक गुणों पर निम्न प्रभाव होता है–

1. **रन्ध्रावकाश (Pore space):** मृदा छोटे–छोटे कणों से बनी होती है। इन मृदा कणों में वायु भरी होती है। जब खेत की जुताई करते हैं तब यह मृदा कण ढीले हो जाते हैं तथा और आपस में इकट्ठा होते है, जिससे रन्ध्रो का स्थान बढ़ जाता है। अच्छी मृदा दशा में केशकीय (capillary) और अकेशकीय (non-capillary) रन्ध्र बराबर होते हैं जिससे मृदा में वायु संचार एवं मृदा नमी में संतुलन रहता है। भूमि में जल धारण क्षमता बढ़ जाती है। यह कार्य जुताई द्वारा सम्भव है।
2. **मृदा संरचना (Soil structure):** अच्छी मृदा संरचना के लिये मिट्टी दानेदार और मुलायम होना चाहिए। जुताई के द्वारा उपयुक्त मृदा नमी, मुलायम संरचना विकसित की जा सकती है। बड़े–बड़े मृदा रन्ध्रों में वर्षा का

जल इकट्ठा हो जाता है जिससे मृदा संरचना पर जुताई का प्रभाव पड़ता है। पौधो की अच्छी वृद्धि के लिये मृदा का 1–5 मि॰मी॰ आकार अच्छा रहता है। अतः उपयुक्त मृदा के लिए जुताई करना अनिवार्य है।

3. **मृदा रंग (Soil colour):** मृदा में मिलाये गये कार्बनिक पदार्थों को सड़ाने और आक्सीकरण के लिये जुताई करना आवश्यक होता है जिससे यह कार्बनिक पदार्थ सड़कर मृदा को काला–भूरा से गहरा भूरा रंग प्रदान करते हैं।
4. **मृदा जल (Soil water):** मृदा की जुताई द्वारा, मृदा जल में सुधार होता है। मृदा की गहरी जुताई द्वारा मृदा जल धारण क्षमता, और हाइड्रालिक कन्डक्टीविटी बढ़ जाती है।
5. **मृदा तापक्रम (Soil Temperature):** जुताई करने से पौधों के अंकुरण और बीजांकुर स्थापित होने के लिये उपयुक्त तापक्रम प्रदान करता है। जुताई से ढीली मृदा सतह के परिणाम स्वरूप, थरमल कन्डक्टीविटी और उष्मा क्षमता घट जाती है।

**संरक्षित भूपरिष्करण (Conservation tillage)**: वे सभी भूपरिष्करण जिससे भूमि की सतह पर कम से कम 30 प्रतिशत पिछली फसल के अवशेष छोटे–छोटे टुकड़ों में कट कर बने रहते है जिससे मृदा एवं जल का ह्रास कम से कम हो संरक्षित भूपरिष्करण कहलाता है। आधुनिक युग में इसी प्रकार के भूपरिष्करण की आवश्यकता है। इसके अन्तर्गत न्यूनतम (Minimum) एवं शून्य भूपरिष्करण (Zero tillage) आते हैं।

**न्यूनतम भूपरिष्करण (Minimum tillage):** फसलों के जल्दी अंकुरण और अच्छी बीज शैय्या के लिये भूमि की कम से कम जुताई करने को न्यूनतम भूपरिष्करण कहते हैं।

**न्यूनतम भूपरिष्करण के लाभ**: न्यूनतम भूपरिष्करण के निम्नलिखित लाभ हैं–

1. पौध अवशेष के जल्दी सड़ाव के द्वारा मृदा की दशा में सुधार होता है।
2. मृदा सतह पर वनस्पति और सड़ी गली जड़ों के सड़ाव के कारण मृदा में जल धारण क्षमता बढ़ जाती है।
3. भारी जुताई यन्त्रों का मृदा में कम से कम प्रयोग होने के कारण मृदा कम सख्त होती है। इसलिये हल्के जुताई यन्त्रों से मृदा की कम से कम जुताई करने से मृदा सख्त नहीं होती।
4. कम से कम जुताई करने से मृदा कटाव कम होता है।
5. न्यूनतम जुताई से जुताई खर्च कम होता है।
6. मृदा संघनता कम हो जाती है।

**न्यूनतम भूपरिष्करण की हानियाँ**: न्यूनतम भूपरिष्करण के लाभ के साथ–साथ इसकी कुछ हानियां निम्नलिखित हैं–

1. न्यूनतम जुताई से बीज का अंकुरण धीरे–धीरे होता है।
2. न्यूनतम जुताई से कार्बनिक पदार्थ के सड़ाव द्वारा धीरे–धीरे पोषक तत्त्व मृदा में घुलनशील होते हैं।

3. कुछ दलहनी फसलें जैसे–मटर और सेम आदि की जड़ों में नाइट्रोजन गांठों का निर्माण प्रभावित होता है।
4. न्यूनतम जुताई के कारण, बुवाई करने वाले यन्त्रों से फसल बुवाई में कठिनाई होती है।

## न्यूनतम भूपरिष्करण की क्रिया विभिन्न विधियों द्वारा करते है–

1. **पंक्ति क्षेत्र जुताई (Row zone tillage):** पंक्ति क्षेत्र जुताई में मोल्ड बोर्ड हल के साथ प्रारम्भिक जुताई के बाद द्वितीय भूपरिष्करण करने की क्रिया जैसे– डिस्क और हैरो द्वारा कम करते हैं। पंक्ति क्षेत्र जुताई का कार्य केवल द्वितीय भूपरिष्करण द्वारा करते हैं।
2. **हल प्लान्ट जुताई (Plough plant tillage):** हल प्लान्ट जुताई में एक विशेष प्रकार के प्लान्टर (Planter) का प्रयोग करते हैं जो कि खेत की एक चक्कर के लगाने पर खेत के ऊपर लगाते है जिससे पंक्ति क्षेत्र पीसता है और बीज बुवाई करते हैं।
3. **पहिया ट्रेक प्लान्टिंग (Wheel Track Planting):** इसमें ट्रैक्टर का प्रयोग बुवाई के लिये करते हैं। इसमें ट्रैक्टर के पहिये पंक्ति क्षेत्र को पीसते (Pulverise) चलते हैं जिससे कम से कम जुताई होती है।

**शून्य भूपरिष्करण (Zero or No tillage):** ''किसी फसल की बुवाई, पूर्व फसल की कटाई के बाद बचे अवशेषों में ही, बिना जुताई किये (No tillage), सीधे रूप से बुवाई करना, शून्य भूपरिष्करण कहलाता है।''

कभी–कभी फसलों की बुवाई देर से होने के कारण इन फसलों की कटाई भी देर से होती है जिससे अगली फसल की बुवाई करने के लिये खेत की तैयारी में समय लगता है और खेत की तैयारी में खर्च अधिक आता है। इन सब समस्याओं से बचने के लिये, शून्य भूपरिष्करण क्रिया अच्छी है, इसमें फसल कटाई के बाद, खेत में बचे फसल अवशेषों में ही एक विशेष प्रकार के यन्त्र जिसका नाम जीरोटिल ड्रिल (Zerotill drill) है से फसल बुवाई करते हैं।

जहाँ पर शून्य भूपरिष्करण विधि अपनाते हैं वहां पर खरपतवारों का नियंत्रण रासायनिक विधि (Chemical method) के द्वारा करते हैं। वहीं पर यह विधि सफल होती है।

शून्य भूपरिष्करण का प्रथम सफल प्रयोग सन् 1950 में चारागाह के नवीनीकरण के लिये यू॰एस॰ए॰ में किया गया।

## शून्य भूपरिष्करण के लाभ

1. शून्य भूपरिष्करण विधि अपनाने से समय की बचत होती है।
2. इस विधि के अपनाने से खर्च कम आता है।
3. इस विधि में फसल बुवाई आसानी से हो जाती है।
4. शून्य भूपरिष्करण विधि द्वारा, मृदा संरचना ठीक रहती है।

5. मृदा में सूक्ष्म जीवों की क्रिया सुचारू रूप से होती है।
6. बीज एवं खाद (उर्वरक) एक साथ बोये जाते है।

## शून्य भूपरिष्करण से हानियां

1. इस विधि में खरपतवारों का नियंत्रण केवल रासायनिक विधि द्वारा होता है।
2. शून्य भूपरिष्करण विधि द्वारा बुवाई करने के लिये जीरोटिल (Zerotill) यंत्र किसानों को आसानी से नहीं मिलते है।
3. इस विधि से खेत में खरपतवार अधिक होते हैं जो बहुवर्षीय भी हो सकते हैं।
4. इस विधि का ज्ञान किसान को न होना।
5. इस विधि में सभी फसलों की बुवाई आसानी से नहीं की जा सकती है।

## भूपरिष्करण की क्रिया से हानियां (Disadvantage of tillage)

भूपरिष्करण की क्रियाओं को करने पर निम्नलिखित हानियां होने की सम्भावना होती है–

1. **मृदा सतह का सघन (Compact) बनाना:** अधिक भारी यंत्रों जैसे–ट्रैक्टर आदि से बार–बार जुताई करने पर मृदा की सतह अधिक दब जाती है एवं मृदा सतह सघन हो जाती है जिसके कारण मृदा में जलधारण क्षमता कम हो जाती है तथा मृदा में वायुसंचार भी कम हो जाता है।
2. **मृदा कटाव:** खेतों की बार–बार जुताई करने पर मिट्टी के कण एक दूसरे से इतने अलग हो जाते हैं कि वह आसानी से वायु व पानी के द्वारा एक स्थान से दूसरे स्थान पर चले जाते हैं। जुताई के कारण मृदा कटाव होता है।
3. **जुताई का जैविक क्रियाओं पर प्रभाव:** बार–बार जुताई करने पर मृदा सतह सघन (Compact) होने के कारण मृदा का वायु संचार कम होने पर मृदा की अनेकों जैविक क्रियाओं पर बुरा प्रभाव पड़ता है। मृदा में होने वाली खनिज व कार्बनिक पदार्थों के सड़ाव में कार्बन आक्साइड की अधिकता हो जाती है जिससे आक्सीजन के अभाव में आक्सीकरण क्रियायें पूरी नहीं हो पाती।
4. **जैविक पदार्थ से तत्त्वों का नष्ट होना:** खेतों की बार–बार जुताई करने से जैविक पदार्थ ऊपरी सतह में आकर आक्सीजन की क्रिया द्वारा अनेक तत्त्व (Nutrients) मृदा से शीघ्र नष्ट हो सकते हैं।

**भूपरिष्करण की आधुनिक धारणा:** भूपरिष्करण की आधुनिक धारणा में अनुसंधानों के आधार पर यह परिणाम निकाला गया है कि उथली जड़ों वाली फसलों जैसे–गेहूँ, जौ, मक्का आदि फसलों की खेती बिना जुताई भी कर सकते हैं। अब खरपतवारों का नियंत्रण भूपरिष्करण क्रिया द्वारा आवश्यक नहीं रह गया, क्योंकि आधुनिक युग में अनेकों शाकनाशी रसायन, खरपतवारों के नियंत्रण के लिये बाजार में उपलब्ध है।

आधुनिक अनुसंधानों के अनुसार खेतों की कम से कम जुताई "न्यूनतम भूपरिष्करण (Minimum tillage)" क्रिया किसान के लिये ठीक है। क्योंकि जुताई की संख्या कम करने से खेती की लागत कम होती है, मृदा कटाव कम होता है, मृदा संरचना का विघटन और मृदा सघनता कम होती है।

कभी–कभी मृदा में सख्त सतह बन जाती है तो उसे तोड़ने के लिये गहरी जुताई करना आवश्यक है।

**"अधिकतर फसलों के लिये एक गहरी जुताई व दो बार हैरो से खेत जोतना पर्याप्त होता है।"**

आधुनिक युग में बहुफसली खेती पर अधिक जोर दिया जा रहा है जिससे प्रति इकाई क्षेत्र से अधिकतम उपज प्राप्त की जा सके। इसमें फसल की कटाई तथा अगली फसल की बुवाई के मध्य खेत की तैयारी करने हेतु कम समय मिलता है। ऊर्जा साधनों की उपलब्धता कम हो रही है। मूल्यवृद्धि, श्रमिकों की कम उपलब्धता, अधिक मजदूरी तथा उत्पाद का न्यूनतम समर्थन मूल्य कम होने से फसलों का उत्पादन लागत कम करना आवश्यक हो गया है। ऐसे में न्यूनतम भूपरिष्करण क्रियाओं को करने की अनुशंसा कृषि वैज्ञानिक दे रहे है। इसका उद्देश्य–

- खेती में आने वाली लागत को कम करना।
- मृदा अपरदन को कम करना या रोकना।
- मृदा की संरचना के विघटन को कम करना तथा मृदा जीवाणुओं की सुरक्षा करना।
- मृदा को सघनता से बचाना।
- खरपतवारों को रासायनिक विधि से नष्ट करना।

## मौसम के उपरान्त भूपरिष्करण क्रियायें (Off season tillage operation)

भूपरिष्करण की वे कृषि क्रियाये जो फसलों की कटाई के पश्चात् खेत में की जाती है उन्हे मौसम के उपरान्त भूपरिष्करण क्रियायें कहते हैं। ये निम्न प्रकार की है–

1. **फसलोपरांत भूपरिष्करण (Post harvest tillage)**: फसलों की कटाई के तुरन्त बाद खेत में गहरी जुताई करने को फसलोपरांत भूपरिष्करण कहा जाता है। इसका उद्‌देश्य दीर्घकालीन फसले जैसे गन्ना, नेपियर के जड़ समूह को निकालने के लिये खेत की गहरी जुताई की जाती है। इससे गहरी जड़ वाले खरपतवार भी उखड़ जाते हैं तथा भूमि की कठोर पर्त भी भी टूट जाती है। फसलस्वरूप भूमि की भौतिक दशा में सुधार हो जाता है।
2. **ग्रीष्मकालीन भूपरिष्करण (Summer ploughing)**: फसल की कटाई के उपरांत गर्मी ॠतु में खेत में जुताई करना ग्रीष्मकालीन भूपरिष्करण कहलाता है। इससे भूमि में उपस्थित बैक्टीरिया, कीड़े उनके अंडे तथा खरपतवार नष्ट हो जाते है तथा साथ ही भूमि में जलधारण क्षमता बढ़ जाती है। जुताई के पश्चात् खेत में पाटा नहीं लगाते जिससे कूड़ खुले रहते है तथा गर्मी का ताप भूमि को गर्म करता है।

3. **परती भूपरिष्करण (Fallow tillage)**: जब खेत में कोई फसल नहीं बोते तथा उसमें भूपरिष्करण क्रियायें जैसे जुताईयाँ करते रहते है तो उसे परती भूपरिष्करण कहते है। पर्ती खेत में भूपरिष्करण करने से खरपतवार नष्ट होते रहते है जिससे भूमि की उर्वरा शक्ति बनी रहती है।

**विशिष्ट भूपरिष्करण क्रियायें (Special tillage operation)**: खेत में कुछ विशिष्ट उद्देश्यों से की जाने वाली कृषि क्रियाओं को विशिष्ट भूपरिष्करण क्रियायें कहते है। ये निम्नलिखित प्रकार की है।

1. **खेत का समतलीकरण (Leveling)**: खेत में पानी के समान वितरण हेतु, जिससे सम्पूर्ण खेत में एक साथ ओट आ जाये तथा खेत में एक साथ बुवाई की जा सके। खेत को खेत की तैयारी के समय अथवा इससे पहले खेत को कृषि यंत्रों की सहायता से खुरच कर समतल कर लिया जाता है।
2. **पलवार भूपरिष्करण (Mulch tillage)**: इस प्रकार के भूपरिष्करण में पिछली फसलों के अवशेष तथा खरपतवारों को उखाड़ने के पश्चात खेत में फैला दिया जाता है अर्थात् जुताई के पश्चात के अवशेष छोटे–छोटे टुकड़ों में कर कर खेत में फैले रहते है। इससे जल संरक्षित रहता है तथा भूमि कटाव कम होता है।
3. **कण्टूर भूपरिष्करण (Contour tillage)**: इसमें भूपरिष्करण की क्रियायें समोच्च रेखा के अनुसार की जाती है। निराई–गुड़ाई ढाल के विपरीत की जाती है। इससे भूमि कटाव कम होता है तथा नमी भी संरक्षित रहती है।

**अन्धी भूपरिष्करण क्रियायें (Blind tillage operation):** कुछ फसले जिनका जमाव देर में होता है जैसे गन्ना, सोयाबीन। उनमें अन्धी भूपरिष्करण क्रियायें की जाती है। बीज की बुवाई के पश्चात तथा जमाव में पूर्व खेत में की गई भूपरिष्करण की क्रियाओं को करना, अन्धी भूपरिष्करण क्रियायें कहलाती है। इससे बीज का जमाव शीघ्र हो जाता है।

**लेवा लगाना (Puddling)**: पानी भरे हुये खेत में जुताई अथवा भूपरिष्करण क्रियायें करना लेवा लगाना कहलाता है। इससे भूमि मुलायम हो जाती है, खरपतवार नष्ट हो जाते है, खेत में पानी ठहरने लगता है। धान तथा बरसीम के खेत में लेवा करके खेत में पौध लगाई जाती है अथवा बरसीम की बुवाई की जाती है। खेत में लेवा लगाने से खेत में दो पर्तें (layers) बन जाती है पहली आक्सीजनयुक्त (oxidized zone) तथा दूसरी बिना आक्सीजन के (reduced zone)। लेवा लगाकर धान की पौध की रोपाई करने पर धान में किल्ले अधिक निकलते है जिससे अच्छा उत्पादन मिलता है।

■■■■

## अध्याय–6

# बीज एवं बुवाई
# (Seed and Sowing)

### भूमिका

बीज एक निषेचित परिपक्व बीजाणु है, पुष्पित पौधों के बीज में भ्रूण पाया जाता है जिसे बोने पर नये पौधे का विकास होता है। साधारण तौर पर पुष्पित पौधों में बीज एक प्रजनन इकाई है। बीज के भ्रूण में भोजन एकत्रित रहता है जो जमाव के समय ऊर्जा देता है। बीज में लगभग 8–10 प्रतिशत नमी होती है, जब बीज में नमी लगभग 85–95 प्रतिशत तक हो जाती है तब बीज का जमाव होता है, इसलिए बुवाई के समय खेत में पर्याप्त नमी होना आवश्यक है। एक प्रचलित कहावत है 'जैसा बोओगे वैसा काटोगे' इसका तात्पर्य है कि उन्नत कृषि की नीव बीज पर आधारित है। हरित क्रान्ति का प्रथम श्रेय उन्नत किस्मों के बीजों का ही था। वर्तमान में फसलों से अच्छा उत्पादन लेते हेतु अच्छे किस्म के प्रमाणित बीज की बुवाई करनी चाहिए इसलिये विभिन्न फसलों में उन्नतशील बीजों को प्रतिस्थापन दर (Seed replacement rate) बढ़ाया जाये। बीजों को फफूंदनाशक दवाओं से उपचार करने के पश्चात बोने से फसल में बीमारियों का प्रकोप होने के सम्भावना कम हो जाती है। फसलों की बुवाई की कई विधियाँ हैं जिन्हें फसलों तथा परिस्थितियों के अनुसार अपनाने पर फसलों से अच्छा उत्पादन मिलता है।

### महत्वपूर्ण बिन्दु

- बीज एक छोटी सी जीवित संरचना है जिसमें भ्रूणीय पौधा ऊतकों की विभिन्न पर्तों से ढका हुआ सुषुप्त अवस्था में रहता है तथा उपयुक्त अवस्था में पानी शोषित करके नये पौधे को जन्म देता है।
- बीज कुछ विशेष गुण जैसे अधिक गुणवत्ता, अधिक उपज क्षमता, परिपक्वता, जैविकता, स्वस्थ्य व अधिक अंकुरण क्षमता आदि होते है जिससे ये दाने से भिन्न माना जाता है।
- बीज कई प्रकार के होते है जैसे नाभिकीय, प्रजनक, आधारीय तथा प्रमाणित। इन बीजों को बोने से फसलों का अच्छा उत्पादन मिलता है।
- बीज प्रमाणीकरण प्रक्रिया के द्वारा प्रमाणित बीज किसान अपने खेतों पर प्रमाणीकरण संस्था के सहयोग से पैदा कर सकते है अथवा मानक संस्थानों से खरीद सकते है। ये बीज रसायनों से संशोधित भी होते है जिससे कीड़े एवं बीमारियों के लगने की संभावनायें कम होती है।

- बीजों की शुद्धता तथा अंकुरण क्षमता के परीक्षण के पश्चात ही उसे खेत में बोना चाहिए।
- फसलों के बीजों की बुवाई की कई विधियाँ है जिन्हें फसलें एवं परिस्थितियों के अनुसार अपनाते हैं।

बीज को निम्न प्रकार से परिभाषित कर सकते हैं–

**(क) पौधे का एक भाग (Apart of plant):** वनस्पति विज्ञान में बीज का तात्पर्य एक परिपक्व बीजाण्ड (Ripened ovule) से लगाया जाता है, जिसमें स्थित भ्रूण (Embryo), भ्रूणपोष (Endosperm) अथवा बीज पत्रों (Cotyledons) में उपस्थित भोजन को लेकर प्रारम्भिक वृद्धि करता है और नये पौधे को जन्म देता है। लेकिन बहुत सी फसलों के बीज केवल परिपक्व बीजाण्ड नहीं होते, उनमें कुछ अन्य पादप अंग भी जुड़े रहते हैं। जैसे–गेहूँ, धान, मक्का, सूरजमुखी आदि। ये बीज वानस्पतिक दृष्टि से बीज न होकर एक बीजी फल है जिनमें बीजावरण तथा फलभित्ति (Pericarp) परस्पर जुड़े रहते हैं।

**(ख) प्रवर्धन सामग्री (Sowing material):** कुछ पौधों में अगली फसल का उत्पादन बीज के अलावा पौधों के अन्य वानस्पतिक भागों–जड़, तने व पत्तियों आदि से भी किया जाता है। जैसे–शल्क कंद, प्रकंद, पौद कंद, कलमें व अन्य प्रवर्धन सामग्री (Sowing material)।

"बीज एक छोटी जीवित रचना है जिसमें भ्रूणीय पौधा (Embryoni plant) ऊतकों (Tissues) की विभिन्न परतों से ढ़का हुआ सुषुप्त (Dormant) अवस्था में रहता है जो अनुकूल वातावरणीय दशायें जैसे–नमी, ताप, वायु व प्रकाश की उपलब्धता और मृदा के सम्पर्क से नये पौधे में विकसित हो जाता है।"

## बीज और दाने में अन्तर (Difference between seed and grain)

बीज और दाने में अन्तर निम्नलिखित प्रकार से कर सकते हैं–

| क्र॰सं॰ | दाना (Grain) | बीज (Seed) |
|---|---|---|
| 1. | **उद्देश्य (Objective):** दाने के लिये उगायी जाने वाली फसलों से अधिक से अधिक फसल उत्पादन (Crop production) प्राप्त करना प्रमुख उद्देश्य होता है। यहां पर बीज गुणों के सम्बन्ध में कोई भी जानकारी प्राप्त नहीं की जाती है। | बीज उत्पादन का मुख्य उद्देश्य होता है कि किसी स्वीकृत या मान्य स्रोत से आधार या प्रजनक (Foundation or Breeder seed) बीज प्राप्त किया जाता है। बीज फसल को उगाने और कटाई के बाद बीज संसाधन (Seed processing) व भंडारण (Storage) आदि क्रियाओं के समय होने वाले संदूषण के सभी सम्भव स्रोतों और कारकों को दूर रखने का प्रयत्न किया जाता है। बीज उत्पादन की वे मानक विधियां जैसे–भौतिक एवं आनुवंशिक शुद्धता, अंकुरण प्रतिशत आदि अपनानी आवश्यक होती है। |

| क्र०सं० | दाना (Grain) | बीज (Seed) |
|---|---|---|
| 2. | **गुणता (Quality):** दाने के उत्पादन में उसकी आनुवांशिक शुद्धता (Genetic purity), अंकुरण प्रतिशत (Germination per cent) कीट क्षति आदि के विषय में कोई ध्यान नहीं दिया जाता है, दाने में तो केवल पौष्टिकता (Nutrition) ही सर्वोपरि है। | अच्छे बीज में जिसकी आनुवांशिकी शुद्धता शत प्रतिशत हो, अंकुरण क्षमता और भौतिक शुद्धता अच्छी हो अर्थात बीज में अक्रिये पदार्थ (Inert mather) न हो, कीटों और रोगों से बीज मुक्त हो एवं जीवन शक्ति (Viability) व ओज (Vigour) अच्छी हो। |
| 3. | **उपचार (Treatment)**–दाने का प्रयोग खाने के लिये किया जाता है इसलिये दाने को सुरक्षित रखने के लिये ऐसे रसायन प्रयुक्त किये जाते हैं जो कीटों और रोगों से तो दाने की सुरक्षा कर सके, लेकिन मनुष्य पर कुप्रभाव न डालते हों। | बीज का प्रयोग खाने के लिये नहीं करते, बीज का प्रयोग बुवाई (Sowing) के लिये करते हैं। अतः उसे ऐसे विषाक्त रसायनों से उपचारित किया जाता है, जो बीज को नष्ट करने वाले कीटों, बीमारियों आदि से बीज की सुरक्षा करते है। |
| 4. | **भंडारण (Storage)**–दाने के भंडारण में किसान लापरवाही करते हैं। | जबकि बीज के भंडारण में कटाई के बाद अच्छी प्रकार से सुखाने के बाद, उपयुक्त रसायनों से उपचारित करके हवा बन्द ड्रमों में भंडारण किया जाता है। |

## अच्छे बीज के गुण अथवा विशेषताएं (Characteristics of a good seed)

अच्छे बीज वह हैं जो उन्नत व उत्तम होते हैं इसी के आधार पर बीज की विशेषताओं को दो भागों में बांटा जा सकता है–

**(क) उन्नत बीज की विशेषताएं (Characteristics of improved seeds):** उन्नत बीज की विशेषताएं निम्न है–

1. **अधिक उपज वाला (Higher yield):** बीज कम से कम लागत से प्रति इकाई क्षेत्र से अधिक उपज देने वाला बीज हो।
2. **अच्छी गुणवत्ता वाला (Better Quality):** उन्नत बीज में अच्छी किस्म, पोषण व स्वाद में उत्तम होने के साथ–साथ उपभोक्ता, बाजार व उद्योगों की आवश्यकता के अनुरूप हो जैसे–गन्ने में चीनी की मात्रा, कपास में रेशे की गुणवता और तिलहनों में तेल की गुणवत्ता अच्छी हो।
3. **सही समय पर एक समान परिपक्वता (Proper and timely and synchronous maturity):** अच्छे उन्नत बीज में क्षेत्र की जलवायु के अनुसार सही समय पर पकने वाले हो और उसमें एक समानता हो।
4. **विपरीत दशाओं के प्रतिरोधिता (Resistance to adverse conditions):** अच्छे उन्नत बीज की किस्म में विपरीत परिस्थितियों जैसे–बीमारियों, कीड़ों, सूखा, बाढ़, पाला, गर्मी, सर्दी व मृदा ऊसरता आदि के प्रति सहनशील हो।

5. **कृषि क्रियाओं में सुविधा (Better suited to agronomic practices):** अच्छे उन्नत बीज में, कृषि कार्यों जैसे–सिंचाई, उर्वरकों के प्रयोग, निकाई–गुड़ाई व मशीन से कटाई आदि में आसानी हो।

**(ख) सर्वोत्तम बीज की विशेषताएं (Characteristics of superior seeds):** उत्तम बीज की निम्न विशेषताएं है–

1. **भौतिक शुद्धता (Physical purity):** बीज को अन्य फसलों व खरपतवारों के बीजों से पूर्णतया मुक्त होना चाहिये। बीजों में कंकड़ पत्थर फसल के अवशेष, मिट्टी व धूल आदि नहीं होनी चाहिये। फसल के बीजों में अन्य फसलों के बीज अगर मिल जायें तो उनकी वृद्धि, खाद व पानी की अलग आवश्यकता होती है। उनके कटाई का समय अलग होता है जिससे मुख्य फसल से प्रतियोगिता (पोषक तत्त्व, नमी) करते हैं एवं मुख्य फसल की उपज कम करते हैं। इसी प्रकार खरपतवार भी मुख्य फसल की उपज कम करते हैं। बीज की शुद्धता निम्न सूत्र द्वारा ज्ञात करते हैं–

$$\text{बीज की शुद्धता (Seed purity \%)} = \frac{\text{शुद्ध बीजों का भार}}{\text{नमूने के लिए बीजों का भार}} \times 100$$

2. **उचित नमी (Optimum moisture):** उत्तम बीज वह है, जिसमें नमी न तो इतनी कम हो कि बीज के जीवन को समाप्त कर दे और न इतनी अधिक कि वह बीज कीटों, फफूँदी व सड़न से संक्रमित हो जाये। पकने की अवस्था में अनाज (Cereals) वाली फसल तथा सब्जियों (Vegetables) के बीजों में 30–40 प्रतिशत तक नमी पायी जाती है। बीजों के भण्डारण में रखते समय उनमें 10–15 प्रतिशत तक नमी रहनी चाहिये।

3. **आनुवंशिक शुद्धता (Genetic purity):** जिस फसल का बीज बो रहे हैं वह प्रमाणित हो जाना चाहिए कि बीज उसी जाति विशेष के है जिससे बीज की आनुवंशिक शुद्धता बनी रहे।

4. **बीज का आकार, आकृति एवं रंग (Size, shape and colour of the seed):** बीज जो कृषक खेत में बोना चाहता है वह आकार, आकृति व रंग में समान होने चाहिये एवं उन बीजों का रंग समान होना चाहिये जिससे बीज में समानता होने पर फसल उपज अधिक होती है।

5. **बीज जैविकता (Seed viability):** किसी बीज की जीवन क्षमता एक निश्चित समय तक होती है। उत्तम बीज की जैविकता (Viability) अंकुरण क्षमता 90 प्रतिशत तक अच्छी रहती है जिससे फसल उत्पादन अधिक होता है।

6. **बीज स्वास्थ्य (Seed health):** उत्तम बीज, बीमारियों व कीड़ों आदि से सुरक्षित हो।

7. **बीजों की अंकुरण क्षमता (Germination capacity of seed):** उत्तम बीज की अंकुरण क्षमता अच्छी होनी चाहिए जिससे कृषक जान सके कि जो बीज बो रहा है उस बीज की अंकुरण क्षमता कैसी है। दलहनी फसलों के

बीजों के ऊपर पाई जाने वाली कठोर सतह के कारण कभी–कभी यह सतह नष्ट नहीं होती जिससे अंकुरण नहीं हो पाता।

$$\text{अंकुरण} = \frac{\text{अंकुरित बीज की संख्या}}{\text{परीक्षण हेतु लिये गये बीजों की संख्या}} \times 100$$

## बीजों के प्रकार (Types of Seeds)

1. **प्रजनक बीज (Breeder seed):** प्रजनक बीज वह होता है जिसके उत्पादन का नियंत्रण सम्बन्धित पादप प्रजनकों द्वारा पादप प्रजनन से सम्बन्धित कार्यक्रम के अन्तर्गत किया जाता है। प्रजनक बीज की गुणवत्ता की देखरेख प्रजनक बीज नियंत्रण दल (Breeder Seed Monitoring Team) द्वारा की जाती है जो एक प्रमाण पत्र प्रदान करती है कि इस बीज की गुणवता की जांच उसके द्वारा की गयी है और संतोषजनक है। अतः यह बीज अति शुद्ध (100 प्रतिशत) होता है। यही बीज आधार बीज (Foundation seed) के वर्धन (Multiplication) का स्रोत है। इस बीज के पैक पर सुनहरा पीला (Golden yellow) टैग (Tag) लगा होता है।
2. **आधार बीज (Foundation seed):** आधार बीज का वर्धन, प्रजनक बीज द्वारा किया जाता है। इस बीज का उत्पादन किसी अधिकृत बीज प्रमाणीकरण (Seed certification) संस्था की देखरेख में, राजकीय कृषि फार्म, अनुसंधान केन्द्रों व सुयोग्य उत्पादकों द्वारा तैयार किया जाता है। आधार बीज की शुद्धता (98 प्रतिशत) तक होती है। आधार बीज के बोरे पर सफेद रंग (White colour) का टैग (Tag) लगा होता है।
3. **प्रमाणित बीज (Certified seed):** प्रमाणित बीज का उत्पादन आधार बीज की संस्तुति से होता है। प्रमाणित बीज का उत्पादन बीज प्रमाणीकरण संस्था की देख–रेख में राजकीय कृषि फार्मों अथवा व्यक्तिगत उत्पादकों (Private Growers) द्वारा निर्धारित मानकों (Standards) के अनुरूप किया जाता है। प्रमाणित बीज की आनुवांशिक शुद्धता (98 प्रतिशत) तक होती है। प्रमाणित बीज के बोरे पर नीले रंग का टैग लगा होता है।
4. **नाभिकीय बीज (Nucleus seed):** कभी–कभी कई बार प्रजनक बीज बहुत ही अल्प मात्रा में होता है तो इससे वर्धन करके प्रजनक बीज तैयार किया जाता है तो उसे नाभिकीय बीज कहा जाता है।

## बीजों की किस्में (Kinds of seed)

1. **संकर बीज (Hybrid seed):** जो बीज संकरण विधि द्वारा उगाये जाते है उन्हें संकर बीज कहते है। इसमें दो या अधिक समयुग्मजी (Homogygous) पौधे जो वांछित गुणों तथा अधिक उपज देने वाले होते है को संकरण विधि से उगाते है। इस बीज में बीज ओज (Seed vigour) के कारण उत्पादन अधिक होता है परनतु इस बीज को दूसरे वर्ष नहीं बो सकते है क्योंकि अगले वर्ष इनके गुणों का बिखराव (Seggregation) हो जाता है।

2. **संकुल बीज (Composite seed)**: संकुलबीज चुनी गई किसी किस्म के जनन द्रव्य समूह (Germplasm complex) के अन्तरासंकरण से तैयार किये जाते है। संकुल किस्मों में अधिक उत्पादन के आनुवंशिकगुण संकर किस्में के बीजों की अपेक्षा अधिक स्थाई होते है इसलिये इन बीजों को अगले वर्षों में बोया जा सकता है।

3. **उन्नतशील बीज (Improved seed)**: फसल की किसी उन्नत किस्म का बीज जो आनुवंशिक (Genetic) तथा भौतिक रूप (Physical form) से शुद्ध हो उन्नतशील बीज कहलाता है। इन बीजों में 10 से 15 प्रतिशत अधिक आनुवंशिक गुणों के साथ–साथ रोगरोधी तथा कीटरोधी क्षमता पाई जाती है।

## बीज परीक्षण (Seed Testing)

बीज की गुणवत्ता (Quality) का विशेष महत्व है, बीज गुणवत्ता (Quality) से तात्पर्य बीज के उन लक्षणों के सामूहिक स्वरूप से है जिनमें बीज जीवन क्षमता (Seed viability), अंकुरण, ओज एवं भौतिक शुद्धता, रंग, रूप आदि।

''बीज गुणवत्ता के इन मूल्यों, की माप अर्थात बुवाई मान की माप, बीज परीक्षण कहलाती है।''

यहां पर हम सर्वप्रथम कुछ महत्वपूर्ण बीज परीक्षण का अध्ययन करेंगे–

## बीज की जीवन–क्षमता परीक्षण (Seed Viability Test)

बीज की जीवन क्षमता के सम्बन्ध में शीघ्र जानकारी होती है, कभी–कभी थोड़े समय में (24 घण्टों के अन्दर) बहुत बड़ी मात्रा में बीज खरीदना हो और यह देखना कि बीज खरीदने लायक है कि नहीं, तब जैविकता के लिये त्वरित परीक्षण (Rapid tests) करने होते हैं। इसके अतिरिक्त, जब बीज प्रसुप्त (Dormant) हो, अंकुरण परीक्षण में बहुत मंद अंकुरण दर्शाये और अंकुरण परीक्षण में यह पता चले कि बीज गर्मी, पाला अथवा अनुचित भंडारण से क्षति हुई है तो भी ऐसा परीक्षण बहुत लाभदायक होता है। बीज के जीवन क्षमता परीक्षण में बीज के जीवन की स्थिति एवं उसकी जैविक क्रियाशीलता (Metabolic activity) का पता चलता हो, बीज अंकुरण से पूर्व होने वाली जैव रासायनिक क्रियाओं के लिये आवश्यक एन्जाइम की स्थिति का पता चलता है। इन जैव रासायनिक क्रियाओं द्वारा ही बीज भ्रूण वृद्धि करता है।

जैविकता परीक्षण की कई विधियां है, लेकिन टेट्राजोलियम विधि अधिकतर प्रयोग में लायी जाती है–

यह परीक्षण लॉकोन (Lakon), 1945 के द्वारा विकसित किया। **टेट्राजोलियम परीक्षण (Tetrazolium Test)**– टेट्राजोलियम परीक्षण में, टेट्राजोलियम रसायन (2, 3, 5,-triphenyl tetrazolium chloride or bromide) की डीहाइड्रोजिनेज एन्जाइम (Dehydrogenase onzyme) के साथ क्रिया पर आधारित है। इस परीक्षण में बीज की कोशिकाओं में होने वाली श्वसन क्रिया के दौरान इस समूह के एन्जाइम की क्रिया से उत्पन्न हाइड्रोजन को बीजों द्वारा अवशोषित टेट्राजोलियम घोल से प्रतिक्रिया के फलस्वरूप लाल रंग (Red Colour) का पदार्थ 'फार्मेजान' (Formazon) बनता है। यह लाल रंग का पदार्थ बीज के जीवन का परिचायक माना जाता है। यदि बीज अपने मूल रंग में बना रहता है तब यह मृत बीज कहलाता है।

**बीज का वास्तविक मूल्य (Real value of seed)**: इसका तात्पर्य शुद्ध अंकुरित बीज से है। यदि बीज का वास्तविक मूल्य 90 है तो इसका तात्पर्य यह हुआ कि शुद्ध व अंकुरित प्रजाति के 100 में से 90 बीज है, शेष या तो शुद्ध प्रजाति के नहीं है अथवा जमाव नहीं हुआ। बीज का वास्तविक मूल्य निम्न सूत्र से ज्ञात करते हैं–

$$\text{बीज का वास्तविक मूल्य} = \frac{\text{बीज का अंकुरण प्रतिशत x बीज की शुद्धता प्रतिशत}}{100}$$

उदाहरण के लिए यदि बीज की शुद्धता 95 प्रतिशत है तथा उसका अंकुरण 90 प्रतिशत है तो बीज का वास्तविक मूल्य 85.5 होगा।

## बीज दर (Seed rate)

प्रति इकाई क्षेत्र पर बोई गयी बीज की मात्रा को बीज दर कहते है। बीज दर फसलों तथा बीज आकार के अनुसार अलग–अलग होती हैं। बीज दर को निम्नलिखित कारक प्रमाणित करते है।

1. **बुवाई का समय (Sowing time)**: समय से बोई गई फसल की किस्म की बीजदर कम तथा देर से बोई जाने वाली फसल की किस्म की बीज दर अधिक होता है।
2. **मृदा उर्वराशक्ति (Soil fertility)**: अधिक उर्वर मृदा में कम बीजदर तथा कम उर्वर भूमि से अधिक बीजदर की आवश्यकता होती है। अधिक उर्वर भूमि में किल्ले अधिक निकलते है जिससे फसलों की वृद्धि व विकास अधिक होता है।
3. **बुवाई की विधियाँ (Method of sowing)**: बुवाई की विभिन्न विधियों का बीजदर अलग–अलग होता है। छिड़कवाँ विधि में अधिक बीज लगता है जबकि ड्रिवलिंग विधि में बहुत कम बीजदर प्रयोग किया जाता है।
4. **फसल बोने के उद्देश्य (Objective of sowing crops)**: चारे वाली फसलों को अधिक बीजदर पर बोया जाता है जबकि वही फसलें दाने हेतु उगाने पर कम बीज दर ही पर्याप्त होती है।
5. **बीजों का आकार तथा अंकुरण क्षमता (Seed size and germination percentage of seed)**: एक ही फसल के बड़े आकार के बीज की बीजदर अधिक तथा छोटे आकार के बीज की बीजदर कम होती है। जिन बीजों में अंकुरण क्षमता कम होती है उनका बीज अधिक तथा अधिक अंकुरण क्षमता वाले बीजों का बीजदर कम होती है।
6. **मृदा में नमी की मात्रा (Soil moisture condition)**: खेत में पर्याप्त नमी होने पर बीजदर कम तथा नमी कम होने पर अधिक बीजदर प्रयोग किया जाता है जिससे प्रति इकाई क्षेत्र पर पर्याप्त पौधे मिल सकें।

## बीज की गहराई (Depth of sowing)

बीजों के अच्छे जमाव के लिए फसलों की संस्तुति के अनुसार बीजों को निश्चित गहराई पर बोना चाहिए जिससे अंकुरित बीज को उपयुक्त नमी, आक्सीजन (वायु) तथा

ताप मिल सके अन्यथा उसका जमाव प्रभावित होता है। जमाव को निम्नलिखित कारक प्रभावित करते हैं।

- मृदा में उपलब्ध नमी के आधार पर
- मृदाओं के अनुसार
- फसलों के अनुसार अलग–अलग फसलों को विभिन्न गहराई पर बोया जाता है।
- फसलों की किस्म के अनुसार

## बुवाई का समय (Time of sowing)

फसलों के अंकुरण से लेकर बढ़वार, फूलने, फलने तक निश्चित नमी, तापक्रम, आर्द्रता, सूर्य के प्रकाश की आवश्यकता होती है। फसलों की उचित समय (संस्तुत समय) पर बुवाई करने पर अच्छा अंकुरण होता है। ऋतुओं तथा फसलों के अनुसार प्रत्येक फसल की बुवाई का उचित समय अलग–अलग होता है। खेत में बीजों की बुवाई का समय निम्न कारकों द्वारा प्रभावित होता है–

- **वर्षा (Rainfall)**: वर्षा आधारित क्षेत्रों में वर्षा की मात्रा, समय तथा वितरण के अनुसार फसलों की बुवाई का निर्धारण किया जाता है जिससे बीज का अंकुरण ठीक हो तथा उसकी कटाई तक फसल को नमी मिलती रहे।
- **मृदा नमी (Soil moisture)**: बुवाई के पश्चात बीजों के अंकुरण के लिए उचित एवं पर्याप्त मात्रा में नमी रहना आवश्यक है। बुवाई के पश्चात बीज नमी को बीजावरण एवं माइक्रोपाइल छेद द्वारा नमी शोषित करके भ्रूण तक पहुँचाते है तत्पश्चात् बीज का अंकुरण होता है। मृदा नमी बहुत ज्यादा नहीं होनी चाहिए अन्यथा बीज सड़ सकता है।
- **मृदा ताप (Soil temperature)**: बीजों के अच्छे जमाव के लिए उपयुक्त तापक्रम का होना आवश्यक है। प्रत्येक फसल के जमाव का इष्टतम तापक्रम अलग–अलग होता है इससे कम व अधिक ताप पर बीजों का जमाव कम होता है। जैसे गेहूँ व जौ के जमाव के लिए अधिकतम तापमान 24–30$^o$ सेन्टीग्रेड तथा न्यूनतम 5$^o$ सेन्टीग्रेड होता है।
- **प्रदीप्तिकाल (Photo period)**: प्रदीप्तिकाल का फसलों की बुवाई पर सीधा प्रभाव पड़ता है। यदि फसलों को उपयुक्त प्रदीप्तिकाल उपलब्ध नहीं होगा तो फसलों में फल–फूल नहीं आते हैं। इस आधार पर फसलों को अल्पकालिक, दीर्घकालिक तथा उदासीन प्रदीप्तिकाल में बांटा गया है।
- **फसलों की प्रजातियाँ (Crop varieties)**: फसलों की प्रजातियों के अनुसार फसलों का बुवाई का समय बदल जाता है जैसे तोरिया की बुवाई का समय सितम्बर तथा राई का अक्टूबर–नवम्बर है। पिछेती गेहूँ की प्रजातियाँ देर में तथा समय पर बोई जाने वाली गेहूँ के प्रजातियों की बुवाई समय पर नवम्बर में की जाती है।
- **फसल चक्र (Crop rotation)**: फसल चक्र से उगाई जाने वाली फसलों के अनुसार फसलों की बुवाई का समय परिवर्तित हो जाता है क्योंकि जब खेत खाली होगा तभी अगली फसल बोई जा सकेगी।

- **अन्य कारक (Other factors)**: जैसे मौसम सम्बन्धी परिवर्तन, बीज व उर्वरकों का समय पर उपलब्ध न होने के कारण बीज की बुवाई का समय प्रभावित होता है।

## फसलों की बुवाई की विधियाँ (Sowing methods of Field Crops)

निम्नलिखित विधियों से अधिकतर फसलों की बुवाई की जाती है–

1. **छिटकवाँ विधि (Broad casting of seed)**: अच्छी तरह से नमी युक्त तैयार खेत में आवश्यकतानुसार बीज की मात्रा को समान रूप से सम्पूर्ण खेत में हाथ से बिखेर दिया जाता है। बीज की बुवाई का यह बहुत पुराना तथा अवैज्ञानिक तरीका है। अधिकतर छोटे दाने वाली फसलों को इस विधि से बोया जाता है जैसे बरसीम, लूसर्न, धान, गेहूँ, ज्वार, बाजरा सरसों आदि।

**लाभ**

1. बुवाई की यह विधि आसान है।
2. बुआई हेतु किसी कृषि यंत्र की आवश्यकता नहीं पड़ती।
3. कम समय में अधिक क्षेत्र पर बुवाई की जा सकती है।

**हानियाँ**

1. सभी बीज सम्पूर्ण खेत में समान दूरी व गहराई पर नहीं पड़ते जिससे बीज का एक सार जमाव नहीं होता।
2. इसमें खेत में पर्याप्त नमी होनी चाहिए अन्यथा जमाव कम होगा।
3. कृषि कार्य जैसे निराई, गुड़ाई, सिंचाई, उर्वरक छिड़काव करने में कठिनाई होती है।
4. बीज का छिड़काव कोई कुशल श्रमिक ही ठीक से कर सकता है।
5. पंक्तियों में बोई गई फसल की तुलना में उत्पादन कम मिलता है।
6. बीजदर अधिक लगती है।

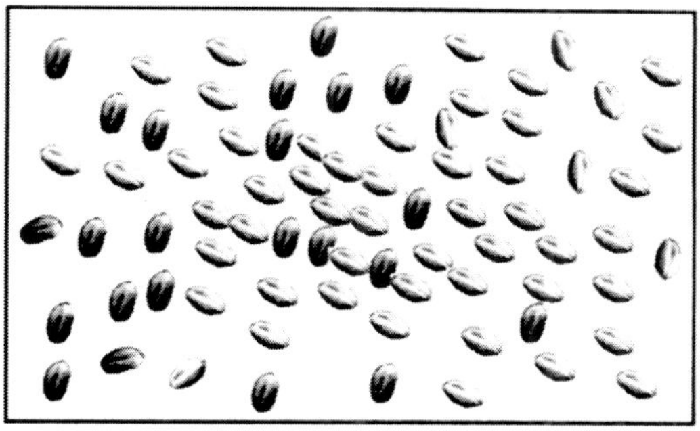

**Broadcasting method**

2. **पंक्तियों में बुआई (Line sowing)**: इस विधि में बीज को फसलों की अनुशंसा के आधार पर पंक्तियों में बुवाई की जाती है। बीज की गहराई भी निश्चित होती है। जैसे गेहूँ के बीज को 5 सेमी॰ की गहराई पर कूड़ों में बोया जाता हैं इसमें बीज की मात्रा फसलों की अनुशंसा की 25 से 100 प्रतिशत तक कृषि यंत्रों की उपलब्धता के अनुसार अलग–अलग होती है। इसकी कई विधियाँ है जिनका वर्णन निम्नवत है–

**लाभ**

1. छिटकवाँ विधि की तुलना में बीजदर कम लगती है।
2. सभी कृषि कार्य जैसे निराई–गुड़ाई, उर्वरकों का प्रयोग एवं सिंचाई आसानी से हो जाते है।
3. बीजों का जमाव अच्छा होता है जिसमें सम्पूर्ण खेत में पौधों का समान वितरण रहता है।
4. पंक्तियों के मध्य दूसरी फसलों को सहफसली खेती के रूप में उगाया जा सकता है।

**हानियाँ**

1. इस विधि में बुवाई हेतु कृषि यंत्रों, श्रमिक तथा ऊर्जा हेतु बैलों अथवा ट्रैक्टर की आवश्यकता होती है।
2. छिटकवाँ विधि की अपेक्षा बुवाई में समय अधिक लगता है।
3. **देशी हल के पीछे बुवाई (Sowing behind country plough)**: इस विधि में बैलों तथा देशी हल की सहायता फसलों की अनुशंसा के अनुसार पंक्तियों में कूड खोले जाते है तथा दूसरा व्यक्ति कूड में बीज बोता है। कभी–कभी देशी हल में चोगा या नाई बांधकर बीज बोते है। गेहूँ, जौ, सरसों, अलसी, चना, मटर, मसूर, मक्का, ज्वार, बाजरे की बुवाई इस विधि से की जाती है।
4. **नियमित विधि से बुवाई (Regular method)**: इस विधि में फसलों की संस्तुतियों के आधार पर लगातार कूड खोलकर सम्पूर्ण खेत में समान रूप से बीज की बुवाई की जाती है। देशी हल में चोंगा या नाई बांधकर खाद डालते है तथा कूड में पीछे से हाथ द्वारा बीज की बुवाई करते है। इस विधि से बुवाई सीडड्रिल मशीन से भी की जाती है। इसमें दो बाक्स होते है जिसमें एक बाक्स में उर्वरक तथा दूसरे में बीज होता है। बुवाई के समय कूड के नीचे खाद एवं ऊपर बीज अपने आप पड़ता जाता है।

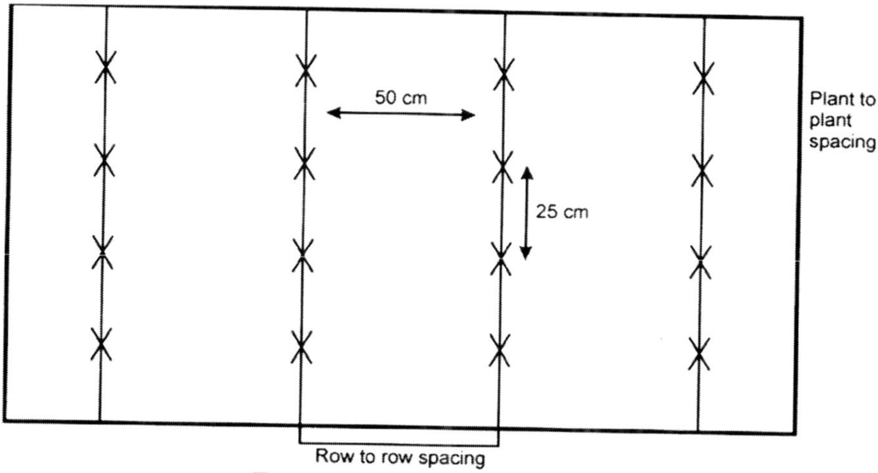


Regular sowing method

5. **स्किप विधि (Skip method)**: इस विधि से संस्तुति के आधार पर दो पंक्तियों में नियमित बुवाई की जाती है परन्तु प्रत्येक तीसरी पंक्ति में बुवाई नहीं की जाती (खाली रखते है)। तीसरी पंक्ति का बीज एवं उर्वरक दो बोई गयी पंक्तियों में डाला जाता है जिससे पौधों की संख्या अर्थात बीज व उर्वरक नियमित विधि के समान डाला जाता है अर्थात् तीसरी पंक्ति का जगह सहफसल की बुवाई की जा सकती है। इस विधि से बुवाई उन फसलों में की जाती है जिनकी पंक्ति दूरी अधिक हो जैसे गन्ना, अरहर, मक्का, कपास आदि।

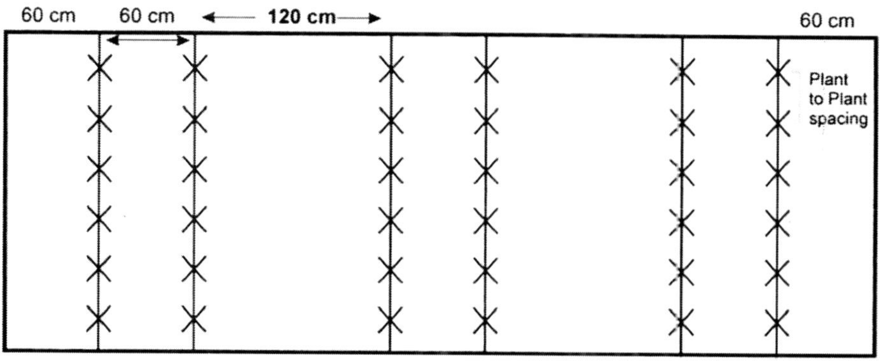


Skip row technique method Row to row spacing

6. **बार्डर विधि से बुवाई (Border method)**: इस विधि में फसलों की संस्तुति के अनुसार तीन पंक्तियों में लगातार बीज की बुवाई की जाती है तथा उनका उर्वरक कूडों में डाला जाता है परन्तु प्रत्येक चौथी पंक्ति का बीज एवं उर्वरक बचा लिया जाता है जिससे 25 प्रतिशत बीज व उर्वरक बच

जाता है। इसमें तीन पंक्तियों के समूह में किनारे की दो पंक्तियों में किल्ले अथवा शाखायें अधिक निकलती है। जिसका कुल उत्पादन नियमित विधि के समान मिलता है तथा 25 प्रतिशत उर्वरक व बीज भी बच जाता है। इसमें सिंचाई, उर्वरक, निराई–गुड़ाई तथा फसल सुरक्षा में रसायनों के छिड़काव हेतु रास्ता (Gully) मिल जाता है। बीज उत्पादन में रोंगिग करने में यह विधि विशेष उपयोगी है। प्रत्येक चौथी पंक्ति की जगह कोई भी सहफसल उगाई जा सकती है।

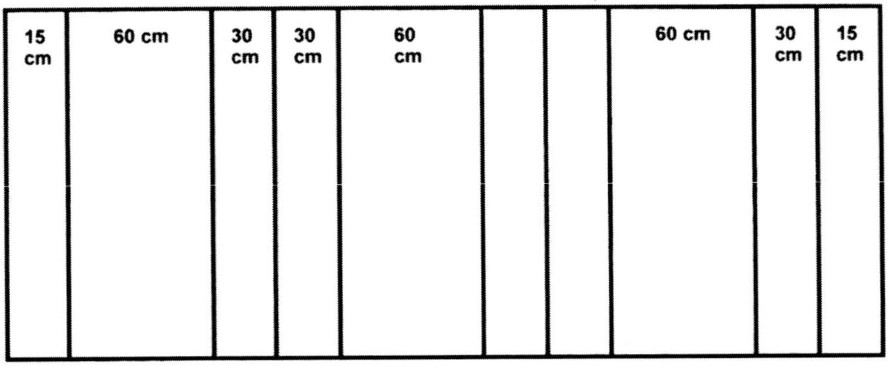


7. **पेयर्ड या जुड़वां विधि (Paired or twin method)**: इस विधि में दो पंक्तियों को संस्तुत दूरी की आधी पर बोते है तत्पश्चात् डेढगुना ($1^1/_2$ गुना) जगह खाली रखते है इसी प्रकार पूरे खेत की बुवाई करके उर्वरक देते है। जैसे यदि अरहर की संस्तुति दूरी 60 सेमी॰ है तो 30 सेमी॰ की आपसी दूरी पर दो कूडों की बुवाई करते है तत्पश्चात् 90 सेमी॰ खाली जगह छोड़ते है। खाली जगह पर आवश्यकतानुसार कोई सहफसल उगाई जा सकती है। इस विधि से बुवाई उन फसलों की जाती है जिनकी पंक्तिदूरी अधिक हो जैसे अरहर, गन्ना, आलू, कपास, मक्का आदि।

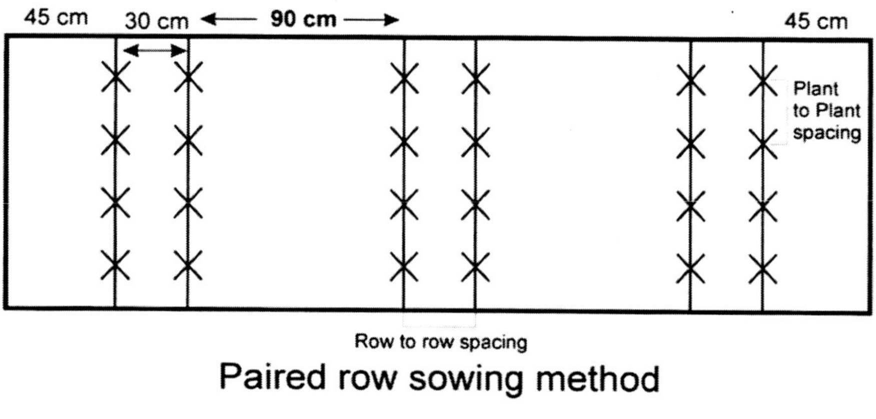


Paired row sowing method

8. **आर–पार विधि (Cross sowing or criss cross method)**: इस विधि में बीज को संस्तुत मात्रा की आधी मात्रा एक दिशा से (उत्तर–दक्षिण) तथा आधी मात्रा दूसरी दिशा से (पूर्व–पश्चिम) बोते है। इस विधि में सभी पौधों को दोनों तरफ से समान दूरी मिलती है। इस विधि से गेहूँ तथा जौ फसलों की बुवाई की जाती है।

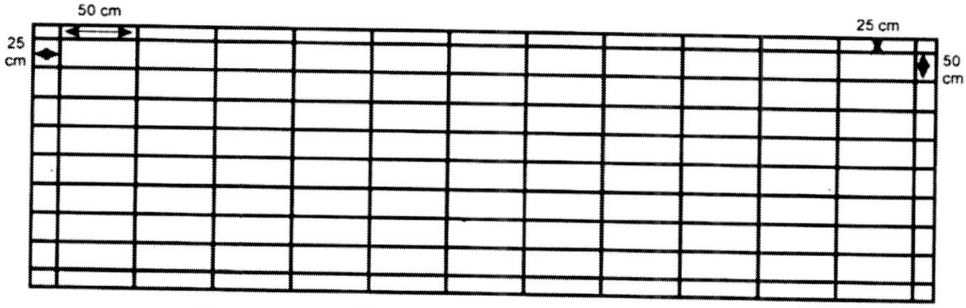


Cross sowing or Criss cross method

9. **सीडड्रिल (Seed drill)**: सीडड्रिल एक मशीन होती है जो बैलों अथवा ट्रेक्टर से चलती है। इसमें दो खाने (बक्से) होते है जिनमें से एक में उर्वरक तथा दूसरे में बीज भरा जाता है। फसलों की दूरी के अनुसार कूडो को मशीन में रखते है। इसमें नियमित (Regular) विधि से बुवाई की जाती है। गेहूँ, जौ, मक्का, चना, मटर आदि की फसलें इस विधि से बोई जाती हैं। इस विधि से कम समय में अधिक क्षेत्र पर बुवाई की जा सकती है।

10. **डिबलर विधि (Dibbling method)**: इस विधि में बुवाई डिबलर की सहायता से की जाती है। डिबलर एक यंत्र है जो लकड़ी अथवा लोहे का बना होता है। इस यंत्र में निश्चित दूरी पर खूंटी बनी होती है। अच्छी तरह व पाटा लगे खेत में डिबलर को रखकर दबाते है जिससे खूंटियों के नीचे छेद बन जाते है उन छेदों में फसल के बीज डाल देते है। इसी प्रकार पूरे खेत की बुवाई की जाती है। यह विधि उन जगहों पर अपनाई जाती है जहाँ पर बीज की कमी हो। इस विधि में बुवाई करने पर बीज कम लगता है परन्तु बुवाई के लिए अधिक श्रमिकों की आवश्यकता पड़ती है तथा बुवाई में अधिक समय लगता है।

11. **मेड़ों पर बुवाई करना (Ridge sowing)**: जड़, कन्द व प्रकन्द वाली फसलों की बुवाई या तो मेड़ों में खुरपी की सहायता से की जाती है अथवा समतल खेत में पंक्तियों में बोकर बाद में मिट्टी चढ़ाई जाती है जैसे आलू, अरबी, मूली, शलजम, हल्दी आदि। अरहर की फसल को मेड़ों में बोने पर जलभराव तथा पाले से हानि की सम्भावना कम हो जाती है। मेड़ रिजर की सहायता से बनाई जाती है। आलू की बुवाई पोटेटो प्लान्टर से भी की जाती है।

12. **उठी हुई क्यारी में बुवाई (Raised bed method)**: इस विधि में उठी हुई क्यारियों में फसलों की बुवाई की जाती है। इस पद्धति में एक विशेष

प्रकार की मशीन (वेड प्लान्टर) का प्रयोग नाली बनाने में किया जाता है तथा नाली की मिट्टी क्यारी में डालकर ऊँची कर देते है। लगभग 70 सेमी॰ चौड़ी क्यारी तथा 30 सेमी॰ चौड़ी नाली पूरे खेत में बनाते है। एक क्यारी में 2 या 3 कतारों में गेहूँ की बुवाई की जाती है जिसमें बीज की गहराई 4–5 सेन्टीमीटर रखते हैं। यदि सम्भव हो तो मेड़ उत्तर–दक्षिण में हो तो पौधों को सूर्य की रोशनी बराबर मिलेगी। इसमें संस्तुत मात्रा का 80–85 प्रतिशत बीजदर लगता है। यदि खेत में नमी न हो तो बुवाई के 5 दिन के अन्दर सिंचाई कर दें। सिंचाई व जल निकास इसी नाली से किया जाता है। इस विधि से लगभग 25 प्रतिशत नत्रजन की बचत भी हो जाती है।

13. **रोपाई विधि (Transplanting method)**: इस विधि में पौध को पौधशाला में तैयार कर लेते है जब पौधे फसलों के अनुसार 25 से 45 दिन के हो जाये तब मुख्य खेत को अच्छी तरह से तैयार करके पौधों को उपयुक्त दूरी पर श्रमिकों के द्वारा रोपित कर दी जाती है। धान के लिए 25 से 30 दिन की तैयार पौध को 20 सेमी॰ × 20 सेमी॰ की दूरी पर रोपते है। तम्बाकू तथा सब्जी वाली फसलों की रोपाई की जाती है। इस विधि में खरपतवार बहुत कम उगते है तथा प्रत्येक पौध की वृद्धि तथा बढ़वार अच्छी होती है।

14. **दोहरी रोपाई विधि (Double transplanting method)**: पूर्वी उत्तर प्रदेश में धान की पहले से रोपित फसल में जैसे किल्ले निकलना शुरू होते है उसे दूसरे तैयार खेत में पुनः रोपित किया जाता है इससे उपज काफी बढ़ जाती है परन्तु श्रमिक अधिक लगते हैं।

## प्रमाणित बीजों की उपयोगिता

- प्रमाणित बीजोत्पादन प्रायः नवीन, अधिक उपज देने वाली, क्षेत्र विशेष के लिए उपयुक्त प्रजातियों का किया जाता है।
- प्रमाणित बीज की अंकुरण क्षमता अधिक होती है जिससे हमें पौध संख्या अधिक मिल जाती है।
- प्रमाणित बीज ओजस्वी होने के कारण विपरीत परिस्थितियों में अच्छी उपज देते है।
- प्रमाणित बीज पैतृक रूप से शुद्ध होते है जिसके कारण हमें वहीं पौध व उपज मिलती है जिसको कि हम जानकर बोते हैं।
- प्रमाणित बीज की भौतिक शुद्धता भी ज्यादा होती है (आकार, रंग तथा आकृति में एक समान) जिनके कारण बीज मात्रा निर्धारण व बुवाई करने में कोई समस्या नहीं आती।
- प्रमाणित बीजों में खरपतवारों के बीज नहीं होते जिसके कारण फसल में खरपतवार कम होते है।
- प्रमाणित बीज स्वस्थ व रोग मुक्त होते है जिसके कारण फसल भी निरोग रहती है।

- प्रमाणित बीज उचित रसायनों से उपचारित होते है जिसके कारण बीज का मृदा में उपस्थित रोगों व कीटों से बचाव होता है।
- प्रमाणित बीज एक निश्चित नमी पर उचित भंडारण की परिस्थितियों में रखे जाते है जिससे उनकी गुणवत्ता स्तर में गिरावट कम आती है।

## बीज प्रमाणीकरण की प्रक्रिया

बीज प्रमाणीकरण का कार्य कुशल नेतृत्व एवं तकनीकी आनुवांशिकता के आधार पर होता है जिससे फसल की गुणवत्ता व आनुवांशिकता बनी रहती है। इसे निम्नलिखित चरणों में पूरा किया जाता है–

### 1. बीज प्रमाणीकरण के लिए आवेदन

जो उत्पादक बीज प्रमाणीकरण कराना चाहते है उन्हें बीज प्रमाणीकरण के लिये अधिकृत संस्था को पहले आवेदन निम्नलिखित सूचनाओं के साथ देना होता है–

- बीज उत्पादक का नाम
- बीज उत्पादक का पता
- प्रक्षेत्र के निकटवर्ती शहर/कस्बे का नाम व दूरी तथा पहुँचने का रास्ता।
- प्रमाणीकरण के लिये आवेदित बीज की किस्म
- प्रमाणीकरण के लिए आवेदित बीज फसल की किस्म का क्षेत्रफल
- प्रमाणीकरण के लिए उत्पादित बीज का प्रकार (आधारीय बीज/प्रमाणित बीज)
- उसी फसल के अन्य किस्मों से पृथक्करण की वांछित दूरी (मीटर में), पूर्व से पश्चिम तथा उत्तर से दक्षिण।

### 2. बीज प्रमाणीकरण संस्था द्वारा जाँच के मुख्य बिन्दु

- किस फसल व किस्म के लिए प्रमाणीकरण किया है।
- स्रोत–बीज उपलब्ध है या नहीं।
- खेत सम्बन्धी अपेक्षायें प्रमाणीकरण मानकों के अनुरूप है या नहीं।
- खेत की स्थिति जहाँ निरीक्षक आसानी से पहुँच सके।

### 3. बीज फसल का निरीक्षण

- पंजीकरण के पश्चात् निरीक्षण हेतु संस्था का प्रतिनिधि फसल का 4–5 बार में निरीक्षण करता है।
- बीज की बुवाई के समय भूमि व पृथक्करण दूरी, संकर बीज उत्पादन में बुवाई अनुपात।
- पुष्पन पूर्व अवस्था में रोग ग्रस्त पौधे, अन्य फसलों के पौधे, खरपतवार, कीटों का नियंत्रण।

- पुष्पन अवस्था में किस्म के आनुवांशिक गुणों को देखना, आवांछनीय बालियों को निकालना, संदूषण पौधों की पृथक्करण दूरी।
- फसल पकने पर – गुणों का निरीक्षण, परिपक्वता की जाँच व कटाई का निर्देश।
- कटाई के समय – यांत्रिक संदूषण की पूरी रोक, मड़ाई विधायन, सुखाने एवं उपचारित करने के बारे में उपयोगी निर्देश।

### 4. संसाधन के समय बीज ढेरों का निरीक्षण तथा परीक्षण हेतु बीज नमूने लेना

फसल को विधायन संयत्र में लाने के पश्चात प्रमाणीकरण संस्था के निरीक्षक की देखरेख में तथा उसके निर्देशन के अनुसार विधायन किया जाता है, तत्पश्चात् ढेरों से नमूने उचित मानकों द्वारा लिये जाते है तथा बीज मानक हेतु परीक्षण के लिए नमूने बीज परीक्षणशाला में भेजे जाते हैं।

**बीज परीक्षणः** बीज की गुणवत्ता हेतु निम्न परीक्षण किये जाते है–

- बीज की भौतिक शुद्धता
- अंकुरण परीक्षण
- स्वास्थ्य परीक्षण
- आर्द्रता मात्रा का निर्धारण
- बीज ढेर में अन्य प्रजातियों के बीजों की मात्रा का निर्धारण

### 5. बीज थैलों पर प्रमाणपत्र व सील लगाना

उत्पादकों द्वारा बीज प्रमाणीकरण के लिए आवेदन पत्र की जाँच से लेकर सभी निरीक्षणों तथा परीक्षणों में निर्धारित मानक पूरा करने पर बीज को प्रमाणित किया जाता है। बीज निर्धारित मात्रा की थैलियों/बोरों में भरकर उसकी मशीन द्वारा सिलाई की जाती है एवं टैग लगाया जाता है। प्रमाणित बीज (Certified seed) के टैग का रंग नीला एवं आधारीय बीज (Foundation seed) के टैग का रंग सफेद होता है। टैग पर निम्नलिखित विवरण लिखा जाता है–

- बीज प्रमाणीकरण संस्था का नाम व पूरा पता
- बीज की किस्म व प्रकार
- बीज प्रमाणीकरण संस्था की ओर से गारन्टी
- बीज की पहचान हेतु लाट संख्या
- प्रमाणित बीज उत्पादन भरने वाले उत्पादक का नाम व पता
- प्रमाणीकरण टैग देने की तिथि एवं वैधता की अवधि
- प्रमाणित वर्ग का नाम
- सील टूटने पर इसे न खरीदा जाये।

## विभिन्न फसलों की पृथक्करण दूरी (Isolation distance)

| क्र॰ सं॰ | फसल का नाम | पृथक्करण दूरी (मीटर में) | |
|---|---|---|---|
| | | आधारीय | प्रमाणित |
| 1 | गेहूँ/जौ | 3 | 3 |
| 2 | चना, मटर, मसूर, अलसी | 10 | 5 |
| 3 | तोरिया | 40 | 40 |
| 4 | राई/सरसो | 50 | 25 |
| 5 | सूरजमुखी | 400 | 200 |
| 6 | धान | 3 | 3 |
| 7 | धान (संकर) | 200 | 100 |
| 8 | मक्का (संकुल)/संकर | 400 | 200 |
| 9 | ज्वार | 200 | 100 |
| 10 | बाजरा | 400 | 200 |
| 11 | उर्द, मूँग, अरहर | 10 | 5 |
| 12 | मूँगफली/सोयाबीन | 3 | 3 |

## बीज शोधन (Seed treatment)

बुवाई से पूर्व बीज को रोगाणुओं, कीड़ों आदि से मुक्त करने की प्रक्रिया बीज शोधन कहलाती है। बीजशोधन फसल के रोगों की रोकथाम का एक सस्ता और प्रभावी उपाय है। बीजशोधन फफूंदनाशी दवाओं से शुष्क बीज के साथ, घोल बनाकर, पौध नर्सरी, आलू के कंदों तथा गन्ने के टुकड़ों को डुबोकर किया जाता है।

### लाभ

- बीज के ऊपरी आवरण पर चिपके हुये बीज के अन्दर उपस्थित रोगाणु नष्ट हो जाते हैं।
- बीज के पश्चात् बीज के आस–पास उपस्थित रोगाणु तथा कीटाणु से पौध की सुरक्षा रहती है।
- बीज सड़न तथा पौध झुलसा आदि से फसल को लगभग एक माह तक सुरक्षित रखता है।
- फसल व जमाव प्रतिशत बढ़ जाता है तथा पौध स्वस्थ रहते हैं।
- उपज में लगभग 5 प्रतिशत की वृद्धि हो जाती है।
- दलहनी फसलों में नत्रजन कम देना पड़ता है।
- यह बहुत कम लागत पर अधिक उपज व लाभ देने वाली प्रक्रिया है।

अध्याय–7

# फसल प्रणाली
# (Cropping system)

## भूमिका

फसल प्रणाली का शाब्दिक अर्थ फसल उगाने की पद्धतियों से है। कृषक अपने प्रक्षेत्र पर फसलें विभिन्न उद्देश्यों की पूर्ति एवं आर्थिक उद्देश्यों के लिए उगाता है। हमारे देश में पूरे वर्ष को मुख्यतः तीन ऋतुओं में विभाजित किया गया है जो खरीफ, रबी व जायद के नाम से जानी जाती है। तीनों ऋतुओं के मौसम में अन्तर रहता है जिसके आधार पर प्रत्येक ऋतु में अलग–अलग फसलें उगाई जाती है। अतः फसल प्रणाली का तात्पर्य यह है कि इन फसलों को किस पद्धति के तहत उगाया जाये जिससे अधिक उत्पादन मिले जैसे एकल फसल, मिश्रित फसल, बहुफसली, अन्तर्वर्ती आदि।

**फसल प्रणाली के प्रमुख बिन्दु**

- फसलों को फसल चक्र के सिद्धान्तों को ध्यान में रखकर उगाने से उत्पादन अच्छा मिलता है, भूमि का स्वास्थ्य ठीक रहता है तथा प्रक्षेत्र के संसाधनों का उचित उपयोग होता है।
- बहुफसली खेती करने के लिये उन्नत किस्म की प्रजातियों के बीज, पर्याप्त मात्रा में कृषि निवेश जैसे उर्वरक, फसल सुरक्षा उपाय के रसायन जैसे कीटनाशी, फफूंदनाशी, खरपतवारनाशी की उपलब्धता आवश्यक है।
- आधुनिक फसल प्रणाली में सिंचाई जल का सर्वाधिक महत्व है। बिना सिंचाई के किसी भी प्रणाली से अच्छा उत्पादन सम्भव नहीं है।
- फसल उगाने की योजना (Cropping scheme) को पहले से तैयार करना अति आवश्यक है जिससे प्रक्षेत्र के आवश्यकतानुसार सभी कृषि निवेशों का पहले से प्रबन्धन किया जा सके।
- हमारे देश में लघु एवं सीमान्त जोतें अधिक है इसलिये सहफसली खेती का अपनाना अति आवश्यक है जिससे कृषकों की आवश्यकताओं की पूर्ति के साथ–साथ उनको आर्थिक लाभ भी मिल सके।
- मिश्रित खेती कृषक को जोखिम से बचाने में सहयोग करती है।
- सहफसली प्रणाली के मूल्यांकन के कई सूचकांक है।

## सस्य योजना (Cropping scheme)

यह एक फसल उगाने की योजना है जिसमें प्रक्षेत्र पर प्रत्येक फसल को निश्चित अवधि के लिए अलग–अलग खेत में इस प्रकार उगाया जाता है कि प्रत्येक फसल से अधिकतम लाभ मिल सके तथा भूमि की उर्वरता का ह्रास भी न हो।

"Cropping scheme is a plan according to which crops are raised on individual plots of the farm during a given period of time with an object to get maximum return from each crop without impairing the fertility of soil".

A plan according to which crops are raised on individual plot in the fixed period for obtaining maximum production.

सस्य योजना तैयार करने के पहले प्रक्षेत्र से सम्बन्धित निम्नलिखित जानकारी आवश्यक है–

1. प्रक्षेत्र का कुल क्षेत्र
2. प्रक्षेत्र विन्यास के अन्तर्गत क्षेत्र
3. कृषि क्षेत्र
4. सिंचाई का साधन
5. भूमि का प्रकार व पी॰एच॰
6. शहर से दूरी
7. क्षेत्र की उपयुक्त फसलें (ऋतुओं के आधार पर)
8. फसलोत्पादन सम्बन्धी प्रक्षेत्र में सुविधायें
9. मजदूरों की उपलब्धता

## सस्य योजना तैयार करने से लाभ

सस्य योजना हमेशा भविष्य के लिए बनाई जाती है। इसके बनाने से उत्पादनकर्त्ता को निम्नलिखित लाभ होते हैं–

1. विभिन्न फसलों एवं उनकी प्रजातियों के बीजों को प्रबन्ध करके रखना।
2. उर्वरकों की मात्राओं का आंकलन करके रखना।
3. विभिन्न फसलों में प्रयुक्त होने वाले शाकनाशी, कीटनाशी, फफूंदनाशी का आंकलन करके रखना।
4. फसलों के उगाने में विभिन्न प्रकार के कृषि यंत्रों का समय पर प्रबन्ध करना।
5. विभिन्न समय प्रयुक्त होने वाले कृषि कार्यों के लिए मजदूरों की संख्या की जानकारी रखना व उसका समय पर प्रबन्ध करना।
6. बाजार में उत्पाद बेचने हेतु प्रबन्ध करना।
7. आंकलन के द्वारा लाभ की जानकारी का होना।

## आदर्श सस्य योजना के सिद्धान्त (Principles of an ideal cropping scheme)

1. जितने वर्ष का फसलचक्र हो, समान क्षेत्र के उतने ही खेत होने चाहिए।
2. हरीखाद को फसल के रूप में नहीं मानते क्योंकि इससे उत्पादन नहीं मिलता।
3. चारे की फसल को एक ही फसल मानते है चाहे उसकी कटाई जितनी भी बार की जाये।
4. मिश्रित खेती में प्रत्येक फसल का क्षेत्र उसके बीजदर के अनुसार रखा जाता है।
5. सह–फसली/अन्तःवर्ती फसलों का क्षेत्रफल पंक्ति अनुपात के अनुसार रखा जाता है।
6. सस्य–योजना प्रक्षेत्र की शुद्धकृषित क्षेत्र (Net cultivated area) के लिए तैयार की जाती है।
7. यदि प्रक्षेत्र शहर से नजदीक हो तो सब्जीवाली फसलों का क्षेत्र अधिक रखें।
8. यदि प्रक्षेत्र के पास गन्ना मिल हो तो गन्ने की फसल का क्षेत्र अधिक रखें।
9. यदि प्रक्षेत्र के पास तेल मिल अथवा सूती मिल हो तो तिलहनी फसलों का तथा कपास का क्षेत्र ज्यादा रखें।
10. किसी भी नई तकनीक अथवा प्रजाति को प्रथम वर्ष कम क्षेत्र पर उगायें।

## सस्य योजना बनाना (Preparation of cropping scheme)

सस्य योजना निम्नलिखित चरणों में तैयार की जाती है–

1. कल्पनायें एवं सीमायें (Assumptions and limitation)
2. ऋतु के अनुसार फसलों का चुनाव (Selection of crops according to season)
3. फसलचक्र बनाना एवं उसका क्षेत्र वितरित करना (Framing of crop rotations and distribution of area)
4. सस्य योजना का ढांचा (Skeleton of cropping scheme)
5. फसलों का कुल क्षेत्र निकालना (Total cropped area)
6. सस्य सघनता निकालना (Cropping intensity)

**सस्य सघनता (Cropping Intensity):** एक वर्ष में प्रति यूनिट शुद्ध कृषि क्षेत्र से औसतन कुल कितने कृषि क्षेत्र में फसल लेते हैं। उसे सस्य सघनता कहते हैं। इसे प्रतिशत में व्यक्त किया जाता है।

$$\text{सस्य सघनता (प्रतिशत)} = \frac{\text{कुल कृषित क्षेत्र (Total Cropped area)}}{\text{शुद्ध कृषि क्षेत्र (Net cultivated Area)}} \times 100$$

कृषि क्षेत्र = खरीफ + रबी + जायद मौसम से उगाई गई फसलों का क्षेत्र

शुद्ध कृषि क्षेत्र = प्रक्षेत्र में फसल उगाये जाने वाला क्षेत्र

## फसल प्रणाली (Cropping system)

फसलों को मौसम के अनुसार एक वर्ष में तीन भागों में जैसे खरीफ की फसलें, रबी की फसलें तथा जायद की फसलें रखते है। प्रत्येक मौसम में फसलों को अकेले अथवा मिलवाँ (Mixed) उगाते है जो भूमि की दशा, प्रक्षेत्र पर उपलब्ध संसाधनों तथा उपलब्ध तकनीकी पर निर्भर करती है। एक वर्ष में एक अथवा अनेक फसलों को उपलब्ध संसाधनों के अनुसार उगाते है।

**Definition:** Cropping system is an important component of farming system. It represents cropping patterns used on a farm and their interaction with farm resources and other farm enterprises and available technology which determine their makeup.

फसल प्रणाली कृषि प्रणाली का एक महत्वपूर्ण अवयव है। प्रक्षेत्र पर फसल के उगाने का स्वरूप (Cropping pattern) तथा प्रक्षेत्र के संसाधनों, उपक्रमों एवं उपलब्ध तकनीकी के मिलेजुले लाभदायक प्रभाव को फसल प्रणाली कहा जाता है।

किसी प्रक्षेत्र पर फसल प्रणाली प्रक्षेत्र में उपलब्ध संसाधनों, उपक्रमों तथा तकनीकी पर निर्भर करती है। प्रक्षेत्र संसाधनों के अन्तर्गत भूमि, श्रमिक, जल, पूँजी एवं बुनियादी ढांचे है। जैसे यदि भूमि सीमित है तो सघन खेती करके सभी संसाधनों का पूर्ण उपयोग किया जा सकता है। यदि पर्याप्त व सस्ते श्रमिक उपलब्ध है तो सब्जी अधिक क्षेत्र पर उगाई जा सकती है। यदि पूंजी अधिक है तो गन्ने को फसल प्रणाली में सम्मिलित किया जा सकता है।

A. फसलचक्र में उगाना (Rotational or sequential cropping)

B. मिश्रित अथवा एक साथ सह–फसली उगाना (Mixed or intercropping)

**फसलक्रम में उगाना:** जब दो या दो से अधिक फसलों को एक निश्चित क्षेत्र पर हेरेफेर करके एक वर्ष में उगाते हैं तो उसे फसलक्रम में उगाना कहते हैं। जब फसलक्रम में फसले फसलचक्र के सिद्धान्तों को ध्यान में रखते हुये हेरेफेर कर उगाई जाती है तो उसे फसलचक्र (crop rotation) कहते हैं जैसे– धान–चना। जब फसलें फसलक्रम में फसलचक्र के सिद्धान्त को बिना ध्यान रखे उगाते हैं तो उसे एक के बाद एक फसल (Sequential cropping) उगाना कहते हैं। अर्थात पहली फसल की कटाई के पश्चात् दूसरी फसल बोते है।

**एक फसली खेती (Single cropping):** जब एक निश्चित क्षेत्र पर एक वर्ष में एक फसल उगाते है तो उसे एक फसली खेती करना कहते है। जैसे परती–गेहूँ, ज्वार–पर्ती। असिंचित क्षेत्रों में एक फसली खेती की जाती है।

## बहुफसली खेती (Multiple cropping)

उदाहरण धन–जमा (एक वर्ष) दो या दो से ज्यादा फसलें जब किसी निश्चित क्षेत्र पर एक वर्ष में उगाते हैं तो उसे बहुफसली खेती (Multiple cropping) कहते हैं। इसी को सघन खेती (Intensive cropping) भी कहते हैं।

**दो फसली खेती (Double cropping)**: जब एक निश्चित क्षेत्र पर हेरफेर करके एक वर्ष में दो फसलें उगाते हैं तो उसे दो फसली खेती कहा जाता है।

**तीन फसली खेती (Triple cropping)**: जब एक वर्ष में एक निश्चित क्षेत्र पर हेरफेर करके तीन फसलें लेते हैं तो उसे तीन फसली खेती कहते हैं। जैसे मक्का–आलू – मूँग (एक वर्ष)।

**चार फसली खेती (Qudriple cropping)**: जब एक निश्चित क्षेत्र से एक वर्ष में हेरेफेर करके चार फसलें उगाते हैं तो उसे चार फसली खेती कहा जाता है। जैसे मक्का–तोरिया–गेहूँ–लेबिया (एक वर्ष)।

## बहुफसली खेती की आवश्यकतायें (Pre-requisites of multiple cropping):

1. पूरे वर्ष पर्याप्त तथा निश्चित सिंचाई एवं जलनिकास की सुविधा।
2. कम समय में तैयार होने वाली व अधिक उपज देने वाली फसलों की प्रजातियों के बीज उपलब्ध हों।
3. पर्याप्त मात्रा में समय से बीज, उर्वरक, कृषि यंत्र, मजदूर तथा फसल सुरक्षा हेतु कृषि रसायन उपलब्ध हो।
4. खेत उत्पादक हो तथा वहाँ की जलवायु भी बहुफसली खेती के लिए उपयुक्त हो।
5. पिछली फसल के अवशेषों को उपयोग करने अथवा खेत से बाहर निकालने की सुविधा उपलब्ध हो।
6. बाजार सुविधा व कृषि उपज का मूल्यनिर्धारण आकर्षक हो।
7. नई तकनीकी, प्रजातियों एवं नई शोध के बारे में जानकारी हो।
8. क्षेत्रीय कृषकों को समय–समय पर सघनखेती के सम्बन्ध में प्रशिक्षित किया जाये।

## बहुफसली खेती से लाभ

1. पूरे वर्ष निश्चित रूप से भोजन एवं चारा मिलता है।
2. कुल अधिक उत्पादन व अधिक लाभ मिलता है।
3. पूरे वर्ष लाभ मिलता है जिससे उसी पूँजी से वर्ष भर अन्य कार्य होते रहते है पूंजी चक्रित होती रहती है।
4. मजदूरों को पूरे वर्ष कार्य मिलता है जिससे वे बेरोजगार नहीं रहते।
5. भूमि का अधिकतम उपयोग होता है। मृदा अपरदन कम होता है क्योंकि हर समय खेत में फसल खड़ी रहती है।
6. खरपतवार कम उगते हैं।
7. परिवार को अच्छा भोजन मिलता है (संतुलित) जिससे उनका स्वास्थ्य ठीक रहता है। बहुफसली खेती विभिन्न किस्म की फसलें उगाते हैं।

8. दलहनी फसलों को सम्मिलित करना आवश्यक है जिससे भूमि का स्वास्थ्य ठीक बना रहे।
9. प्रक्षेत्र की फसलचक्र सघनता व सस्य सघनता (Cropping intensity of farm) बढ़ जाती है।

## बहुफसली खेती से हानियाँ

1. खेत की तैयारी हेतु कम समय मिलता है जिसके कारण निराई–गुड़ाई अधिक करनी पड़ती है।
2. पिछली फसल के अवशेषों को निकालने की समस्या होती है।
3. अगर अधिक सावधानी न बरती गई तो खरपतवार, कीटें तथा बीमारियों की विकराल समस्या बन जाती है।
4. कुछ फसलें हानिकारक प्रभाव अधिक छोड़ती है।
5. फसलों व भूमि में पोषक तत्त्वों की कमी हो जाती है अगर संतुलित उर्वरक न दिए गये।
6. भूमि की उत्पादकता कम हो जाती है।
7. लम्बी अवधि वाली फसलों का क्षेत्र कम हो जाता है।
8. कृषि रसायनों के अधिक प्रयोग से भूमि, जल, वायुमंडल प्रदूषित हो जाता है।

## सहफसली खेती (Intercropping)

किसी निश्चित क्षेत्र पर निश्चित समय में दो या दो उसे अधिक फसलों को निश्चित पंक्ति क्रम में उगाना सहफसली खेती कहलाता है।

"Growing of two or more crops on a certain area in a definite row pattern (row ratio) is called intercropping."

यह फसलोत्पादन की एक विधि है जिसमें पौधों की बीच की दूरी का अधिक उपयोग हो जाता है तथा प्रकाश, पोषक तत्त्वों, नमी, वायु का क्रमशः वितरण जड़ क्षेत्र तथा भूमि के ऊपरी क्षेत्र में होता है। इसके महत्व को सबसे पहले अय्यर (1949) ने इस पर प्रकाश डाला जब अधिक उपज देने वाली फसलों की किस्मों, अच्छे कृषि यंत्रों तथा आधुनिक खेती का विकास हुआ।

## सहफसली खेती तरीके (Systems of intercropping)

1. **सहफसली खेती की मिलान श्रेणी या योगशील शृंखला (Additive series of intercropping)**: इसमें एक मुख्य फसल होती है जिसे 100 प्रतिशत पौध संख्या एवं बीजदर पर उगाते है। प्रायः यह फसल अधिक पंक्ति दूरी वाली होती है। इसे प्रमुख फसल (Base crop) कहा जाता है। इस फसल के बीच दूसरी फसल की कुछ पंक्तियों में बुवाई की जाती है उसे सहफसल कहा जाता है। इस तरीके से उगाई गई सहफसली खेती की विधि को सहफसली खेती की मिलान श्रेणी कहा जाता है जैसे शरदकालीन गन्ने

की दो पंक्तियों के मध्य राई की दो, आलू की दो तथा गेहूँ की तीन पंक्तियों में बुवाई करना।

शरदकालीन गन्ना + गेहूँ (1 :3)

शरदकालीन गन्ना + आलू (1 : 2)

शरदकालीन गन्ना + राई (1 : 2)

अरहर + मूँग (1 : 2)

अरहर + उर्द (1 : 2)

अरहर + सोयाबीन (1 : 2)

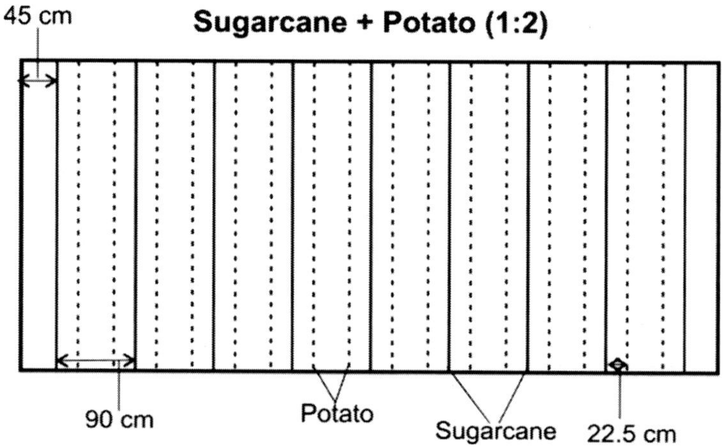


**Additive series**

2. **सहफसली खेती की स्थान्तरित श्रेणी या प्रतिस्थापन शृंखला (Intercropping in replacement series):** इस विधि में एक फसल की कुछ पंक्तियों के स्थान पर दूसरी फसल की कुछ पंक्तियों की बुवाई की जाती है। जैसे आलू की तीन पंक्तियों (मेड़ों) के पश्चात् चौथी पंक्ति की जगह गेहूँ की तीन अथवा राई की एक पंक्ति में बुवाई। गेहूँ की नवी पंक्ति के स्थान पर राई की एक पंक्ति की बुवाई।

आलू + गेहूँ (3:3)

आलू + राई (3:1)

आलू + चना (3:1)

आलू + अलसी (3:1)

आलू + राई (9:1)

आलू + मटर (3:1)

आलू + सब्जी (3:1)

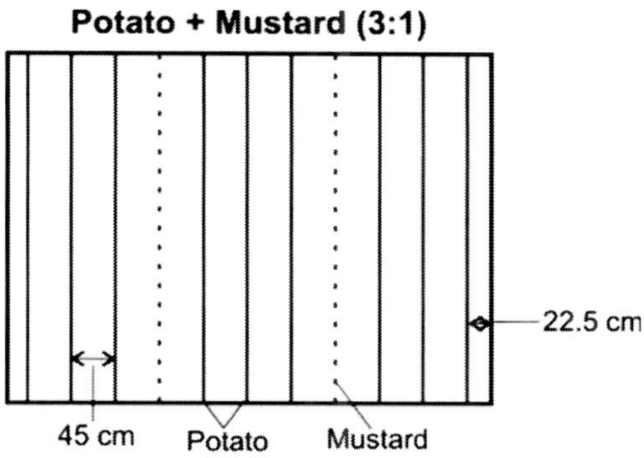


**Replacement series**

### Adjustment of intercropping in additive sereis

1. **एले क्रापिंग (Alley cropping)**: भूमि की उर्वरता एवं उत्पादकता बढ़ाने के लिए कृषित फसलों के पौधों (Tree) के बीच गलियारे या रास्तों में दूसरी फसल उगायी जाती है तो उसे एलेक्रापिंग कहा जाता है।
2. नियमित पंक्तियों में बुवाई के साथ सहफसली खेती
3. पेयर्ड विधि से बुवाई के साथ सहफसली खेती
4. स्किप विधि से बुवाई के साथ सहफसली खेती
5. बार्डर विधि से बुवाई के साथ सहफसली खेती

### सहफसली खेती से लाभ (Advantage of intercropping)

1. शुद्ध फसल की तुलना में अधिक उत्पादन मिलता है।
2. फसलोत्पादन में उत्पादन लागत कम हो जाती है।
3. मजदूरों को पूरी ऋतु (मौसम) कार्य मिलता है।
4. उत्पादन में निश्चितता रहती है अर्थात फसलोत्पादन में जोखिम कम रहता है।
5. अधिक आय प्राप्त होती है तथा आय कई बार मिलती है।
6. भूमि, मजदूरों, कृषि यंत्रों तथा पूंजी का भरपूर उपयोग होता है।
7. दलहनी फसलें सम्मिलित करने से भूमि की उर्वरा शक्ति बढ़ती है।
8. भूमि की ऊपरी तथा निचली सतहों से पौधे पोषक तत्त्व लेते हैं।
9. भूमि के ऊपरी वातावरण जैसे– प्रकाश, कार्बनडाई आक्साइड, वायु ऊर्जा तथा वर्षा के पानी का अच्छा उपयोग होता है।
10. इससे संतुलित भोजन तथा पशुओं को चारा मिलता है।
11. इसमें ज्यादा समय तक भूमि फसलों से ढकी रहती है जिससे भूमिक्षरण की सम्भावनायें कम रहती है।

12. अधिक समय में तैयार होने वाली फसल के साथ कम समय में तैयार होने वाली फसल लेने से उसी मौसम में कम संसाधन से फसल तैयार हो जाती है।
13. कुछ फसलें दूसरी फसलों के ऊपर बढकर अपनी बढ़वार पूरी करती है अतः आश्रय (Shelter) का कार्य करती है।
14. ढालू भूमि में भी सहफसली खेती सम्भव है।

## सहफसली खेती की सावधानियाँ (Precaution in adopting intercropping):

सहफसली खेती के लिए सहफसल के चुनाव में सावधानियाँ रखने की आवश्यकता निम्नलिखित है–

1. सहफसले ऐसी हो जो एक दूसरे से प्रकाश, पोषकतत्त्व, पानी, हवा तथा जगह एवं भूमि में उपलब्ध जीवाणुओं में प्रतिस्पर्धा न रखती हों।
2. सहफसले एक दूसरे पर हानिकारक प्रभाव न छोड़ें (Allelopathic effect)।
3. सहफसलों की प्रबन्धन क्रियाओं (Management practices) में ज्यादा अन्तर न हो।
4. एक ही परिवार (family) की फसलों का चयन न करें अन्यथा बीमारियाँ लगाने की सम्भावनायें बढ़ जाती है।
5. जो फसल कीट व बीमारियों को शरण देती हो उसे सहफसली खेती हेतु चयन नहीं करना चाहिए।
6. जिन फसलों का वानस्पति भाग रोयेदार (hairy) हो, उसे मुलायम फसलों के साथ सहफसली हेतु चयन न करें।
7. संकर बीज उत्पादन वाली फसलों को सहफसली खेती हेतु चयन न करें।
8. जिन फसलों के फलियों की तुड़ाई कई बार में हो उन्हें चयन न करें।
9. जो फसलें किसी अवस्था में गिर जाती है, उनका चयन न किया जाये।

## मिश्रित या मिलवाँ खेती (Mixed cropping)

जब दो या दो से अधिक फसलों के बीजों को मिलाकर बोया जाता है उसे मिलवाँ खेती कहते हैं। इसमें बीजों को मिलाकर या तो पंक्तियों में बोते है अथवा छिड़क (Broad cast) कर बोया जाता है। जैसे– गेहूँ+चना, गेहूँ+जौ आदि। इस विधि से बुवाई अधिकतर शुष्क क्षेत्रों में की जाती है जहाँ पर सिंचाई के साधन उपलबध नहीं होते। इसका मुख्य उद्देश्य जोखिम को कम करना होता है। यदि एक फसल किसी कारण (सूख, बाढ़, बीमारी, कीट आदि) नष्ट हो जाये तो दूसरी फसल से कुछ उत्पादन मिल जाता है।

## मिलवाँ खेती के सिद्धान्त

1. अदलहनी व दलहनी दोनों फसलों के बीजों को मिलाकर बोना चाहिए।

2. एक ही कुल की फसलों की बुवाई न करें।
3. कम गहरी व अधिक गहरी जड़ों वाली फसलों की बुवाई करें।
4. फसलों की कटाई (Harvesting) का समय एक ही हो।

## फसल उगाने का स्वरूप (Cropping pattern)

**Definition:** Cropping pattern is the yearly sequence and spatial arrangement of crops on a given land area (a district, part of district, country or farm.

किसी दिये गये भूक्षेत्र पर एक वर्ष के फसल क्रम में फसलों के क्रमबद्ध करने को फसल उगाने का स्वरूप कहते है।

Cropping pattern means the proportion of area under various crops at a point of time in a unit area.

एक निश्चित समय में एक वर्ष में विभिन्न फसलों के अन्तर्गत क्षेत्र के अनुपात को फसल उगाने का स्वरूप कहा जाता है।

फसल उगाने के स्वरूप को फसल चक्र का पर्यायवाची भी कहा जाता है। एक वर्ष के क्रम में फसल स्वरूप का अवयव फसलें होती है। किसी निश्चित क्षेत्र पर खेत के टुकड़ों के अनुसार फसलों का विवरण फसल के उगाने की उपयुक्त (सम्पूर्ण) तस्वीर बताती है। ऋतुओं के अनुसार भी फसल उगाने के स्वरूप को प्रदर्शित किया जाता है–

1. खरीफ ऋतु की फसल उगाने का स्वरूप (Cropping pattern of *Kharif* season)
2. रबी ऋतु की फसल उगाने का स्वरूप (Cropping pattern of *Rabi* season)
3. जायद ऋतु की फसल उगाने का स्वरूप (Cropping pattern of *Zoid* season)

इसमें किसी विशेष ऋतु में उगाई जाने वाली फसलों को क्षेत्रफल के हिसाब से क्रमबद्ध (Arrange) कर लेते है। 10 प्रतिशत से अधिक क्षेत्र की फसलों को फसल उगाने के स्वरूप के अन्तर्गत रखा जाता है।

## सह–फसली खेती एवं मिश्रित खेती में अन्तर

| सहफसली खेती (Intercropping) | मिश्रित खेती (Mixed cropping) |
|---|---|
| इसमें दो या दो से अधिक फसलों को एक निश्चित पंक्ति अनुपात (Definite row ratio) में बोया जाता है। | मिश्रित खेती में दो या दो से अधिक फसलों को अनिश्चित पंक्ति अनुपात में बोते हैं। |
| इसमें उगाई गई विभिन्न फसलों में आपस में प्रतिस्पर्धा नहीं होती अथवा बहुत कम होती है। | इसके अन्तर्गत उगाई गई फसलों में आपस में प्रतिस्पर्धा अधिक होती है। |

| सहफसली खेती में सभी फसलों को संस्तुत मात्रा में निवेश (उर्वरक, फसल सुरक्षा उपाय, सिंचाई) तथा कृषि क्रियायें आदि की जाती है। | इसमें सभी फसलें उनकी संस्तुति के आधार पर कृषि क्रियायें व निवेश नहीं दिये जाते। |
|---|---|
| इस पद्धति का मुख्य उद्देश्य अधिकतम उत्पादन तथा लाभ प्राप्त करना है। | इस पद्धति का मुख्य उद्देश्य, ओला, पाला, सूखा, बाढ़ तथा कीट व बीमारियों से जोखिम कम करना है। |
| इस पद्धति में सभी फसलों की कटाई अलग–अलग समय पर की जाती है। | इस पद्धति में सभी फसलों की कटाई लगभग एक समय पर की जाती है। |
| इसमें मजदूरों को काम अधिक मिलता है तथा आय कई बार मिलता है। | इसमें मजदूरों को कार्य कम तथा आय एक ही बार मिलती है। |
| यह प्रणाली अधिकतर सिंचित क्षेत्रों में अपनाई जाती है। | यह प्रणाली अधिकतर असिंचित क्षेत्रों में अपनाई जाती है। |

## सहफसली का आधुनिक सिद्धान्त

सहफसली खेती में ऐसी फसलों का समन्वय किया जाये जिससे प्रति इकाई क्षेत्र से प्रति इकाई समय में अधिकतम उपज व लाभ मिले। क्योंकि आधुनिक समय में कृषि उत्पादन से सम्बन्धित सभी निवेश तथा कृषि क्रियाओं को करने हेतु संसाधन, कृषि यंत्र, तथा ट्रैक्टर आदि पर्याप्त मात्रा में उपलब्ध है।

**समान्तरण खेती (Parallel cropping)**: सहफसली खेती में ऐसी फसलों को उगाना जिसमें आपस में प्रतिस्पर्धा शून्य हो, उन फसलों को उगाना समान्तरण खेती कहलाता है। जैसे अरहर + उर्द, अरहर + मूँग। इन फसलों में आपस में प्रतिस्पर्धा शून्य होती है।

**सहयोगी फसलों की खेती (Synergistic cropping)**: सहफसली खेती में जब ऐसी दो फसलें उगाते है जिनके कारण दोनो फसलों की उपज उनकी शुद्ध फसलों की तुलना में अधिक होती है उन फसलों को सहयोगी फसलें कहते है। जैसे शरदकालीन गन्ना + आलू की सह फसली खेती करना। इस सहफसली खेती में शुद्ध गन्ना की अपेक्षा सहफसली गन्ना तथा शुद्ध आलू की अपेक्षा सहफसली आलू की उपज बढ़ जाती है।

**सहचर या साथी फसलें (Companion cropping)**: सहफसली खेती में उगाई जाने वाली सभी फसलों को सहचर फसलें कहते है। जैसे शरदकालीन गन्ना+गेहूँ, शरदकालीन गन्ना + राई आदि।

**बहुमंजिला खेती (Multi storeyed cropping)**: सहफसली खेती में, जब विभिन्न ऊँचाई की फसलें उगाई जाती है तो उन्हें बहुमंजिला खेती कहते है। इस प्रकार की खेती में उगाई गई फसलों का चुनाव इस प्रकार से होना चाहिए कि उनमें आपस में प्रतिस्पर्धा कम से कम अथवा शून्य हो। इस प्रकार खेती करने पर संसाधनों का भरपूर उपयोग होता है तथा प्रति इकाई क्षेत्र से अधिकतम उत्पादन मिलता है। उदाहरण आलू + गेहूँ + राई, शरदकालीन गन्ना + आलू + चना, नारियल + केला + हल्दी, मक्का + मूँग + मूँगफली

"The cultivation of different crops of different canopy heights in a field simultaneously."

**सतत या अविराम फसल पद्धति (Relay cropping)**: इस पद्धति का विकास डा॰ एस॰एस॰ वैन्स (पूर्व विभागाध्यक्ष सस्य विज्ञान, नई दिल्ली) ने किया था। इस शब्द को रिलेरेस (झंडी दौड़) से लिया गया है, जिसमें चार खिलाड़ी होते है तथा चारों के झंडी लेने में कोई समय नहीं लगता। यह फसल उगाने की एक ऐसी पद्धति है जिसमें चार फसलें इस प्रकार उगाते है कि पहली फसल की कटाई के पहले अगली फसल की बुवाई कर दी जाती है। तथा खेत की तैयारी आदि में समय नष्ट नहीं होता। उदाहरण मक्का–आलू–गेहूँ–मूँग (एक वर्ष), ज्वार–बाजरा–बरसीम–लोबिया (सभी चारे के लिए), धान अगेती–तोरिया–गेहूँ–लोबिया (एक वर्ष) आदि। इस फसल पद्धति में प्रति इकाई क्षेत्र व समय से अधिकतम उत्पादन मिलता है। फसल चक्र सघनता बढ़ जाती है, मजदूरों को अधिक कार्य मिलता है तथा प्रक्षेत्र के संसाधनों का भरपूर उपयोग होता है। उत्तरी भारत में तीन ऋतुयें होती है जिनमें चार फसलों को लेने के लिए फसलों की Over lapping करनी पड़ती है अथवा रबी ऋतु में कम समय में तैयार होने वाली दो फसलों को उगाते है।

**विस्तृत खेती (Extensive cropping)**: जब विशाल क्षेत्र पर फसल उगाते है तथा उनकी फसल चक्र सघनता 200 प्रतिशत से कम होती है तो उसे विस्तृत खेती कहते है जैसे गन्ने की खेती बड़े क्षेत्र में उगाना, धान या गेहूँ की खेती को विस्तृत क्षेत्र में उगाना। इसमें प्रक्षेत्र संसाधनों का उपयोग नहीं हो पाता।

**सघन खेती (Intensive cropping)**: जब किसी भूखण्ड पर एक वर्ष में दो या दो से अधिक फसलें उगाई जाती है तथा उसकी फसल चक्र सघनता 200 प्रतिशत या उससे अधिक होती है तो उसे सघन खेती कहते है। इसमें प्रक्षेत्र के सभी संसाधनों का उपयोग हो जाता है, मजदूरों को कार्य मिलता है तथा वर्ष में कई बार आय होती है। इसके अन्तर्गत बहुफसली एवं सहफसली खेती आती है। इसमे सिंचाई तथा अन्य आवश्यक साधनों का होना अनिवार्य है।

**लगातार फसल पद्धति (Continuous cropping)**: बिना किसी रुकावट के जब हम खेत में फसल उगाते रहते है उसे लगातार फसल पद्धति कहा जाता है। जैसे धान–धान–धान, गन्ना–गन्ना–गन्ना, नेपियर–नेपियर–नेपियर।

**फसल चक्र में फसलें उगाना (Rotational cropping)**: जब किसी एक क्षेत्र पर हेर–फेर कर फसलों के उगाने को फसल चक्र में फसलें उगाना कहते है। जैसे धान–आलू–मूँग।

**फसल घर (Crop cafetaria)**: एक निश्चित क्षेत्र पर एक ही समय में अनेकों फसलों को विभिन्न उपयोगों के लिए उगाना फसलघर (Crop cafetaria) कहा जाता है। ये फसलें निश्चित पंक्तियों (Define new pattern) अथवा अनिश्चित पंक्तियों (undefinite row pattern) में उगाते है। जैसे आलू + मूली + धनिया + जौ + मटर, बैंगन + चौलाई + मटर + गेंदा + फूलगोभी + गांठगोभी + गाजर + मूली + सौंफ + धनियाँ + प्याज + लहसुन।

## सहफसली खेती का मूल्यांकन
## (Evaluation or Assessing yield advantage in intercropping)

1. **फसल समतुल्य उपज (Crop equivalent yield):** सहफसली खेती अथवा बहुफसली खेती में कई फसलें उगाई जाती है जिनकी उपज अलग–अलग होती है। कई सहफसली खेती अथवा कई फसल चक्रों के फसलों की तुलना करने हेतु किसी एक फसल के समतुल्य उपज को बदल लेते है। इसको निम्न तरह से ज्ञात किया जाता है।

$$\text{फसल समतुल्य उपज (अ)} = \frac{\text{ब फसल की उपज x विक्रय मूल्य दर}}{\text{अ फसल की उपज का विक्रय मूल्य दर}}$$

"For comparison, the yield of all component crops are converted into one crop-based on price of product"

2. **भूमि समतुल्य अनुपात (Land equivalent ratio):** एक आदर्श सहफसली खेती में उपज का लाभ मिलना चाहिए। यह जानने के लिए कि किस फसल का योगदान अधिक उपज देने में कितना है, भूमि समतुल्य अनुपात निकालते है। यह दो प्रकार का होता है (अ) आंशिक भूमि समतुल्य अनुपात (Partial land equivalent ratio or native yield) (ब) पूर्ण भूमि समतुल्य अनुपात (Land equivalent ratio) इस प्रकार भूमि समतुल्य अनुपात, आंशिक भूमि समतुल्य अनुपात का योग होता है। यह प्रदर्शित करता है कि जो उपज सहफसली खेती से मिली है, उतना उत्पादन शुद्ध फसल से कितने भूमि क्षेत्रफल से प्राप्त होता।

"LER is the relative land area under the sole crops that is required to produce the yields achieved in intercropping"

$$\text{भूमि समतुल्य अनुपात (LER)} = \frac{Ya}{Sa} + \frac{Yb}{Sb} = La + Lb$$

Where $L_a$ & $L_b$ are the LERs for individual crops

$Y_a$ and $Y_b$ are the individual crop yields in intercropping

$S_a$ and $S_b$ are their yields as sole crops

$$\text{Partial LER (a)} = \frac{Y_a}{S_a} = L_a$$

$$\text{Partial LER (b)} = \frac{Y_b}{S_b} = L_b$$

यदि भूमि समतुल्य अनुपात 1 से कम है तो सहफसली हानिकारक है, 1 है तो कोई लाभ नहीं है तथा यदि 1 से अधिक तब सहफसली खेती लाभदायक होगी तथा किसानों को अपनाने के लिए संस्तुति की जायेगी 1 अगर भूमि समतुल्य अनुपात 1.10 है तो इसका तात्पर्य यह हुआ कि सहफसली खेती से जितना उत्पादन प्राप्त हुआ है उतना उत्पादन लेने हेतु 1.10 हेक्टर क्षेत्र पर शुद्ध फसल बोने से मिलेगा।

3. **आर्थिक आधार (Economics of intercroppintg)**: इसमें सभी फसलों की उपज को बाजार में उस समय की मूल्य के आधार पर विक्रय कर दिया जाता है। इस प्रकार आय की तुलना उसकी शुद्ध फसल से की जाती है। इस आय में से यदि फसल के उत्पादन में होने वाले व्यय को घटा देते है तो उस प्रणाली के शुद्ध लाभ का आंकलन हो जाता है। यदि यह लाभ अकेले उगाई गई फसल की तुलना में अधिक होता है तो सहफसली खेती लाभदायक कही जाती है।

## फसल चक्र (Crop Rotation)

**फसल चक्र की परिभाषा** : ''फसलों को हेर–फेर कर बोना फसल–चक्र कहलाता है।''

''मृदा के किसी निश्चित भाग अथवा क्षेत्र पर निश्चित समय में फसलों का इस क्रम से बोया जाना जिससे कि मृदा की उर्वरा शक्ति बनी रहे फसल चक्र कहलाता है।''

**Crop rotation:** "The growing of different crops on a piece of land in a preplanned succession is called as crop rotation."

## फसल चक्र के सिद्धान्त (Principles of crop rotation)

मृदा की उर्वरा शक्ति बनाये रखने तथा फसलों की अच्छी पैदावार लेने के लिये फसलचक्रों के सिद्धान्तों का ज्ञान होना आवश्यक है। फसल चक्र बनाते समय निम्नलिखित सिद्धान्त ध्यान में रखना चाहिए–

1. खेत में अदलहनी फसलों के उगाने के बाद दलहनी फसलें उगानी चाहिये। अदलहनी फसलें मिट्टी से नत्रजन की मात्रा लेकर मिट्टी को कमजोर बनाती है। इसके लिये दलहनी फसलों की जड़ों में पाया जाने वाला राइजोबियम जीवाणु वातावरण की नत्रजन का मृदा में स्थिरीकरण करता है।
2. फसल चक्र में गहरी जड़ों वाली फसलों के बाद कम गहरी जड़ों वाली फसलें उगाई जायें जिससे फसलें विभिन्न मृदा सतहों से अपने पोषक तत्त्व एवं नमी ग्रहण कर सकें।
3. मृदा उर्वरता सुरक्षित रखने के लिये फसल चक्र में अधिक खाद चाहने वाली फसलों के बाद कम खाद चाहने वाली फसलें उगायें।
4. मृदा में वायु संचार बनाये रखने के लिये एवं जड़ों की वृद्धि व मृदा जीवाणुओं की क्रियाओं को सुचारू रूप से रखने के लिये अधिक जल चाहने वाली फसलों को उगाने के बाद कम जल चाहने वाली फसलें उगानी चाहिए।
5. अधिक निकाई–गुड़ाई चाहने वाली फसलों के बाद कम निकाई–गुड़ाई चाहने वाली फसलें उगानी चाहिए।
6. फसल चक्र बनाते समय किसान की आवश्यक जरूरतों वाली फसलों को सम्मिलित करना चाहिए। जैसे–अनाज, सब्जी, दाल पशुओं के लिये चारे, कपड़े के लिये रेशे वाली फसलें उगानी चाहिए।
7. मृदा तथा जलवायु को ध्यान में रखकर फसल चक्र बनाना चाहिए।

### फसलचक्र के मुख्य अवयव

1. निश्चित फसलें
2. निश्चित प्रक्षेत्र
3. निश्चित समय
4. हेरफेर कर उगाना
5. भूमि के स्वास्थ्य का ह्रास न हो

**फसल चक्र की आवश्यकताः** यदि हम किसी निश्चित क्षेत्र पर एक ही फसल उगाते रहते हैं तो उसकी जड़ों से ऐसा रसायन निकलता है जो बाद में उसी फसल की ठीक से बढ़वार व विकास में बाधक होता है, चाहें कितना भी पोषक तत्त्व व पानी दें। इन रसायनों को एलिलोपैथी कहते है। जब ये रसायन भूमि में ज्यादा एकत्रित हो जाते है तो फसल नहीं चल पाती। तब हम कहते है कि भूमि बीमार हो गयी (Soil Sickness)। इसको दूर करने के लिए फसल चक्र की आवश्यकता होती है क्योंकि जब हम हेरफेर कर फसल उगाते हैं तब एक ही तरह के रसायन भूमि में एकत्र नहीं हो पाते हैं।

### फसलचक्र का आधुनिक सिद्धान्त (Modern concept of crop rotation)

फसलोत्पादन में फसल चक्र के सिद्धान्त जब बनाये गये थे जब हमारे पास फसलों की उन्नतशील प्रजातियों, पोषक तत्त्वों के लिए उर्वरक, खरपतवारों के नियंत्रण हेतु, शाकनाशी, बीमारियों की रोकथाम हेतु फफूंदनाशक, कीटों के नियंत्रण हेतु कीटनाशक दवाइयाँ, सिंचाई के लिए पम्पसेट, ट्यूबवेल, ज्यादा नहरें नहीं थी, फसल उगाने सम्बन्धी सभी कार्य फसलों के प्रबन्धन से ही सम्पन्न होते थे। परन्तु आधुनिक युग में फसलों के उन्नतशील प्रजातियों के बीज (परिस्थितियों के अनुसार), सिंचाई के साधन, पोषक तत्त्वों के लिए विभिन्न प्रकार के उर्वरक, बीमारी, कीटों एवं खरपतवारों के नियंत्रण हेतु क्रमशः फफूंदनाशक, कीटनाशक तथा शाकनाशी रसायन उपलब्ध है अतः फसलचक्र में ऐसी फसलों का चुनाव करना चाहिए जो ''प्रति इकाई क्षेत्र में प्रतिवर्ष अच्छे उत्पादन के साथ–साथ अधिकतम लाभ दें।''

### फसल चक्र को प्रभावित करने वाले कारक (Factors affecting crop rotation)

फसल चक्र को बनाने से पहले फसलों का चुनाव निम्न कारकों से प्रभावित होता है–

1. **जलवायु (Climate):** फसल चक्र में फसलों का चुनाव उस क्षेत्र की जलवायु के अनुसार करना चाहिए।
2. **भूमि (Soil):** फसल चक्र बनाते समय विभिन्न फसलों का चुनाव भूमि के प्रकार पर भी निर्भर करती है। जैसे–गेहूँ, जौ, उर्द, मक्का, ज्वार आदि हल्की भूमियों में उगा सकते हैं। ऊसर भूमि में कपास, धान, बरसीम, चुकन्दर, अलसी आदि फसलें उगा सकते हैं।

ऊँची भूमियों (Upland soils) में गेहूँ, जौ, मटर, चना, आलू, मक्का, सोयाबीन उगा सकते हैं निचली भूमि में धान उगा सकते हैं। भारी भूमि में चना, कपास, धान आदि उगा सकते हैं।

3. **प्रबन्ध सुविधायें (Management facility):** फसल चक्र में फसल का चुनाव करते समय, फसल के उगाने के साधन जैसे–श्रम, पूंजी, सिंचाई, खाद, बीज, कीटनाशी व शाकनाशी रसायनों आदि को ध्यान में रखकर करते हैं।
4. **यातायात का साधन**–फसल चक्र का चुनाव करते समय यातायात का साधन होना चाहिए।
5. **बाजार की माँग (Market demand) -** फसल चक्र का चुनाव करते समय बाजार में फसलों की मांग व बेचने की सुविधाओं को ध्यान में रखकर फसलों का चयन करें।
6. **भंडारण सुविधा (Storage facility)** - फसल चक्र का चुनाव करते समय फसल के भण्डारण की सुविधाओं का ध्यान रखना चाहिए।
7. **शहर से दूरी (Distance from City)** - शहर के नजदीक सब्जियों वाली फसलें पैदा कर सकते हैं। इससे अधिकतम लाभ मिलता है।

## फसल चक्र के लाभ (Advantage of crop rotation)

फसल चक्र अपनाने से निम्नलिखित लाभ होता है–

1. मृदा की उर्वरा शक्ति संरक्षित रहती है फसल चक्र में दलहनी फसलों के रखने पर वातावरण की नाइट्रोजन दलहनी फसलों की गांठों में पाया जाने वाला राइजोबियम जीवाणु मृदा में नाइट्रोजन स्थिर करता है जिससे मृदा की उर्वरा शक्ति संरक्षित रहती है।
2. मृदा की उर्वरा शक्ति अधिक होने पर फसल उपज अधिक होती है।
3. खरपतवारों की वृद्धि पर नियंत्रण फसल चक्र द्वारा हो जाता है।
4. मृदा की भौतिक, रासायनिक व जैविक दशायें फसल चक्र सुधारती है।
5. फसल चक्र अपनाने से किसान को अधिक धन प्राप्त होता है।
6. विभिन्न प्रकार के कीट पंतगों व रोगों से फसल व मृदा का संरक्षण होता है।
7. फसल उत्पादन का खर्च कम होता है।
8. बाजार की मांग के अनुसार फसल उगा सकते हैं।
9. मजदूरों को वर्ष भर कार्य मिलता है।

## उत्तर प्रदेश के विभिन्न क्षेत्रों में प्रचलित फसल चक्र अथवा सस्य चक्र (Crop Rotation followed in different parts of U.P.)

सूखे एवं असिंचित क्षेत्र में खरीफ मौसम में ज्वार, मक्का, बाजरा, कपास, उर्द, तिल, अण्डी व रबी मौसम में चना जौ आदि को भूमि नमी के आधार पर उगाया जाता है। सूखे क्षेत्र में वर्ष में एक फसल उगाने के कारण इन क्षेत्रों में सस्य चक्रों की सघनता 100

प्रतिशत रहती है। अधिक वर्षा वाले खरीफ मौसम में धान, जूट व रबी में गेहूँ, जौ, चना, बरसीम आदि फसलें उगाते हैं।

विभिन्न जलवायु एवं मृदा के प्रकार को ध्यान में रखकर उत्तर प्रदेश में निम्न प्रचलित फसल–चक्र निम्नलिखित अपनाये जाते हैं–

**(क) पश्चिमी उत्तर प्रदेश**

1. कपास–मेथी, गन्ना पेड़ी, ज्वार या हरी खाद–गेहूँ — 4 वर्ष
2. कपास–मेथी, गन्ना, ज्वार–गेहूँ — 3 वर्ष
3. ज्वार या मक्का, गन्ना, गन्ना पेड़ी — 3 वर्ष

**दो वर्षीय फसल चक्र** — **2 वर्ष**

1. मक्का–आलू, गन्ना
2. ज्वार–मटर, गन्ना
3. ज्वार–चना, मक्का–गेहूँ
4. धान–मटर, धान–चना
5. मक्का–आलू, हरी खाद–गेहूँ

**एक वर्षीय फसल चक्र**

1. मक्का–आलू–मक्का
2. मक्का–आलू–तम्बाकू
3. मूंग–मक्का–लाही–गेहूँ
4. उर्द–आलू–गेहूँ
5. ज्वार–बरसीम
6. धान–गेहूँ–लोबिया या मूंग

**(ख) उत्तर प्रदेश का मध्य क्षेत्र**

1. मक्का–आलू, हरी खाद–गन्ना — 3 वर्ष
2. मूंगफली–अरहर, गन्ना, मूंग–गेहूँ — 3 वर्ष

**दो वर्षीय फसल चक्र** — **2 वर्ष**

1. गेहूँ–कपास–, गन्ना
2. परती–गेहूँ, ज्वार–चना
3. ज्वार + अरहर, गेहूँ

**एक वर्षीय फसल चक्र** — **1 वर्ष**

1. मक्का–आलू, भिन्डी–आलू
2. ज्वार–मटर
3. धान–गेहूँ

4. मक्का–गेहूँ
5. ज्वार–चना

**(ग) उत्तर प्रदेश का पूर्वी क्षेत्र** **3 वर्ष**

1. धान–मटर, सनई, गन्ना
2. गन्ना, पेड़ी, हरी खाद

**दो वर्षीय फसल चक्र** **2 वर्ष**

1. धान–चना, धान–जौ
2. धान–चना, परती–गेहूँ

**एक वर्षीय फसल चक्र** **1 वर्ष**

1. ज्वार–मटर
2. धान–खेसारी
3. ज्वार–जईया गेहूँ

**(घ) बुन्देलखण्ड क्षेत्र**

1. ज्वार + अरहर, परती–गेहूँ, तिल–अलसी 3 वर्ष
2. ज्वार – चना, परती–गेहूँ 2 वर्ष
3. ज्वार – चना 1 वर्ष

**(ड़) उत्तर प्रदेश के तराई क्षेत्र**

1. हरी खाद, गन्ना पेड़ी 3 वर्ष
2. ज्वार– मटर, गन्ना पेड़ी 3 वर्ष
3. हरी खाद – गेहूँ, गन्ना 2 वर्ष
4. ज्वार + लोबिया – जौ 1 वर्ष
5. धान – गेहूँ 1 वर्ष
6. धान –गेहूँ – मूंग 1 वर्ष

**(च) शुष्क क्षेत्र के लिये** **1 वर्ष**

1. बाजरा–परती
2. ज्वार + रहर
3. बाजरा – सरसों
4. उर्द – जौ
5. ज्वार – चना
6. उर्द – जौ

## फसल चक्र सघनता (Crop rotation intensity)

एक वर्ष में औसतन कितनी फसल लेते हैं, इसे फसल चक्र सघनता कहते है। इसको प्रतिशत में व्यक्त किया जाता है। यदि एक वर्ष में एक फसल लेते हैं तो इसे सौ प्रतिशत कहा जाता है। निम्नलिखित सूत्र की सहायता से ज्ञात करते हैं–

$$\text{फसल चक्र सघनता (Crop rotation intensity) \%} = \frac{\text{फसल चक्र में फसलों की संख्या}}{\text{फसल चक्र का वर्ष}} \times 100$$

**उदाहरण के लिये**

1. कपास–मेथी, गन्ना, ज्वार–गेहूँ (3 वर्ष)

   फसल चक्र सघनता $= \frac{5}{3} \times 100 = 166.67\%$

2. मक्का – आलू – प्याज (1 वर्ष)

   फसल चक्र सघनता $= \frac{3}{1} \times 100 = 300\%$

3. अरहर – गेहूँ, मक्का – गेहूँ (2 वर्ष)

   फसल चक्र सघनता $= \frac{4}{2} \times 100 = 200\%$

■■■■

# अध्याय–8

# खाद एवं उर्वरक
# (Manure and Fertilizers)

## भूमिका

पौधा एक जीवित प्राणी की तरह है जिसे जीवित रहने के लिए जल, वायु तथा पोषक तत्त्वों की आवश्यकता होती है। अधिकतर पोषक तत्त्व पौधे खादों अथवा उर्वरकों से लेते हैं। खादो एवं उर्वरकों को सही समय पर सभी विधि से देने पर सभी फसलों का अच्छा उत्पादन सम्भव है। उर्वरकों को संतुलित रूप से देना भी आवश्यक है अन्यथा एक तत्त्व की कमी दूसरे तत्त्व को प्रभावित करती है तथा उसकी कमी से उत्पादन प्रभावित होता है।

**प्रमुख बिन्दु**

- पौधों को अपना जीवनचक्र पूरा करने के लिए कुल 17 पोषक तत्त्वों की आवश्यकता होती है।
- अधिकतर पोषक तत्त्व खादों, उर्वरकों, हरीखाद अथवा जैव उर्वरकों से दिये जाते है।
- खाद एवं उर्वरकों को देने से फसलों की वृद्धि, बढ़वार अच्छी होती है जिससे गुणवत्तायुक्त अच्छा उत्पादन मिलता है।
- फसलों में खाद एवं उर्वरकों की सही मात्रा को सही विधि से उचित समय पर देने से अधिकतम उपज एवं लाभ मिलता है।
- एकीकृत पोषक तत्त्व प्रबन्धन अपनाने से कम लागत में फसलों से अच्छा उत्पादन प्राप्त होता है।
- नत्रजन को हानि से बचाने हेतु यूरिया को नीम की खली, लाख अथवा सल्फर की पर्त चढ़ाने के पश्चात प्रयोग करें।
- हरी खाद/कार्बनिक खादों के प्रयोग से मृदा के सभी भौतिक, रासायनिक तथा जैविक गुणों में सुधार होता है।

पौधे अपनी वृद्धि के लिये मृदा, जल तथा वायु से कई तत्त्वों का शोषण करते हैं, लेकिन सभी शोषित तत्त्व पौधों के पोषण में भाग नहीं लेते हैं। इसलिये जो तत्त्व पौधों के पोषण में भाग लेते हैं पोषक तत्त्व (Nutrients) कहलाते हैं।

बीज अंकुरण के पश्चात् जब पौधे के रूप में निकल कर आता है तो भ्रूणपोषों (Cotyledons) में एकत्रित भोजन समाप्त होने लगता है। और पौधों को भोजन की आवश्यकता होने लगती है। पौधों का भोजन मुख्य रूप से पत्तियों में निर्मित होता है। इसीकारण पत्तियों को भोजन का कारखाना (Factory) कहते हैं, जबकि अकार्बनिक भाग जड़ों द्वारा अवशोषित किया जाता है। वे तत्त्व जिनकी कमी के कारण पादप कार्यिकी (Plant Physiology) पर प्रभाव पड़ता है। उन्हें आवश्यक पोषक तत्त्व (Essential Plant Nutrients) कहते हैं।

## पौधों के आवश्यक पोषक तत्त्व (Essential Nutrient of Plant)

जिस प्रकार जीव जन्तु अपने जीवन में विभिन्न प्रकार के पोषक तत्त्व को लेकर जीवन चक्र पूरा करते है। उसी प्रकार पौधों के जीवन चक्र पूरा करने के लिये आवश्यक पोषक तत्त्वों की आवश्यकता होती है। कैलीफोर्निया के प्रमुख वैज्ञानिक 'आरनोन' ने 16 तत्त्वों को आवश्यकता की सूची में रखा है।

पौधें अपना भोजन पत्तियों के हरे भाग (क्लोरोफिल) की सहायता से वायु से कार्बन डाई आक्साइड ($CO_2$) व मिट्टी से जल ($H_2O$) के साथ मिलकर प्रकाश की उपस्थिति में भोज्य पदार्थ (कार्बोहाइड्रेट) के रूप में लेते है। पौधे सोलह आवश्यक पोषक तत्त्व वायु एवं मृदा से जड़ों के द्वारा द्रव के रूप में ग्रहण करते हैं तो तत्त्व निम्नलिखित तीन शर्तो को पूरा करता है उन्हें आवश्यक पोषक तत्त्व कहते हैं।

1. उन तत्त्वों का पौधे की चयापचय (Metabolic) क्रियाओं से सीधा सम्बन्ध होता है।
2. उस तत्त्व की कमी को दूसरे तत्त्व से पूरा नहीं किया जा सकता है।
3. उस तत्त्व के बगैर पौधा अपना जीवन चक्र पूरा नहीं कर सकता है।

## पौधों की वृद्धि के लिये आवश्यक पोषक तत्त्वों की सूची

1. कार्बन (Carbon) (C)
2. हाइड्रोजन (Hydrogen) (H)
3. आक्सीजन (Oxygen) (O)
4. नाइट्रोजन (Nitrogen) (N)
5. फास्फोरस (Phosphorus) (P)
6. पोटेशियम (Potasium) (K)
7. कैल्शियम (Calcium) (Ca)
8. मैग्नीशियम (Magnesium) (Mg)
9. गन्धक (Sulphur) (S)
10. लोहा (Iron) (Fe)
11. मैगनीज (Manganese) (Mn)
12. ताँबा (Copper) (Cu)
13. जस्ता (Zinc) (Zn)
14. बोरान (Boran) (B)
15. मोलिब्डेनम (Molybdenum) (Mo)
16. क्लोरीन (Chlorine) (Cl)
17. सोडियम (Sodium) (Na)
18. वेनेडियम (Vanadium) (Ve)
19. कोबाल्ट (Cobalt) (Co)
20. सीलिकान (Silicon) (Si)
21. निकिल (Nickel) (Ni)

* कुल आवश्यक पोषक तत्त्व = 21 (परन्तु सभी पौधों को 21 पोषक तत्वों की आवश्यकता नहीं होती)

* पौधों को अपने जीवन चक्र पूरा करने के लिये 17 पोषक तत्त्वों की मुख्यतः आवश्यकता होती है। जो निम्न प्रकार है।

## आवश्यक पोषक तत्त्वों का वर्गीकरण

1. **मूलभूत तत्त्व (Basic Nutrient)**: इनकी आवश्यकता पौधों के आकार (Structure) के लिए होती है। जैसे–कार्बन, हाइड्रोजन, आक्सीजन।
2. **मुख्य पोषक तत्त्व (Major or Macro Nutrient)**: इन तत्त्वों की पौधों को अधिक मात्रा में आवश्यकता होती है। जैसे–नत्रजन, फास्फोरस व पोटाश।
3. **गौण पोषक तत्त्व (Secondary Nutrient)**: इनकी आवश्यकता मुख्य तत्त्वों से कम होती है। जैसे–कैल्शियम, मैग्नीशियम, सल्फर।
4. **सूक्ष्म पोषक तत्त्व (Micro Nutrient)**: पौधो को इन पोषक तत्त्वों की केवल सूक्ष्म मात्रा में आवश्यकता होती है (01 पी.पी.एम. से कम)। ये है क्रमशः लोहा, मैगनीज, कापर, जस्ता, बोरान, मोलिब्डनेम्, क्लोरीन, निकिल, सोडियम, कोबाल्ट, वेनेडियम और सिलिकान। इन्हें ट्रेस इलीमेन्टर (Trace element) भी कहते हैं।

## पोषक तत्त्वों के रूप जिसमें वे पौधों की जड़ों द्वारा ग्रहण करते है (Forms of nutrients in which they are absorbed by plant root)

| क्र. सं. | तत्त्व (Element) | आयनिक रूप (Ionic Form) | नान–आयनिक रूप (Non-ionic Form) | स्रोत (Source) |
|---|---|---|---|---|
| 1. | कार्वन (C) | $Co^{2-}_3$,$HCo^-_3$ | $CO_2$ mostly | Air (वायु) (Mostly) water (जल) |
| 2. | हाइड्रोजन (H) | Molecular | Form (रूप) $H_2O$ | Air & Water (वायु एवं जल) |
| 3. | आक्सीजन (O) | Molecular | Form $H_2O$ | Air & Water (वायु एवं जल) |
| 4. | नाइट्रोजन (N) | $No^-_3$ (नाइट्रेट) (Mostly) | Co $(NH_2)_2$ amide $NH^+_4$ | Parts of N From air but mostly from soil |
| 5. | फास्फोरस (P) | $H_2Po_4^-$, $HPo_4^{--}$ | Nucleic acid Phytin | Soil (मृदा) |
| 6. | पोटाश (K) | $K^+$ | - | Soil (मृदा) |
| 7. | कैल्शियम (Ca) | $Ca_2^{++}$ | - | Soil (मृदा) |
| 8. | मैगनिशियम (Mg) | $Mg^{++}$ | - | Soil (मृदा) |

| क्र. सं. | तत्त्व (Element) | आयनिक रूप (Ionic Form) | नान–आयनिक रूप (Non-ionic Form) | स्रोत (Source) |
|---|---|---|---|---|
| 9. | सल्फर (S) | $So_4^{--}$ | $So_2$ Form air | Soil & Air (मृदा एवं हवा) |
| 10. | लोहा (Fe) | $Fe^{++}$, $Fe^{++}$ (Ferric) (Ferous) | Fe $So_4$ with EDTA | Soil (मृदा) |
| 11. | मैगनीज (Mn) | $Mn^{++}$ | $MnSo_4$ with EDTA | Soil (मृदा) |
| 12. | जस्ता (Zn) | $Zn^{++}$ | $ZnSo_4$ with EDTA | |
| 13. | कापर (Cu) | $Cu^{++}$ | $CuSo_4$ with EDTA | |
| 14. | बोरान (B) | $B_4O_7^{--}$, $H_2BO_3^-$ $HBO_3^{--}$, $BO_3^{---}$ | | |
| 15. | मोलिबडेनम (Mo) | $Moo^2{}_4$ (Molybdate ions) $HMO_4^-$ | | |
| 16. | क्लोरिन (Cl) | $Cl^-$ | | |
| 17. | सोडियम (Na) | $Na^+$ | | |
| 18. | कावाल्ट (Co) | $CO^{++}$ | | |
| 19. | सिलीकन (Si) | $Si\ (OH)_4^-$ Monosilic acid | | |
| 20. | निकिल (Ni) | $Ni^+$ | | |
| 21. | वेनेडियम (Ve) | ve | | |

*EDTA – Ethylene Diamine tetracetic acid; **Other source (Internet)

## मृदा में उपलब्ध पोषक तत्वों का विश्लेषण (Available Nutrient analysis of soil)

मृदा में उपलब्ध पादप पोषक तत्वों के विश्लेषण के आधार पर मृदा उर्वरता को तीन वर्गों में विभाजित किया गया है जो निम्नवत् है –

## पोषक तत्व की उपस्थिति के आधार पर मृदा उर्वरता

| क्र.सं. | पोषक तत्व का नाम | अल्प (Low) | मध्यम (Medium) | उच्च (High) |
|---|---|---|---|---|
| 1 | नत्रजन | 250 किग्रा॰/हे॰ से कम | 250–500 किग्रा॰/हे॰ | 500 किग्रा॰/है॰ से अधिक |

| क्र.सं. | पोषक तत्व का नाम | अल्प (Low) | मध्यम (Medium) | उच्च (High) |
|---|---|---|---|---|
| 2 | फास्फोरस | 20 किग्रा॰/हे॰ से कम | 20–50 किग्रा॰/हे॰ | 50 किग्रा॰/है॰ से अधिक |
| 3 | पोटाश | 125 किग्रा॰/हे॰ से कम | 125–300 किग्रा॰/हे॰ | 300 किग्रा॰/है॰ से अधिक |
| 4 | कार्बनिक पदार्थ | 0.5 प्रतिशत से कम | 0.5 से 0.75 प्रतिशत | 0.75% ppm से अधिक |
| 5 | जिंक | 0.5 ppm से कम | 0.5–1.00 ppm | 1.00 ppm से अधिक |
| 6 | बोरान | 0.33 ppm से कम | 0.33–0.67 ppm | 0.67 ppm से अधिक |
| 7 | मैग्नीज | 1.0 ppm से कम | 1.0–3.00 ppm | 3.00 ppm से अधिक |
| 8 | पोषक अधिसूचक | 1.67 से कम | 1.61–2.33 | 2.33 से अधिक |

**स्रोत** – कृषि प्रतियोगिता ज्ञान, द्वारा – डॉ॰ शिव प्रसाद विश्वकर्मा एवं डॉ॰ विजेन्द्र कुमार सिंह

**पोषक तत्त्वों का मृदा में ह्रास निम्न प्रकार होता है–**

1. **भूमि से फसलों द्वारा पोषक तत्त्वों का उपयोग करना**– फसलों को भूमि से पोषक तत्त्वों की अलग–अलग आवश्यकता होती है जिससे भूमि में पोषक तत्त्वों की कमी हो जाती है जिससे भूमि में पोषक तत्त्वों का सन्तुलन बिगड़ जाता है। इस कारण भूमि से इन पोषक तत्त्वों का ह्रास (Loss) होता है।
2. **पोषक तत्त्वों का उद्धीलन (Leaching) द्वारा नष्ट होना**– फसलों की सिंचाई व वर्षा के समय जल में घुलनशील पोषक तत्त्वों जैसे–नाइट्रेट व पोटेशियम आदि नीचे की सतहों में उद्धीलन (Leaching) की क्रिया द्वारा पहुंच जाते हैं। उद्धीलन की क्रिया द्वारा बहुत से पोषक तत्त्व बह जाते हैं जिससे भूमि में पोषक तत्त्वों का ह्रास (Loss) होता है।
3. **असन्तुलित पोषक तत्त्वों का प्रयोग (Imbalanced use of plant nutrient)** मृदा में सन्तुलित पोषक तत्त्वों के प्रयोग से ह्रास होने वाले पोषक तत्त्वों की पूर्ति होती रहती है यदि असन्तुलित पोषक तत्त्वों के प्रयोग से भूमि में पोषक तत्त्वों की फसलों का उद्धीलन द्वारा हानि होती रहती है तो भूमि में पोषक तत्त्वों की कमी हो जाती है।
4. **मृदा कटाव (Soil erosion)**– भूमि कटाव, विशेष कर जल कटाव के द्वारा सैकड़ों टन मिट्टी प्रतिवर्ष बहकर नष्ट हो जाती है जिससे भूमि में पोषक तत्त्वों का ह्रास होता है।
5. **विनाइट्रीकरण (Denitrification)** – भूमि में पोषक तत्त्व का विनाइट्रीकरण, नाइट्रेट नाइट्रोजन का अपचयित (Reduced) होकर अमोनिया

($NH_3$) या स्वतंत्र नत्रजन गैस में बदल जाना, विनाइट्रीकरण कहलाता है जिसमें पोषक तत्त्वों का ह्रास होता है।

6. **वाष्पीकरण द्वारा पोषक तत्त्वों का ह्रास (Volatilization)**– वाष्पीकरण में विशेष रूप से नत्रजन की हानि अमोनिया के रूप में, इस क्रिया द्वारा अधिक होती है। कभी–कभी खेतों में खुली खाद डालने पर वाष्प के रूप में पोषक तत्त्वों का ह्रास होता है।

## मृदा में पोषक तत्त्वों की पूर्ति के साधन

मृदा से होने वाले पोषक तत्त्वों की हानि की पूर्ति निम्न साधनों द्वारा पूर्ति होती रहती है–

1. **विभिन्न कार्बनिक व अकार्बनिक खादें खेत में मिलाना**– कार्बनिक खादें जैसे–गोबर की खाद, कम्पोस्ट, हरी खाद आदि व अकार्बनिक खादें जैसे–यूरिया, सुपर फास्फेट, अमोनियम सल्फेट, जिप्सम आदि खादें खेत में मिलाने पर पोषक तत्त्वों की पूर्ति होती है।
2. **फसलों के अवशेषों द्वारा**– खेत से फसल कटने के बाद बचे शेष अवशेष जैसे–जड़, तना पत्तियां आदि सड़ने के बाद मृदा में पोषक तत्त्वों की मृदा में वृद्धि होती है।
3. **हरी खाद उगाकर पोषक तत्त्वों की पूर्ति**– हरी खाद जैसे– ढैंचा, सनई, लोबिया, मूंग, बरसीम आदि फसलें उगाकर, मृदा में पोषक तत्त्वों की पूर्ति होती है।
4. **दलहनी फसलों द्वारा**– दलहनी फसलों को उगाकर पोषक तत्त्वों की पूर्ति मृदा में होती है। दलहनी फसलों जैसे–चना, मटर, सोयाबीन, मसूर, मूंग, उर्द आदि की जड़ों में छोटी–छोटी ग्रन्थियां पायी जाती है जिनमें राइजोबियम (Rhizobium) नामक बैक्टीरिया होते हैं ये जीवाणु वातावरण की स्वतंत्र नत्रजन को पौधों की जड़ों में इकट्ठा करते रहते हैं। इस प्रकार मृदा में नत्रजन की पूर्ति होती रहती है।
5. **जैविक उर्वरकों द्वारा**– विभिन्न प्रकार के जैविक उर्वरकों द्वारा मृदा में पोषक तत्त्वों की पूर्ति होती है।

**पौधों में पोषक तत्त्वों की कमी के लक्षणः** पौधों पर पोषक तत्त्वों का प्रभाव एवं कमी के लक्षण निम्न हैं–

### 1. नाइट्रोजन का प्रभाव

1. पौधों में गहरा हरा रंग प्रदान करना।
2. पौधों में क्लोरोफिल व प्रोटीन का निर्माण इसकी उपस्थिति में होता है।
3. पौधों की वानस्पतिक वृद्धि अधिक होती है।
4. पौधों में दाने अच्छे बनते हैं।
5. नाइट्रोजन के प्रभाव के कारण कल्ले (Tillers) अधिक बनते हैं।

**नाइट्रोजन की कमी के लक्षण–**

1. इनकी कमी से पौधों की पत्तियां पीली पड़ जाती है।
2. पौधों की वानस्पतिक वृद्धि रूक जाती है।
3. पौधे छोटे रह जाते हैं।
4. फसल शीघ्र पक जाती है।
5. इसकी अधिक कमी से पत्तियों का रंग सफेद हो जाता है।

**2. फास्फोरस का प्रभाव–**

1. फसलों पर फास्फोरस के प्रभाव से जड़ों का विकास तेज एवं सुदृढ़ होता है।
2. फास्फोरस से रोग प्रतिरोधक क्षमता पैदा होती है।
3. फसलों के दाने मोटे एवं चमकीले होते हैं।
4. दलहनी फसलों में ग्रन्थियों का विकास तेजी से होता है।
5. फसलों में खड़ी रहने की क्षमता बढ़ाती है।

**फास्फोरस कमी के लक्षण–**

1. फसलों की जड़ों का विकास कम होता है।
2. पौधों की ऊँचाई कम होती है।
3. पत्तियों का रंग हल्का बैंगनी या भूरा दिखाई देता है।
4. फसलों में इसकी कमी से फल, फूल बहुत देर से बनते हैं।
5. उपज में कमी हो जाती है।

**3. पोटाश का प्रभाव–**

1. फसलों में पोटाश से प्रतिरोधक क्षमता बढ़ती है।
2. इससे पौधे के तना, शाखायें मजबूत होती हैं।
3. दाने चमकीले, गूदेदार, सुडौल तथा बड़े होते हैं।
4. शर्करा तथा स्टार्च के निर्माण में पोटाश सहायक है।
5. फसलों में पोटाश नाइट्रोजन एवं फास्फोरस के कुप्रभाव को रोकता है।

**पोटाश की कमी के लक्षण–**

1. पोटाश की कमी से फसलों की पत्तियों का रंग भूरा हो जाता है।
2. पौधों में पर्व (Internode) की लम्बाई घटती है।
3. पोटाश की कमी के कारण पौधों पर रोग एवं कीटों का प्रकोप अधिक होता है।
4. तने कमजोर हो जाते हैं जिससे गिरने लगते हैं।

### 4. कैल्शियम के कार्य–

1. कैल्शियम का प्रयोग भूमि सुधार (Soil amendment) के रूप में किया जाता है।
2. दाल वाली फसलों की जड़ों में पायी जाने वाली ग्रन्थियों का विकास करता है।
3. कैल्शियम से पौधों का दाना व तना मजबूत बनता है।
4. इसका प्रयोग प्रोटीन निर्माण में सहायक होता है।
5. पौधे का कंकाल मजबूत होता है।

### पौधों पर कैल्शियम की कमी के लक्षण–

1. कैल्शियम की कमी से पौधों की अग्रिम कलिका (Terminal bud) सूख जाती है।
2. इसकी कमी से दलहनी फसलों की जड़ों की ग्रन्थियों का विकास ठीक नहीं होता है।
3. इसकी कमी से पौधों के तने मजबूत नहीं होते।
4. जड़ों का विकास अपूर्ण होता है।

### कैल्शियम की कमी को दूर करने के उपाय–

1. कैल्शियम की कमी को पूरा करने के लिये भूमि में कैल्शियम अमोनियम नाइट्रेट, सुपर फास्फेट, हड्डी का चूरा, चूना पत्थर व जिप्सम, भूमि में कैल्शियम की पूर्ति करते हैं।
2. कैल्शियम की पूर्ति के लिये 3–4 वर्ष में एक बार 4–5 कुन्तल जिप्सम प्रति हेक्टेअर खेत में डालना चाहिये।
3. खेत की तैयारी के समय बारीक पीसा 10 टन चूना प्रति हेक्टेअर की दर से बिखेर कर भूमि में मिलायें (कम्पोस्ट या गोबर की खाद के बाद)।

### 5. मैग्नीशियम के कार्य–

1. क्लोरोफिल के निर्माण में मैग्नीशियम सहायक है।
2. चारे की फसलों के लिये महत्त्वपूर्ण है।
3. मैग्नीशियम, पौधों में तेल, वसा, कार्बोहाइड्रेट, प्रोटीन व विटामिन बनाने के लिये आवश्यक है।
4. पौधों के अन्दर होने वाली क्रियाओं के लिये आवश्यक तत्त्व है।

### पौधों पर मैग्नीशियम की कमी के लक्षण–

1. पौधों पर मैग्नीशियम (Mg) की कमी के लक्षण निचली पत्तियों पर दिखाई देते हैं।

2. पौधों की निचली (पुरानी) पत्तियों का रंग, किनारे व तने के बीच से नष्ट होता है।
3. इसकी कमी से पत्तियों का आकार छोटा तथा ऊपर की ओर मुड़ जाती है।
4. अधिक कमी से पत्तियां सूख जाती हैं।

**पौधों में मैग्नीशियम की पूर्ति के उपाय–**

खेत में 5–50 कि॰ग्रा॰ मैग्नीशियम प्रति हेक्टर की दर से, बुवाई के समय खेत में बिखेर कर मिट्टी में मिलायें।

**6. गन्धक के कार्य**

1. गंधक के प्रयोग से दलहनी फसलों में ग्रन्थि का निर्माण तेजी से होता है।
2. गंधक के प्रयोग से पौधों की जड़ों का विकास तेजी से करते हैं।
3. प्याज, लहसुन तथा सरसों की फसल के लिये गंधक आवश्यक है।
4. विटामिन बायोटीन, थायमीन व बी$_1$ के निर्माण में सहायक है।
5. पौधों में गंधक के प्रयोग से रोग रोधक शक्ति बढ़ती है।

**गंधक की कमी के लक्षण–**

1. इसकी कमी के लक्षण पौधों के ऊपरी नई पत्तियों पर दिखाई देते हैं।
2. इसकी कमी से पौधों की ऊपरी पत्तियां हल्के–पीले रंग की हो जाती है।
3. इसकी कमी से सरसों में तेल की प्रतिशत कम हो जाती है।
4. पौधों की वृद्धि धीमी हो जाती है।

**पौधों में गंधक की कमी को दूर करने के उपाय–**

1. विभिन्न प्रकार के उर्वरक जैसे–गंधक अमोनियम सल्फेट में 23.7 प्रतिशत, अमोनियम सल्फेट नाइट्रेट में 15.1 प्रतिशत, सिंगल सुपर फास्फेट में 12.5 व जिप्सम में 18.5 प्रतिशत तक गंधक पाया जाता है।
2. कार्बनिक खादों से भी गंधक की पूर्ति होती रहती है।

**7. जस्ता (Zinc) के कार्य–**

1. जस्ता की कमी पौधों के मध्य भाग की पत्तियों पर दिखाई देते है जिससे पत्तियों का रंग हल्के लाल–पीले रंग की दिखाई देती है।
2. जस्ता प्रोटीन संश्लेषण में सहायक है।
3. पौधों में जल अवशेषण में सहायक होता है।
4. जस्ता क्लोरोफिल के निर्माण में सहायक होता है।

**जस्ता की कमी के लक्षण–**

1. पत्तियों में नीचे आधार की तरफ वाला भाग हल्का हरा व पीला होना व बाद में बादामी रंग का हो जाना।
2. पत्तियों के किनारे ऐंठ जाते हैं व मुड़ जाते हैं।
3. धान में खैरा रोग जस्ता की कमी से होता है।

**जस्ते की कमी को दूर करने के उपाय–**

10–30 कि॰ग्रा॰ जिंक सल्फेट प्रति है॰ की दर से फसल बोने से पूर्व खेत में प्रयोग करते हैं।

**8. पौधों पर लोहे के कार्य–**

1. पौधों में पर्णहरिम के निर्माण में आवश्यक है।
2. लोहा पौधों में आक्सीकरण–अवकरण क्रियाओं में उत्प्रेरक का कार्य करता है।
3. लोहा पौधों के श्वसन में $O_2$ का वाहक है।

**कमी के लक्षण–**

1. धान में इस तत्त्व की कमी से क्लोरोफिल रहित पौधों का निर्माण होता है।
2. पौध अवस्था (Seedling) में बढ़वार रूक जाती है।
3. पौधों के ऊपरी भाग में पत्तियों का रंग (नई–नई पत्तियों) पर पीला दिखाई पड़ता है।
4. पौधे का तना छोटा रह जाता है।

**लोहे की कमी दूर करने के उपाय–**

1. पौधों पर लोहे (Iron) की कमी दिखाई देने पर 10–20 कि॰ग्रा॰ फैरस सल्फेट का प्रयोग बुवाई के समय खेत में करें।
2. खड़ी फसल में कमी होने पर फैरस सल्फेट का 2–3 प्रतिशत का घोल छिड़कते है।

**9. बोरान के कार्य–**

1. दलहनी फसलों की जड़ ग्रन्थियों के विकास में सहायक है।
2. प्रोटीन संश्लेषण में सहायक होता है।
3. बोरान में Ca व R के अनुपात को नियंत्रित करता है।
4. इसकी कमी से पौधे नाइट्रोजन का उपयोग सही नहीं कर पाते हैं।

**कमी के लक्षण–**

1. पौधों में बोरान की कमी के लक्षण ऊपर कलिका (Terminal bud) पर दिखाई देते है।

2. पौधों में कलिका का रंग हल्का हरा होता है।
3. पौधे की बढ़वार रूक जाती है।
4. इसकी कमी से बहुत से तना व फल फट जाते हैं।

**कमी दूर करने के उपाय–**

ठीक मात्रा में बोरेक्स का प्रयोग करना चाहिये।

**10. मोलिब्डेनम के कार्य–**

1. Mo दलहनी फसलों में नाइट्रोजन स्थिरीकरण में सहायक होता है।
2. विटामिन C के निर्माण में सहायक होता है।
3. पौधों में Mo से शर्करा का निर्माण होता है।
4. फास्फोरस के अवशोषण में पौधों में सहायक होता है।

**कमी के लक्षण–**

1. पौधों पर Mo का लक्षण मध्यम ऊंचाई की पत्तियों पर दिखाई देता है।
2. पत्तियों का रंग हल्का हरा रंग बाद में पीले दिखाई देते हैं।
3. पौधे छोटे रह जाते हैं।
4. इसकी कमी से फूल गोभी में (Whiptail) बीमारी हो जाती है।

**11. मैगनीज के कार्य**

1. क्लोरोफिल निर्माण में सहायक है।
2. पौधों में श्वसन सम्बन्धी इन्जाइम को उत्तेजित करता है।
3. पौधों के कोशों में होने वाले आक्सीकरण अवकरण में उत्प्रेरक के रूप में कार्य करता है।
4. नाइट्रेट आयन्स को अमोनियम आयन्स में परिणित करके प्रोटीन निर्माण में सहायक होते है।

**कमी के लक्षणः**

1. नई पत्तियों के तन्तु बीच–बीच में मर जाते है।
2. पत्तियों में क्लोरोसिस हो जाता है।
3. लोहे के समान यह तत्त्व भी एक भाग से दूसरे भाग में स्थानान्तरित हो जाता है।
4. अधिक पी॰एच॰ वाली मृदा में इसके लक्षण स्पष्ट दिखाई देते हैं।

**12. तांबा के कार्य**

1. अप्रत्यक्ष रूप से क्लोरोफिल के निर्माण के लिए आवश्यक है।

2. यह श्वसन संस्थान को नियंत्रित करता है।
3. लोहे के उपयोग में सहायक है।
4. आक्सीकरण अवकरण में भाग लेने वाले इन्जाइम के कार्य को उत्तेजित करने के लिये इलेक्ट्रान वाहक के रूप में कार्य करता है।
5. कुछ प्रोटीन्स का संघटक पदार्थ है।

### कमी के लक्षण

1. पत्तियों का रंग साधारण से अधिक गहरा हरा नीला हो जाता है।
2. नई पत्तियों की नोक (Apex) में हरापन समाप्त होकर मुरझा जाती है।

### 13. क्लोरीन के कार्य

1. पौधों में क्लोरोफिल संश्लेषण के लिए आवश्यक है।
2. पौधों में लाल नीला, बैंगनी पिगमेन्ट संश्लेषण के लिए आवश्यक है।
3. पौधों द्वारा मैग्नीशियम की उपस्थिति में वृद्धि होती है।

### कमी के लक्षण

1. पौधों की निचली पत्तियाँ मुरझा जाती है।
2. नई पत्तियाँ पीली पड़ जाती है एवं निरन्तर कमी से क्लोरोसिस हो जाता है।
3. फलों का निर्माण कम हो जाता है।
4. इसके कमी के लक्षण तम्बाकू, आलू, संतरा, अंगूर आदि पौधों में स्पष्ट दिखाई देते है।

### 14. सोडियम

1. सोडियम पौधों द्वारा जल ग्रहण को प्रभावित करता है।
2. यह कोशास्फीति (Cell turgor) एवं पौधों की चयापचय (Metabolism) को प्रभावित करता है।
3. यह आक्सेजिक अम्ल के संचयन (Accumulation) में महत्त्वपूर्ण कार्य करता है।
4. स्टोमेटा (पर्णरंध्र) के खोलने में सहायक होता है।
5. यह नाइट्रेट रिडक्टेज की क्रिया को नियमित करता है।

### 15. वेनेडियम

1. यह हरी एल्गी के लिये आवश्यक तत्त्व है।
2. यह कुछ सीमा तक एजोटो बैक्टर के पोषण में मौलिब्डेनम को प्रति स्थापित करता है।

3. इस तत्त्व से चावल, जौ तथा मक्का में वृद्धि अधिक होती है।
4. जैविक आक्सीकरण – अवकरण अभिक्रियाओं में कार्य करता है।

## 16. सिलिकान

1. यह चावल, जौ, खीरा, ककड़ी के लिए आवश्यक तत्त्व है।
2. इससे गन्ने के पौधों में वृद्धि होती है।
3. इसमें धान के पौधे की लम्बाई तथा शुष्कभार में वृद्धि होती है।
4. विलेय सिलिका मोनो सिलीसिक अम्ल के रूप में रहती है।

## 17. निकिल

1. पौधों में निकिल (Ni) आयन के रूप में अवशोषित होता है।
2. पौधों में यूरिया की सक्रिय भूमिका के लिए निकिल अति आवश्यक है।
3. नाइट्रोजन चयापचय (Nitrogen metabolism) से जुड़ा यूरियेज एन्जाइम की प्रक्रिया के लिए यह आवश्यक है।
4. पौधों में यूरिया के विषैले स्तर को कम करने में निकिल सहायक है तथा निक्रोटिक घाव के निर्माण हेतु अग्रणी भूमिका निभाता है।
5. पौधों में यह कई प्रकार की प्रक्रियाओं में शामिल होकर एन्जाइमों को सक्रिय करता है। तथा कुछ एन्जाइमों में निकिल कोफैक्टर के रूप जस्ता और लोहे का स्थान को बदल देता है।

## 18. कोबाल्ट

यह विटामिन $B_{12}$ का संरचनात्मक अवयव होता है तथा $N_2$ fixation के लिये आवश्यक लेग हीमोग्लोबिन के निर्माण के लिये आवश्यक है। यह सूक्ष्म जीवाणुओं के उपापचय एवं वृद्धि के लिये जरूरी है।

## पौधों द्वारा भूमि से पोषक तत्त्वों का अवशोषण (Absorption of plant nutrients from the soil)

मृदा में उपस्थित पोषक तत्त्वों को पौधे अधिकतर जड़ों द्वारा ग्रहण करते है। पर्णीय छिड़काव द्वारा दिये गये उर्वरकों का अवशोषण पौधे वायुवीय भागों जैसे तनों तथा पत्तियों द्वारा होता है। पौधों की जड़ों द्वारा पोषक तत्त्वों का अवशोषण दो क्रियाओं द्वारा होता है।

**1. निष्क्रिय अवशोषण (Passive absorption)**: इस प्रक्रिया द्वारा पोषक तत्त्वों का अवशोषण समूह बहाव (Mass flow), विसरण (Diffusion) तथा डोनम इक्वलीब्रियम (Donam equilibrium) द्वारा होता है।

**समूह बहाव (Mass flow)**: जब पोषक तत्त्व जल में विलेय होकर पौधों की जड़ों की तरफ बढ़ते है तब पौधों की जड़े अपनी सामान्य वृद्धि के लिए इन्हें अवशोषित कर लेती है। पोषक तत्त्वों की इस गति को समूह बहाव कहते है।

**विसरण (Diffusion)**: पोषक तत्त्वों का शोषण करने के पश्चात् जड़ों के समीप बाहरी क्षेत्र तथा मृदा क्षेत्र की बीच एक सान्द्रण ग्रेन्डियन्ट (Concentration gradient) स्थापित हो जाता है। इस ग्रेडियन्ट के कारण आयन्स का विसरण जड़ों की तरफ होता है।

**2. सक्रिय अवशोषण (Active absorption)**: पोषक तत्त्वों का आयन्स उपापचयी ऊर्जा (Metabolic energy) द्वारा भूमि से ग्रहण किये जाते है। पोषक तत्त्वों के इस प्रकार ग्रहण करने को सक्रिय अवशोषण कहते है।

पौधे कार्बन को कार्बन डाई आक्साइड ($CO_2$) के रूप में पत्तियों में उपस्थित पर्ण रन्ध्रों द्वारा ग्रहण किया जाता है। पर्णरन्ध्र जल को भी कुछ मात्रा में शोषित कर लेते है। पौधों की जड़ों द्वारा पोषक तत्त्व धनायन एवं ऋणायन के रूप में पौधों के अन्दर पहुँचते है। ये आयन्स मृदा विलयन से प्राप्त होते हैं।

## खाद (Manure)

'खाद' में प्राकृतिक पदार्थ जैसे–घास, पौधे, पशु पक्षियों का मलमूत्र सम्मिलित है। इन प्राकृतिक पदार्थ से तैयार खाद में पौधे के सभी आवश्यक तत्त्व कम या अधिक मात्रा में पाये जाते हैं। इस प्रकार की खादें जैसे–कम्पोस्ट, गोबर की खाद, खलियाँ व हरी खाद आदि।

**उर्वरक (Fertilizer):** उर्वरक वह पदार्थ है जो कृत्रिम रूप में, कारखानों के अन्दर तैयार किये जाते हैं। उर्वरकों में पौधे के एक, दो या तीन तक आवश्यक तत्त्व पाये जाते हैं। जैसे–यूरिया, डाई अमोनियम फास्फेट, सुपर फास्फेट, सिंगल, एन॰पी॰के॰ ग्रेड व पोटैशियम सल्फेट आदि।

## खाद का वर्गीकरण (Classification of manures)

### कार्बनिक खाद

### (अ) भारी कार्बनिक खाद (Bulky organic manures)

1. गोबर की खाद (FYM)
2. कम्पोस्ट (Compost)
3. हरी खाद (Green manure)
4. मानव विष्ठा
5. चिड़ियों की बीट (Guano)
6. अवपंक (Sludge)
7. मैली की खाद (Pressmud)
8. गन्दे नालों की खाद (Sewage)

### (ब) हल्की कार्बनिक खाद या सान्द्रण कार्बनिक खाद (Concentrated organic manures)

1. खलियाँ (Cakes)
2. हड्डी का चूरा
3. सूखा रक्त
4. मछली की खाद

### (स) हरी खाद (Green manure)

वह प्रक्रिया जिसमें पौधे के हरे भाग या सम्पूर्ण पौधे को उनकी मूल अवस्था में अर्थात बिना सड़े ही भूमि में दबा देते है उसे हरीखाद कहते हैं। सन् 1905 में बिहार (पूसा) में इम्पीरियल कृषि अनुसंधान संस्थान में विधिवत हरीखाद पर अनुसंधान कार्य शुरु हुआ। इससे पोषक तत्त्वों के अतिरिक्त मृदा में जीवांश पदार्थ की मात्रा बढ़ जाती है भूमि के भौतिक, रासायनिक तथा जैविक गुणों में सुधार होता है। हरी खाद हेतु फसल चयन में निम्न बातों का ध्यान रखना चाहिए।

- फसल शीघ्र बढ़ने वाली, पत्तीदार, मुलायम डंठल व गहरे जड़वाली हो।
- फसल में कीड़े व बीमारियाँ कम लगती हो।
- बीज सस्ता व आसानी से उपलब्ध हो।
- फसलों की जड़ों में पर्याप्त ग्रन्थियाँ तथा विपरीत दशा में उगने की क्षमता होनी चाहिए।

**फसलों का चयनः** सामान्यतः सनई, ढेंचा, ग्वार, मूँग, लोबिया, उर्द, सेंजी, मेथी व मटर आदि फसलों को हरीखाद के रूप में उगाने की संस्तुति की जाती है।

**सनईः** इसको सामान्य मृदा में उगाकर हरी फसल के प्रयोग में लाते है। ऊसर व जल भराव क्षेत्रों के लिए उपयुक्त नहीं है। यह 60–70 दिन में तैयार हो जाती है तथा 70–80 किलोग्राम बीज हेक्टर की दर से आवश्यकता होती है। इससे लगभग 100 से 110 किग्रा॰ नत्रजन प्रतिहेक्टर मिल जाती है।

**ढेंचाः** यह क्षारीय मृदाओं, सामान्य मृदाओं, अधिक व कम पानी वाले सभी क्षेत्रों के लिए संस्तुति की जाती है। यह फसल 60–65 दिन में तैयार हो जाती है तथा 35 किग्रा॰ प्रतिहेक्टर की दर से बीज की आवश्यकता होती है। इससे 55–60 किग्रा॰ नत्रजन प्राप्त होती है।

**ग्वारः** यह कम वर्षा वाले क्षेत्रों के लिए उपयुक्त है तथा कमजोर मृदा में भी उगा सकते है। यह 60–80 किग्रा॰ प्रतिहेक्टर नत्रजन देती है।

**उर्द, मूँगः** इसकी कम समय में तैयार होने वाली फसलों का चुनाव करते है। यह 60–65 दिन में तैयार हो जाती है। इनकी फलियों को तोड़कर पौधे के शेष भाग को मिट्टी में पलट दिया जाता है। इससे 40–45 किग्रा॰ प्रतिहेक्टर की दर से नत्रजन उपलबध होती है।

**लोबियाः** इसे खरीफ व रबी दोनों ऋतुओं में उगा सकते है। इससे 55–60 किग्रा॰ नत्रजन प्रतिहेक्टर की दर से उपलब्ध होता है।

## हरी खाद की प्रयोग विधियाँ (Methods of green manuring)

1. **हरी खाद की सीटू विधि (Green manuring in situ)**: इसमें जिस खेत में हरीखाद की फसल उगाई जाती है उसको उसी खेत में दबा दिया जाता है। यही विधि उन्ही स्थानों में अपनाई जाती है जहाँ पर अच्छी बरसात होती है अर्थात जलप्रबन्धन अच्छा हो।
2. **अपनी जगह से दूरी उगानी वाली हरी खाद (Leaf green manuring)**: इस विधि में जंगलों या दूसरे जगहों पर उगी झाड़ियों, पेड़–पौधों, हरी पत्तियों व टहनियों को काट करके हरीखाद वाले खेत में डालकर के मृदा में मिला देते है।

**हरी खाद बोने व पलटने का समयः** सामान्यतः बुवाई के 60–70 दिन बाद इसे खेत में मिट्टी पलटने वाले हल से पलट देते है। यदि खरीफ की फसल में हरीखाद देना है तो गेहूँ की कटाई के तुरन्त पश्चात तथा रबी के लिए जुलाई के प्रथम सप्ताह में हरीखाद के लिए फसल की बुवाई कर देनी चाहिए।

### लाभ

1. फसलों के अनुसार 40 से 110 किग्रा॰ प्रतिहेक्टर नत्रजन की मात्रा बढ़ जाती है।
2. हरीखाद के सड़ने से कार्बोनिक अम्ल बनता है जिससे मृदा का पी॰एच॰ कम हो जाता है।
3. जैविक पदार्थ के विघटन से फास्फोरस की मृदा में उपलब्धता बढ़ जाती है जो लगभग 30–35 किग्रा॰/हेक्टर होती है।
4. जैविक पदार्थ के विघटन से उत्पन्न अम्लों द्वारा मृदा का यौगिकीकृत पोटेशियम भी घुलनशील हो जाता है और मृदा में उपलब्ध पोटेशियम की उपलब्धता बढ़ जाती है जो लगभग 40–50 प्रतिशत होती है।
5. विघटन से उत्पन्न अम्लों के द्वारा सूक्ष्मपोषक तत्त्वों जैसे लोहा, मैग्नीज, बोरान, तांबा व जस्ता तथा द्वितीयक पोषक तत्त्वों जैसे कैल्शियम, मैग्नीशियम तथा गंधक की भी भूमि में उपलब्धता बढ़ जाती है।
6. क्षारीय मृदाओं को सुधारने का कार्य करती है।
7. भूमि में मृदाक्षरण रोकती है।
8. मृदा में जीवाणुओं की क्रियाशीलता बढ़ती है।
9. मृदा में वायु संचार तथा जलधारण क्षमता में वृद्धि होती है।
10. भूमि में जैव मात्रा तथा जीवांश पदार्थ की मात्रा बढ़ जाती है।
11. भूमि संरचना में सुधार होता है।

## उर्वरकों का वर्गीकरण (Classification of fertilizers)

### अकार्बनिक उर्वरक

### (अ) नत्रजन युक्त पदार्थ

1. **अमोनियम उर्वरक**:– अमोनियम सल्फेट, अमोनियम क्लोराइड, अमोनियम द्रव, अमोनिया गैस।
2. **नाइट्रेट उर्वरक**– कैल्शियम नाइट्रेट, सोडियम नाइट्रेट।
3. **नाइट्रेट एवं अमोनियम उर्वरक**– अमोनियम सल्फेट नाइट्रेट, अमोनियम नाइट्रेट, कैल्शियम अमोनियम नाइट्रेट।
4. **अमाइड उर्वरक**– यूरिया, बाईयूरेट यूरिया, कैल्शियम साइनेमाइड।

### (ब) फोस्फोरस युक्त उर्वरक

1. **जल में घुलनशील (Water soluble)**– सिगिंल सुपर फास्फेट, डबल सुपर फास्फेट, ट्रिपल सुपर फास्फेट।
2. **साइट्रिक अम्ल में घुलनशील (Citric acid soluble)**– सफागाराक फास्फेट, मारेक्कन राक फास्फेट, जार्डन राक फास्फेट, मकतार राक फास्फेट, हाइपर फास्फेट, ड्राइ कैल्शियम फास्फेट।

**(स) पोटाशिक उर्वरक**: पोटेशियम क्लोराइड, पोटेशियम सल्फेट, पौटेशियम नाइट्रेट, काइनाइट आदि।

**(द) यौगिक उर्वरक**: डाई अमोनियम फास्फेट, एन.पी.के. आदि।

### खाद एवं उर्वरकों में पोषक तत्त्वों की प्रतिशत मात्रा तालिका में

| खाद का नाम | नत्रजन प्रतिशत | फास्फोरस प्रतिशत | पोटाश प्रतिशत |
|---|---|---|---|
| **(क) कार्बनिक खाद** | | | |
| 1. गोबर की खाद | 0.4 – 0.5 | 0.25 | 0.5 |
| 2. कम्पोस्ट | 0.5 – 0.6 | 1.5 | 2.3 |
| 3. मानव विष्ठा | 1.5 | 1.1 | 0.5 |
| 4. मानव मूत्र | 0.6 | 0.1 | 0.8 |
| 5. पक्षियों की बीट | 1.1 – 1.6 | 1.0 – 1.2 | 6.1 – 8.5 |
| 6. मुर्गी की बीट | 3.8 | 1.5 | 1.7 |
| 7. हड्डी का चूर्ण | 3.5 – 4.5 | 1.8 – 2.5 | - |
| 8. नाले के अवपंक (Sludge) | 6.0 | 4.0 | - |

| खाद का नाम | नत्रजन प्रतिशत | फास्फोरस प्रतिशत | पोटाश प्रतिशत |
|---|---|---|---|
| 9. शीरा | 3.0 | 3.5 | - |
| 10. गन्ने की मैली | 1.1 – 1.5 | 4.5 | 2 – 7 |
| **(ख) खलिया (Cakes)** | | | |
| 1. नीम की खली | 5.22 | 1.08 | 1.48 |
| 2. मूंगफली की खली | 7.29 | 1.53 | 1.33 |
| 3. सरसों की खली | 5.27 | 1.84 | 1.16 |
| 4. महुआ की खली | 2.51 | 0.80 | 1.85 |
| 5. अण्डी की खली | 4.37 | 1.85 | 1.39 |
| **(ग) अकार्बनिक उर्वरक** | | | |
| **नत्रजन उर्वरक** | | | |
| 1. अमोनियम सल्फेट $(NH_4)_2SO_4$ | 20.5 | | |
| 2. अमोनियम क्लोराइड $(NH^4Cl)$ | 26.0 | | |
| 3. एनहाइड्रस अमोनिया $NH_3$ | 82 | | |
| 4. सोडियम नाइट्रेट $(NaNO_3)$ | 16.0 | | |
| 5. कैल्शियम नाइट्रेट $(Ca(WO_3)^2)$ | 15.5 | | |
| 6. कैल्शियम अमोनियम नाइट्रेट | 25 | | |
| 7. अमोनियम नाइट्रेट $(NH_4NO_3)$ | 33 – 34 | | |
| 8. अमोनियम सल्फेट नाइट्रेट | 26.0 | | |
| 9. यूरिया | 46 | | |
| 10. कैल्शियम साइनेमाइड $(CaCN_2)$ | 21 | | |
| **2. फास्फोरस उर्वरक** | | | |
| **(क) जल में घुलनशील** | | | |
| 1. सिंगल सुपर फास्फेट | | 16 – 18 | |
| 2. डबल सुपर फास्फेट | | 32 | |
| 3. ट्रिपल सुपर फास्फेट | | 46 – 49 | |
| **(ख) साइट्रिक अम्ल में घुलनशील** | | | |
| 1. राक फास्फेट | | 20 – 40 | |
| 2. डाइ–कैल्शियम फास्फेट | | 34 – 39 | |
| 3. रेहनेनिया फास्फेट | | 23 – 26 | |

| खाद का नाम | नत्रजन प्रतिशत | फास्फोरस प्रतिशत | पोटाश प्रतिशत |
|---|---|---|---|
| 4. हड्डी का फास्फोरस | | 20 – 25 | |
| 5. बेसिंग स्लैग | | 14 – 18 | |

## 3. पोटाशयुक्त उर्वरक

| | नत्रजन प्रतिशत | फास्फोरस प्रतिशत | पोटाश प्रतिशत | मैग्नीशियम (Mg) प्रतिशत |
|---|---|---|---|---|
| 1. म्यूरेट आफ पोटाश (MOP or KCl) | | | 60-62 | |
| 2. पोटेशियम नाइट्रेट | 13 | | 44–45 | |
| 3. काइनाइट (Kainite) | | | 12–16 | |
| 4. पोटेशियम सल्फेट | | | 48–52 | |
| 5. सल्फेट आफ पोटाश मैग्नीशियम | | | 25–30 | 10 – 12% |

## गुणांक निकालने की विधि

$$1 \text{ किलो तत्त्व के लिए उर्वरक} = \frac{100}{\text{पोषक तत्त्व की मात्रा (\%)}}$$

## एक किलो तत्त्व के लिए उर्वरक मात्रा

| क्र.सं. | उर्वरक का नाम | नत्रजन | फास्फोरस | पोटाश | जिंक |
|---|---|---|---|---|---|
| 1 | यूरिया | 2.2 | – | – | – |
| 2 | कैल्शियम अमोनियम | 4.0 | – | – | – |
| 3 | एमोनियम सल्फेट | 5.0 | – | – | – |
| 4 | सिंगल सुपर फास्फेट | – | 6.25 | – | – |
| 5 | म्यूरेट आफ पोटाश | – | – | 1.7 | – |
| 6 | डाई अमोनियम फास्फेट | 5.5 | 2.2 | – | – |
| 7 | एन॰पी॰के॰ | 6.7 | 6.7 | 6.7 | – |
| 8 | एन॰पी॰के॰ | 8.3 | 3.8 | 6.25 | – |
| 9 | एन॰पी॰ (मिश्रण) | 5.0 | 5.0 | – | – |
| 10 | रॉक फास्फेट | – | 6.0 | – | – |
| 11 | जिंक सल्फेट | – | – | – | 5.0 |
| 12 | चिलेटेड जिंक | – | – | – | 8.0 |

## मिश्रित उर्वरकों की तालिका

| क्र०सं० | मिश्रित उर्वरक | नत्रजन प्रतिशत | फास्फोरस प्रतिशत | पोटाश प्रतिशत |
|---|---|---|---|---|
| 1. | डाइ–अमोनियम फास्फेट (DAP) | 18 | 46 | |
| 2. | अमोनियम फास्फेट $NH_4H_2PO_4$ | 18 | 18 | |
| 3. | पोटेशियम नाइट्रो फास्फेट | 16 | 20 | |
| 4. | एमोफास 'ए' | 11 | 46 | |
| 5. | एमोफास 'बी' | 16.5 | 20 | |
| 6. | एन०पी०के० (ग्रेड) | 15 | 15 | |
| 7. | इफको एन०पी०के० ग्रेड–1 | 10 | 26 | 15 |
| 8. | इफको एन०पी०के० ग्रेड–2 | 12 | 32 | 26 |
| 9. | नाइट्रो फास्फेट धूसर (सुफला) | 20 | 20 | 16 |
| 10. | नाइट्रो फास्फेट पीला (सुफला) | 18 | 18 | |
| 11. | नाइट्रो फास्फेट गुलाबी (सुफला) | 13 | 15 | |

## मिश्रित उर्वरकों की तालिका

| क्र० सं० | सूक्ष्म तत्त्व | सूक्ष्म तत्त्वों को प्रदान करने वाले यौगिक | पोषक तत्त्वों की प्रतिशत मात्रा |
|---|---|---|---|
| 1. | जस्ता (Zinc) | जिंक सल्फेट $ZnSO_4.\ 7H_2O$ | 22–35 (Zn) |
| 2. | बोरान (Boron) | सोडियम बोरेट (बोरेक्स) $Na_2B_4O7.10H_2O$ | 10–60 (B) |
| 3. | लोहा (Iron) | फेरस सल्फेट $FeSO_4.7H_2O$ | 20.00 (Fe) |
| 4. | मैगनीज (Magnisium) | मैगनीज सल्फेट $MnSO_4.4H_2O$ | 23.00 (Mn) |
| 5. | ताँबा (Copper) | कापर सल्फेट $CuSO4.5H_2O$ | 25–35 (Cu) |
| 6. | मोलिबिडिनम | सोडियम मोलिबिडेट | 17–39 (Mo) |

## कार्बनिक एवं अकार्बनिक खादों में अन्तर
## (Difference between organic and inorganic manure)

| क्र०सं० | कार्बनिक (जैविक खाद) | क्र०सं० | अकार्बनिक (उर्वरक) खादें |
|---|---|---|---|
| 1. | कार्बनिक खादों का निर्माण सभी पादप व जानवरों के अवशेष जैसे–गोबर, पत्ती, कूड़ा आदि से तैयार की जाती है। | 1. | अकार्बनिक उर्वरक का निर्माण कृत्रिम रूप से कारखानों में तैयार की जाती है। |
| 2. | कार्बनिक खादों में पौधे के सभी पादप पोषक तत्त्व पाये जाते हैं। | 2. | अकार्बनिक उर्वरकों में प्रायः एक, दो या तीन तत्त्व इन खादों से प्राप्त होते हैं। |
| 3. | कार्बनिक खादों से प्राप्त पोषक तत्त्वों की उपलब्धता धीरे–धीरे होती है और कई वर्षों तक होती है। | 3. | अकार्बनिक उर्वरकों के प्रयोग के एक सप्ताह बाद तत्त्वों की उपलब्धता पौधों को होने लगती है। |

| क्र.सं. | कार्बनिक (जैविक खाद) | क्र.सं. | अकार्बनिक (उर्वरक) खादें |
|---|---|---|---|
| 4. | कार्बनिक खादों के प्रयोग करने का समय फसलों की बुवाई के 15 दिन से लेकर 30 दिन पहले तक खेत में डालते हैं जिससे अच्छी तरह सड़ जाये। | 4. | अकार्बनिक उर्वरकों में फसल की बुवाई पर या खड़ी फसल में ही प्रयोग करते हैं। |
| 5. | कार्बनिक खादों के तैयार करने में कम कीमत आती है। | 5. | अकार्बनिक उर्वरकों के खरीदने में अधिक कीमत आती है। |
| 6. | कार्बनिक खादों के प्रयोग के बाद खेतों में अवशेष प्रभाव छोड़ती है। | 6. | अकार्बनिक उर्वरकों के प्रयोग के बाद खेतों में अवशेष प्रभाव नहीं छोड़ती है। |
| 7. | कार्बनिक खादों के अधिक प्रयोग से फसलों एवं मिट्टी पर बुरा प्रभाव नहीं पड़ता है। | 7. | अकार्बनिक उर्वरकों के अधिक मात्रा में प्रयोग करने पर फसलों एवं मिट्टी पर बुरा प्रभाव पड़ता है। |
| 8. | कार्बनिक खादों के प्रयोग से मिट्टी के जीवाणुओं की वृद्धि एवं क्रियाशीलता बढ़ती है। | 8. | अकार्बनिक उर्वरकों के अधिक प्रयोग करने पर मिट्टी के जीवाणुओं पर प्रतिकूल प्रभाव पड़ता है। |
| 9. | कार्बनिक खादों के प्रयोग से मिट्टी की जल धारण क्षमता में वृद्धि होती है। | 9. | इसमें ऐसा नहीं होता है। |
| 10. | कार्बनिक खादों के प्रयोग से भूमि की भौतिक, रासायनिक तथा जैविक दशा में सुधार एवं वायु संचार बढ़ जाता है तथा ताप नियंत्रित रहता है। | 10. | अकार्बनिक प्रयोग से भूमि की दशा खराब होती जाती है तथा फसल का तत्त्व के प्रति प्रभाव घटता है। वायु संचार नहीं बढ़ता तथा ताप नियंत्रित नहीं रहता है। |

## नैडप (नावेद) विधि से कम्पोस्ट बनाना (Method of Nadep composting):

श्री नारायण देवराव पानधारी पाण्डेय (महाराष्ट्र) द्वारा यह विधि विकसित की गयी है। इसमें ईंट का एक ढांचा जिसकी लम्बाई 3.5 मीटर, चौड़ाई 2 मीटर तथा ऊंचाई 1 मीटर होती है। 23 सेमी. मोटी ईंट की चुनाई पक्के गारे से की जाती है ताकि इस ढांचे का प्रयोग लम्बे समय तक किया जा सके। प्रथम तीन पंक्तियों की चिनाई में कोई छेद नहीं होता चौथी, छठी, आठवीं, दसवीं पंक्ति की चिनाई में लगभग 30 सेमी. के अन्तराल पर 13 सेमी. चौड़ाई का एक छेद बनाते हैं। ग्यारहवीं, बारहवीं एवं तेरहवीं पंक्ति में पुनः कोई छेद नहीं छोड़े जाते हैं। ढांचे के अन्दर की जमीन को ईंटें बिछाकर पक्का कर देते हैं।

- सबसे पहले 40–50 किग्रा. गोबर 100–150 लीटर पानी में घोलकर ढांचे की तह पर डाल देते हैं।
- लगभग 20 सेमी. मोटी कचरे की तह दबा कर बिछाते हैं फिर 30–40 किग्रा. गोबर 100–125 लीटर पानी का घोल कचरे के ऊपर डालते हैं तत्पश्चात् लगभग 100 किग्रा. मिट्टी को ऊपर बिछाते हैं।
- यह क्रिया ढांचे की ऊँचाई से 25–30 सेमी. ऊपर भरने तक दोहराते हैं।

- बाद में गोबर एवं मिट्‌टी की मोटी पर्त लगाकर ढांचे को ऊपर से बन्द कर देते हैं। 70–80 दिन बाद गड्‌ढे के ऊपर 15–20 छेद मोटे डंडे की सहायता से बना देते हैं तथा 10 लीटर गोमूत्र में पी॰एस॰बी॰, एजोटोबैक्टर कल्चर लेते हैं। उक्त घोल को छेदों में डालकर छेदों को पुनः बन्द कर देते हैं। इसके 30–40 दिन बाद खाद तैयार हो जाती है। इस प्रकार खाद 100–120 दिन में तैयार हो जाती है। खाद को निकालकर छन्ने से छान लेते हैं तथा छायेदार स्थान पर रख देते हैं। बिना सड़ी खाद को पुनः गड्‌ढे में डालकर सड़ाते हैं। एक बार में लगभग 30 कुन्तल सड़ी खाद मिल जाती है। इस खाद में नत्रजन 0.75 से 1.75 प्रतिशत, फास्फोरस 0.70 से 0.90 प्रतिशत तथा पोटाश 1.20 से 1.40 प्रतिशत होता है।

## वर्मी कम्पोस्ट (Vermi composting)

केंचुओं की सहायता से तैयार की गई कम्पोस्ट खादों वर्मी कम्पोस्ट कहते हैं। इस खाद में 1–1.5 प्रतिशत फास्फोरस तथा 1.5 प्रतिशत पोटास पाया जाता है।

## वर्मी कम्पोस्ट तैयार करने की साधारण विधि (Method of vermi composting)

**स्थान का चुनावः** किसी ऊँचे छायादार स्थान जैसे पेड़ के नीचे या बगीचे में 2 मीटर लम्बाई, 2 मीटर चौड़ाई व 2 मीटर गहराई का गड्‌ढा बनाते है। इसी माप की लकड़ी या प्लास्टिक की पेटी का भी प्रयोग किया जा सकता है परन्तु निचली सतह पर 10–12 छेद जल निकास हेतु बना लेना चाहिए।

**विधिः** सबसे नीचे लगभग 11 सेमी॰ की पर्त ईंट या पत्थर की बनाते हैं तत्पश्चात् 2 सेमी॰ मौरंग या बालू की दूसरी तह लगाते हैं। इसके बाद लगभग 15 सेमी॰ उपजाऊ मिट्‌टी की तह लगाकर हल्का पानी का छिड़काव करके मिट्‌टी को नम कर देते हैं इसके बाद अधसड़ा गोबर डालकर एक किलो प्रति गड्‌ढे की दर से लाल केचुआ छोड़ देते हैं। तत्पश्चात् 5–10 सेमी॰ घरेलू कूड़े कचरे जैसे सब्जियों के अवशेष, कटे हुये फलों के अवशेष, फसलों के अवशेष (पुवाल, भूसा, पेड़–पौधों की पत्तियाँ) बिछा देते हैं। 20–25 दिन तक आवश्यकतानुसार पानी का हल्का छिड़काव करते हैं। इसके बाद प्रति सप्ताह दो बार 5–10 सेमी॰ सड़ने योग्य कूड़े कचरे की तह लगाते है जब तक पूरा गड्‌ढा भर न जाये। रोज पानी का छिड़काव करते रहें। कार्बनिक पदार्थ के ढेर पर लगभग 50 प्रतिशत नमी होनी चाहिए। लगभग 6–7 सप्ताह में वर्मी कम्पोस्ट बन कर तैयार हो जाती है। वर्मी कम्पोस्ट बनने के बाद 2–3 दिन तक पानी का छिड़काव न करें। इसके बाद खाद निकालकर छाया में ढेर लगाकर सुखा देते हैं। फिर इसे 2 मि॰मी॰ छन्ने से छानकर अलग कर लेते हैं। इस तैयार खाद में लगभग 20–25 प्रतिशत नमी रहनी चाहिए। इस तैयार खाद को प्लास्टिक की थैलियों में भर देते हैं।

**बिन्डरो (वायु पंक्ति) विधिः** जीवांश पदार्थ का ढेर किसी छायादार जमीन की सतह पर लगाकर किया जाता है।

## केचुए का कल्चर या इनाकुलम तैयार करना

केचुए कूड़े कचरे के ढेर के नीचे से कम्पोस्ट बनाते हुए ऊपर की तरफ बढ़ते हैं। पूरे गड्‌ढे में कम्पोस्ट तैयार होने के बाद ऊपरी सतह पर कूड़े कचरे की एक नई सतह

लगा देते हैं तथा पानी छिड़क कर नम कर देते हैं। इस सतह की ओर सभी केचुए आकर्षित हो जाते हैं। बाद में इन्हें किसी चीज की सहायता से अलग करके इकट्ठा कर लेते हैं।

**वर्मी कम्पोस्ट का प्रयोगः** धान्य, तिलहन तथा सब्जी वाली फसलों के लिये 5 से 6 टन वर्मी कम्पोस्ट प्रति हेक्टअर की दर से प्रयोग करना चाहिए। बुवाई के पहले इसे खेत में बिखेर कर जुताई करके भूमि में मिला देना चाहिए। फलदार वृक्षों में 200 ग्राम प्रति पौधा तथा घास के लान में 3 किग्रा॰ प्रति 10 वर्म मीटर की दर से प्रयोग करें।

## वर्मी कम्पोस्ट के लाभ

- मृदा के भौतिक तथा जैविक गुणों में सुधार होता है।
- मृदा संरचना तथा वायु संचार में सुधार होता है।
- नाइट्रोजन स्थरीकरण करने वाले जीवाणुओं की संख्या में वृद्धि हो जाती है।
- कूड़े कचरे से होने वाले प्रदूषण पर नियंत्रण हो जाता है।
- यह एक लघु कुटीर उद्योग के रूप में रोजगार के नये अवसर प्रदान करता है।
- इसके प्रयोग से फलों, सब्जियों तथा खाद्यान्नों की गुणवत्ता बढ़ती है।
- यह रासायनिक उर्वरकों की खपत को कम करके मृदा स्वास्थ्य को सुरक्षित रखने का प्रभावी उपाय है।

**खाद एवं उर्वरक देने का समय (Time of Application of Manure and Fertilizer):** खादें एवं उर्वरक मंहगे होते हैं जिससे उनको सीमित मात्रा में ही दे पाते है। इनसे अच्छा लाभ लेते हुए इन्हें उपयुक्त समय तथा स्थान में सही विधि से देना चाहिए। अन्यथा उर्वरक उपयोग क्षमता कम हो जायेगी तथा लाभ कम मिलेगा। खादें एवं उर्वरकों को देने का समय निम्नवत है–

1. **बेसल देना (Basal dressing):** जब खादों एवं उर्वरकों को बुवाई के पहले अथवा बुवाई के समय दिया जाता है तो उसे बेसल के रूप में उर्वरक का देना कहते हैं।
2. **खेती की तैयारी के पहले देनाः** कार्बनिक खादें, हरी खाद तथा भूमि सुधारकों को खेत की तैयारी के पहले देते हैं। इससे खादों के विघटन हेतु पर्याप्त समय मिल जाता है तथा ऐसे उर्वरक/खादों से पोषक तत्त्व धीरे–धीरे उत्सर्जित (release) होते हैं।
3. **खेत की तैयारी के समय देनाः** खलियाँ, जैव उर्वरक तथा मिश्रित उर्वरकों को खेत की जुताई के समय दिया जाता है।
4. **बुवाई के समय देनाः** खलियाँ, एक तत्त्व वाले उर्वरक (यूरिया), जो आसानी से घुलनशील हो को बुवाई के समय देते हैं।
5. **खड़ी फसल में उर्वरकों को देना (Top dressing):** खेत में अच्छी तरह से संस्थापित (established) फसल में उर्वरकों को भूमि में अथवा पौधों में छिड़काव करके देते हैं। इसमें यूरिया, पोटाश, जिंकसल्फेट आदि उर्वरकों को देते हैं।

## खाद एवं उर्वरक देने की विधियाँ (Methods of manures and fertilizers application)

**(अ) ठोस रूप में**: ठोस रूप में उपलब्ध उर्वरकों को निम्नलिखित विधियों से दिया जाता है।

1. **छिड़काव विधि (Broad cast)**: सम्पूर्ण खेत में हाथ अथवा मशीन द्वारा उर्वरकों एवं खादों को समान रूप से बिखेर कर देने को छिड़काव विधि कहते हैं। गोबर की खाद, वर्मी कम्पोस्ट, खलियाँ, यूरिया, चूना आदि इस विधि से दिये जाते हैं।

2. **भूमि के अन्दर देना (Placement method)**:

   (i) **हल की तली में खाद देना (Plough sole placement)**: इस विधि में उर्वरकों को जुताई के समय ही कूड़ की तलहटी में डालते हैं। प्रत्येक उर्वरक की पट्टी दूसरे कूड़े के बनते समय मिट्टी से ढ़कती जाती है। जहाँ पर भूमि की ऊपरी सतह सूखी तथा कठोर होती है परन्तु उसमें नमी होती है वहाँ पर इस विधि से उर्वरक देते हैं। इस विधि से फास्फेटिक तथा पोटेशिक उर्वरक देने पर इनका स्थिरीकरण कम होता है।

   (ii) **गहराई में खाद देना (Deep placement)**: मुख्यरूप से धान के खेत में नत्रजन उर्वरकों को इस विधि से देते हैं। धान के खेत में आक्सीजन की कमी के कारण उर्वरक नाइट्रेट रूप में परिवर्तित नहीं हो पाती तथा अमोनिकल रूप में नत्रजन को पौधे लेते रहते हैं। धान के खेत में लेवा (Puddling) के पश्चात् दो सतहें बन जाती है। ऊपरी सतह पर आक्सीजन रहती है इसलिये उसे आक्सीजन युक्त क्षेत्र (Oxidized zone) कहते हैं तथा निचली सतह पर पानी भरा होने के कारण आक्सीजन का अभाव रहता है तथा उसे आक्सीजन रहित क्षेत्र (Reduced zone) कहा जाता है। गहराई में ऑक्सीजन रहित क्षेत्र में उर्वरक देते हैं।

   (iii) **अधोभूमि में उर्वरक देना (Sub-soil placement)**: इस विधि में उर्वरकों को अधिक गहराई पर डाला जाता है। यह कार्य अधिक गहरी जुताई करने वाले हलों की सहायता से किया जाता है। इस विधि का प्रयोग आम तौर पर गर्म–तर तथा अर्ध–गर्म–तर (Humid and Sub-humid regions) में किया जाता हैं आमतौर पर अम्लीय भूमियों में इस विधि से फास्फोरस व पोटाश युक्त उर्वरकों का प्रयोग करते हैं।

3. **स्थानीय संस्थापन (Localized placement)**: जब उर्वरकों को बीज अथवा पौधों के समीप डाला जाता है तो उसे लोकेलाइज्ड प्लेसमेन्ट कहते हैं। उर्वरकों को बीज अथवा पौधों के समीप देने से पौधे इनका अधिक से अधिक उपयोग कर लेते हैं साथ ही थोड़ी मात्रा में देने से उर्वरकों के नष्ट होने की सम्भावना कम रहती है। इसके निम्नलिखित ढंग है।

(अ) **सम्पर्क संस्थापन (Contact placement or combining)**: इस विधि में उर्वरक को बीज के साथ ही दिया जाता है। कतारों से बोई जाने वाली

फसलों में उर्वरकों को इस विधि से देते हैं। जिन उर्वरकों का भूमि में स्थिरीकरण होता है, इस विधि से दिया जाता है।

**(ब) पट्टी संस्थापन (Band placement)**: इसकी दो विधियाँ हैं।

1. **पंक्ति संस्थापन (Row placement)**: जिन फसलों में पंक्ति दूरी कम होती है, उर्वरक देने में प्रयोग में लाई जाती है। इस विधि में उर्वरक को लगातार पंक्ति (Continuous band) में कतारों के एक तरफ अथवा दोनों तरफ दिया जाता है अर्थात् उर्वरक उस स्थान पर डाला जाता है जहाँ पौधे होते है। मक्का, आलू, गन्ना, कपास में इस विधि से उर्वरक दिया जाता है।

2. **पौध संस्थापन (Hill placement)**: अधिक पंक्ति दूरी वाली फसलों में इस विधि से उर्वरक दिया जाता है। जैसे– बगीचे में फल वाले पौधों में। इसमें उर्वरक पौधों के समीप एक और अथवा दोनों ओर पट्टियों में दिया जाता है। बैण्ड की लम्बाई, गहराई तथा पौधों से दूरी, फसल तथा खाद की उपलब्ध मात्रा पर निर्भर करती है।

**(स) साइड संस्थापन (Side dressing)**: इस विधि में उर्वरकों को दो पंक्तियों के मध्य में अथवा पौधे के चारों तरफ गोलाई में दिया जाता है। जब पौधे लगभग 12–15 सेमी॰ के हो जाते है, इस विधि से उर्वरक देते है।

**(द) गोली संस्थापन (Pellet application)**: इस विधि में उर्वरकों को मिट्टी के साथ मिलाकर गोलियाँ बनाकर खेत में दिया जाता है। उर्वरक तथा मिट्टी को 1:10 के अनुपात में गोलियाँ बनाकर खेत में डालकर पैर से दबा देते है। इससे नत्रजन उर्वरक का ह्रास बहुत कम होता है। इस विधि से नत्रजनधारी उर्वरकों को धान के लेवा वाले खेत में दिया जाता है।

**(ब) घोल के रूप में (In liquid form)**: ठोस उर्वरकों का घोल बनाकर अथवा द्रव रूप में उपलब्ध उर्वरकों को इस विधि से देते हैं। इसकी निम्न विधियाँ है–

1. **चालक घोल (Starter solution)**: मिश्रित उर्वरकों के घोल जिसमें नत्रजन, फास्फोरस तथा पोटास 1:2:1 अथवा 1:1:2 के अनुपात में होता है, चालक घोल कहलाता है। इसका प्रयोग सब्जीवाली फसलों के पौधों को लगाते समय अथवा नर्सरी में किया जाता है। पौध लगाने के पश्चात् हल्की सिंचाई की जगह चालक घोल से सिंचाई की जाती है। घोल पतला होता है जिससे पौधों पर हानिकारक प्रभाव नहीं पड़ता।

2. **पर्णीय छिड़काव (Foliar spraying)**: उर्वरक घोल को पौधों के ऊपर छिड़काव करके देना पर्णीय छिड़काव कहलाता है। यह छिड़काव स्प्रेयर की सहायता से किया जाता है। घोल की सान्द्रता 2–5 प्रतिशत से अधिक नहीं होनी चाहिए। यूरिया का पर्णीय छिड़काव करने पर लाभदायक परिणाम मिले है। छिड़काव दोपहर के समय करना चाहिए जब पौधों की पत्तियों पर ओस की बूंदें न हो।

3. **उर्वरक घोल का सीधे भूमि में प्रयोग (Direct application of fertilizer in soil)**: इनहाइड्रास अमोनिया को विशेष उपकरणों द्वारा

10 सेमी० की गहराई पर डाला जाता है इससे नत्रजन की हानि नहीं होती। यह विधि अमरीका में प्रचलित है।

4. **सिंचाई के जल के साथ उर्वरक घोल का प्रयोग (Application of liquid fertilizer with irrigation water)**: इस विधि में उर्वरक को सिंचाई के जल में मिलाकर खेत में दिया जाता है। नाली के पास उर्वरक की बोरी रखने पर उर्वरक पानी घुलकर सम्पूर्ण खेत में पहुंच जाता है अथवा द्रव उर्वरक को टोटीदार बर्तन में जहाँ पर नाली से खेत में पानी आता है रख देते हैं। सिंचाई करते समय हल्की सी टोंटी खोल दी जाती है। पानी के साथ उर्वरक पूरे खेत में पहुंच जाता है।

**खादों एवं उर्वरकों की मात्रायें (Doses of manures and fertilizers)**: खादों एवं उर्वरकों की मात्रायें, फसलों व उनकी प्रजातियों, सिंचाई के साधनों, भूमि की दशा, फसल क्रम व भूमि में उपलब्ध पोषक तत्त्वों की मात्रा पर निर्भर करती है। वैज्ञानिक भूमि परीक्षण के आधार पर पोषक तत्त्वों को विभिन्न खादों अथवा उर्वरकों से देने की संस्तुति करते हैं। संस्तुति मात्राए निम्न प्रकार की हैं।

1. **कम से कम मात्रा (Threshold recommended dose)**: यह खादों अथवा उर्वरकों की वह कम से कम मात्रा है जिसे खेत में डालने पर फसलों पर सकारात्मक प्रभाव (Positive response) दिखाई पड़ता है। इससे कम मात्रा देने पर फसलों की बढ़वार व उपज में कोई प्रभाव नहीं मालूम पड़ता।
2. **संस्तुत मात्रा से कम मात्रा (Low recommended dose)**: यह खादों अथवा उर्वरकों की वह मात्रा है जिसे देने पर फसलों में सकारात्मक प्रभाव दिखाई देता है तथा पोषक तत्त्वों पर एक रुपया खर्च करने पर सबसे अधिक लाभ मिलता है। यह साधारणतः उन किसानों के लिये संस्तुति की जाती है जिनके पास सीमित उर्वरक होता है अथवा उर्वरक खरीदने के लिये सीमित संसाधन होते है। किसान सीमित उर्वरक ही अधिकतम क्षेत्र में देता है। यह मात्रा Threshold संस्तुत मात्रा से अधिक होती है।
3. **औसत अथवा इष्टतम संस्तुत मात्रा (Optimum or average recommended dose)**: इसे आर्थिक उपयुक्त मात्रा (Economic optimum dose) भी कहा जाता है। यह वह मात्रा होती है जिसे देने पर प्रति इकाई क्षेत्र से अधिकतम शुद्ध लाभ मिलता है। परन्तु पोषक तत्त्वों पर एक रुपया खर्च करने पर लाभ कम मिलता है। इस मात्रा की संस्तुति उन सभी कृषकों को की जाती है जिनके पास सभी संसाधन उपलब्ध होते हैं।
4. **संस्तुत से अधिक मात्रा (Superior recommended dose)**: यह उर्वरकों की वह मात्रा है जिसे देने पर अधिकतम उपज प्राप्त होती है परन्तु प्रति इकाई क्षेत्र से शुद्ध लाभ कम हो जाता है। यह मात्रा उन दशाओं में दी जाती है जब किसी क्षेत्र से अधिकतम (Targetted) उपज लेनी हो चाहे उर्वरक पर जितना धन खर्च हो जाये या देश में खाद्यान्न की कमी हो।

## उर्वरक/खाद देने के मुख्य सिद्धान्त

1. कार्बनिक खादों को बुआई के लगभग एक महीने पहले खेत में डालकर तत्पश्चात् जुताई करके खेत में मिला देते हैं।
2. खलियाँ को लगभग 15 दिन पहले खेत में डालकर जुताई करके मिट्टी (भूमि) में मिला देते हैं।
3. हरी खाद को भी बुआई के एक माह पहले खेत में पलट देते हैं ताकि अच्छी तरह सड़ जाय तथा दीमक लगने की सम्भावना न रहें।
4. हल्की भूमि में नत्रजन को कई बार देते हैं तथा भारी भूमि में नत्रजन एक या दो बाद में देते हैं।
5. नत्रजन, नीम की खली, सल्फर, लाख (Lac) से कोट करके डालने पर नत्रजन की हानि बहुत कम होती है।
6. यदि उर्वरक कम मात्रा में है तो उसे कई खेतों में डालने पर अपेक्षाकृत लाभ अधिक मिलता है।
7. बुआई के समय उर्वरकों को बीज के 2–3 सेमी॰ नीचे डालना ज्यादा लाभकारी होता है।
8. टॉपड्रेसिंग वाले उर्वरक को डालने के पश्चात् निराई–गुड़ाई कर देने से उर्वरक के नष्ट हो जाने की सम्भावना कम हो जाती है, क्योंकि यह मृदा में मिल जाता है।
9. टॉपड्रेसिंग में उर्वरक डालते समय खेत में नमी तो रहे परन्तु खेत में पानी भरा नहीं रहना चाहिए अन्यथा लीचिंग से नत्रजन नष्ट हो जायेगा।
10. फास्फोरस तथा पोटाशधारी उर्वरकों की पूरी मात्रा को ज्यादातर बुआई के समय देते हैं। क्योंकि फास्फोरस का मुख्य कार्य पौधों की जड़ों का विकास करना है। फास्फोरस व पोटाशधारी दोनों उर्वरक गतिशील नहीं है अर्थात जिस स्थान पर डाले जाते है उसी स्थान पर बने रहते है। इसलिए इसे बीज के नीचे देते हैं जिससे पौधों की जड़े आसानी से ले लें।
11. जिंक को यूरिया अथवा चूने के पानी के साथ मिलाकर डालना अथवा छिड़काव करना चाहिए।

**एकीकृत पादप पोषक तत्त्व प्रबन्धन (Integrated plantnutrient management)**: यह पौधे के विभिन्न पोषक तत्त्वों के देने का प्रबन्धन (management) है जिसमें पोषक तत्त्वों को विभिन्न स्रोतो से दिया है। इन स्रोतो में जैविक, कार्बनिक, रासायनिक कई तरह के उर्वरक एवं खादें हो सकती है। जैसे नत्रजन की मात्रा को यूरिया, हरी खाद, वर्मी कम्पोस्ट, जैविक उर्वरक, फसल अवशिष्ट आदि से देते हैं। इस प्रबन्धन से उर्वरकों एवं खादों को देने पर फसल की लागत व्यय कम हो जाती है। भूमि का स्वास्थ्य सुरक्षित रहता है, जैव विविधता बनी रहती है, पर्यावरण अपेक्षाकृत कम प्रदूषित होता है तथा उत्पादन घटता नहीं है।

**संतुलित मात्रा (Balanced fertilization)**: पौधों को लगभग 18 पोषक तत्त्वों की आवश्यकता होती है जिन्हें हम उर्वरकों एवं खादों से देते हैं। विभिन्न पोषक तत्त्वों को फसल की आवश्यकतानुसार निश्चित अनुपात में देने को संतुलित मात्रा में उर्वरक

देना कहते हैं। जैसे खाद्यान्नों में संतुलित मात्रा नत्रजन, फास्फोरस, पोटाश की क्रमशः 2:1:1 के अनुपात में है। दलहनी फसलों का अनुपात 1:3:2 नत्रजन, फास्फोरस व पोटाश है। संतुलित मात्रा में उर्वरक को देने पर पौधों की बढ़वार, उपज तथा अवशोषण पर प्रतिकूल प्रभाव नहीं पड़ता अन्यथा एक तत्त्व की अधिकता या कमी से दूसरे तत्त्वों की उपलब्धता प्रभावित होती है। फलतः उत्पादन व गुणवत्ता में कमी आ जाती है।

**उर्वरक उपयोग दक्षता (Fertilizer use efficiency)**: यह ह्रास के नियम (Law of diminishing return) से प्रभावित होती है। प्रति इकाई पोषक तत्त्व देने पर उत्पादन तो बढ़ता है परन्तु गिरते हुए क्रम में बढ़ता हैं पहली इकाई में बढ़ोत्तरी अधिक तथा अन्तिम इकाई में उत्पादन में बढ़ोत्तर अपनी पहली इकाई की तुलना में कम होती है। प्रति इकाई उर्वरक से उत्पादन में वृद्धि को उर्वरक उपयोग दक्षता कहते हैं। इसको निम्न सूत्र से ज्ञात करते हैं–

$$\text{उर्वरक उपयोग दक्षता} = \frac{\text{उर्वरक युक्त फसल का उत्पादन} - \text{बिना उर्वरक दिये फसल का उत्पादन}}{\text{उर्वरक की मात्रा (पोषक तत्त्व के रूप में)}}$$

## नत्रजन का रूपान्तर (Transformation of Nitrogen)

1. **खनिजन (Mineralization)**: नत्रजन खनिजन एक प्रक्रिया है। जिसमें कार्बनिक नत्रजन का अधिक गतिशील (Mobile) अकार्बनिक रूप अमोनिया एवं नाइट्रेट के रूपान्तरित होता है।

   कार्बनिक नत्रजन एन्जाइमिक प्रेटियोस पेप्टोन्स एमीनोयोगिक नाइट्राइट नाइट्रेट खनिजन से अमाइनीकरण, अमोनीकरण तथा नाइट्रीकरण प्रक्रिया सम्मिलित होती है।

2. **अमाइनीकरण (Amininization)**: इस प्रक्रिया में प्रोटीन्स एवं अन्य संकीर्ण नत्रजन युक्त कार्बनिक यौगिक एन्जाइम की क्रिया के फलस्वरूप एमीनो अम्ल में परिवर्तन हो जाते हैं। इस प्रकम से प्राप्त ऊर्जा सूक्ष्म जीवों द्वारा उपयोग कर ली जाती है।

3. **अमोनीकरण (Ammonification)**: अमोनीकरण वह प्रक्रिया है जिसमें एमीनोयौगिक मृदा सूक्ष्म जीवों की प्रक्रिया के फलस्वरूप अमोनिया द्वारा अमोनियम मृदा की कार्बनडाई आक्साइड से युक्त होकर अमोनिया कार्बोनेट तथा बाई कार्बोनेट बनाती है। इन यौगिकों के विलियन से अमोनिया आयन्स प्राप्त होते है। अमोनीकरण को सूक्ष्म जीवों का स्वभाग, सबस्ट्रेट का स्वभाव, पी॰एच॰ ताप, वायु संचार, नमी, लिग्निन और क्ले का रक्षी प्रभाव प्रभावित करते है।

4. **नाइट्रीकरण (Nitrification)**: इस प्रक्रम में मृदा में उपस्थित अमोनिया नत्रजन नाइट्रेट में बदल जाती है। यह एक वायुजीवी प्रक्रम है जो स्वपोषित बैक्टेरिया द्वारा होती है। इसमें दो प्रकार के बैक्टेरिया होते हैं पहली अपनी कोशा संलेषण के लिए अमोनिया के आक्सीकरण से ऊर्जा प्राप्त करते है दूसरे नाइट्रीकरण से ऊर्जा प्राप्त करते हैं। पहले वर्ग के बैक्टेरिया अमोनिया को नाइट्राइट में बदलते हैं। दूसरे के द्वारा नाइट्रेट का उत्पादन होता है।

नाइट्रेट सूक्ष्म जन्तुओं द्वारा, उच्च पौधों द्वारा उपयोग की जाती है। यह लीचिंग तथा वाह्यशील दशा के बाहर होकर नष्ट हो जाती है। इस प्रक्रिया को प्रभावित करने वाले कारक मृदा अभिक्रिया, वायु संचार (आक्सीजन), नमी, ताप, ऋतु, खनिजलवणों का प्रभाव, कार्बन : नत्रजन अनुपात आदि है।

5. **विनाइट्रीकरण (Dinitrification)**: नाइट्रेट अवकरण तथा नाइट्रेट स्वांगीकरण के अनेकों प्रक्रमों द्वारा मृदा से नाइट्रेट का लुप्त होना विनाइट्रीकरण कहलाता है। मृदा के नाइट्रेट का वायुमंडलीय नत्रजन तथा नत्रजन आक्साइड में पूर्ण अवकरण होता है। जबकि अन्य प्रक्रम में नाइट्रेट का लोपन होता है। नाइट्रेट अवकरण और नाइट्रेट स्वाँगीकरण कहलाते है। इसको प्रभावित करने वाले कारक अम्लता, फसल, नमी, ताप, आक्सीजन को प्राप्त व कार्बनिक पदार्थों की प्रकृति तथा मात्रा आदि है।

6. **नाइट्रोजन स्थिरीकरण (Nitrogen fixation)**: नत्रजन स्थिरीकरण वह प्रक्रम है जिसमें वायुमंडलीय तत्त्वीय नत्रजन मृदा में स्थाई अकार्बनिक या कार्बनिक नत्रजनीय यौगिकों में परिवर्तित हो जाती है।

**जैव उर्वरक (Biofertilizers)**: भूमि मात्र एक माध्यम नहीं है बल्कि यह एक जीवित क्रियाशील तंत्र है। इसमें सूक्ष्मजीवी बैक्टीरिया, फफूंदी, शैवाल, प्रोटोजोआ आदि पाये जाते है। इनमें से कुछ सूक्ष्मजीव वायुमंडल में स्वतंत्र रूप से पायी जाने वाली 78 प्रतिशत नत्रजन जिन्हें पौधे सीधे उपयोग करने में सक्षम होते है, को अमोनिया एवं नाइट्रेट तथा फास्फोरस को उपलब्ध अवस्था में बदल देते हैं। जैव उर्वरक इन्हीं सूक्ष्म जीवों का पीट, लिग्नाइट या कोयले के चूर्ण में मिश्रण है जो पौधों को नत्रजन एवं फास्फोरस की उपलब्धता बढ़ाता है। जैव उर्वरक पौधों के लिये वृद्धि कारक पदार्थ भी देते हैं तथा पर्यावरण को स्वच्छ रखने में सहायक है। ये भूमि, जल एवं वायु को प्रदूषित किये बिना कृषि उत्पादन स्तर में स्थायित्व लाते है। इन्हें जैव कल्चर, जीवाणु खाद, टीका तथा इनाकुलेन्ट भी कहते हैं।

**सूक्ष्म जीवाणुओं के लिये अनुकूल दशायें**: सूक्ष्म जीवाणुओं के लिए अनुकूल दशायें निम्नवत है–

- जीवांश पदार्थों की उपस्थिति
- पर्याप्त नमी
- वायु संचार
- निरन्तर उदासीन के आस–पास भूमि पी.एच.

## जैव उर्वरक के प्रकार

1. राइजोबियम कल्चर
2. एजोटोबैक्टर
3. एजोस्पाइरिलम कल्चर
4. नीलहरित शैवाल (बी॰जी॰ए॰)
5. फास्फेटिका कल्चर

6. एजोलाफर्न
7. माइकोराइजा
8. ट्राइकोडर्मा

**राइजोबियम कल्चर (Rhizobium culture):** यह एक नम चारकोल एवं जीवाणु का मिश्रण है जिसके प्रत्येक एक ग्राम भाग में 10 करोड़ से अधिक राइजोबियम जीवाणु पाये जाते है। यह खाद केवल दलहनी फसलों (दो दाल वाली फसलों) जैसे– मूंग, उर्द, अरहर, चना, मटर, मसूर, मूंगफली, सोयाबीन, रिजका, बरसीम, ग्वार आदि में प्रयोग की जा सकती है। अलग–अलग फसलों में अलग–अलग प्रकार का राइजोबियम जीवाणु खाद प्रयोग किया जाता है। राइजोबियम जीवाणु खाद से बीजोपचार करने पर ये जीवाणु खाद से बीज पर चिपक जाते हैं। बीज अंकुरण पर ये जीवाणु जड़ की मूल रोम द्वारा पौधों की जड़ों में प्रवेश कर जड़ों पर ग्रन्थियों का निर्माण करते हैं। ये ग्रन्थियाँ नत्रजन स्थिरीकरण इकाईयाँ है तथा पौधों की बढ़वार इनकी संख्या पर निर्भर करती है।

**एजोटोबैक्टर कल्चर (Azoto bactor culture):** यह जीवाणु खाद पौधों के जड़ क्षेत्र में स्वतंत्र रूप से रहने वाले जीवाणुओं का एक नम चूर्ण रूप उत्पाद है जो वायुमंडल की नत्रजन का स्थिरीकरण कर पौधों को उपलब्ध कराते है। इसके भी एक ग्राम में लगभग 10 करोड़ जीवाणु होते हैं। यह जीवाणु खाद दलहनी फसलों को छोड़कर शेष सभी फसलों में उपयोग किया जा सकता है। इसका प्रयोग निम्न प्रकार करते हैं–

1. **बीजोपचार:** बीजों पर लेप करते समय बीज के छिलके का नुकसान नही होना चाहिए। उपचारित बीज को बोरी पर फैलाकर 10–15 मिनट तक सुखायें उसके बाद तुरन्त बोयें। जहाँ तक सम्भव हो बीज को दोपहर बाद बोयें अगर दोपहर के पहिले बोयें तो दोपहर में पाटा लगाकर कूड़ा ढक दें जिससे दोपहर की तेज धूप में बैक्टीरिया न मरें।
2. **पौध जड़ उपचार विधि:** रोपित की जाने वाली फसलें जैसे – धान तथा सब्जी वाली फसलों (टमाटर, फूल गोभी, पात गोभी, प्याज) की जड़ों को जैव उर्वरकों द्वारा उपचारित किया जाता है। किसी चौड़े व छिछले बर्तन में 5–7 लीटर पानी में एक किलोग्राम जैव उर्वरक मिला लेते हैं। इसके बाद नर्सरी से पौधों को उखाड़कर, पौधों के जड़ों की मिट्टी साफ करके 50–100 पौधों को बण्डल में बांधकर जीवाणु खाद के घोल में 10 मिनट तक डुबो देते हैं इसके तुरन्त बाद रोपाई कर देते हैं।
3. **कन्द उपचार विधि:** गन्ना, आलू जैसे फसलों में जैव उर्वरकों के प्रयोग हेतु कन्दों को उपचारित किया जाता है। लगभग 30 लीटर पानी में एक किलोग्राम जैव उर्वरक घोल लेते हैं। इसके उपरान्त कन्दों को 10 मिनट तक घोल में डुबोकर रखने के पश्चात् बुवाई कर देते हैं।
4. **मृदा उपचार विधि:** 5–10 किग्रा॰ जैव उर्वरक तथा 80–100 किग्रा॰ मिट्टी या कम्पोस्ट का मिश्रण तैयार करके प्रति हेक्टर की दर से अन्तिम जुताई पर खेत में बिखेर कर भूमि में मिला देते है।

**नीलहरित शैवाल खाद (Blue green Algae):** एक कोशिकीय नीलहरित शैवाल नम मिट्टी तथा स्थिर पानी में स्वतंत्र रूप से रहते हैं। धान के खेत का

वातावरण नीलहरित शैवाल के लिये अधिक उपयुक्त होता है। धान की रोपाई के 3–4 दिन बाद स्थिर पानी में 10–12 किग्रा॰ प्रति हेक्टर की दर से सूखे नीलहरित शैवाल (जैव उर्वरक) को खड़ी फसल में छिड़क दिया जाता है। खेत में 21–25 दिन तक पानी भरा रहना आवश्यक है। इसकी कुछ प्रजातियाँ वायुमंडल में उपलब्ध नत्रजन को अमोनिया में परिवर्तित करके पौधों को नत्रजन उपलब्ध कराती है। इसके प्रयोग से धान की खेती में 25–30 किग्रा॰/हेक्टर नत्रजन की बचत की जा सकती है। धान की उपज में लगभग 15–20 प्रतिशत बढ़ोत्तरी हो जाती है। यह वृद्धि नियंत्रक, विटामिन बी–12 अमिनो अम्ल भी श्रावित करते हैं जिससे पौधों में अच्छी वृद्धि के साथ–साथ दानों की गुणवत्ता भी बढ़ती है।

**एजोलाफर्न (Azolla Fern)**: यह ठंडे मौसम में स्थिर पानी के ऊपर तैरते हुये पाया जाता है जो दूर से देखने में हरे या लाल रंग की चटाईनुम लगता है। इसकी पत्तियाँ बहुत छोटी तथा मोटी होती है। इन पत्तियों के नीचे छिद्रों में सहजीवों साइनोबैक्टीरिया (एनावीना एजोली) पाया जाता है, जो नत्रजन स्थिरीकरण में सहायक हैं यह जलमग्न धान के खेतों में बुवाई के एक सप्ताह बाद 10 कुन्तल प्रति हेक्टर की दर से उगाया जा सकता है। यह दो किलो नत्रजन प्रतिदिन की दर से स्थिर कर सकता है। इसका प्रयोग कम्पोस्ट बनाने में अथवा 10 टन प्रति हेक्टर की दर से हरी खाद के रूप में भूमि में मिलाकर किया जा सकता है। इसका प्रयोग धान में करने पर खरपतवार कम उगते है तथा 40–80 किलोग्राम तक नत्रजन की बचत की जा सकती है।

**माइकोराइजा (Micorrhiza)**: इस कवक का पौधों की जड़ों में सहजीवन होता है। यह कवक अपनी जड़ों से पोषक तत्त्वों को अवशोषित करके पौधों को इन तत्त्वों को तुरन्त उपलब्ध कराता है तथा कवक इसके बदले भोजन लेता हैं। इसके प्रयोग से फास्फोरस, पोटाश, कैलशियम एवं सूक्ष्म तत्त्वों की उपलब्धता बढ़ती है। इससे वृद्धि वर्धक (साइटोकाइनिन) हार्मोन्स भी पौधों को उपलब्ध होता है।

**एजोस्पाइरिलम कल्चर (Azosprillium)**: यह जीवाणु खाद भी मृदा में पौधों के जड़ क्षेत्र में स्वतंत्र रूप से रहने वाले जीवाणुओं का एक नम चूर्ण रूप उत्पाद है जो वायुमंडल की नत्रजन का स्थिरीकरण कर पौधों को उपलबध कराते हैं। यह जीवाणु खाद खरीफ मौसम में धान, मक्का, ज्वार, बाजरा तथा गन्ने की फसल हेतु विशेष उपयोगी है।

## राइजोबियम/एजोटोबैक्टर/एजोस्पाइरिलम जीवाणु खाद से लाभ

- राइजोबियम के प्रयोग से उपज में 20–30 प्रतिशत तथा एजोटोबैक्टर व एजोस्पाइरिलम के प्रयोग से उपज में 10–20 प्रतिशत तक की बढ़ोत्तरी हो जाती है। फलों तथा दानों का प्राकृतिक स्वाद बना रहता है।
- राइजोबियम से 10–20 किग्रा॰ एवं एजोटोबैक्टर व एजोस्पाइरिलम से 20–30 किग्रा॰/हेक्टर नत्रजन की बचत हो जाती है।
- जीवाणु खाद हारमोन्स एवं विटामिन भी बनाते हैं जिससे पौधों की जड़ का विकास तथा पौधों की बढ़वार अच्छी होती है।
- बीजों का अंकुरण अच्छा व जल्दी होता है।
- फसलें भूमि से फास्फोरस का अधिक प्रयोग कर लेती है जिससे कल्ले अधिक बनते है।

- इन जैव उर्वरकों के जीवाणु एण्टीबायोटिक पदार्थ का भी निर्माण करती है जिससे पौधों की रोग प्रतिरोधी क्षमता बढ़ती है तथा फसल का बीमारियों से बचाव होता है।
- इनके प्रयोग से पौधों में तेज हवा, अधिक वर्षा एवं सूखे की स्थिति को सहन करने की क्षमता बढ़ जाती है।

**फास्फेटिका कल्चर (Phosphatica culture)**: यह भी स्वतंत्र जीवों जीवाणुओं का एक नम चूर्ण रूप में उत्पाद है। इस खाद का प्रयोग करने पर मृदा में उपस्थित अघुलनशील फास्फोरस को जीवाणुओं द्वारा घुलनशील अवस्था में बदल दिया जाता हैं इसका प्रयोग सभी फसलों में किया जा सकता है। इसे PSB भी कहते है अर्थात् इसमें फास्फेट घुलनशील बैक्टीरिया (Phosphate salubilizing bacteria) होते हैं। इस समय PSB-I, PSB-II भी उपलब्ध है। N P K बवदेवतजपं का भी प्रचार किया जा रहा है।

## फास्फेटिका खाद से लाभ

- इसके प्रयोग से फसलों की 10–20 प्रतिशत तक पैदावार में वृद्धि होती है।
- इसके प्रयोग से लगभग 25–30 किग्रा॰ प्रति हेक्टर की दर से फास्फोरस की बचत हो जाती है।
- इससे जड़ों का विकास अधिक होता है तथा पौधों का स्वास्थ्य बना रहता है।

## जैव उर्वरकों की प्रयोग विधि

**बीजोपचार विधि (Seed treatment)**: 200 ग्राम कल्चर से 10 किलो बीज उपचारित करते हैं। आधा लीटर पानी में 500 ग्राम गुड़ या शक्कर घोलकर हल्का सा गर्म कर लेते हैं। ठंडा होने पर उसमें 200 ग्राम कल्चर डालकर मिला लेते हैं। इस घोल को धीरे–धीरे बीजों में डालकर बीजों को हाथ से उलटते पलटते रहें जब तक कि सभी बीजों पर जीवाणु खाद की समान परत न बन जाये। इस क्रिया में ध्यान रखें कि बीज का छिलका न उतरने पाये। लगभग एक घन्टे तक छाया में सुखाने के पश्चात बुवाई करें। जहाँ तक सम्भव हो बुवाई शाम को करें। अगर दोपहर के पहिले बुवाई करना आवश्यक हो तो बुवाई के पश्चात पाटा लगा दें। अन्यथा दोपहर की गर्मी में बैक्टेरिया मर जायेंगे। पानी को इसलिए गर्म किया जाता है जिससे यदि पानी में किसी प्रकार के जीवाणु हो तो वे मर जाये। गुड़ या शक्कर को घोलने से दो लाभ होते है, पहला कल्चर बीजों से चिपक जाता है दूसरा कल्चर में उपस्थित बैक्टीरिया को भोजन (कार्बोहाइड्रेट रूप में) मिल जाता है। बीज को छाया में सुखाने से तात्पर्य है कि बीज बुवाई के समय अलग–अलग हो जाये अन्यथा बुवाई में कई बीज एक साथ पड़ेंगे।

■■■■

## अध्याय–9

# सिंचाई
# (Irrigation)

### भूमिका

जल, मनुष्य, पशु–पक्षी एवं पौधों के लिये आवश्यक है। पौधों में लगभग 90 प्रतिशत जल होता है। पौधों में जल की उपस्थिति के कारण ही पौधे प्रकाश संश्लेषण की क्रिया पूर्ण करते हैं एवं मृदा से आवश्यक पोषक तत्त्वों को अपने जड़ों (Roots) के द्वारा घोल रूप में अवशोषण करते हैं। पौधों में एक किलोग्राम (One kilogram) शुष्क पदार्थ (Dry matter) उत्पादन के लिये लगभग 400–500 ली॰ पानी की आवश्यकता होती है।

जल का ह्रास, पौधों एवं मृदा सतह से वाष्पोत्सर्जन (Transpiration) एवं वाष्पीकरण (Evaporation) के द्वारा होता है। इस ह्रास को कम करने के लिये जल का ठीक तरीके से उपयोग करना आवश्यक होता है। साधारणतः जल पौधों को वर्षा से प्राप्त होता है परन्तु किसी भी क्षेत्र में वर्षा अपर्याप्त एवं अनिश्चित समय पर हो सकती है। अधिकतम उत्पादन की दृष्टि से यह आवश्यक है कि जल की समुचित मात्रा उचित समय पर पौधों को प्राप्त हो जाए यह कार्य सिंचाई प्रणाली द्वारा सम्भव हो सकता है।

**सिंचाई से सम्बन्धित प्रमुख बिन्दु**

- पौधो में लगभग 90 प्रतिशत पानी होता है जिसके कारण पौधों के अन्दर स्फीति (Turgidity) बनी रहती है जिससे पौधा खड़ा रहता है।
- पौधों की सभी चयापचय (Metabolic) क्रियायें पानी की उपस्थिति में होती है।
- पानी की अधिकतर आपूर्ति वर्षा जल या सिंचाई जल से की जाती है।
- फसलों की जलमांग अलग–अलग होती है जिन्हे फसलों की क्रान्तिक अवस्थाओं में देना चाहिए।
- फसलों को संतृप्त दशा (Saturated conditions) से अधिक पानी नहीं देना चाहिए इसके लिए खेत में क्यारियाँ बनाकर नियंत्रित सिंचाई करें।
- बौछारी एवं टपक विधि से सिंचाई करने पर जल उपयोग क्षमता (Water use efficiency) बढ़ जाती है अर्थात् उतने ही पानी से अधिक क्षेत्र पर सिंचाई की जाती है।

## संसार के जलस्रोत (Water resources of the world)

पृथ्वी पर जल तीन रूपों में पाया जाता है, ठोस, द्रव और गैस। पृथ्वी पर जल स्रोतों को तालिका में दिखाया गया है–

### संसार के जल स्रोत

| विवरण | जल की मात्रा (Km³) | कुल का प्रतिशत |
|---|---|---|
| **समुद्र** (Oceans) | 1,348,000,000 | 97.39 |
| Polar ice, Ice-bergs and glaciers | 27,820,000 | 2.01 |
| सतह जल (Ground water) और मृदा नमी (Soil moisture) | 8,062,000 | 0.58 |
| झीलें एवं नदियाँ Lakes and rivers | 2,25,000 | 0.02 |
| वातावरण जल (Atmospheric water) | 13,000 | 0.001 |
| कुल | 1,384,120,000 | 100.00 |

दूसरे शब्दों में स्पष्ट है कि पृथ्वी पर खारा व अनुपयुक्त जल लगभग 97.3 प्रतिशत होता है तथा शेष 2.7 प्रतिशत शुद्ध व मीठा जल है, जो प्रयोग में लाया जाता है। कुल शुद्ध जल का भूमि पर लगभग 68.9 प्रतिशत हिमनद व बर्फ के रूप में, 0.3 प्रतिशत झीलों, तालाबों व नदियों में, 29.9 प्रतिशत शुद्ध भूमि जल तथा 0.9 प्रतिशत वातावरण में नमी (आर्द्रता) के रूप में पाया जाता है।

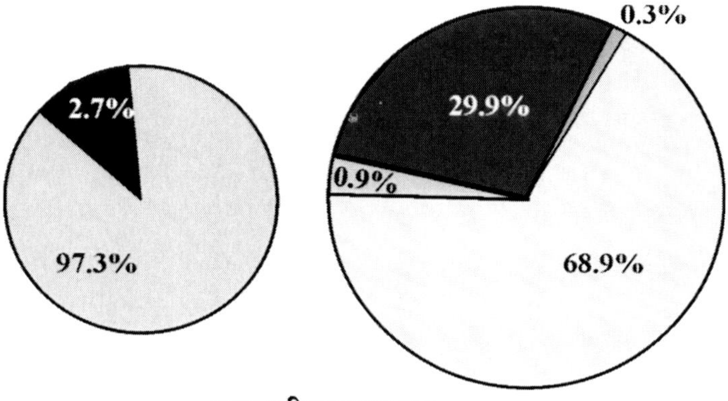


**जल की उपलब्धता**

**भारत के जल स्रोत (Water Resources of India) -** भारत की औसत वर्षा 1194 मिमी॰ है। 328 मिलियन हेक्टर (mha) भौगोलिक क्षेत्र में, इसमें 392 मिलियन हेक्टर मीटर (mha m) वर्षा की मात्रा में कुल 400 मिलियन हेक्टर मीटर (mha m) स्नोफाल (Snowfall) का वितरण 400 मिलियन हेक्टर (mhah) वर्षा से, 75 प्रतिशत वर्षा दक्षिण–पश्चिम मानसून के दौरान (जून–सितम्बर) माह में प्राप्त होती है। शेष 8 माह वर्षा नहीं होती है। 21.5 मिलियन हेक्टर मीटर (mham) जल मिट्टी द्वारा अवशोषित

कर लिया जाता है जबकि 70 मिलियन हेक्टर मीटर (mham) जल का ह्रास वाष्पोत्सर्जन के द्वारा होता है।

**जलः** जल का प्रत्येक कण हाइड्रोजन के दो अणु व आक्सीजन के एक अणु से मिलकर बना हैं आकार में आक्सीजन का अणु हाइड्रोजन के अणु से काफी बड़ा होता है। पानी का अणु बनावट में टेट्राहाइड्रान होता है जिसके किनारों में चार्ज होता है (पाडलिंग, 1960) और पानी का व्यवहार द्विध्रुवीय द्रव की तरह होता है। हाइड्रोजन के दोनों परमाणु आक्सीजन के परमाणु से 105° कोण पर जुड़े होते हैं। पानी के एक अणु का आकर 3A° होता है (1A = $x^{-10}$ मी॰)। द्रव अवस्था में एक घन सेमी॰ पानी में $3.0 \times 10^{22}$ कण होते हैं। एक घन सेमी॰ जल का भार 980 डायन होता है। पानी का घनत्व (मात्रा/घन सेमी॰ 20°C पर) एक होता है। ग्लास सतह पर सतही दबाव 72.75 डायन 20° सेन्टीग्रेड पर होता है। इसका गाढ़ापन 0.01 डायन प्रति सेमी॰ प्रति सेकेण्ड है। यह हवा की तुलना में 1000 गुना सघन तथा 50 गुना गाढ़ा होता है।

प्रत्येक वर्ष 22 मार्च को 'विश्व जल दिवस' मनाया जाता है। इसको यूनाइटेड नेशन एसेम्बली में फरवरी 1993 में तय किया गया था। जल ही जीवन है (Water is life of every living organism)। जल पौधों का प्रथम भोजन है (Water is first food of plants)।

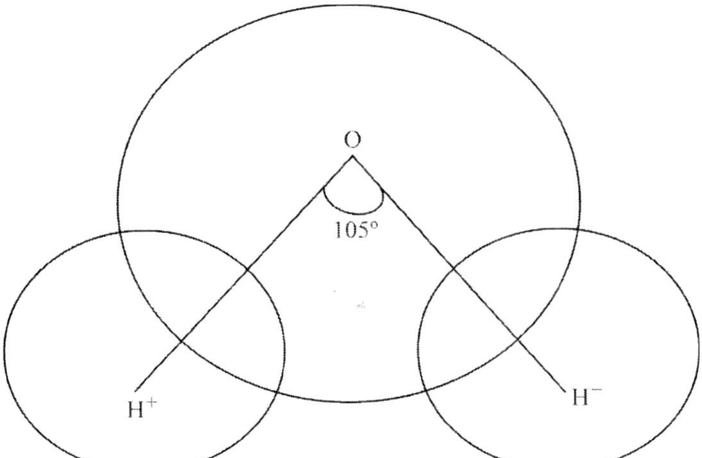

Water molecule

**पौधों के लिए मृदा जल निम्न कारणों से आवश्यक है –**

1. पौधे मृदा से पोषक तत्त्वों को घोल के रूप में ग्रहण करते हैं। जल एक घोलक (Solvent) का कार्य करता है।
2. जल पौधों का एक मुख्य अवयव है। पौधों में लगभग 80–90 प्रतिशत जल होता है। एक किलोग्राम शुष्क पदार्थ पैदा करने के लिए लगभग 2 से 4 कुन्तल जल वाष्पोत्सर्जन किया जाता है।

3. पौधों की पत्तियों, प्रकाश, कार्बनडाईआक्साइड तथा पानी की उपस्थिति में प्रकाश संश्लेषण (फोटोसिन्थिसिस) की क्रिया में कार्बोहाइडेट (Starch) का निर्माण पौधे करते हैं जो इसकी वृद्धि तथा उत्पादन के लिए आवश्यक है।
4. पानी से पौधों के अंगों में उचित स्फीति (Turgidity) बनी रहती है।
5. पौधों के जड़ों से शोषित पोषक पदार्थों का विभिन्न अंगों में वितरण तथा तापक्रम का नियंत्रण जल द्वारा होता है।
6. पौधों के वाष्पोत्सर्जन (Transpiration) में जल महत्त्वपूर्ण भूमिका निभाता है।
7. पौधों की पत्तियों में प्रकाश संश्लेषण (फोटोसिन्थिसिस) से निर्मित भोज्य पदार्थों का अन्य भागों में संचार, जल के माध्यम से होता है।
8. सूक्ष्मजीवों की वृद्धि, कार्बनिक पदार्थों के विच्छेदन तथा सभी रासायनिक व जैविक क्रियाओं के लिए जल अत्यंत आवश्यक है।

## मृदा जल स्थिरांक (Soil moisture constants)

1. **जलधारण क्षमता (Water holding capacity)**: किसी मृदा की कुल जल की अधिकतम मात्रा को धारण करने की क्षमता जलधारण क्षमता कहलाती है। इस अवस्था पर जल द्वारा सभी रन्ध्रावकाश (दीर्घ एवं सूक्ष्म) पूर्णरूप से भरे होते है। इस अवस्था में जल का ऊर्जा स्तर शून्य होता है। महीन कण वाली मृदा की जलधारण क्षमता मोटे कण वाली मृदा से अधिक होती है।
2. **क्षेत्र क्षमता (Field capacity)**: मृदाजल की वह मात्रा जो मृदा कणों द्वारा गुरुत्वीय बल के विपरीत रोक ली जाती है, क्षेत्र क्षमता कहलाती है। यह जल मृदा के सूक्ष्म रन्ध्रावकाश में रहता है। इस जल का तनाव 0.3 वायुमंडलीय दाब या इससे कम होता है। जिन मृदाओं का कणाकार भारी तथा कार्बनिक पदार्थ की मात्रा अधिक होती है उनकी क्षेत्र क्षमता अधिक होती है। इस अवस्था को पौधों को उपलब्ध जल की ऊपरी सीमा कहा जाता है।
3. **मुरझान बिन्दु (Wilting point)**: पानी पौधों की जड़ों द्वारा शोषित होकर पत्तियों तक पहुँचता है जहाँ वह वाष्पोत्सर्जन (Evapotrans-piration) द्वारा धीरे–धीरे उड़ता रहता है तथा साथ ही वाष्पन द्वारा (Evoporation) जल भूमि से भी उड़ता है। इन दोनों क्रियाओं के फलस्वरूप मृदा में नमी की मात्रा कम होने लगती है तथा इस अवस्था में जड़ें पानी का शोषण करने में असमर्थ हो जाती है जिससे पौधे को जल का मिलना कठिन हो जाता है तथा पौधे जल की कमी से मुरझाने लगते है परन्तु दुबारा पानी देने पर पानी मुरझाना रूक जाता है उसे अस्थाई मुरझान बिन्दु (Temporary wilting point) कहा जाता है। यह मृदा नमी ऊर्जा स्तर–15 बार पर मृदा नमी तनाव 15 एटमासफेयर पर होता है। परन्तु जब पानी की कमी से पौधे पूर्णरूप से सूख जाते है उस समय मृदा में जितनी नमी होती है उसे Ultimate wilting या Wilting coefficient कहते है। इस समय मृदा नमी का स्तर–60 बार अथवा तनाव 60 एटमासफेयर होता है।

4. **उपलब्ध मृदा जल (Available soil water)**: क्षेत्र क्षमता तथा मुरझान बिन्दु में मध्य जो जल पौधा ग्रहण करता है उसे पौधे हेतु उपलब्ध मृदाजल कहलाता है।

5. **असलांग बिन्दु (Sticky point)**: मृदा में नमी की वह प्रतिशत मात्रा जिस पर मृदा और पानी का लेप (Paste) किसी दूसरे पदार्थ से चिपकना बन्द कर देता है असलांग बिन्दु कहलाता है। यह जल मिट्टी में भार की दृष्टि से लगभग 16 प्रतिशत होता है।

6. **नमी तुल्यांक (Moisture equivalent)**: गुरुत्व की एक हजार शक्ति के विपरीत किसी मृदा द्वारा धारण किये हुये जल की प्रतिशत मात्रा को भूमि विशेष का नमी तुल्यांक कहते है। प्रयोगशाला में मृदा का नमी तुल्यांक ज्ञात करने के लिए उसे एक रन्ध्रमय पेंदी वाले एक थाले में रखकर गुरुत्वाकर्षण से 1000 गुना बल प्याले के नीचे अपकेन्द्रमशीन (Centrifugal machine) के द्वारा लगाते हैं जिससे रन्ध्रावकाशो का पानी खिंचकर बाहर निकल जाता है तथा केवल मृदा कोलाइडी और महीन फिल्मी जल रह जाता है। मिट्टी की नमी अकेशीय रन्ध्रों से उस समय तक कम होती रहती है जब तक कि केशिका शक्ति और 100 गुने गुरुत्वाकर्षण के बीच साम्य (Equilibrium) स्थापित न हो जाये। इसके उपरान्त मृदा में जो जल रह जाता है वह उस मृदा का नमी तुल्यांक कहलाता है।

## मृदा जलधारण (Retention of water by soil)

मृदा कणों में वायुमंडलीय जल को ग्रहण (absorb) करने की क्षमता होती है। इस प्रकार के जल को आर्द्रताग्राही जल (Hygroscopic water) कहते हैं। मृदा जल का धारण लगिष्णुता (Tenacity) या कर्षण (Pull) द्वारा होता है। मृदा द्वारा जल धारण दो बलों द्वारा होता है।

**आसंजनबल (Adhesion Force)**: मृदा कणों का ठोस सतहों (Solid surface) का जल के लिए आकर्षण जिसे आसंजन बल कहते है। जल कणों का विद्युत स्थैतिकबल (Electro Static Force) जिससे ये मृदा कोलाइड पर चिपक जाता है।

मृदा द्वारा जल लगिष्णुता (Tenacity) और कर्षण (Pull) की निश्चित मात्रा से धारित रहता है। पौधों को मृदा से जल ग्रहण करने के लिए इस कर्षण के विरुद्ध कार्य करना पड़ता है। पौधे मृदा से तभी जल अवशोषित कर सकते हैं जबकि उनके जड़ों का चूषक बल (Suction force) अधिक होता है। मृदा द्वारा जल जिस तनाव से धारित होता है वह जल की उपस्थित मात्रा पर निर्भर होता है। जल की मात्रा कम होने पर तनाव अधिक होता है।

**जल धारण के बल (Force retention)**: मृदा द्वारा जल धारण में दो प्रकार के बल कार्य करते है। प्रथम बल जल अणुओं के प्रति ठोस सतहों (Solid surface) का आकर्षण होता है। जिसे आसंजन बल (Force of Adhesion) कहते है। इस बल के द्वारा जल का अधिशोषण होता है और वह विद्युत स्थैतिक बल (Electro Static Force) द्वारा मृदाकणों पर पतली परत के रूप में आकर्षित रहता है। इस जल का विद्युत क्षेत्र कोलायडी कणों के बाह्य तथा भीतरी सतहों तक विस्तृत रहता है। आसंजन बल का प्रभाव ठोस द्रव अंत सीमा (Solid liquid interface) पर होता है और इस प्रकार जल

अणुओं की अत्यन्त सूक्ष्म पर्त कणों पर बनती हैं। अधिशोषण के पश्चात् एक अन्य प्रकार का बल कार्य करता है। जिसके द्वारा ठोस सतह पर अधिशोषण जल के अणु अन्य जल अणुओं को अपनी ओर आकर्षित करते हैं। इनको संसजन बल के कारण असंजन बल से पैदा हुए जल अणुओं की पतली पर्त मोटी और बड़ी हो जाती है।

इन दोनों बलों के संयुक्त प्रभाव से जल मृदा के रन्ध्रों (सूक्ष्म तथा दीर्घ) में रहता है। संसजन बल द्वारा जल की परत जैसे–जैसे मोटी होती है। उसी के अनुसार तनाव बल (Tension force) जिसके द्वारा जल पर्त ठोस के चारों ओर स्थापित रहती है शिथिल होती जाती है और परिणामस्वरूप गुरुत्वबल के अधिक हो जाने पर परतों का यह जल नीचे की ओर रिसने लगता है। यह स्वतंत्र जल है जिस पर किसी प्रकार का बल कार्य नहीं करता।

**मृदा जल ऊर्जा संकल्पना (Soil water energy concept)**: मृदा में जल धारण, संचालन, पौधों द्वारा इसका ग्रहण करना तथा पौधों से वायुमंडल में गति करना ये सभी ऊर्जा सम्बन्धित प्रक्रमें (Energy related phenomenon) है। इनमें ऊर्जा की विभिन्न प्रकारें जैसे स्थितिज ऊर्जा (Potential energy), गतिज ऊर्जा (Kinetic energy) तथा विद्युतीय ऊर्जा (Electrical energy) का योगदान होता है। इन सभी ऊर्जा प्रकारों को सम्मिलित रूप से स्वतंत्र ऊर्जा (Free energy) द्वारा व्यक्त किया जाता है। जल सहित अन्य सभी पदार्थों में गति प्रावस्था परिवर्तन प्रवृत्ति स्वतंत्र ऊर्जा अन्तर (Free energy difference) के कारण होती है। जिसके फलस्वरूप किसी पदार्थ की गति या परिवर्तन उच्चतर ऊर्जा स्तर से निम्नतर स्वतंत्र ऊर्जा स्तर की ओर होता है। संतृप्त मृदा से शुष्क मृदा की ओर जल का संचारण तथा मृदा जल एवं पादप कोशिका जल के बीच रसाकर्षण की क्रिया स्वतंत्र ऊर्जा अन्तर के कारण होती है।

## स्वतंत्र ऊर्जा को प्रभावित करने वाले कारक

1. **मैट्रिक बल (Matric forces)**: इनके अन्तर्गत मृदा ठोस के पृष्ठाकर्षण (Surface attraction) बल और मृदा में पाये जाने वाले सूक्ष्म केशकीय बल सम्मिलित है। जो जल की स्वतंत्र ऊर्जा का ह्रास करते हैं।
2. **विलेय बल (Solute forces)**: विलयन में उपस्थित आयन तथा अन्य विलेय पदार्थों की जल में सम्मिलित होने पर प्रति इकाई आयतन में जल अणुओं की संख्या का अनुपात घट जाने से जल का अनुकरण हो जाता है जिससे जलीय विलयन की स्वतंत्र ऊर्जा का ह्रास होता है।
3. **गुरुत्वाकर्षण बल (Gravitational force)**: गुरुत्व के कारण मृदा जल निम्न संरूतरों की ओर गति करता है। मृदा जल की स्वतंत्र ऊर्जा प्रोफाइल में एक ही ऊँचाई पर शुद्ध जल की (कुछ निम्न ऊँचाई पर) स्वतंत्र ऊर्जा से अधिक होती है। स्वतंत्र ऊर्जा स्तर में इस अन्तर के कारण जल का बहाव होता है।
4. **वायुमंडलीय दबाव (Atomospheric pressure)**: इस दाब में वृद्धि या कमी जल की स्वतंत्र ऊर्जा में क्रमशः बढ़ोत्तरी या कमी कर सकती है।
5. **ताप (Temperature)**: ताप में वृद्धि या कमी होने पर जल की स्वतंत्र ऊर्जा क्रमशः बढ़ जाती है या कम हो जाती है।

## कुल मृदा जल विभव (Total soil moisture potential)

स्वतंत्र ऊर्जा को प्रभावित करने वाले बलों– मैट्रिक बल, विलेय बल तथा गुरुत्वाकर्षण बल सम्मिलित रूप से मृदा जल और शुद्ध स्वतंत्र जल के बीच स्वतंत्र ऊर्जा के सम्पूर्ण अन्तर को निर्धारित करते हैं। जो वास्तव में अधिकतम कार्य की मात्रा को व्यक्त करता हैं इस कुल स्वतंत्र ऊर्जा अन्तर को कुल मृदा जल विभव द्वारा व्यक्त किया जाता हैं। समीकरण में इसे इस प्रकार व्यक्त किया जा सकता है–

$$P_t = P_g + P_m + P_o \,.........$$

जहाँ $P_t$ = कुल मृदा विभव, $P_g$ = गुरुत्वाकर्षण विभव, $P_m$ = मैट्रिक विभव, $P_o$ = आस्मेटिक विभव, अन्य कम महत्वपूर्ण विभवों को बिन्दुओं (Dots) द्वारा प्रदर्शित किया गया है। प्रत्येक दशा में विभव शुद्ध जल तथा मृदा जल की स्वतंत्र ऊर्जा स्तरों में अन्तर को प्रदर्शित करता है। मृदा जल की स्वतंत्र ऊर्जा गुरुत्व तथा विलेयों की उपस्थिति से प्रभावित होती है। मृदा जल विभव तथा स्वतंत्र ऊर्जा में सम्बन्धित चित्र दिखाया गया है–

| | | | |
|---|---|---|---|
| धनात्मक विभव | + | मृदा जल की ऊँचाई निर्दिष्ट स्वतंत्र जल आधार से अधिक होने पर स्वतंत्र ऊर्जा में वृद्धि | |
| | 0 | शुद्ध जल की स्वतंत्र ऊर्जा | गुरुत्वाकर्षण विभव ↕ |
| ऋणात्मक विभव | | विलेय बलों के कारण ह्रास | आस्मोटिक विभव या चूषण ↓ |
| | - | मैट्रिक बलों के कारण ह्रास | मैट्रिक विभव या चूषण ↓ |
| | | मृदा जल की स्वतंत्र ऊर्जा | |

**चित्रः** शुद्ध जल एवं मृदा जल की स्वतंत्र ऊर्जाओं में सम्बन्ध तथा गुरुत्वाकर्षण विभव को परिलक्षित करने के लिये ऊँचाई का प्रभाव।

मैट्रिक विभव तथा बिलेय विभव ऋणात्मक होते हैं क्योंकि मृदा जल की स्वतंत्र ऊर्जा शुद्ध जल की स्वतंत्र ऊर्जा से कम होती है। इन ऋणात्मक विभवों को चूषण (Suction) द्वारा व्यक्त किया जाता है। अतः मैट्रिक विभव तथा विलेय विभव के स्थान पर क्रमशः मैट्रिक तनाव व विलेय तनाव शब्द प्रयोग किये जायेगें। गुरुत्वाकर्षण विभव प्रायः धनात्मक होता है।

**गुरुत्वाकर्षण विभव (Gravitational potential)**: गुरुत्व बल अन्य पदार्थों की भाँति मृदा जल को भी भूमि के केन्द्र की ओर आकर्षित करता है। जल का गुरुत्वाकर्षण विभव ($P_g$) निम्न प्रकार व्यक्त किया जाता है।

$$Pg = Gh$$

यहाँ g = गुरुत्व का त्वरण (Acceleration of gravity) तथा h एक निर्देश ऊँचाई (Reference elevation) के ऊपर मृदा जल की ऊँचाई। निर्देश ऊँचाई प्रायः मृदा प्रोफाइल के अन्दर या इसके निम्न किनारे पर ली जाती है। जिससे यह निश्चित गुरुत्वाकर्षण विभव निर्देश ऊँचाई के ऊपर सदैव धनात्मक होता है। यह बारिश के फालतू पानी को जड़ क्षेत्र से अलग करने में महत्वपूर्ण कार्य करता है।

**मैट्रिक आस्मोटिक विभव (Matric and osmotic potential):** मैट्रिक विभव दो प्रकार के बलों–अधिशोषण (Adsorption) तथा केशिका (Capillari) के कारण होता है। इन दोनों बलों के कारण मृदा जल की स्वतंत्र ऊर्जा शुद्ध जल की ऊर्जा से कम होती है। इसलिये मैट्रिक विभव सदैव ऋणात्मक होते हैं। मैट्रिक विभव द्वारा मृदा जल धारण तथा मृदा जल में जल के द्रव्यमान बहाव (Mass movement) को प्रभावित करता है।

आस्मोटिक विभव मृदा विलेयों की उपस्थिति या मृदा विलयन के कारण होता है। विलेय भी जल की स्वतंत्र ऊर्जा को कम करते हैं। आस्मोटिक विभव का द्रव्यमान बहाव पर बहुत कम प्रभाव होता है। इसका मुख्य प्रभाव पादप जड़ों द्वारा जड़ के शोषण पर होता है। यह जल वाष्प के प्रभाव को भी प्रभावित करता है क्योंकि विलयों की उपस्थिति में वाष्प दाव (Vapour pressure) कम हो जाता है।

## जल का अवशोषण (Absorption of water)

पौधों द्वारा जल का अवशोषण मुख्य रूप से जड़ों के मूलरोमों (Root hairs) द्वारा किया जाता है। जल का शोषण मृदा में जल विभव (Water potential) तथा जड़ों के आस–पास स्थित घोल के विभव वाले जल के संचलन से होता है। पौधों में जल का अवशोषण निम्नलिखित दो विधियों के द्वारा होता है।

1. **निष्क्रिय अवशोषण (Passive absorption):** जब भूमि से पौधे के मूलरोम (Root hair) का जाइलम में कम विभव वाले जल के संचलन के कारण जड़दाब उत्पन्न होता है जो जल को पौधों के जाइलम की तरफ धक्का देता है जिससे जल आगे की ओर बढ़ जाता है। इस प्रकार तीव्र गति से श्वसन करने वाले पौधों में जाइलम द्रव्य का दाब वायुमंडलीय दाब से कम पाया जाता है जिससे जड़ पानी को ऊपर खींच लेती है। जल शोषण की इस प्रक्रिया को निष्क्रिय अवशोषण कहते है।
2. **सक्रिय अवशोषण (Active absorption):** ठण्डे मौसम में अधिक मृदानमी एवं आर्द्रता होने पर रात्रि के समय कम श्वसनगति वाले पौधे जब सामान्य या उच्च जल विभव की अवस्था में उगाये जाते हैं तो उनकी पत्तियों के अग्रभाग अथवा किनारों से पानी की बूँदे टपकने की क्रिया का निस्यन्दन (Guttation) कहते है। यह क्रिया पौधों की शिराओं के अग्रभाग में स्थित एक विशेष प्रकार के रन्ध्र द्वारा होती है इसे जलोत्सर्जक (Hydrothates) कहते है।

उत्स्वेदन द्वारा जल का ह्रास होने के कारण जल निरंतर पौधे के मूलाग्र द्वारा जाइलम ऊतकों के माध्यम से ऊपर चढ़ता है जिस उत्स्वेदन कर्षण (Transpiration pull) कहते हैं। उत्स्वेदन कर्षण के कारण जाइलम के अन्दर एक ऋणात्मक तनाव उत्पन्न होता है जो जड़ों तक संचरित होकर जल शोषण की स्थिति उत्पन्न करता है। जब अवशोषण जड़ क्षेत्र के पास उपलब्ध जल की मात्रा, जल के फैलाव तथा उत्स्वेदन पर निर्भर करता है।

## मृदा जल समीकरण (Soil water equation)

जल लाभ (Water gain) – जल ह्रास (Water loss) Water storage (यह धनात्मक या ऋणात्मक हो सकता है)।

**जल लाभ**

1. बारिश (Rain)
2. वर्षण (Precipitation)
3. हिम (Snow)
4. शिला वृष्टि (Hail)
5. ओलों के साथ वर्षा होना (Sleet)
6. कुहरा की बूंद (Fog drop)
7. संघनन (Condensation)
8. ओस (Dew) पौधों पर
9. अधिशोषण (Adsorption)

**जल ह्रास**

1. अपवाह (Runoff)
2. अन्तस्त्रवण (Infilteration)
3. वाष्पीकरण (Evaporation)
4. वाष्पोत्सर्जन (Transpiration)

**जल संचय**

1. मृदा नमी की मात्रा में परिवर्तन
2. अवरोध संचय (Inter ception storage)
3. पृष्ठ संचय (Surface storage)
4. गड्ढा संचय (Pit storage)
5. पृष्ठ अवरोध (Surface detention)

**वर्षण (Precipitation)**: वर्षण, बारिश, कोहरा की बूंदें, हिम, शिलावृष्टि या ओलों के साथ वर्षा होने को कहते हैं।

**अवरोध (Interception) तथा अवरोध संचय (Interception storage)**: पौधे व अन्य मृदा आवरण द्वारा वर्षण (बारिश आदि) को मृदा तक पहुँचने में जो बाधा होती है उसे अवरोध कहते हैं तथा अवरोध का वह भाग जो वनस्पतियों पर इसके बाधित होने तक रुका रहता है, अवरोध संचय कहलाता है। वर्षा का जल वनस्पतियों, मल्च तथा अन्य पदार्थों के कारण मृदा पर नहीं पहुँच पाता, इस प्रकार के जल की कुछ मात्रा बूँद के रूप में मृदा पर आने से पहले ही वाष्पित हो जाती है तथा कुछ तनों पर बहकर, जिसे तना प्रवाह (Stem flow) कहते हैं, नीचे मृदा पर आ जाती है

**पृष्ठ संचयः** बारिश की मात्रा अन्तःस्यंदन से अधिक होने पर भी जलप्रवाह (runoff) शीघ्र नहीं होने पाता क्योंकि कुछ जल छोटे–छोटे गड्ढों में भर जाता है तथा

कुछ जल पतली परत के रूप में मृदा सतह पर रुका रहता है। गड्ढों में जल रुका रहने को गड्ढा संचय (Pit storage) या पृष्ठ जल धारण (Surface water retention) कहते हैं। मृदा सतह पर पतली परत के रूप में पानी के रुके रहने को पृष्ठ अवरोध (Surface detention) कहते हैं।

**अन्तःस्यंदन (Infilteration):** अन्तःस्यंदन मृदा के अन्दर पानी के प्रवेश को कहते हैं। अन्तः स्यंदन दर (मिलीमीटर प्रतिघंटा) मृदा के अन्दर पानी के प्रवेश करने की दर को कहते हैं। अन्तःस्यंदन क्षमता (Infilteration capacity) दी हुई दशाओं में सम्भावित अधिकतम अन्तःस्यंदन दर है। वर्षा होने पर आसानी से बिखरने वाली मृदाओं में रन्ध्र बन्द हो जाते हैं और इसके फलस्वरूप अन्तः स्यंदन कम हो जाता है। नंगी मृदा सतह की अपेक्षा वनस्पतियों से ढकी मृदा सतह से अन्तःस्यंदन की दर अधिक होती है। अन्तःस्यंदन मृदा का एक गतिक एवं परिवर्तनशील गुण है जो मृदा संरचना एवं मृदा कमी की मात्रा पर निर्भर होता है। मृदा का मोटा कार्बनिक पदार्थ भी इसकी दर को बढ़ाने में विशेष रूप से प्रभावी होता है। क्ले मृदा में सूखने पर बनी दरारें भी प्रारम्भिक अवस्था में अन्तःस्यंदन दर को बढ़ाती हैं किन्तु मृदा के पुनः फूलने पर अन्तःस्यंदन की दर कम हो जाती है।

**सिंचाई की परिभाषा (Definition of Irrigation) -** ''सिंचाई वह प्रक्रिया है जिसमें फसलों को उगाने के लिये कृत्रिम रूप से भूमि में जल उपलब्ध कराया जाता है''।

"Irrigation may be defined as a process of artificially supplying water to soil for raising crops"

## सिंचाई के उद्देश्य (Objects of Irrigation)

सिंचाई के निम्नलिखित उद्देश्य हैं–

1. सिंचाई के द्वारा पौधों की वृद्धि (Growth) एवं विकास (Development) अच्छे प्रकार से सम्भव है।
2. भूमि में उपस्थित लवणों को सिंचाई करके घोल रूप में कर देता है जिससे भूमि में लवणों का प्रभाव कम हो जाता है।
3. शुष्क परिस्थितियों में भूमि की सिंचाई कर फसल को बचाया जा सकता है।
4. ठन्ड के दिनों में सिंचाई करके फसल को अनुकूल परिस्थितियाँ प्रदान करता है अर्थात् पाले से फसल को बचाया जा सकता है।
5. सिंचाई करने से खेत में भूपरिष्करण क्रिया आसानी से हो जाती है जैसे– जुताई, निराई–गुड़ाई आदि।

## सिंचाई के लाभ (Advantage of Irrigation)

1. खाद्यान्न उत्पादन में वृद्धि।
2. सिंचाई के द्वारा फसलों को अकाल (Famine) से बचाया जा सकता है।
3. सिंचाई के द्वारा, नगदी फसलों (Cash crops) की खेती करना सम्भव है।
4. सिंचाई के द्वारा समय से फसलों की बुवाई (Sowing) की जा सकती है।

5. सिंचाई से, फसलों का अच्छा उत्पादन होने से, राष्ट्रीय आय में वृद्धि होती है।
6. सिंचाई के द्वारा बहुफसली खेती करना सम्भव है।

## सिंचाई जल से हानियाँ (Disadvantage of Irrigation Water)

1. सिंचाई जल के साथ खरपतवारों (Weeds) के बीज का वितरण हो जाता है।
2. सिंचाई जल के रिसने से निचले स्थानों पर पानी के भर जाने पर भूमि दलदली हो जाती है तथा फसलों में बीमारियाँ फैलने की सम्भावना रहती है।
3. अत्यधिक खर्च होना।

## सिंचाई की विधियाँ (Method of Irrigation)

फसलों की सिंचाई करने की निम्नलिखित विधियाँ है–

### (A) सतह सिंचाई विधियाँ (Surface Irrigation)

1. **अनियंत्रित सिंचाई (Uncontrolled irrigation):** अनियंत्रित सिंचाई की विधि का प्रयोग उन स्थानों पर किया जाता है जहां पर सिंचाई का पानी स्रोत अधिक मात्रा में और सस्ता हो यह विधि उपयुक्त होती है। इस विधि में पानी को खेतों में स्वतन्त्र रूप से जाने देते हैं। इस विधि में खेत समतल होना चाहिये जिसमें पानी खेत में स्वतंत्र रूप से फैल जाये। इस विधि में पानी का असमान वितरण होने के कारण पानी का 80 प्रतिशत से अधिक भाग का ह्रास होना सम्भव है। इस विधि में समान मात्रा में पानी लगाने के लिये खेत को छोटी–2 क्यारियों में बांट लेना चाहिये जिससे फसलों को समान मात्रा में पानी लग जाये।
2. **समोच्च सिंचाई विधि (Contour Irrigation):** समोच्च विधियाँ, पठारी जगहों पर अपनाई जाती है जहां पर भूमियों का ढाल होता है। इस विधि में ढालों वाले खेतों को छोटे–छोटे समोच्च (Contour) किनारों में विभाजित कर लिया जाता है। इसमें क्यारी का किनारा, दूसरे किनारे की दूरी की भूमि ढाल की सीमा पर निर्भर करती है। इसमें सिंचाई का पानी धीरे–धीरे छोड़ा जाता है।
3. **बार्डर विधि (Border method):** इस विधि में सिंचाई करने के लिये पहले खेतों को मेड़ों द्वारा, बांट लेते हैं जिससे सिंचाई का पानी खेतों में समान रूप से लग जाये। इस विधि की मुख्य विशेषता है कम जल की हानि होना और आसान भी है।
4. **क्यारी विधि (Checkbasin method):** सिंचाई की क्यारी विधि में खेत को उपयुक्त आकार की छोटी–छोटी क्यारियों में बांट दिया जाता है। क्यारियों के साथ–साथ बरहे भी बनाऐ जाते हैं और इन्हीं से क्यारियों में सिंचाई की जाती है। क्यारियों में हल्का सा ढाल रखते हैं जिससे क्यारी में पानी बहुत ज्यादा इकट्ठा न हो।

5. **टेढ़ी–मेढ़ी विधि (Zig-zag method):** सम्पूर्ण खेत को वर्गाकार या आयताकार खेतों में बांट लेते हैं और प्रत्येक खेत को छोटी और नीची मेड़ों की सहायता से फिर बांट लेते है। यह विधि समतल खेतों के लिये उपयुक्त होती है।

6. **थाला विधि (Ring method):** थाला विधि में पेड़ों की दो लाइनों के बीच एक सिंचाई नाली होती है। पानी पेड़ के चारों ओर रहता है।

7. **कूड़ सिंचाई विधि (Furrow method):** कूड़ सिंचाई विधि में खेतों में छोटी–छोटी कूड़ बनाकर सिंचाई करते हैं।

## (B) अधो सतह सिंचाई विधियाँ (Sub-surface Irrigation Method)

अधो सतह सिंचाई विधि के द्वारा सिंचाई जल सीधे पौधे के जड़ क्षेत्र में दिया जाता है। इसके लिये उच्च जल स्तर, पौधे के जड़ क्षेत्र में पारगम्य भूमि का होना, समतल भूमि होना आदि का ध्यान रखा जाता है और भूमि की सतह पर पानी न ठहरे तो यह अधो सतह सिंचाई विधि आर्थिक दृष्टि से उपयुक्त तथा कम लागत वाली विधि है। इस विधि में 0.5–1 मी॰ गहरी एवं 25–50 सेमी॰ चौड़ी नालियों द्वारा पानी का वितरण किया जाता है। इसमें नालियों की दूरी 50–100 मी॰ तक रखी जाती है।

**बौछारी सिंचाई (Sprinkler irrigation):** इस विधि के मुख्य अवयव पम्प, मुख्य पाइप लाइन, लेटरल पाइप लाइन, ऊँचे उठे पाइप एवं नोजल है। मुख्य पाइप लाइन, लेटरल पाइप लाइन से जुड़ी होती है। ऊँचे उठे हुए पाइप, उर्ध्व रूप (Vertically) से लेटरल पाइप से फिक्स होते हैं। ऊँचे उठे पाइप की ऊँचाई फसल की ऊँचाई पर निर्भर करती है। बौछारी हेड जो घुमावदार किस्म का होता है, ऊँचे उठे पाइप लाइन में फिक्स होता है। बौछारी हेड में दो तरह के नोजिल लगे होते है एक दूर तथा दूसरा नजदीक की दूरी तक पानी का बौछार करता है। पम्प पानी को पम्प करके पानी पाइप लाइन में भेजता है तथा दबाव पैदा करता है। इस विधि में पानी फसल को वर्षा की तरह मिलता है। यह विधि समतल भूमि तथा ऊँची–नीची भूमियों में सिंचाई के लिए उपयुक्त होती है।

**लाभ**

1. इस विधि में 1.5 से गुना क्षेत्र पर उसी पानी से सिंचाई की जा सकती है।
2. पानी की 25 से 50 प्रतिशत तक फसल के अनुसार सिंचाई जल की बचत होती है।
3. इस विधि से ऊँची–नीची (ढालू) जमीन में भी सिंचाई की जा सकती है।
4. सिंचाई में जल के साथ उर्वरक, कीटनाशक व फफूंद नाशक का प्रयोग भी सम्भव है।
5. इस विधि में सिंचाई करने पर फसल को पाले से बचाया जा सकता है।
6. फसलों को हल्की गहराई का पानी दिया जा सकता है।
7. खेत तक पहुँचने में पानी का ह्मस नहीं होता।
8. मृदा कटाव नहीं होता।
9. खेत में नालियाँ व मेड़ें बनाने की आवश्यकता नहीं पड़ती।

**हानियाँ**

1. अधिक तेज हवा चलने पर इस विधि से अच्छी तरह सिंचाई नहीं की जा सकती।
2. पाइप लाइन खरीदने में अधिक खर्च करना पड़ता है।
3. पम्प को चलाने हेतु अधिक ऊर्जा (0.5 से 1.0 किग्रा/सेमी$^2$) की अवश्यकता पड़ती है।

**टपक सिंचाई (Drip irrigation):** इस विधि में ड्रिपर से कम दबाव (1 से 4 लीटर/घंटा) की दर से सिंचाई की जाती है। इसमें एक मुख्य पाइपलाइन, सहायक पाइपलाइन, लेटरल व इमीटर्स होते है। पानी मुख्य पाइप लाइन से, सहायक पाइप लाइन, तत्पश्चात् लेटरल से पहुँचता है। लेटरल में इमीटर्स जुड़े रहते हैं जो पानी को फैलाते हैं। इमीटर्स की संख्या फसल की दूरी, भूमि के प्रकार, जड़ का विकास आदि पर निर्भर करती है। इस विधि में पौध जड़ क्षेत्र की मिट्टी को नम कर देता है।

**लाभ**

1. जहाँ पर पानी की बहुत कमी हो, यह विधि उत्तम है।
2. पानी का ह्मस बिल्कुल भी नहीं होता।
3. उर्वरक व अन्य रसायन इसके द्वारा दिये जा सकते है।
4. जल उपयोग दक्षता 85–90 प्रतिशत होती है।
5. खेत में खरपतवार कम उगते है।
6. कम ऊर्जा पर सिंचाई हो जाती है।
7. खेत का समतल होना आवश्यक नहीं है।
8. पोषक तत्त्वों का ह्मस नहीं होता।

## हानियाँ

1. अधिक चौड़ी फसलों व फल वाले वृक्षों के लिए अधिक उपयोगी है।
2. पौधों की जड़ों का सीमित विकास होता है।
3. ओमीटर्स में रुकावट आ जाती है, जिससे सफाई करनी पड़ती है।
4. चूहों व दूसरे जानवरों द्वारा पाइप लाइन खराब हो जाती है।
5. लवण एकत्रीकरण का भय रहता है क्योंकि लीचिंग नहीं हो पाती।
6. पाइप खरीदने व लगाने का प्रारम्भिक खर्च अधिक रहता है।

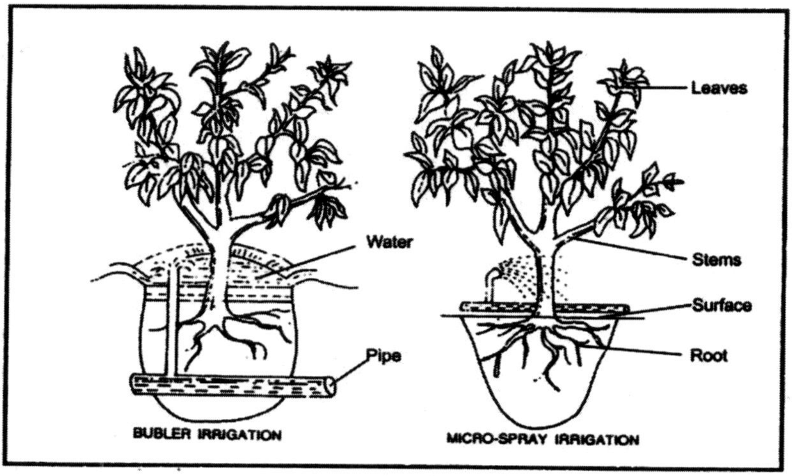


**Drip irrigation system**

## सिंचाई जल की माप (Measurement of Irrigation water)

सिंचाई करने के लिये सिंचाई माप आवश्यक है जिससे सही मात्रा में जल की सिंचाई हो सके।

सिंचाई जल की माप को घनत्व ईकाई के शब्द रूप में व्यक्त करते हैं जोकि बरहे की गहराई को व्यक्त करता है। घनत्व ईकाई (Volume unit) को लीटर और घन मी॰ में (Litre and cubic metre) दर्शाते हैं।

एक वर्ग मी॰ पर एक मिमी॰ जल उपयोग–

= 100 cm x 100 cm x 0.1 cm

= 1000 $cm^3$ = one litre

One ha mm = 10,0001 (Litres)

One ha cm = 1,00,0001

One cubic metre = 1,0001

TMC (Thousand million cubic feet)

## जल माप की विधियाँ (Methods of water measurement)

सिंचाई जल की माप की बहुत सी विधियां प्रयुक्त होती हैं। सिंचाई जल की माप की निम्नलिखित विधियां हैं–

1. **सिंचाई जल माप की आयतनात्मक बहाव विधि (Volumetric flow method of water measurement) -** इस विधि में जल बहाव (Water Flow) को मापने के लिये जल पाइप (Water pipe) पर जल मीटर (Water meter) लगाते हैं जिसमें जल बहाव की दर (Flow rate) लीटर प्रति सेकेन्ड (Litres/Second) में ज्ञात करते हैं। यह विधि जटिल है एवं सही रीडिंग नहीं आती है।

## जल बहाव (Water flow) दर ज्ञात करने का सूत्र (Fomula)

$$\text{जल बहाव की दर ली०/से०} = \frac{\text{पाइप को भरने में लग। समय (ली० में)}}{\text{पाइप को भरने में लगा समय (सै० में)}}$$

2. **90वीं नाँच वीयर विधि (90 'V' notch weir method) -** 90वीं नाँच वीयर विधि सिंचाई जल माप में उपयोग होने वाली सही एवं ठीक रीडिंग देने वाली विधि है। इस विधि में (V) वी के आकार का निर्माण किया जाता है जिससे जल का बहाव (Water flow) मापा जाता है। साइड से इसमें $45^0$ का कोण बनता है। 90वीं नाँच वीयर (90'V' notch weir method) विधि का सूत्र निम्न प्रकार है।

$$Q = 0.0138\ H^{25}$$

जहाँ

Q = जल बहाव (ली०/से०)

H = चोटी का शीर्ष (Head of the crest) (सेमी०)

सारणी में विभिन्न शीर्ष के लिये जल बहाव दर (Discharge rates) दिया गया है–

**Discharge through 90° V-Notch (90° V नाच द्वारा पानी का बहाव)**

| Head (cm) | Discharge (L/S) |
|---|---|
| 5 | 0-8 |
| 6 | 1.2 |
| 7 | 1.8 |
| 8 | 2.5 |
| 9 | 3.4 |
| 10 | 4-5 |
| 11 | 5-7 |

| Head (cm) | Discharge (L/S) |
|---|---|
| 12 | 7.8 |
| 13 | 7.1 |
| 13 | 8.6 |
| 14 | 10.5 |
| 15 | 12.3 |
| 16 | 14.5 |
| 17 | 16.7 |
| 18 | 19.4 |
| 19 | 22.3 |
| 20 | 25.5 |

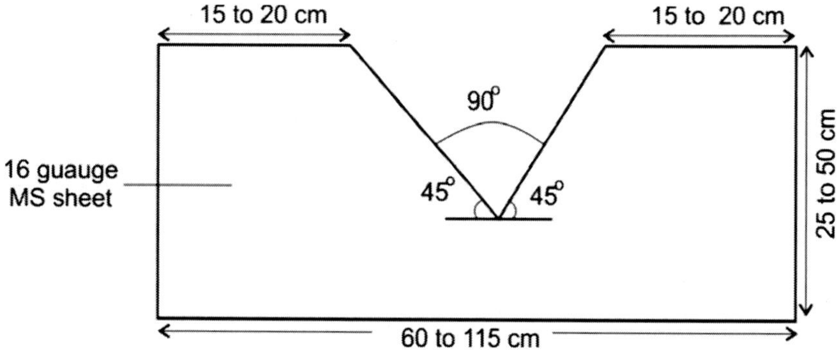


**90° V-Notch**

3. **पार्शल फ्ल्यूम जल बहाव माप विधि (Parshall flume water flow method)-** इस विधि में जल की माप खुली नालियों (Open Channel) में जल बहाव की माप पार्शल फ्ल्यूम द्वारा निर्मित यंत्र की सहायता से की जाती है। पार्शल फ्ल्यूम लोहे की चादर द्वारा निर्मित किया जाता है। इसको खुली नाली में बहते पानी की दिशा के साथ नाली में लगा दिया जाता है। जल इस यंत्र के बीच से होकर बहता है। पार्शल फ्ल्यूम लोहे की चादर पर दोनों तरफ पैमाने एवं पाइप लगे होते हैं। बहता जल नाली (पाइप) में अपने स्तर तक बना रहता है इसमें जल के स्तर को पैमाने पर नोट कर लेते हैं। इस विधि में हानियां कम होती है। इसमें शीर्ष (H) छोटा होने के कारण जल बहाव स्तर की ऊंचाई पैमाने पर पढ़ते समय सावधानी रखनी चाहिये। विभिन्न आकार के पार्शल फ्ल्यूम उपयोग होते हैं जैसे–7.5 सेमी॰ से 30 सेमी॰। फ्ल्यूम में जल बहाव तेज होने पर इसमें मिट्टी एकत्रित नहीं हो पाती है। सारणी में विभिन्न प्रकार के फ्ल्यूम एवं जल बहाव दर दिखाई गयी है–

**पार्शल फ्ल्यूम में जल बहाव 7.5 सेमी॰ चौड़ाई पर**
**(Discharge from Parshall flume of throat width 7-5 cm)**

| Head (cm) | Discharge (L/S) |
|---|---|
| 5 | 1.7 |
| 6 | 2.3 |
| 7 | 2.7 |
| 8 | 3.5 |
| 9 | 4.3 |
| 10 | 5.0 |
| 11 | 5.8 |
| 12 | 6.7 |
| 13 | 7.5 |
| 13 | 8.5 |
| 14 | 9.4 |
| 15 | 10.4 |
| 16 | 11.4 |
| 17 | 12.4 |
| 18 | 13.6 |
| 19 | 14.3 |
| 20 | |

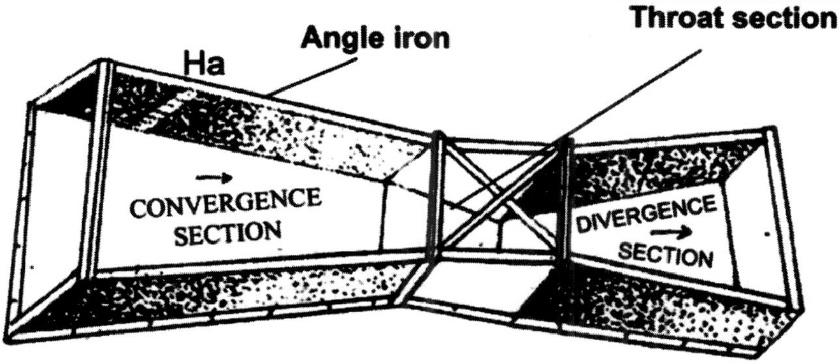


**Parshall Flume**

4. **फ्लोट विधि (Float Method):** सिंचाई जल माप की इस विधि द्वारा खुली नालियों में जल बहाव वेग तुरन्त मापा जाता है। भूमि सतह पर जल बहाव का वेग औसत वेग से अधिक होता है। अतः इसे कम किया जाना चाहिए। इस विधि में लकड़ी का एक फ्लोट लेकर उसे खुली नाली में जल के बहाव के साथ तैराते हैं। इसमें फ्लोट द्वारा तय की गयी दूरी को निश्चित समय में गणना की जाती है। इसमें 10 प्रतिशत की त्रुटि की सम्भावना रहती है।

**सूत्र (Formula)-**

$$Q = 0.8 \times A \times V$$

जहाँ

$Q$ = जल प्रवाह घन मी॰ प्रति सेकेन्ड ($m^3s^{-1}$)

$A$ = खुली नाली का अनुप्रस्थकाट का क्षेत्रफल वर्ग मी॰ ($m^2$)

$A$ = जल का वेग मी॰ प्रति से॰ ($ms^{-1}$)

5. **साइफन जल प्रवाह माप विधि (Siphon water flow measure method)-** साइफन विधि में एक नाली से जल साइफन ट्यूब में प्रवाहित किया जाता है। शीर्ष और व्यास का प्रयोग जल प्रवाह की माप हेतु किया जाता है।

## प्रमुख फसलों की क्रान्तिक अवस्थायें (Moisture sensitive stages of important crop)

| | Crops (फसलें) | Important moisture sensitive stage |
|---|---|---|
| 1. | धान (Rice) | Panicle initiation, flowering (पुष्पक्रम), (फूल) |
| 2. | गेहूँ (Wheat) | छत्रक–जड़, बनते समय, गाठें बनते समय, दूध अवस्था (Crown root initiation, jointing, milking stage) |
| 3. | ज्वार (Sorghum) | बीजांकुर अवस्था (Seedling), फूल (Flowering) अवस्था |
| 4. | मक्का (Maize) | रेशा अवस्था (Silking stage), टेसलिंग अवस्था (Tasseling stage) |
| 5. | बाजरा (Pearl Millet) | फूल निकलना (Flowering), पुष्पक्रम (Panicle initiation) अवस्था |
| 6. | मूंगफली (Ground nut) | अगेती फूल अवस्था (Rapid flowering), पेगिंग अवस्था (Pegging stage) अगेती फली बनते समय (Early pod formation) |
| 7. | अरहर (Redgram) | फूल और फली बनते समय (Flowering and Pod formation stage) |
| 8. | उर्द (Black gram) | फूल और फली बनते समय (Flowering and Pod formation stage) |
| 9. | मूंग (Green gram) | फूल और फली बनते समय (Flowering and Pod formation stage) |

| | Crops (फसलें) | Important moisture sensitive stage |
|---|---|---|
| 10. | तिल (Sesamum) | ब्लूमिंग अवस्था से परिपक्वता अवस्था (Blooming to maturity) |
| 11. | गन्ना (Sugarcane) | फारमेटिव अवस्था (Formative stage) |
| 12. | सूर्यमुखी (Sunflower) | दो सप्ताह पहले से दो सप्ताह बाद फूल अवस्था पर (Two weeks before flowering to two weeks after flowering) |
| 13. | मिर्च (Chillies) | फूल अवस्था (Flowering stage) |
| 14. | कपास (Cotton) | फूल बूटी (Flowering and Ball Development) अवस्था |
| 15. | सोयाबीन (Soyabean) | ब्लूमिंग और बीज निर्माण अवस्था (Blooming and seed formation) |
| 16. | टमाटर (Tomato) | फल लगते समय (From the commencement of fruit set) |
| 17. | गाजर (Carrot) | जड़ बढ़ते समय (Root enlarement) |
| 18. | मटर (Pea) | फूल एवं फली बनते समय (Flowering and pod development) |

**फसलों की जल माँग (Water requirement of crops)**: निश्चित स्थान पर दिये गये समय पर भूमि की दशाओं में फसलों की सामान्य बढ़वार के लिये जल की जो मात्रा दी जाती है वह उस फसल की जल माँग कहलाती है।

"Water requirement is the quantity of water required by a crop in a given period of time for its normal growth under field conditions at a certain place".

जल माँग = वाष्पोत्सर्जन जल का मात्रा + प्रक्षेत्र तक पहुँचाने वाले जल की मात्रा + अतिरिक्त आवश्यकता हेतु जल की मात्रा।

## जल माँग के अवयव (Component of water requirement)

1. **वाष्पीकरण (Evaporation)**: यह एक प्रक्रिया है जिसमें जल द्रव रूप से वाष्प में बदल जाता है। जलचक्र वातावरण में इसी क्रिया के द्वारा चलता है जिसमें ऊर्जा सूर्य से मिलती है। 20° सेन्टीग्रेड पर एक ग्राम पानी को वाष्प में परिवर्तित करने हेतु 590 कैलोरी ऊर्जा की आवश्यकता होती है। इस क्रिया से जलाशयों व समुद्रों का पानी वाष्प में परिवर्तित होकर बादल का निर्माण करते हैं।
2. **वाष्पोत्सर्जन या उत्स्वेदन (Transpiration)**: इस प्रक्रिया में पौधों के वानस्पतिक भाग से पानी वाष्पित होकर वातावरण में चला जाता है। भूमि से पौधा जड़ों द्वारा पानी अवशोषित करता है तथा पौधों के वानस्पतिक भाग द्वारा वाष्पित कर दिया जाता है। इसके कारण पौधे का ताप नियंत्रित रहता है।
3. **वाष्पो वाष्पोत्सर्जन (Evapotranspiration)**: वाष्पीकरण तथा उत्स्वेदन के द्वारा उड़ाये गये जल के योग को वाष्पोत्सर्जन कहा जाता है। पौधा अपने

लिए पानी का लगभग 90 प्रतिशत जल वाष्पोत्सर्जन द्वारा उड़ाते हैं। केवल एक प्रतिशत जल पौधे अपनी चयापचय क्रियाओं में उपयोग करते है। इसलिए वाष्पोत्सर्जन जल को उपभोग उपयोग जल (Consumptive use of water) भी कहा जाता है।

जलमाँग = सिंचाई जलमाँग + प्रभावी वर्षा + भूमि संस्तरण में उपलब्ध जल

Water requirement = Irrigation requirement + Effective rainfall + Soil profile contributions

**उपभोग–उपयोग जल (Consumptive use of water):** वाष्पन–वाष्पोत्सर्जन द्वारा जल ह्रास एवं जल जो पौधे अपनी चयापचय क्रियाओं (Metabolic activities) के लिए प्रयोग करते हैं, दोनों के योग को उपभोग–उपयोग जल कहते हैं।

## जल माँग निर्धारित करने की विधियाँ (Determination of water requirement)

1. उत्स्वेदन अनुपात के आधार पर (Transpiration ratio approach)
2. गहराई अन्तराल के आधार पर (Depth-interval yield approach)
3. मृदानमी ह्रास के आधार पर (Soil moisture desletion approach)
4. जल संतुलन के आधार पर (Water balance approach)
5. जलवायवीय आधार पर (Climatological approach)
6. ड्रम कल्चर तकनीक (Drum culture technique)

## जल माँग को प्रभावित करने वाले कारक

### (अ) जलवायवीय कारक

1. तापक्रम
2. आपेक्षिक आर्द्रता
3. वायुवेग
4. प्रकाश अवधि
5. प्रकाश की सघनता

### (ब) मृदा सम्बन्धी कारक

1. भूमि में नमी
2. मृदा संरचना
3. कार्बनिक पदार्थ की मात्रा
4. मृदा विन्यास
5. मृदा में लवण की उपस्थिति

6. मृदा रंग
7. मृदा ताप

## (स) पौधों के गुण एवं कृषि निवेशों/क्रियाओं सम्बन्धी कारक

1. पौधों के प्रकार
2. पौधों के जड़ का विकास
3. फसल की अवस्था
4. सिंचाई का साधन
5. सिंचाई की सुख्या
6. निकाई–गुड़ाई, खाद, बीमारियाँ, बीज दर आदि।

## भारत में उगाई जाने वाली फसलों की औसत जल माँग

| क्र.सं. | फसलों का नाम | जल माँग (सेमी॰/है॰) |
|---|---|---|
| 1 | बौना धान | 160–165 |
| 2 | बाजरा | 45–60 |
| 3 | संकर मक्का | 30–50 |
| 4 | संकर ज्वार | 50–55 |
| 5 | मूँगफली | 55–65 |
| 6 | तिल | 20–25 |
| 7 | अरहर | 25–35 |
| 8 | उर्द | 20–25 |
| 9 | मूँग | 25–35 |
| 10 | सोयाबीन | 60–80 |
| 11 | कपास | 25–50 |
| 12 | गन्ना | 50–90 |
| 13 | लोबिया | 25–35 |
| 14 | जूट | 30–45 |
| 15 | बौना गेहूँ | 45–50 |
| 16 | जौ | 15–20 |
| 17 | राई | 15–20 |
| 18 | चना | 15–20 |
| 19 | मटर | 20–25 |
| 20 | मसूर | 15–20 |
| 21 | टमाटर | 85–95 |

| क्र.सं. | फसलों का नाम | जल माँग (सेमी॰/है॰) |
|---|---|---|
| 22 | आलू | 45–50 |
| 23 | बरसीम | 60–75 |
| 24 | जई | 30–35 |
| 25 | प्याज | 60–70 |
| 26 | मूल | 20–30 |
| 27 | तम्बाकू | 45–50 |

**कार्यकारी वर्षा (Effective rainfall)**: कुल वर्षा का वह अंश जो फसलोत्पादन के लिए उपयोग हो कार्यकारी वर्षा कहलाती है। वर्षा का वह जल जो खेत से बाहर बह जाता है (Runoff) अथवा जो पौधों के जड़ क्षेत्र से नीचे गहराई में चला जाता है अकार्यकारी वर्षा (In effective rainfall) कहलाता है।

### कार्यकारी वर्षा को प्रभावित करने वाले कारक (Factors affecting effective rainfall)

1. वर्षा के गुण
2. भूमि का ढाल
3. भूमि के गुण
4. प्रबन्धन क्रियायें
5. भूमिगत जल के गुण
6. फसल के प्रकार व गुण
7. भूमि में विद्यमान पूर्वकालीन नमी
8. भूमिगत जल का योगदान
9. गहरा अन्तः स्रवण (Deep percolation)

### जल उपयोग क्षमता (Water use efficiency)

सिंचाई क्षमता से सम्बन्धित क्षमताएं निम्नलिखित है–

**(A) जल उपयोग क्षमता (Water use efficiency (WUE):** फसलों के द्वारा प्रयोग किये गये जल को जल उपयोग क्षमता कहते हैं। जल उपयोग क्षमता को किग्रा॰ प्रति हेक्टर मिमी॰ (Kg/hamm) या कुन्तल प्रति हेक्टर सेमी॰ (Q/ha cm) में मापी जाती है।

यह दो प्रकार की होती है–

**(i) फसल जल उपयोग क्षमता (Crop water use efficiency) -** इसमें फसलों के वाष्पो–वाष्पोत्सर्जन की प्रक्रिया में ह्रास (Loss) की मात्रा एवं फसल की उपज (Crop yield) का अनुपात, फसल जल उपयोग क्षमता (WUE) कहते हैं।

**Crop water use efficiency:** "It is the ratio of crop yield (Y) to the amount of water depleted by the crop in the process of evapo-transpiration is called crop water use efficiency".

फसल जल उपयोग क्षमता का सूत्र निम्न है–

$$\text{CWUE} = \frac{\text{Y}}{\text{ET}}$$

अथवा फसल जल उपयोग क्षमता = उपज / वाष्पो–वाष्पोत्सर्जन

जहाँ–

CWUE = फसल जल उपयोग क्षमता (Crop water use efficiency)

Y = फसल की उपज (Yield crop)

ET = वाष्पो–वाष्पोत्सर्जन (Evapo-transpiration)

**(ii) क्षेत्र जल उपयोग क्षमता (Field water use efficiency)-** खेत (Field) में फसल द्वारा प्रयोग किये गये जल एवं फसल की उपज (Yield) का अनुपात (Ratio) को क्षेत्र जल उपयोग क्षमता कहते हैं।

**Field water use efficiency** - "It is the ratio of crop yield (Y) to the total amount of water used in the Field (WR) is called field water use efficiency".

क्षेत्र जल उपयोग क्षमता का सूत्र निम्न है–

$$\text{क्षेत्र जल उपयोग क्षमता} = \frac{\text{उपज (कि॰ग्रा॰ / हैक्टर)}}{\text{फसल द्वारा प्रयोग किये गये जल की मात्रा (सेमी॰ अथवा मिमि॰)}}$$

$$\text{FWUE} = \frac{\text{Y}}{\text{WR}}$$

Where,

FWUE = Field water use efficiency

Y = Yield

WR = Water required or used by crop

**(B) प्रयुक्त जल उपयोग क्षमता (Consumptive Water use efficiency):** प्रयुक्त जल उपयोग क्षमता में सिंचाई करते समय संचित जल फसलों के प्रयोग हेतु नहीं रह जाता है। इसमें जल एक कूड़ से दूसरे कूंड की अधिक चौड़ाई और खुली भूमि सतह के कारण अधिक वाष्पीकरण एवं जड़ क्षेत्र (Root area) से निरन्तर नीचे की सतहों में चला जाता है। फसल के जड़ क्षेत्र (root area) मृदा से प्रयुक्त जल की वह मात्रा जो पौधों द्वारा प्रयोग की जाती है उसे प्रयुक्त जल उपयोग क्षमता कहलाती है। सूत्र निम्न है–

$$\text{CWUE} = \frac{\text{Wcu}}{\text{Wd}} \times 100$$

जहाँ–

CWUE= प्रयुक्त जल उपयोग क्षमता Consumptive water use efficiency)

Wcu = पौधों द्वारा प्रयुक्त जल की मात्रा (Water consumptive by plant)

Wd = जड़ क्षेत्र से कुल जल ह्रास (Total water loss from root area)

**(C) जल वितरण क्षमता [Water distribution efficiency (WDE)]-** सिंचाई के समय जल का जड़ क्षेत्र (Root area) में समान वितरण होना सिंचाई की प्रमुख विशेषता होती है। जल का वितरण (Water distribution) समतल भूमि पर समान रूप से होने पर जल का उपयोग फसल अधिक एवं सही होने पर अधिक फसल उत्पादन (Crop Production) होता है। जहां पर भूमि सतह समतल नहीं होती वहां पर जल का असमानता से वितरण होता है जिससे कई समस्यायें पैदा होती हैं जैसे – भूमि के बीच में सूखे स्थान रह जाना, जल हानि होना आदि। ऐसे क्षेत्र जहां पर जल की गहराई आवश्यकता से कम होती है। खेत में समान रूप से जल वितरण की माप, जल वितरण क्षमता (WDE) कहलाती है।

सूत्र निम्न है–

$$Ed = \frac{(1-d)}{D} \times 100$$

जहाँ–

Ed = जल वितरण क्षमता

d = सिंचाई के समय औसत जल की गहराई से संचित जल की गहराई औसत आंकिक विचलन

D = सिंचाई के समय सिंचित जल की औसत गहराई

**(D) जल संचय क्षमता (Water storage efficiency)-** सिंचाई के समय जड़ क्षेत्र (Root zone) में संचित (Store) जल की मात्रा एवं सिंचाई के पूर्व जड़ क्षेत्र (Root zone) में आवश्यक (Needed) जल की मात्रा के अनुपात (Ratio) को जल संचय क्षमता (WSE) कहते हैं।

$$\text{जल संचय क्षमता} = \frac{\text{जड़ क्षेत्र में संचित जल}}{\text{जड़ क्षेत्र में आवश्यक जल}} \times 100$$

$$\text{Water storage efficiency} = \frac{\text{Water stored in root zone}}{\text{Water needed in the field}} \times 100$$

**(E) जल प्रयोग क्षमता (Water application efficiency)-** जल प्रयोग क्षमता में जल स्रोत (Water sources) से निकला जल रास्ते के द्वारा ह्रास (Loss) के पश्चात् खेत में पहुँचता है। इस प्राप्त जल में से कुछ मात्रा जड़ क्षेत्र (Root zone) में पौधों द्वारा उपयोग हेतु संचित कर ली जाती है। पौधे का जड़ क्षेत्र (Root zone) पौधों की जड़ के चारों ओर का वह भूमिगत क्षेत्र (Surface zone) है जहां तक उपस्थित जल का पौधा अपने लाभ के लिये प्रयोग कर सकता है।

$$\text{जल प्रयोग क्षमता} = \frac{\text{जड़ क्षेत्र में संचित जल}}{\text{कृषि प्रक्षेत्र में पहुंचे जल की मात्रा}} \times 100$$

$$\text{Water application efficiency} = \frac{\text{Water stored in root zone}}{\text{Water delivered to the field}} \times 100$$

**(F) जलयान क्षमता (Water conveyance efficiency)-** सिंचाई के समय जल एक लम्बा जलयान मार्ग तय करता है। इस लम्बे मार्ग के होने पर जल बहाव मार्ग में पर्याप्त ह्रास (Loss) होता है और जल स्रोत से, इच्छित क्षेत्र पर सम्पूर्ण जल नहीं पहुंच पाता है।

सूत्र –

$$EC = \frac{Wf}{Wa} \times 100$$

जहाँ–

EC= जलयान क्षमता प्रतिशत में

Wf= स्रोत से क्षेत्र में पहुंचे जल की मात्रा

Wa= जल स्रोत से कुल उपलब्ध जल की मात्रा

## विभिन्न फसलों की जल उपयोग क्षमता (Water use efficiency different crops)

| क्र.सं. | फसलें (Crops) | जल मांग (मिमी.) (Water requirement (mm) | उपज (कि./है.) | जल उपयोग क्षमता (WUE) (Kg/ha mm) |
|---|---|---|---|---|
| 1. | चावल (Rice) | 2,000 | 6,000 | 3.0 |
| 2. | ज्वार (Sorghum) | 500 | 4,500 | 9.0 |
| 3. | बाजरा (Pearl Millet) | 500 | 4,000 | 8.0 |
| 4. | मक्का (Maize) | 625 | 5,000 | 8.0 |
| 5. | मूंगफली (Ground nut) | 506 | 4,680 | 9.2 |
| 6. | गेहूँ (Wheat) | 280 | 3,534 | 12.6 |
| 7. | फिंगर मिलिट (Finger millet) | 310 | 4,137 | 13.4 |

## जल उपयोग क्षमता को प्रभावित करने वाले कारक (Factors affecting water use efficiency)

वे सभी कारक जो फसलोत्पादन को बढ़ाते हैं तथा साथ ही जो जल के ह्रास को कम करते हैं इसमें सम्मिलित किये जाते हैं।

जल उपयोग क्षमता को निम्नलिखित भागों में बांट सकते हैं–

A. जलवायु सम्बन्धी कारक (Climatic factors)

B. पौधों में आनुवांशिक विभिन्नताओं के कारक (Genetic variation in plants)

C. सस्य क्रियायें एवं फसल प्रबन्ध के कारक (Factors of Agronomic Practices and crop management)

**A. जलवायु सम्बन्धी कारक (Climatic factors):** फसल की जल उपयोग क्षमता (Water use efficiency) को निम्नलिखित जलवायु कारक प्रभावित करते हैं।

1. **वर्षा (Rainfall):** वर्षा की मात्रा जल उपयोग क्षमता को प्रभावित करती है वर्षा कम या अधिक और असमय की वर्षा पौधों की कार्यिकी प्रभावित करती है। कम वर्षा वाले क्षेत्रों में वाष्पो–वाष्पोत्सर्जन दर बढ़ जाती है जिससे पौधों की जल उपयोग क्षमता में कमी आती है।

2. **तापमान (Temperature):** तापमान कभी कम या अधिक होने पर फसलों की वाष्पो–वाष्पोत्सर्जन (Evapotranspiration) क्रिया को प्रभावित करता है। जिससे प्रौधो की जल उपयोग क्षमता प्रभावित होती है।

3. **आपेक्षिक आर्द्रता (Relative humidity):** कम आपेक्षिक आर्द्रता (R.H.) से वाष्पी–वाष्पोत्सर्जन बढ़ता है परन्तु जल उपयोग क्षमता कम हो जाती है।

4. **सौर विकिरण (Solar radiation):** पौधों में जल उपयोग क्षमता को सौर विकिरण दर प्रभावित करती है।

**B. पौधों में आनुवंशिक विभिन्नता (Genetic variation in plants)-** पौधों की जल उपयोग क्षमता पर पौधों के आनुवंशिक विभिन्नता के कारण प्रभावित होती है। इसमें पौधों की वृद्धि (Growth) एवं विकास (Development) पर आनुवांशिक एवं वातारण का प्रभाव पड़ता है। शुष्क पदार्थ (Dry matter) उत्पादन एवं जल उपयोग क्षमता (Water use efficiency), विभिन्न प्रकार के पौधों की अलग–अलग होती है। पौधों में प्रकाश संश्लेषण के समय होने वाली काबोर्निकरण क्रिया के आधार पर पौधों की तीन वर्गों में बांटा गया है–

1. **सी–3 पौधे** (C-3 Plants) **-** इस प्रकार के पौधों की जल उपयोग क्षमता कम होती है। सी–3 पौधों की वृद्धि के लिये 20–25 से॰ग्रेट तक तापमान आवश्यक होता है। उदाहरण – गेहूँ, जौ, जई, दलहनी फसलें, तिलहनी फसलें आदि।

2. **सी–4 पौधे** (C-4 Plants) **-** सी–4 पौधों की प्रकाश संश्लेषण एवं जल उपयोग क्षमता अधिक होती है। इसमें उपयुक्त तापमान 35-40° से॰ग्रेट तापमान पौधों की वृद्धि एवं विकास के लिये चाहिये। जैसे ज्वार, मक्का, गन्ना आदि फसलें।

3. **कैम पौधे (CAM Plants) -** कैम पौधों की विशेषता होती है कि यह रसीले होते हैं। जिससे पौध वृद्धि धीमी गति से और बहुत कम जल उपयोग क्षमता होती है। उदाहरण– अन्नानास (Pineapple), सीसल (Sisel)।

4. **फसलों की जातियां (Crop varieties) -** विभिन्न प्रकार की फसलों की विभिन्न जातियों की जल उपयोग क्षमता कम और अधिक होती है। जिससे फसलों की उपज प्रभावित होता है।

**विभिन्न प्रकार के $C_3$, $C_4$ एवं कैम पौधों की सूची–**

| $C_3$ Plants | $C_4$ Plants | CAM Plants |
|---|---|---|
| धान (Rice), सोयाबीन (Soyabean), गेहूँ (Wheat), मूंगफली (Ground nut), जौ (Barley), कपास (Cotton), जई (Oats), सूर्यमुखी (Sunflower), राई (Rye), आलू (Potato), शकरकन्द (Sweetpotato), टमाटर (Tomato), चुकन्दर (Sugarbeet), | ज्वार (Sorghum), मक्का (Maize), नेपियर (Napier), घास, बाजरा (Pearl millet), गन्ना (Sugarcane), चौलाई (Amaramthus), | अन्नानास (Pineapple), सीसल (Siseal), |

**C. सस्य क्रियाएं एवं फसल प्रबन्ध (Agronomic Practices and Crop Management):** फसलों की जल उपयोग क्षमता को सस्य क्रियायें एवं फसल प्रबन्ध निम्नलिखित प्रकार से प्रभावित करता है।

1. **जुताई (Tillage) की क्रियाएं:** जल उपयोग क्षमता पर जुताई का भी प्रभाव पड़ता है। गहरी जुताई से जल मृदा की गहरी सतह पर चला जाता है जब वर्षा एवं सिंचाई होती है तो जल गहरी सतह पर होने से वाष्पोत्सर्जन कम होता है। जबकि जुताई कम गहरी करने से जल का ह्रस वाष्पो–वाष्पोत्सर्जन द्वारा अधिक होता है जिससे जल उपयोग क्षमता प्रभावित होती है।

2. **बुवाई का समय (Time of sowing):** बुवाई का प्रभाव फसल की जल उपयोग क्षमता पर पड़ता है। समय से बुवाई होने पर फसल वृद्धि (Crop growth) के लिये अनुकूल अवस्था प्राप्त हो जाती है जिससे फसल की वृद्धि एवं उपज (Yield) अधिक होती है। इस समय फसल की जल उपयोग क्षमता अधिक होती है।

3. **बुवाई की विधि (Method of sowing):** फसली की बुवाई का प्रभाव जल उपयोग क्षमता पर पड़ता है जिन फसलों की बुवाई उत्तर–दक्षिण दिशा पंक्तियों में करते हैं। जैसे–गेहूँ, मक्का, बाजरा और जई आदि की बुवाई पूर्व–पश्चिम दिशा में बुवाई की अपेक्षा अधिक जल उपयोग क्षमता एवं उपज होती है।

4. **बुवाई की गहराई (Depth of sowing):** बीज की बुवाई का प्रभाव, बीज अंकुरण से लेकर उसकी उपज तक पड़ता है। मिट्टी का वाष्पीकरण होने के कारण मृदा सूखने से भूमि सतह के समीप बोये गये बीज की हानि होती है। यदि बीज को गहरा बोते हैं तो बीज का अंकुरण देर से होता है एवं पौधे कमजोर एवं उपज कम होती है। अतः फसलों की बुवाई की गहराई उपयुक्त होने पर उपज एवं जल उपयोग क्षमता अधिक होती है और अधिक गहराई

पर बीज बुवाई से फसल के पौधे कमजोर एवं उनकी जल उपयोग क्षमता कम होती है।

5. **पलवार का प्रयोग (Use of Mulch):** पलवार का प्रयोग भूमि एवं जल संरक्षण में किया जाता है। पलवार (Mulch) से खेत में खरपतवार की सघनता, जल ह्रास आदि कम हो जाते हैं। पलवार के प्रयोग से जल उपयोग क्षमता बढ़ती है। उदाहरण– मक्का के खेत में भूसे की पलवार (Mulch) का प्रयोग से जल उपयोग क्षमता बढ़ती है।

6. **वायु अवरोधक का प्रयोग (Use of Shelter Belts)**– वायु अवरोधकों में फसलों की उथली जड़ वाली बुवाई वायु की दिशा के साथ–साथ एवं गहरी जड़ वाली फसलों की बुवाई वायु की दिशा के विपरीत बुवाई करने से फसलों को कम सिंचाइयों की आवश्यकता होती है। इससे फसलों की जल उपयोग क्षमता बढ़ती है।

7. **प्रतिपारदर्शी रसायनों का प्रयोग (Use of Anti-transpirants)**– प्रतिपारदर्शी रसायन वह रसायन है जो पौधों पर प्रयोग करने पर होने वाली वाष्पोत्सर्जन की क्रिया कम करते हैं। जैसे– फीगयल मरक्यूरिक अम्ल (PMA), ओलिन (Olin), मोबिलिक (Mobilick) के प्रयोग से जल उपयोग क्षमता बढ़ती है।

8. **पौध वृद्धि अवरोधकों का प्रयोग (Use of growth retardants)**– पौधा वृद्धि अवरोधकों के प्रयोग से पौधों की ऊँचाई घटा देते हैं एवं जड़ों का विकास अधिक होता है जिससे जल उपयोग क्षमता बढ़ती है। जैसे– साइकोसेल (CCC) और फास्फीन आदि।

9. **जल प्रयोग की विधियां (Method of water applied)**– फसलों की सतह सिंचाई की अपेक्षा, बौछार विधि से सिंचाई करने पर जल उपयोग क्षमता अधिक होती है। फसलों की सिंचाई ड्रिप या ट्रीकिल विधि से करने से बौछार (Sprinkle) एवं कूड़ विधियों की अपेक्षा जल उपयोग क्षमता अधिक होती है।

10. **खरपतवार एवं नियंत्रण (Weed & control)**– खेतों में उगे खरपतवार फसलों के साथ–साथ पोषक तत्त्व एवं जल के साथ प्रतियोगिता करते हैं जिससे फसलों की उपज एवं जल उपयोग क्षमता घट जाती है। इसलिये खरपतवार नियंत्रण करके फसल उपज एवं जल उपयोग क्षमता बढ़ा सकते हैं।

■■■■

# अध्याय–10

# जल निकास
# (Drainage)

## भूमिका

फसलों की सिंचाई करने के बाद जिन जगहों पर जल भर जाता है उस फालतू (Excess) जल को खेतों से निकालना आवश्यक होता है क्योंकि जब खेतों में अधिक जल भरा रहेगा तब मृदा में उपस्थित रन्ध्रावकाशों में काफी जल भर जाता है जिससे फसलों एवं पौधों की वृद्धि (Growth) और विकास (Development) प्रभावित होकर रूक जाता है। अधिक जल भरा होने के कारण पौधों की जड़ों के सम्पर्क में जल आने से वायु की कमी मुख्य समस्या बन जाती है। जिस प्रकार मृदा को जल आवश्यक होता है उसी प्रकार मृदा में वायु का होना आवश्यक होता है जिससे पौध वृद्धि एवं विकास अच्छा करते हैं। मृदा में उपस्थित वायु, मृदा में पाये जाने वाले सूक्ष्म जीव की वृद्धि एवं जनन को प्रोत्साहित करती है।

**जल निकास के प्रमुख बिन्दु**

- खेत में जल निकास न होने से वायु (आक्सीजन) की कमी से पौधे पीले पड़ जाते है तथा अन्त में मुरझाकर सूख जाते है। इसका असर सबसे अधिक दलहनी फसलों में देखने को मिलता है।
- फसलों को दिया गया उर्वरक पानी में घुलकर पौधों की जड़ों की पहुँच से बाहर हो जाता है तथा भूमि में पाये जाने वाले बैक्टीरिया अपना कार्य करना बन्द कर देते है।
- पौधा केवल क्षेत्र क्षमता एवं मुरझान बिन्दु के मध्य का हो जल ले पाता है इससे अधिक पानी देने पर पानी एवं पौधों दोनों की हान्ि होती है।
- जल निकास की पृष्ठीय विधि अधिक सरल, कम खर्चीली एवं लाभप्रद है।

इस प्रकार खेतों से फालतू जल को निकालना जल निकास कहलाता है।

## Drainage-

"Agricultural drainage is the removal of excess water known as free water or gravitational water from the surface or below the surface of the farm land so as to create favorable soil conditions for plant growth".

"Drainage means removal of excess water from the land surface which is not directly available to plants. The free or gravitational water is removed from surface or under ground layers of land".

''पौधों की उचित वृद्धि एवं विकास के लिये मृदा सतह से अतिरिक्त जल को निकालना ही जल निकास कहलाता है। मृदा सतह से अतिरिक्त जल की निकासी मृदा की ऊपरी एवं आन्तरिक सतहों से होती है। जल निकास के द्वारा मृदा सतह से केवल स्वतन्त्र या गुरुत्वीय जल ही निकाला जाता है।''

## जल निकास से लाभ (Merits of Drainage)

जल निकास से निम्नलिखित लाभ है जो निम्न है–

1. **पौधों की जड़ों की वृद्धि (Growth of Plant Root):** खेतों से अतिरिक्त जल निकास के पश्चात् भूमि सतह पर उपयुक्त नमी होने पर जड़ें अच्छी वृद्धि एवं विकास करती है। जड़ों में वायु संचार अच्छा होता है इससे फसल उपज बढ़ती है।
2. **मृदा के सूक्ष्म जीवों का अच्छा विकास (Good development of micro-organism in soil):** मृदा से अतिरिक्त जल निकास से मृदा में उपस्थित सूक्ष्म जीव सुचारू रूप से क्रिया करके मृदा उर्वरता बढ़ाते हैं। यह जल मृदा में भरा रहेगा तो उनको वायु की कमी होने पर सूक्ष्म जीव अपनी क्रिया सुचारू रूप से नहीं कर पाते।
3. **मृदा ताप में लाभ (Advantage in soil temperature):** मृदा में उपस्थित अतिरिक्त जल होने से मृदा का ताप प्रभावित होता है जिससे फसलों की वृद्धि एवं विकास पर प्रभाव पड़ता है। इसलिये खेतों से अतिरिक्त जल को निकालने से मृदा का ताप नियंत्रित रहता है।
4. **मृदा कटाव पर नियंत्रण (Control in soil erosion):** भूमि का अतिरिक्त जल निकल जाने के बाद में अनेक भूपरिष्करण क्रियायें करना आसान हो जाता है। इससे भूमि की जल शोषण शक्ति बढ़ जाती है। जो मृदा कटाव का नियंत्रण करता है इसलिये जल निकास का लाभ होता है।
5. **फसलों की समय पर बुवाई होना (Timely sowing of crop):** खेतों से अतिरिक्त जल भरा होने के कारण, फसलों बुवाई समय पर नहीं हो पाती इसलिये खेतों से जल का निकास करना आवश्यक है जिससे फसलों की समय पर बुवाई हो सके।
6. **खेतों से जलीय खरपतवार नियंत्रण (Weed control):** खेतों में बरसात में जलीय खरपतवार उग आते हैं। इसलिये जल निकास करने से इन खरपतवारों का नियंत्रण होता है।
7. **खनिजीकरण प्रक्रिया होना (Mineralization):** खेतों से अतिरिक्त जल की निकासी से जैविक पदार्थों (Bio-matter) का मृदा सतह में खनिजीकरण तेजी से होने लगता है।

8. **आसानी से भूपरिष्करण क्रियाये करना (Easy in Tillage operation):** कृषि योग्य भूमि से अतिरिक्त जल निकलने से मृदा सतह सूखने से भूपरिष्करण कार्य आसानी से हो जाते हैं एवं सुविधा होती है।

9. **मृदा संरचना में सुधार (Reclamation in soil structure):** मृदा में अधिक समय तक जल भरा रहने से मृदा संरचना खराब होने लगती है। इसलिये भूमि से अतिरिक्त जल निकास से मृदा की संरचना में सुधार होता है।

10. **मृदा के विषैले पदार्थों का नियंत्रण (Control of Poisonous matter of soil):** मृदा में अधिक समय तक जल भरा रहने से जल में विषैले पदार्थ बनने लगते हैं जो मृदा में होने के कारण पौधों को नुकसान पहुंचाते हैं। इसलिये मृदा से जल निकास होने से इन विषैले पदार्थों का नियंत्रण होता है।

## जल निकास की प्रणाली (System of Drainage)

जल निकास की निम्न प्रकार की प्रणालियां है–

1. **जल निकास की प्राकृतिक प्रणाली (Natural system of drainage):** प्राकृतिक जल निकास प्रणाली में वर्षा का जल जब अपने आप भूमि के ढाल के साथ–साथ ढाल की दिशा में पानी को बहाकर ले जाता है। यह पानी नदी नालों में मिल जाता है। यह जल निकास की प्राकृतिक प्रणाली कहलाती है।

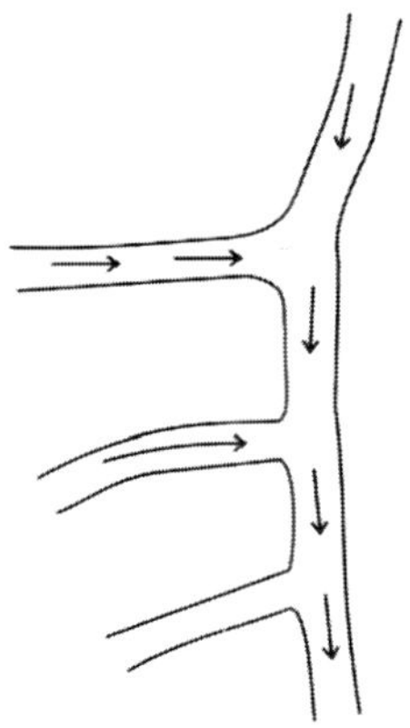

Natural Systems

2. **जल निकास की हैरिंग बोन प्रणाली (Harring bone system of drainage)-** इस प्रणाली में बीच में मुख्य नाली बनाते हैं तथा मुख्य नाली के दोनों तरफ सहायक नालियां बनाते हैं। इस आकार को हैंरिग बोन प्रणाली कहते हैं।

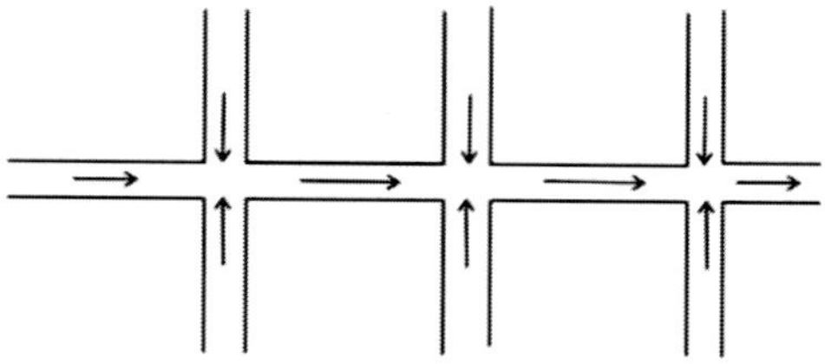

Herring bone/ fish bone system

3. **जल निकास की गिरिडीरोन प्रणाली (Giridiron system of drainage)-** इस प्रणाली में मुख्य (Main) नाली नीचे एक सिरे पर बनाते हैं तथा इस मुख्य नाली के ऊपर सतह पर सहायक नालियां बनाते हैं। इस प्रणाली को गिरिडीरोन प्रणाली कहते हैं।

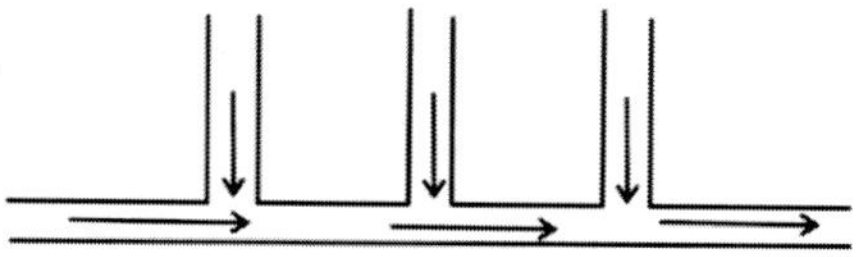

Gridiron systems

## जल निकास की विधियाँ (Methods of drainage)

जल निकास की दो विधियां हैं जो निम्न है–

### (A) पृष्ठीय जल निकास (Surface Drainage)

यह विधि सरल है और भारत में अधिक उपयोग में लायी जाती है। इस विधि में खुली (Open) नालियाँ (drains) बनायी जाती है। इस विधि में स्थाई नालियां बनाकर जल का निकास किया जाता है।

**लाभ (Merits)**

1. यह विधि बनाने में सस्ती (Cheap) है।
2. इसमें खुली नाली होने पर जब खराबी या कोई समस्या होती है तो आसानी से ठीक किया जा सकता है।

**हानि (Demerits)**

1. इस विधि से मृदा का कटाव होता है।
2. इसमें खेत के कृषि कार्य करने में समस्या पैदा होती है।
3. इस विधि में अधिक खरपतवारों की वृद्धि होती है।

4. इस प्रकार की नाली को पशु एवं खरगोश, चूहा आदि आसानी से नुकसान पहुंचाते हैं।

ये स्थाई नालियां निम्न प्रकार की होती है।

(अ) **बेडिंग नालियाँ (Bedding system):** इसमें छोटी क्यारी तैयार करते हैं ढाल से अतिरिक्त जल बाहर निकालते हैं इसमें क्यारी (Bed) बन जाती है।

(ब) **समान्तर नालियां (Parallel field ditch):** इसमें खेत में समान्तर प्रकार की खाई नालियां बनाकर जल का निकास करते हैं। यह विधि वर्षा एवं सिंचाई दोनों जल निकास के लिये आवश्यक है।

(स) **खुली समान्तर नालियां (Parallel open field ditch):** इसमें गहरी नालियां बनाकर समान्तर खुले प्रकार की बनायी जाती है। इसमें नालियां समान्तर बनायी जाती है।

(द) **कूड़ प्रणाली एवं चौड़ीकरण क्यारी प्रणाली (Broad Bed and FurÙow System (BBF):** इस प्रणाली में खेत के ढाल के विपरीत खेत को 120–150 सेमी॰ चौड़ी क्यारी (Bed) और 45 सेमी॰ चौड़ी कूड़ (FurÙow) बनाते हैं। इसमें 0.5 प्रतिशत तक ढाल देते है। जल निकास के लिये क्यारी पर फसल को बोते हैं। दो या दो से अधिक पंक्ति रखते हैं जो क्यारियां (Brfd) बनाते है वह 15 सेमी॰ उठी हुयी बनाती है। कूड़ एवं चौड़ी क्यारी विधि (Broad Bed and FurÙow system) (BBF) मूंगफली (Ground nut) की फसल को क्ले (Clay soil) मृदा में पनपाने में सहायता करता है।

## (B) भूमिगत जल निकास (Under ground Drainage)

भूमिगत जल निकास में नालियों की गहराई एवं दूरी पर निर्भर करता है। इस विधि में इन नालियों की गहराई एक मीटर तक रखी जा सकती है। यदि पानी के बहने का स्तर अधिक ऊँचा न हो तो नालियों की गहराई दो मीटर तक बढ़ाई जा सकती है। इन नालियों की आपसी दूरी 10–60 मीटर तक रखी जा सकती है। यह नालियां भूमि के अन्दर बनायी जाती हैं। यह नालियां टाईल्स, पत्थरों आदि द्वारा बनायी जाती हैं। जल निकास के लिये भूमिगत जल निकास उचित रहता है। भारत में खुली नालियां, जल निकास में प्रयोग लायी जाती है।

### भूमिगत जल निकास से हानियाँ
### (Disadvantage of underground drainage)

1. इन नालियों को बनाने में खेती या भूमि की जगह काफी घिरती हे।
2. इसमें मृदा कटाव होता है।
3. इससे खरपतवार समस्या होती है।
4. प्रत्येक वर्ष नालियां बनाने एवं उनकी मरम्मत पर खर्च अधिक होता है।

■■■■

# अध्याय–11

# खरपतवार
# (Weed)

## भूमिका

फसल उत्पादन में खरपतवार एक प्रमुख समस्या है। इनसे विभिन्न फसलों की लगभग 5 से 70 प्रतिशत तक उपज में कमी हो जाती है जिससे उत्पादक फसलों का उचित लाभ नहीं ले पाते है। ये फसलों से नमी, पोषक तत्त्वों, सूर्य का प्रकाश से प्रतिस्पर्धा करते है तथा साथ ही जड़ों के द्वारा ऐसे रसायन उत्सर्जित करते है जिनसे फसलों के पौधे नहीं पनप पाते अथवा कमजोर हो जाते है। कुछ खरपतवार फसलों के ऊपर चढ़कर उसकी बढ़वार रोक देते है। ये उत्पादन के साथ उत्पाद की गुणवत्ता भी खराब कर देते है। ये पौधे खेत में बिना उगाये ही उग आते है क्योंकि इनके बीज बहुत वर्षों तक सक्रिय रहते है तथा फसल काटने के पहले ही खेत में खरपतवारों के बीज झड़ जाते है।

**खरपतवारों के सम्बन्धित प्रमुख बिन्दु**

- बिना उगाये उगे हुये पौधों को खरपतवारों की श्रेणी में रखा गया है।
- खरपतवार के पौधे फसल के पौधों से नमी, पोषक तत्त्वों, सूर्य के प्रकाश एवं वायु में प्रतिस्पर्धा करते है।
- इनसे फसल का उत्पादन, भूमि की उत्पादकता तथा उत्पाद के गुणों में कमी होती है।
- इनको यांत्रिक, शस्य वैज्ञानिक, जैविक या रासायनिक विधियों से नियंत्रित किया जा सकता है।
- रासायनिक विधि से नियंत्रण में शाकनाशी का चयन, उसकी मात्रा, देने का समय व देने की विधि का ज्ञान अत्यंत आवश्यक है अन्यथा फसल पर हानिकारक प्रभाव पड़ता है।
- एकीकृत खरपतवार प्रबन्धन से खरपतवार भी नियंत्रित हो जाते है, लागत कम आती है तथा प्रदूषण कम होता है।

**'खरपतवार'** शब्द सबसे पहले जेथ्रोटूल (Jethrotull) ने प्रयोग किया।

**खरपतवार की परिभाषाः** ''खरपतवार वे अवांछित पौधे हैं जो किसी स्थान पर बिना बोये उगते हैं जिनसे कृषक को लाभ की अपेक्षा हानि अधिक होती है।''

**"A weed is a plant growing where it is not desired."**

**According to "Jethro Tull" (1731).**

"Weed is a plant grown out of place."

**According to "Bill".**

"A weed is a plant whose potentiatilies for harm are greater than its potentialities for good".

**According to "Peter"**

## खरपतवारों की विशेषतायें (Characteristics of weeds)

खरपतवारों की निम्नलिखित विशेषतायें होती है–

1. यह प्रतिकूल परिस्थितियों में भी अच्छी तरह फूलते–फलते हैं।
2. इनकी वानस्पतिक वृद्धि अधिक होती है।
3. यह फसल पौधों की अपेक्षा अधिक जल्दी वृद्धि करते हैं।
4. खरपतवारों के पौधों पर फूल शीघ्र आते हैं। इनके बीज अधिक मात्रा में व जल्दी पकते हैं जिससे फसलों से पहले पक जाते हैं। इनके पौधे फिर से फसलों में उग आते हैं जिसका नियंत्रण असम्भव हो जाता है।
5. खरपतवारों के बीज कई वर्षों तक भूमि में जीवित रहते हैं।
6. कुछ खरपतवारों का फसल पर एलिलोपैथिक प्रभाव पडता है।
7. खरपतवारों के बीज एक साथ परिपक्व होते हैं।
8. खरपतवारों के बीज का रंग फसल के बीज के रंग के समान होता है। जैसे सत्यानाशी का बीज, सरसों के बीज के समान होता है।
9. खरपतवार विभिन्न प्रकार की भूमियों जैसे–अम्लीय, क्षारीय, लवणीय या दलदलीय भूमि में अच्छे पनपते हैं।
10. खरपतवार, फसलों की अपेक्षा जल, अधिक मात्रा में लेते है।

## खरपतवारों का वर्गीकरण (Classification of weed)

### (A) ऋतु के आधार पर खरपतवारों का वर्गीकरण (Based on season)

1. **खरीफ ऋतु के खरपतवारः** खरीफ ऋतु के खरपतवार वर्षा ऋतु के शुरू होते ही उगने लगते हैं। यह एक वर्ष या इससे भी कम समय में अपना जीवन चक्र पूरा कर लेते हैं। जैस – पत्थरचटा, बिसखपरा, दूब घास, मोथा आदि।
2. **रबी ऋतु के खरपतवारः** रबी ऋतु शुरू होते ही यह खरपतवार पनपने लगते हैं। जैसे – सत्यानाशी, प्याजी, बथुआ, कृष्णनील, कासनी आदि।

## (B) अन्य पौधों पर निर्भरता के आधार पर वर्गीकरण (Based on parasite)

1. सम्पूर्ण जड़ परीजीवी (Total root parasite) खरपतवार – ओरोबन्की (Orobanche)
2. सम्पूर्ण तना परजीवी (Total stem parasite) खरपतवार–कुसकुटा (Cuscuta)
3. आंशिक जड़ परजीवी (Semi root parasite) खरपतवार–स्ट्रीगा (Striga)
4. आंशिक तना परजीवी (Semi stem parasite) खरपतवार–लोरेन्थस (Lorenthus)

## (C) वानस्पतिक आकार पर खरपतवारों का वर्गीकरण (Based on morphology of weeds)

1. **घास (Grasses):** इस प्रकार के खरपतवारों का तना बेलनाकार होता है इनमें गांठें, पत्तियां छोटी, जड़ रेशों वाली (Root fibrous) पायी जाती है। जैसे – गेहूँ का मामा (Phalaris minor), जंगली धान आदि।
2. **चौड़ी पत्तियों वाले खरपतवार (Broad leaves weeds):** इस प्रकार के खरपतवारों के आकार में पत्तियों का आकार चौड़ा होता है जिसे इनकी जल मांग अधिक होती है। जैसे–बथुआ, मकोय आदि।
3. **सेजिज (Sedges):** इस श्रेणी में एक वर्षीय या बहुवर्षीय खरपतवार अपनी वृद्धि राइजोम, नट, बल्ब या ट्यूबर से करते है। जैसे मोथा आदि।

## (D) आर्थिक उपयोगिता के आधार पर (Economic importance with crop)

1. **सम्बन्धित खरपतवार (Relative weed):** इस प्रकार के खरपतवार उस कुल की फसल में उग आते हैं जे अगली ऋतु में उगाते हैं सम्बन्धित खरपतवार कहते हैं। जैसे – गेहूँ के खेत में चने के पौधे का उगना। इसमें चने के पौधे की आर्थिक उपयोगिता है।
2. **पूर्ण खरपतवार (Absolute):** इस वर्ग में एक वर्षीय, द्विवर्षीय व बहुवर्षीय खरपतवार सम्मिलित रहते हैं। जैसे गेहूँ के खेत में बथुआ, कृष्णनील, दूबघास आदि। इनकी कोई आर्थिक उपयोगिता नहीं होती है।
3. **रोगय (Rogue):** जब किसी फसल की अन्य जाति का पौधा बिना बोये खेत में उगता है तो वह रोगय (छलिया) कहलाता है। जैसे–गेहूँ की एच.डी. 1553 की फसल में बिना बोये गेहूँ की यू॰पी॰ 319 जाति का पौधा उगना ही रोगय खरपतवार कहलाये गये। इसमें गेहूँ के यू॰पी॰ 319 पौधे की आर्थिक उपयोगिता है।

## (E) अन्य आधार पर वर्गीकरण

1. **नकलची खरपतवार (Mimicry):** ऐसे खरपतवार जिनकी बाहरी आकारिकी ठीक फसल के समान दिखती है नकलची खरपतवार कहते हैं। जैसे–गेहूँ के खेत में गेहूँ का मामा (Phalaris minor) उग आना।

2. **स्वयं सेवक पौधे (Volunteer plant)**: खेत में पहली फसल से उगने वाले पौधों को ही स्वयं सेवक पौधे खरपतवार कहते हैं।

3. **अनिष्टकारी खरपतवार (Noxious weed)**: वे खरपतवार जो मनुष्य के नियंत्रण से बाहर होते हैं उन्हें अनिष्टकारी (Noxious) खरपतवार कहलाते हैं। जैसे–दूब घास, अमरबेल, कांस आदि।

### (F) खरपतवारों का मृदा एवं जल सम्बन्ध के आधार पर वर्गीकरण (Classification based on soil and water relationship)

1. **रेगिस्तानी खरपतवार (Weeds of desert)**: इन खरपतवारों में मृदा एवं वायु की शुष्कता को सहन करने की शक्ति होती है। जैसे करील व जवासा आदि।

2. **जलमग्न भूमियों के खरपतवार (Weeds of water logged soil)**: ये ऐसी जगहों में पाये जाते है जहाँ अधिकतर भागों में पानी रहता है जैसे जलकुम्भी, जंगली धान आदि।

3. **चिकनी भूमियों के खरपतवार (Weeds of clay soils)**: ये वानस्पतिक भागों की अधिक वृद्धि करते है जैसे दूब घास।

4. **शुष्क क्षेत्रों के खरपतवार (Weeds of dry areas)**: ये खरपतवार जहाँ वर्षा कम होती है पाये जाते है। जैसे झड़बोरी, वायसुरी आदि।

5. **क्षारीय भूमियों के खरपतवार (Weeds of alkaline soils)**: जैसे सेंजी, लटजीरा।

6. **अम्लीय भूमियों के खरपतवार (Weeds of acidic soils)**: जैसे कंघी, क्रोटोन आदि।

7. **कृषित क्षेत्रों के खरपतवार (Weeds of cultivated lands)**: इस वर्ग में सभी खरपतवार आते है।

### (G) तने के वृद्धि गुणों के आधार पर वर्गीकरण (Classification based on growth habits)

1. **सीधे बढ़ने वाले खरपतवार (Errect weeds)**: इसके तने सीधे वृद्धि करते है जैसे बथुआ, जंगली चौलाई, कृष्णनील आदि।

2. **फैलने वाले खरपतवार (Prostate disert)**: इनके तने दुर्बल होते है जिससे भूमि में फैलकर चलते है जैसे गोखरू, पथरचटा आदि।

3. **रेंगने वाले खरपतवार (Creeping weeds)**: इनके तने भी भूमि पर रेंगकर चलते है इनके तनों की गांठों से जड़े निकलती है। जैसे दूध या नुनिया।

4. **ट्रेलिंग खरपतवार (Trailing weeds)**: इनके तने दुर्बल होते है ये फसलों से लिपट कर चढ़ते है, लिपटने के लिए इनमें ट्रेन्डिल होते है। जैसे चटरी मटरी, मुनमुना आदि।

5. **आरोही खरपतवार (Climbing weeds)**: ये फसलों से लिपटकर चलते है इनमें टेन्डिल होते है। जैसे कन्दुरी।

## खरपतवारों से हानियाँ (Harmful effect of weeds)

1. मृदा नमी को कम कर देते हैं।
2. मृदा से पोषक तत्त्व ले लेते हैं जिससे पौधों को वे तत्त्व नहीं मिल पाते।
3. इनके हानिकारक (जड़ एवं तने) प्रभाव फसल के साथ स्पर्धा होती है तथा फसलों की उपज कम हो जाती है।
4. फसलोत्पाद की गुणवत्ता कम हो जाती है क्योंकि खरपतवारों के बीज फसल के बीज/दाने से मिल जाते हैं।
5. खरपतवार कीटों एवं बीमारियों को संरक्षण देते हैं।
6. कृषि यंत्रों एवं मशीनों को खरपतवारों की रोकथाम (नियंत्रण) के प्रयोग करना पड़ता है जिससे समय तथा धन का अपव्यय होता है।
7. भूमि की उत्पादकता कम हो जाती है।
8. ये मानव के स्वास्थ्य पर हानिकारक प्रभाव डालते है जिससे मनुष्यों को बीमारियाँ हो जाती है जैसे जंगली गाजर से श्वास बीमारी का होना।

## खरपतवारों से लाभ (Benefits from weeds)

1. खरपतवारों के सड़ने से भूमि में पोषक तत्त्व बढ़ जाते हैं।
2. मृदाक्षरण कम होता हैं।
3. कुछ खरपतवार दवाई के रूप में उपयोग किये जाते हैं।
4. कुछ खरपतवार क्षारीय भूमि के सुधार में प्रयोग किये जाते हैं।
5. कुछ खरपतवार सजावट में प्रयोग किये जाते हैं।
6. कुछ खरपतवार छप्पर, रस्सियाँ बनाने में प्रयोग किये जाते हैं जैसे छिंया घास, सिणियां–घास।
7. कुछ खरपतवार सब्जी के रूप में उपयोग किये जाते हैं। जैसे बथुआ।

## फसल खरपतवार प्रतियोगिता (Crop weed competition)

खरपतवार, फसलों से, नमी, प्रकाश एवं पोषक तत्त्वों से प्रतियोगिता करते हैं विभिन्न प्रकार के खरपतवार, एलोपैथिक प्रभाव भी छोड़ते हैं जिससे फसलों के बीजों का अंकुरण एवं वृद्धि भी प्रभावित होती है। फसलों एवं खरपतवारों में निम्न प्रतियोगिता होती है–

1. **भोज्य पदार्थ के लिये** – प्राकृतिक उगने वाले खरपतवार, फसलों की अपेक्षा अधिक पोषक तत्त्व भूमि से लेते हैं, क्योंकि एकवर्षीय खरपतवार अपना जीवन चक्र लगभग 50–60 दिन में पूरा कर लेते हैं जबकि फसल को 100–130 दिन लगते हैं। इस तरह खरपतवार भूमि से ज्यादा भोज्य पदार्थ लेता है। जिससे खरपतवार अपना जीवन चक्र पूरा कर फिर से अंकुरण करने

लगते हैं। इससे फसल को भोज्य पदार्थ की मात्रा कम मात्रा में मिल पाती है जिससे फसल उपज प्रभावित होती है।

2. **जल के लिये प्रतियोगिता**– शुष्क कृषि वाले क्षेत्रों में जहां पर मृदा में नमी का अभाव होता है। वहां पर मृदा नमी के लिये खरपतवार व फसलों में प्रतियोगिता होती है। खरपतवार, फसलों की अपेक्षा नमी का ज्यादा उपयोग करते हैं। जैसे दूब घास का जल उत्सर्जन 813, बाजरा का 450 और ज्वार का 430 है।

3. **प्रकाश के लिये प्रतियोगिता**– प्रकाश के लिये खरपतवारों एवं फसलों में प्रतियोगिता होती है। भूमि में फसलों की अपेक्षा खरपतवारों के बीजों का अंकुरण जल्दी हो जाता है जिससे फसलों की अपेक्षा खरपतवारों को प्रकाश अधिक मात्रा में मिलने पर वह अधिक शुष्क पदार्थ का निर्माण करते हैं जिससे वह अधिक हृष्ट पुष्ट होते हैं। जबकि फसलों को कम प्रकाश मिलने के कारण शुष्क पदार्थ कम मात्रा में बनता है जिससे उपज कम मात्रा में प्राप्त होती है।

4. **कार्बनडाईआक्साइड** ($CO_2$) **के लिये प्रतियोगिता** – खरपतवारों और फसलों के पौधों में ($CO_2$) के लिये प्रतियोगिता पायी जाती है।

5. **एलीलोपैथिक (Allelopathic) प्रभाव**– विभिन्न प्रकार के खरपतवारों की जड़ों से निकलने वाले रसायन (Chemicals), फसलों को प्रभावित करते हैं। जैसे– एग्रोपाइगन रेपन्स (*Agropyron repens*), वरुघास (*Sorghum halepense*), लैन्टाना कैमरा (*Lantana camara*), मोथा (*Cyperus rotundus*) आदि।

**विभिन्न फसलों में खरपतवार प्रतिस्पर्धा का क्रान्तिक समय एवं खरपतवारों से उपज में कमी।**

| क्र. सं. | फसल का नाम | खरपतवार प्रतिस्पर्धा का क्रान्तिक समय बुवाई के बाद (दिनों में) | उपज में कमी (प्रतिशत में) |
|---|---|---|---|
| 1 | धान सीधी बुवाई | 15–30 | 45–86 |
| 2 | धान रोपाई | 20–40 | 15–38 |
| 3 | मक्का | 30–45 | 40–60 |
| 4 | ज्वार | 30–45 | 6–40 |
| 5 | बाजरा | 30–45 | 15–66 |
| 6 | अरहर | 15–60 | 20–40 |
| 7 | मूँग | 15–30 | 30–50 |
| 8 | उर्द | 15–30 | 30–50 |
| 9 | लोबिया | 15–30 | 30–50 |
| 10 | सोयाबीन | 15–45 | 40–60 |
| 11 | मूँगफली | 40–60 | 40–50 |

| क्र. सं. | फसल का नाम | खरपतवार प्रतिस्पर्धा का क्रान्तिक समय बुवाई के बाद (दिनों में) | उपज में कमी (प्रतिशत में) |
|---|---|---|---|
| 12 | अरण्डी | 30–60 | 30–50 |
| 13 | तिल | 15–45 | 17–40 |
| 14 | कपास | 15–60 | 40–50 |
| 15 | गेहूँ | 30–45 | 25–38 |
| 16 | चना | 30–60 | 15–25 |
| 17 | मटर | 30–45 | 20–30 |
| 18 | मसूर | 30–60 | 20–30 |
| 19 | सूरजमुखी | 30–45 | 30–50 |
| 20 | कुसुम | 15–45 | 35–60 |
| 21 | सरसों | 15–40 | 15–30 |
| 22 | गन्ना | 15–60 | 20–30 |
| 23 | आलू | 20–40 | 10–80 |
| 24 | प्याज | 30–70 | 40–50 |
| 25 | टमाटर | 30–45 | 40–70 |
| 26 | राजमा | 40–60 | 60–70 |

## खरपतवारों की सूची

| क्र०सं० | नाम | वैज्ञानिक नाम |
|---|---|---|
| 1 | महकुआँ | अरजेन्टम कोनीज्वाइड्स |
| 2 | जंगली चौलाई | अमरैन्थस वीरीडीस |
| 3 | कंटीली चौलाई | अमरैन्थस स्पीनोसस |
| 4 | जंगली जई | अवेना फोटुआ |
| 5 | लटजीरा या चीरचीटा | अकाइरेन्थम असपेरा |
| 6 | कृष्ण नील | अनागलीस अरवेन्सीस |
| 7 | जवासा | अलहगी कामेलोरम फीस्क |
| 8 | सत्यानाशी | अरजेमोन मैक्सीकाना |
| 9 | जनखरा | अन्ड्रोपोगन अन्नुलैट्स फोस्क |
| 10 | प्याजी | अस्फोडेलस टेनुइकोलियस |
| 11 | कंघी/ककई | अबुटीलोन इन्डीकम |
| 12 | जंगली मेहंदी | अमोनिया बकोईफेरा |
| 13 | तलमढाना (तालमखाना) | असटरकैन्था लोन्गीफोनिया |
| 14 | अंजन घास या पुलवा | अम्फीलोफीस परटुसा |

| क्र.सं. | नाम | वैज्ञानिक नाम |
|---|---|---|
| 15 | बीसखापरा | बोइरहैविया डीफ्यूसा |
| 16 | कुकरौधा | ब्लूमीयाँ लैसेरा |
| 17 | अमरबेल या आकाशबेल | कुसकुटा रिफ्लेक्सा डाम्क |
| 18 | हिरनखुरी | कनवालबुलस अरवेन्सीस |
| 19 | भांग | कैन्नाबीस सटाइवा |
| 20 | कसौंधी | केसीया एक्सीटेन्टलीस |
| 21 | चाकोरा | कैसिया टोरा |
| 22 | कनकौआ | कोम्मोलिना बेन्गलेन्सीस |
| 23 | दूब घास | साइनोडान डक्टीलोन |
| 24 | मोथा | साइपेरस रोटन्डस |
| 25 | तारातेज | कोरोनोपस डीडीमस |
| 26 | जंगली जूट | कोरकोअस एकुटनगुलस |
| 27 | मदार | कालोट्रोपीस गीगैन्टीया |
| 28 | बनमीर्चा | क्रोटन स्परसीफ्लोअरस |
| 29 | कासनी | सीकोरियन इन्टीबस |
| 30 | बथुआ | चानोपोडिपम एलबम |
| 31 | खरबथुआ | चीनोपोडीपम मुरले |
| 32 | धतूरा | दतुरा फेस्टूसा |
| 33 | जंगली गाजर | डकस कोरोटा |
| 34 | लहसुआ | डाइजेरा अरवेन्सीस फोरस्क |
| 35 | सीयूर | डीजीटरीया सन्गुइनालीस |
| 36 | मकरा | डक्टीलोक्टेनीयम ऐजीप्टीकम |
| 37 | तिपत्तियाँ | डेसमोडीयम ट्रोफोलियम |
| 38 | छोटी दूधी | यूफोरबिया थीमीफोलिय |
| 39 | बड़ी दूधी | यूफोरबिया हीरटा |
| 40 | तीतली | यूफोरबिया ड्राकुनकुलायडीस लैम्क |
| 41 | कुँस | इराग्रोस्टीस साइनोसुरायडीस |
| 42 | भंगरा | इक्लप्टा एल्बा |
| 43 | जल कुम्भी | इक्होर्निया क्रासीयस |
| 44 | सेवई / धेनहरी | एकीनोक्लोवा क्रुसगली |
| 45 | जंगली धान | इकीनोक्लोवा कोलोनम |
| 46 | जंगली सोया | फुमारिया पुर्वीफ्लोरा लैन्क |
| 47 | हुल–हुल | माइनेन्ड्रोपलीस पेन्टाफाइला |

| क्र॰सं॰ | नाम | वैज्ञानिक नाम |
|---|---|---|
| 48 | बनील | इन्डीगोफेरा ग्लैन्डलोसा |
| 49 | नारी / कालादाना | इपोमोइया एक्वाटीका फोरस्क |
| 50 | हरदीला | इनुला इनीडीका |
| 51 | बर्र / फुलबकई | लैन्टाना कैमरा |
| 52 | जंगली गोभी | लौनिया इस्प्लेनीफोलिया |
| 53 | खेसारी | लाथाइरस सटाइवस |
| 54 | मटरी / चपरा | लथाइरस अफाका |
| 55 | गुम्मा | लेयूकस एसपेरा |
| 56 | सफेद ऐन्सी | मेलीलोटस एलबा |
| 57 | पीली ऐन्सी | मेलीलोटस इन्डीका |
| 58 | लाजवन्ती | मीमोसा पुडीका |
| 59 | बील्ली या टोंकरा | ओरोबन्की ऐजीप्टीएका |
| 60 | बबई / ममरी | ओसीमम बसीलीयम |
| 61 | बन तुलसी | ओसीमम सकंतम |
| 62 | बायसुरी | प्लुचीया लन्सीओलेटा |
| 63 | गजरी | परथेनियम हीसटेरोफोरस |
| 64 | छोटी लुनिया | पोरटुलेका क्वाड्रीफीडा |
| 65 | गेहुँसा | फैलरिस माइनर |
| 66 | हजारदाना | फाइलैन्थस नीरूरी |
| 67 | सतगठिया या बनधनिया | स्परगुला अरवेन्सीस |
| 68 | बन्दरी बन्दरा | सेटरिया ग्लौका |
| 69 | मकोई | सोलेनम नीग्रम |
| 70 | कांस | सैक्क्रम स्पोन्टेनियम |
| 71 | बरूघास | सोरघम हेलीपेन्स |
| 72 | जंगली कटेली | सोलेनम जैन्थोफारपम |
| 73 | गोखुरू | ट्रीबुलस टेरीस्ट्रीस |
| 74 | फुलानी | ट्राइडक्स प्रोकुम्बेन्स |
| 75 | पथरचट्टा | ट्रायन्थेमा मोनोगाइन |
| 76 | मुनमुना / अंकरी | वीसिया हरीसुटा |
| 77 | अकरा | वीसिया सटाइवा |
| 78 | असगंध | वीथानिया सोमेनीफेरा |
| 79 | कीटकीटइया | जैन्थीयम स्ट्रमेरियम |
| 80 | झरबेरी / बनबेर | जीजीफस रोटन्डीफोलिया |

## खरपतवार नियंत्रण (Weed Control)

खेत से खरपतवारों को नष्ट करने के उपाय निम्न प्रकार हैं–

**(अ) प्रतिबन्धक विधियाँ (Preventive method):** खरपतवारों को नये क्षेत्रों में वितरण एवं विस्तार को रोकना ही खरपतवार प्रतिबन्ध कहलाता है। नये क्षेत्रों में खरपतवार फसलों के बीजों, पशु व मशीनों, हवा, मनुष्य, खाद और पानी द्वारा खेतों तक आते हैं। इसलिये इन साधनों के द्वारा खरपतवार के बीज को खेत तक आने से पूर्व रोक दिया जाये।

**इन साधन को रोकने की निम्न विधियाँ है–**

1. शुद्ध बीज का प्रयोग करना।
2. खेतों की सिंचाई करने की नालियों में उगे खरपतवारों को नष्ट करना।
3. पशुओं के चारे में खरपतवार न हो जिससे पशु के पाचन तंत्र से होकर खरपतवार का बीज पशु के गोबर के साथ बाहर खेतों तक पहुंच जाता है।
4. कार्बनिक खादों के अच्छी प्रकार सड़–गल जाने के पश्चात खेतों में डालना चाहिये।
5. कृषि कार्य में प्रयोग की जाने वाली मशीनों व यंत्रों की सफाई करने के बाद प्रयोग करना चाहिये।
6. खेतों में पौध लगाते समय, सावधानियां रखनी चाहिये कि खरपतवारों के पौधे न लगें।

**(ब) यांत्रिक विधियाँ (Mechanical method)** – खरपतवारों के नियंत्रण की यांत्रिक विधियां निम्नलिखित है–

1. खेतों में उगे खरपतवारों को हाथों से उखाड़ना, यह विधि छोटे क्षेत्रों पर लाभकारी है।
2. खेत खाली होने पर खेत में खड़े खरपतवारों को आग लगाकर जला देना चाहिये।
3. खेत में खड़े खरपतवारों की हाथ से निराई–गुड़ाई करके उनको नष्ट किया जा सकता है।
4. मई–जून के महीने में खाली पड़ी जमीन को जुताई करके खुली छोड़ने पर खरपतवार के बीज, जड़, गांठें नष्ट हो जाती है।
5. जलीय खरपतवारों को नष्ट करने के लिये, एक भारी लोहे की जंजीर का प्रयोग किया जाता है। इस क्रिया में नहर, नाले के दोनों किनारों की ओर दो ट्रैक्टर समान गति से चलाते हैं और लोहे की भारी जंजीर नाले या नहर की तलहटी में घसीटते है जिससे खरपतवार इकट्ठा हो जाते हैं इनको नष्ट कर देते हैं।

## कृषक या सस्य वैज्ञानिक विधियाँ (Cultural or Agronomic method)

खरपतवारों के नियंत्रण की सस्य वैज्ञानिक विधियां निम्न हैं–

1. **फसलों की चुनाव करना**: निम्नलिखित गुणों वाली फसलों की छांट करना चाहिए–
   (i) फसल की जल मांग कम हो।
   (ii) फसल की अंकुरण क्षमता जल्दी उगने की हो।
   (iii) फसल की जड़ एवं वानस्पतिक वृद्धि अच्छी हो।
   (iv) फसल को पोषक तत्त्व की कम आवश्यकता हो।
   (v) फसल कम अवधि की हो।
2. ऐसे फसल चक्रों को अपनाना चाहिये जिससे खरपतवार नष्ट हो जाते हों।
3. खेतों की कम से कम जुताई करना चाहिये।
4. मई–जून माह में खेतों की जुताई करने पर खरपतवारों की जड़ें, तना, कन्द, प्रकन्द, बल्ब आदि धूप से सूख जाते है।
5. खेतों की सिंचाई करने वाली नालियों का कम बनाना जिससे कम से कम खरपतवार पनप सके।
6. खेतों से पूर्ण फसल कटाई की अपेक्षा फसल को जड़ व तना छोड़कर, कटाई करने पर खेत के कृत्रिम आवरण का कार्य करता है जिसे खरपतवार कम पनपते हैं।

## जैविक विधियाँ (Biological method)

खरपतवारों के नियंत्रण की जैविक विधियों का ज्ञान हमारे देश में कम ही है। जैविक विधि अपनाने से खरपतवार नियंत्रण हो जाता है। जैविक विधियों में खरपतवार नियंत्रण के लिये कीट–पंतगों, जीवाणु, कवक तथा अनेक प्रकार की वनस्पतियों का प्रयोग किया जाता है। जैविक विधि से खरपतवार का नियंत्रण निम्न प्रकार है–

1. **लेन्टाना कैमरा (Lantana Camara)** – इस खरपतवार को, क्रोसीडोसेमा लेन्टाना कीट का लारवा (गिडार) खरपतवार के फूलों के गुच्छे व फलों को खाता है तथा बीज नहीं बनने देता है। कीट के द्वारा सर्वप्रथम 1920 में इस विधि का प्रयोग किया।
2. **नागफनी (आपेन्शिया जाति)**– इस विधि में खरपतवार नियंत्रण में मोथ, कोरीड, बग, कोकीनील, लाल मकड़ी व बीटल आदि कीट पंतगों से अर्जेन्टीना, अमेरिका व मैक्सिको में इस खरपतवार के नियंत्रण में सहायता मिली है।
3. **कांस**– इस खरपतवार के नियंत्रण में, सस्य वैज्ञानिकों का मत है कि खेत में सनई जैसी फसलों की छाया (Shade) रखने से कांस किसी सीमा तक नियंत्रित किया जा सकता है।
4. **पक्षियों द्वारा**– एक वर्षीय खरपतवारों के बीजों को, विभिन्न पक्षियों द्वारा जैसे–कृष्णनील, जंगली जई, मुरैला, आदि के बीज पक्षी द्वारा नष्ट करते हैं।
5. **जलीय खरपतवार**– शैवाल (Algae), निमग्न (Submerged) पौधे आदि जल में मछलियों से नियंत्रित कर सकते हैं। घोंघे जलकुम्भी खरपतवार की वृद्धि व पुष्पन क्रिया पर रोक लगाते हैं।

## जैविक विधि से खरपतवार नियंत्रण

| क्र०सं० | कशेरूकी प्राणी | खरपतवार | अन्य विवरण |
|---|---|---|---|
| 1. | हंस (Geese) | कपास के खरपतवार | कैलीफोर्निया प्रांत अमेरिका |
| 2. | बत्तख (Duck) | धान की जलीय खरपतवार | केरल भारत में |
| 3. | कार्प मछलियां | जलीय खरपतवार | जलीय क्षेत्रों, एलगी, जलकुम्भी |
| 4. | घोंघे (Snails) | जलीय खरपतवार | समशीतोष्ण क्षेत्र, बीजों को खाकर नष्ट करते हैं। |
| 5. | पक्षी (घरेलू चिड़ियाँ) | एक वर्षीय खरपतवार | बीजों को खाकर नष्ट करते हैं। |

## खरपतवारों का रासायनिक विधि से नियंत्रण

- भारत में पहले, खरपतवार का नियंत्रण, रासायनिक विधि से सन् 1937 में पंजाब में कारथामस आक्सोकैनथा (Carthamus Oxycontha) के लिये सोडियम आरसीनेट (Sodium arsenite) का प्रयोग किया।
- भारत में 2, 4—डी का पहला परीक्षण सन् 1946 में किया गया।
- चाय और काफी के खरपतवारों के नियंत्रण में सबसे अधिकतम शाकनाशी का प्रयोग होता है।

विभिन्न शाकनाशियों का वर्गीकरण निम्न प्रकार है—

### 1. रासायनिक संरचना के आधार पर

**अकार्बनिक शाकनाशी** — आरसैनीक, सोडियम सल्फ्यूरिक अम्ल, सोडियम आरसीनेट सोडियम क्लोरेट, बोरैक्स, कापर सल्फेट, कापर नाइट्रेट आदि।

**कार्बनिक शाकनाशी** — इस समूह के अन्तर्गत 16—17 समूह आते हैं जो निम्न प्रकार है—

| क्र०सं० | समूह (Group) | शाकनाशी (Herbicides) |
|---|---|---|
| 1. | एलीफेटिक | डैलापोन, टी सी ए, एक्रोलीन, बेरीयम |
| 2. | एमाइड और एसीटामाइड | बयूटाक्लोर, एलाक्लोर (लासो), प्रोपाक्लोर, प्रोपेनील |
| 3. | बेन्जीक | 2, 3, 6 टी बी ए, डाईकैमबा, ट्राईकैम्बा |
| 4. | बाईपेराईडीलियम | क्लोरैम्बीन |
| 5. | कारबावेट्स | पैराक्वेट, डाइक्वैट |
| 6. | थायोकारबामेट | प्रोफाम, बारवान, डाईक्लोरमेट |
| 7. | डाईबियोकारबामेट | ब्यूटालेट, थायोवेन्कारब, वेनथियोकारब, सी डी ई सी, मिथाम |
| 8. | नाइट्रील्स | ब्रोमोक्सोनील, डाईक्लोविनिल, |
| 9. | डाइनाइट्रो एनीलिनस | फ्लूक्लोरेलिन (बासालिन), पेन्डीमैथलिन, ट्राईफ्लोरेलिन, नाइट्रेलिन |
| 10. | फिनोल्स | डाइनोसैव, डी एन ओ सी, पी सी पी। |

| | | |
|---|---|---|
| 11. | फिनोक्सी | 2, 4, 5–टी, एम.सी.पी.ए., एन.सी.पी.बी., 2,4–डीबी, डाईक्लोरप्रोप। |
| 12. | ट्रायाजिनम | एट्राजीन, प्रोपाजिन, सीमाजिन |
| 13. | यूरेस | डाईयूरौन, मोनोयूरौन, आईसोप्रोटूरान |
| 14. | यूरेसिल | ब्रोमेसिल, टरवेसिल |
| 15. | डाईफिनाल्स ईथर | नाइट्रोफेन (टोकई–25) |
| 16. | अन्य | पीकलोगम, पायेराजोन |

1. **शाकनाशी की वरणात्मक क्षमता के आधार पर** – इसमें निम्न प्रकार के शाकनाशी आते हैं।

   **(अ) वरणात्मक के आधार पर (Selective herbicide):** ऐसे शाकनाशी जो विशेष प्रकार की वनस्पतियों पर अपना प्रभाव रखते हैं। वरणात्मक शाकनाशी कहलाते हैं ये केवल खरपतवार ही नष्ट करते हैं। फसल पर कोई कुप्रभाव नहीं पड़ता। जैसे–सिमाजिन (Simazine), एट्राजिन (Atrazine), 2,4-D, MCPA, ब्यूटाक्लोर (Butachlor), पेन्डीमैथलीन, फ्लोरक्लोरेलीन, आइसोप्रोट्रान आदि।

   **(ब) अवरणात्मक शाकनाशी (None-selective herbicides):** अवरणात्मक शाकनाशी सभी वनस्पति जैसे – (फसल+खरपतवार) को नष्ट कर देते है। जैसे – डाईक्वेट (Diquat) और पैराक्वैट (Paraquat)।

2. **स्थानान्तरण के आधार पर शाकनाशी (Translocated herbicides)**

   **(अ) सम्पूर्ण पौध तन्त्रक शाकनाशी (Systemic herbicide):** इस प्रकार के खरपतवार नाशी पौधों के अन्दर सम्पूर्ण तन्त्र में प्रवेश कर उसके जीवन को नष्ट कर देते है। जैसे–प्रोपेनिल (Propanil), 2, 4–डी, एट्राजीन, सीमाजीन।

   **(ब) सम्पर्क शाकनाशी (Contact herbicides):** इन शाकनाशी रसायनों का लाभ उठाने के लिये इन्हें अधिक से अधिक पत्तियों पर छिड़कना चाहिए। जैसे–डाइक्वैट, पैराक्वैट, डी.एन.बी.पी. व पी.सी.पी. प्रयोग किये जाते है।

3. **शाकनाशी के प्रयोग करने के समय के आधार पर (On the basis of time of application)**

   **(अ) अंकुरण से पहले प्रयोग (Pre-emergence):** इस प्रकार के शाकनाशी का प्रयोग फसल बोने के तुरन्त बाद, फसल, खरपतवार या दोनों के अंकुरण से पहले खेत में प्रयोग किया जाते है। वह अंकुरण से पहले प्रयोग कहलाता है। जैसे–सिमेजिन, 2, 4–डी, सोडियम साल्ट, पेन्डीमिथेलिन नेन्डीमेलिन, ब्यूटाक्लोर, फ्लोरक्लोरेलिन, आइसोप्रोटयूरान आदि।

(ब) **बुवाई या रोपाई से पूर्व (Pre-plant applied):** इस विधि में फसल की बुवाई या रोपाई से पहले शाकनाशियों का प्रयोग इस विधि से करते हैं। जैसे–सिमाजिन, एट्राजिन, एलाक्लोर, फ्लूक्लोरेलिन आदि।

(स) **अंकुरण के बाद प्रयोग (Post-emergence):** फसल व खरपतवार या दोनों के अंकुरण के बाद इस प्रकार के रसायन का प्रयोग किया जाता है। जैसे–2, 4–डी, प्रोपेनिल, डाइक्वैट, पैराक्वैट, डालापोन।

4. **प्रयोग करने की विधि के आधार पर (On the basis of method of application)**

(अ) **मृदा प्रयोग (Soil applied):** इस प्रकार के प्रयोग में शाकनाशी सीधे मृदा में प्रयोग किये जाते हैं। जैसे – 2, 4–डी, पैन्डीमैथलीन, डाईक्वैट, पैराक्वैट, सीमाजिन, स्ट्राजिन आदि।

(ब) **जलीय प्रयोग (Aquatic application):** जलीय खरपतवार के नियंत्रण में प्रयोग आने वाले शाकनाशी निम्न है। जैसे – कापर सल्फेट, 2,4–डी हैं।

(स) **पत्र अनुप्रयोग (Foliage):** इसमें सम्पर्क नाशी एवं स्थानान्तरण शाकनाशी दोनों का पौधों पर पर्णीय छिड़काव किया जाता है। जिन शाकनाशी रसायनों को घोल बनाकर पौधों में छिड़काव कर सकें सभी इस समूह में आते हैं।

## कुछ महत्त्वपूर्ण शाकनाशी के सम्पूर्ण नाम

| | | |
|---|---|---|
| 1. | 2, 4-D | 2, 4 डाईक्लोरोफीनोक्सी एसीटिक एसिड |
| 2. | 2, 4-D, B | 2,4, डाईक्लोरोफीनोक्सी ब्यूटारिक एसिड |
| 3. | 2, 4, 5-T | 2, 4, 5–ट्राईक्लोरोफीनोक्सी एसीटिक एसिड |
| 4. | T C A | ट्राईक्लोरो एसीटिक एसिड |
| 5. | M C P A | 2–मिथाईल, 4–क्लोरोफिनाक्सी एसीटिक एसिड |
| 6. | M C P B | 2–मिथाईल, 4 क्लारोफिनाक्सी ब्यूटारिक एसिड |
| 7. | Dalapon | 2, 2–डाईक्लोरोफिप्रोपियोनिक एसिड |
| 8. | I P C (Prophan) | आइसोप्रोपाल एन–फीनायल कारबोमेट |

## फसलों में प्रयोग की जाने वाली प्रमुख शाकनाशी रसायनों के रासायनिक एवं व्यापारिक नाम:

| क्र॰ सं॰ | रासायनिक नाम (Chemical Name) | व्यापारिक नाम (Commercial Name/ Trade Name) | सक्रिय तत्त्व (%) |
|---|---|---|---|
| 1 | एरीलान | आइसोप्रोट्यूरान | 80 |
| 2 | एट्राटाफ | एट्राजीन | 50 / 80 |
| 3 | बासालिन | फ्लूक्लोरेलिन | 45 |

| | | | |
|---|---|---|---|
| 4 | लासो | एलाक्लोर | 50 ई॰सी॰ |
| 5 | स्टाम्प–34 | प्रोपेनिल | 35 |
| 6 | स्टाम्प | पेन्डीमिथलिन | 30 |
| 7 | मैचिटी | ब्यूटाक्लोर | 50 |
| 8 | इमाजेथाइपर | परसुइड | 10 |
| 9 | क्योजरइलोफाप | टर्गासुपर | 5 ई॰सी॰ |
| 10 | डोसानेक्स | मेटास्युरान | 80 |
| 11 | ग्लाइफोसेट | राउन्डअप / ग्लाइसिल | 41 ई॰सी॰ |
| 12 | ब्लेडेक्स–सी | 2,4 डी इस्टर | 36 |
| 13 | ब्लेडेक्स–जी | 2,4 डी इमोइन | 72 |
| 14 | फिरोनाइक्सोन | 2–4 डी सोडियम साल्ट | 80 |
| 15 | पैराक्वाट | ग्रेमेक्सोन | 24 |
| 16 | सल्फोसल्फ्यूलान | लीडर | 75 डब्लू॰जी॰ |
| 17 | अक्सीफ्यूओरफेन | आक्सीगोल्ड | 23.5 ई॰सी॰ |

**शाकनाशी रसायनों का चयन (Selection of the herbicides)**: शाकनाशी रसायनों का चयन करते समय यह आवश्यक है कि इस प्रकार के शाकनाशी रसायनों का चयन करें जिससे अधिकतम खरपतवारों को हानि पहुँचे तथा फसलों को कोई क्षति न हो। ऐसे शाकनाशी की मात्रा को भी ध्यान में रखना चाहिये क्योंकि कभी कभी शाकनाशी की अधिक मात्रा फसल के लिए हानिकारक हो जाती है।

**शाकनाशी रसायनों के प्रयोग की दर (Rate of application of herbicides)**: शाकनाशी रसायनों की मात्रा रसायन की किस्म, खरपतवार की किस्म, प्रकोप, फसल की किस्म खेत में देने का समय व तरीका आदि बातों पर निर्भर करता है। परीक्षणों के आधार पर अलग–अलग फसलों में विभिन्न शाकनाशी को अलग–अलग दरों में प्रयोग किया जाता है।

**शाकनाशी रसायन प्रयोग करने समय (Time of herbicides application)**: विभिन्न फसलों में शाकनाशी रसायनों को अनुशंसा के आधार पर निम्नलिखित समय पर खेत में दिया जाता है।

(1) **अंकुरण से पहले प्रयोग (Pre-emergence application)**: इसमें शाकनाशी रसायनों को फसल, खरपतवार या दोनों के अंकुरण से पहले खेत में दिये जाते है। ऐसे रसायन कम घुलनशील होते हैं तथा जड़ों के द्वारा चूसे जाते है। जैसे – Pendimethaline (पेन्डी मिथेलिन)।

(2) **अंकुरण के बाद प्रयोग (Post emergence application)**: फसल, खरपतवार या दोनों के अंकुरण के बाद प्रयोग किया जाता है। जैसे – 2–4 डी, Isoproturon etc. (आइसोप्रोट्यूरान)।

(3) **फसल बोने से पहले (Before sowing)**: कुछ रसायनों को बुवाई से पहले खेतों में प्रयोग किया जाता है। जैसे – बासालीन।

**शाकनाशी रसायनों को देने की विधियाँ (Method of application of pesticides)**

(1) **बिखेरना (Broadcasting)**: इस विधि में धूल के रूप में उपलब्ध रसायनों का प्रयोग किया जाता है। रेत अथवा महीन मिट्टी मिलाकर शाकनाशी का आयतन बढ़ा लिया जाता है। तत्पश्चात् पूरे खेत में समान रूप से बिखेर दिया जाता है। जैसे– दलहनी फसलों में लासो का प्रयोग इत्यादि।

(2) **पट्टियों में देना (Band application)**: इस विधि में धूल अथवा द्रव्य (घोल) के रूप में उपलब्ध रसायनों को प्रयोग फसल की पत्तियों के बीच उगे खरपतवारों को नष्ट करने के लिए किया जाता है।

(3) **छिड़काव (Spray)**: इस विधि में शाकनाशी रसायन द्रव की अवस्था में होते हैं। जिसे पानी मिलाकर उनका आयतन बढ़ाकर स्प्रेयर से सम्पूर्ण क्षेत्र पर छिड़काव किया जाता है।

**छिड़काव करते समय निम्नलिखित बातों को ध्यान में रखना चाहिये–**

1. जब वायु धीमी गति से चल रही हो।
2. जिस यन्त्र से शाकनाशी का छिड़काव करना हो उसका स्थिरीकरण (Calibration) कर लें जिससे वितरण समान हो सके।
3. स्प्रेयर (Sprayers) में समान दबाव बनाये रखना चाहिए।
4. छिड़काव करते समय पशुओं व बच्चों को दूर रखना चाहिए।
5. जिस यन्त्र से शाकनाशी रसायन का छिड़काव किया जाय उससे कीटनाशक अथवा अन्य रसायनों का छिड़काव न करें।
6. शाकनाशी रसायनों का घोल काँच का एनेमल के बर्तन में बनायें।
7. छिड़काव करते समय खेत में हल्की नमी रहनी चाहिए।
8. कार्यकर्त्ता के त्वचा के सम्पर्क में रसायन नहीं आना चाहिए इसके लिए कार्यकर्ता को मास्क, ग्लब्ज (दस्ताने) लम्बी नोंक के जूते इत्यादि का इस्तेमाल करना चाहिए।

**शाकनाशी रसायनों का वस्थापन (Formulation of pesticides)**: शाकनाशी रसायन निम्नलिखित रूपों में उपलब्ध होते है–

1. **द्रव (Solution of water or oil)**: द्रव मुख्य रूप से एक या दो रसायनों की समानता (Homogenous) रखने वाला मिश्रण होता है।
2. **तेल युक्त मिश्र (Emulsion)**: जो शाकनाशी रसायन तेल में घुलनशील होते है। उनको पानी में मिला देते हैं इनके मिश्रण को ही इमल्सन कहते हैं।
3. **नमी युक्त पाउडर (Wettable powder)**: नमीयुक्त पाउडर के गाढ़े घोल में ठोस शाकनाशी रसायन के कण द्रव में बिखरे होते हैं। कुछ शाकनाशी तेल व पानी आदि द्रवों में भी घुलनशील नहीं होते हैं।

4. **दानों के रूप में (Granules)**: कुछ शाकनाशी दानों व छोटी–छोटी गोलियों के रूप में होते हैं।

5. **धूल के रूप में (Dust)**: इस प्रकार के शाकनाशी शुष्क रसायन, धूल के रूप में होते है। इसका आयतन बढ़ाने के लिए दूसरे शुष्क प्रभावहीन पदार्थ (Filler) इसमें मिला दिये जाते हैं।

**शाकनाशी की गणना (Calculation of pesticides)**: सक्रिय तत्त्व के आधार पर सभी शाकनाशी रसायनों की व्यापारिक मात्रा का आंकलन करके खेत में प्रयोग किया जाता है। इसको निम्नलिखित सूत्र से ज्ञात किया जाता है।

$$\text{व्यापारिक पदार्थ की मात्रा (किग्रा॰/हेक्टे॰)} = \frac{\text{शाकनाशी की संस्तुति सक्रिय मात्रा (किग्रा॰) प्रति है॰}}{\text{व्यापारिक शाकनाशी आंकलन की प्रतिशत मात्रा}} \times 100$$

## प्रमुख फसलों में रासायनिक विधि से खरपतवार नियंत्रण

**चना, मटर, राजमा, मसूर**: इन फसलों में मुख्य रूप से बथुआ, सेन्जी, कृष्णनील, हिरनखुरी, चटरी–मटरी, अकरा–ऊकरी, गजरी, प्याजी, खरतुआ, सत्यानासी आदि खरपतवार अधिक पाये जाते है।

1. खरपतवार नियंत्रण करने हेतु फ्यूक्लोरैलिन 45 प्रतिशत ई॰सी॰ की 2.2 लीटर मात्रा प्रति हेक्टयर की दर से 800 से 1000 लीटर पानी में घोलकर अन्तिम जुताई के समय छिड़काव कर दें।
2. पेन्डीमेथलीन 30 प्रतिशत ई॰सी॰ की 3.30 लीटर अथवा एलाक्लोर 50 प्रतिशत ई॰सी॰ की चार लीटर मात्रा को प्रति हैक्टेयर की दर से 800 से 1000 लीटर पानी में घोलकर 2–3 दिन के अन्दर छिड़काव कर देते हैं।

## तोरिया, राई, सरसो, अलसी

1. खरपतवार नियंत्रण करने हेतु फ्लुक्लोरैलीन 45 प्रतिशत ई॰सी॰ की 2.2 लीटर मात्रा को लगभग 800 से 1000 लीटर पानी में घोलकर छिड़काव कर दें तत्पश्चात अन्तिम जुताई करके मिट्टी में मिला दें।
2. पेन्डीमेथलीन 30 प्रतिशत ई॰सी॰ की 3.3 लीटर मात्रा को प्रति हेक्टेयर की दर से 800 से 1000 लीटर पानी में घोलकर प्लैटफैन नाजिल से बुवाई के 2–3 दिन के अन्दर छिड़काव।

**गेहूँ, जौ खरपतवार (संकरी पत्ती)**: गेहूँसा एवं जंगली राई

**चौड़ी पत्तीः** बथुआ, सेन्जी, कृष्णनील, हिरनखुरी, चटरी–मटरी, अकरा–उँकरी, गजरी, प्याजी, खरतुआ, सत्यानासी आदि।

संकरी पत्ती वाले जैसी गेहुँसा एवं जंगली जई को नियंत्रित करने के लिए निम्न रसायनों का प्रयोग किया जाता है–

1. आइसोप्रोट्यूरान 75 प्रतिशत डब्लू॰पी॰ की 1.25 किलोग्राम प्रति हेक्टर मात्रा।
2. सल्फोसल्फ्यूरान 75 प्रतिशत डब्लू॰पी॰ की 30 ग्राम प्रति हेक्टर मात्रा।

3. फिनोक्साप्राप–पी–इथायल 10 प्रतिशत ई॰सी॰ की 1 लीटर प्रति हेक्टर मात्रा।
4. क्लोडिना फाप प्रोपैरिजिल 15 प्रतिशत डब्लू॰पी॰ की 400 ग्राम प्रति हेक्टर मात्रा।

उपरोक्त में से किसी एक रसायन को 500–600 लीटर पानी में घोलकर बुवाई के 20–25 दिन बाद प्लैटफैन नाजिल से छिड़काव करना चाहिए। चौड़ी पत्ती वाले खरपतवारों के नियंत्रण हेतु 2, 4 डी सोडियम साल्ट 80 प्रतिशत की 625 ग्राम मात्रा प्रतिहेक्टर अथवा 2, 4 डी॰ डाई मिथाइल एमाइन साल्ट 58 प्रतिशत की डब्लू॰एस॰सी॰ 1.25 किग्रा॰ मात्रा प्रति हेक्टर अथवा कारफेन्ट्राजान इथाइल 40 प्रतिशत डी॰एफ॰ की 50 ग्राम मात्रा प्रति हेक्टर अथवा मेटसल्फूरान मिथाइल 20 प्रतिशत डब्लू॰पी॰ की 20 ग्राम मात्रा प्रति हेक्टर की दर से 500–600 लीटर पानी में घोलकर बुवाई के 25–30 दिन के बाद प्लैटफैन नाजिल से छिड़काव करना चाहिए।

संकरी एवं चौड़ी दोनों प्रकारों के खरपतवारों के नियंत्रण हेतु पेन्डीमिथलीन 30 प्रतिशत ई॰सी॰ की 3.3 लीटर मात्रा प्रति हेक्टर की दर से बुवाई के तीन दिन के अन्दर अथवा सल्फोसल्फ्यूरान 75 प्रतिशत डब्लू॰पी॰ की 33 ग्राम मात्रा प्रति हेक्टर की दर से बुवाई के 30 दिन के अन्दर अथवा मेट्रीब्यूजीन 75 प्रतिशत डब्लू॰पी॰ की 250 ग्राम मात्रा को प्रति हेक्टर की दर से बुवाई के 20–25 दिन बाद 500–600 लीटर पानी में घोलकर प्लैटफैन नाजिल से छिड़काव करना चाहिए।

**मक्का, रबी, मक्का, शिशु मक्का, बेबी मक्क बाजार, ज्वारः** एट्राजीन 50 प्रतिशत डब्लू॰पी॰ की 1.00 से 1.50 मात्रा को प्रति हेक्टअर की दर से 500 से 600 लीटर पानी में घोलकर बुवाई के बाद तथा अंकुरण से पूर्व छिड़काव करने पर खरपतवार नहीं जमते हैं।

## 1. गाजर घास कण्टदायक खरपतवारों का नियंत्रण *(Parthenium hysterophorus)*

यह एक वर्षीय पौधा है जिसकी लम्बाई 1–1.5 मीटर तक होती है। इसका तना रोयेदार तथा शाखायुक्त होता है। इसकी पत्तियाँ गाजर जैसी दिखती है इस कारण इसे गाजर घास कहा जाता है। इसे कांग्रेस घास, सफेद टोपी, चटक चांदनी, गन्धी बूटी, स्टार वीड आदि नामों से जाना जाता है। इस घास का प्रसार, फैलाव व वितरण इसके अति सूक्ष्म बीजों द्वारा होता है। गाजर का एक पौधा लगभग 20–25 हजार बीज उत्पन्न करता हैं इसके पौधे में पारथेननी नामक विषैल पदार्थ पाया जाता है। जो मनुष्य के सम्पर्क में आने पर आंखों के चारों तरफ फल्ले, त्वचा पर छाले तथा सांस व दमा रोग हो जाते हैं। जब पशु घास को खाता है तो उसके बाल झड़ने लगते हैं, दस्त आने लगता है तथा त्वचा सम्बन्धी एलर्जी हो जाती है। ये घास सभी फसलों, सब्जियों, फलों बगीचों तथा सड़क के किनारे व खाली भूमि में उग आते हैं।

### नियंत्रण के उपाय

1. हाथ से उखाड़ना।
2. कृषि यन्त्रों की सहायता से।

3. भृंगजाति के कीट जैसे जाइगो ग्राइका बाइकोलाराटा (बी॰टी॰) घास के पौधे के 6–8 सप्ताह में चट कर जाता है। इसको क्षेत्र में छोड़ देने पर धीरे–धीरे उसे खाकर उस क्षेत्र की घास को समाप्त कर देते हैं। एक है॰ क्षेत्र के लिए 7–11 वयस्क कीट की आवश्यकता है। परन्तु 500–1000 बीटील ही प्रजनन क्षमता बढ़ाकर इस कार्य को पूरा कर देती है।

4. **रासायनिक विधिः** मक्का, ज्वार व बाजरा के खेतों में सोयाबीन, भिण्डी, राजमा, केला, टमाटर के खेतों में ऐलाक्लार की 1–1.5 किग्रा॰ सक्रिय मात्रा बुआई के तुरन्त बाद अंकुरण के पूर्व छिड़काव करें। आकृषि क्षेत्रों में इसका नियंत्रण हेट्रासीन, ग्लाइफोसेट, हाईड्यूरान दवाओं की 1.5 से 2.0 किग्रा॰ सक्रिय मात्रा को प्रति है॰ की दर से छिड़काव करने पर गाजर घास का नियंत्रण हो जाता है। 15 प्रतिशत नमक के घोल को फूल आने के पहले छिड़काव करने पर गाजर घास समाप्त हो जाती है।

## 2. काँस (सेकेरम स्पोन्टेनियम) एवं बरू घास (सोरघम हेलीपेन्स)

यह भारत में पाया जाने वाले बहुवर्षीय खरपतवार है जिसकी जड़ भूमि में रेंगती हुई तथा घुसती हुई 1 से 2 मीटर गहराई तक जाती है। इसका प्रसारण भूमिगत राइजोम के द्वारा होता है इसमें सितम्बर–अक्टूबर माह में फूल आते हैं।

### नियंत्रण तकनीकी

(अ) खेत की मेड़बंदी करके गर्मी में गहरी जुताई करें। खरीफ मौसम में खेत में पानीभर लेवा लगाकर धान की खेती करने तथा रबी मौसम में उसी खेत में बरसीम उगाने से 3–4 वर्ष में काँस का नियंत्रण हो जाता है।

(ब) वर्षा होने पर जुलाई माह में गहरी जुताई करके डिस्कहैरो चला देते हैं जिससे कांस के राइजोम उखड़कर छोटे–छोटे भागों में बंट जाते है इन्हे खेत से निकालकर जला देना चाहिए। इसके 35–40 दिन बाद जब कांस के नये पौधे तीव्रवृद्धि अवस्था में (6–8 पत्तियों) अग्रसर हो तो ग्लाइफोसेट 41 प्रतिशत एस॰एल॰ की 3–4 लीटर प्रति हेक्टेयर मात्रा 400–500 लीटर पानी में घोलकर प्लैटफैन नाजिल से पर्णीय छिड़काव मध्य अगस्त से मध्य सितम्बर के बीच खुले सूर्य के प्रकाश में करना चाहिए। इस छिड़काव के बाद पत्तियों का रंग बदलने लगता है तथा 15–20 दिन में पौधे पूर्ण रूप से सूख जाते हैं। छिड़काव हाथ के दस्ताने पहनकर करें तथा छिड़काव के समय तेज हवा न चल रही हो इसका ध्यान रखें। पर्ती खेत में ही इस रसायन का छिड़काव करें। डालापान 0.01 प्रतिशत घोलकर प्रारम्भिक अवस्था में छिड़काव करने से कांस का प्रभावी नियंत्रण होता है।

## 3. मोथा (साइप्रस रोटेन्डस)

यह खरपतवार सेजेश समूह का कहलाता है। इसके भूमिगत ट्यूबर जमीन के अन्दर लगभग 30–45 सेमी॰ तक फैले होते है। इनका प्रसारण ट्यूबर से होता है। यह उपरिहार वाली भूमियों में अधिक उगता है। खुरपी से निकाई के बाद पुनः उग आते है क्योंकि इनकी ट्यूबर भूमि के अन्दर होती है।

### नियंत्रण तकनीकी

(अ) खेत में तिल अथवा लोबिया की खेती करने पर मोथा की सघनता कम हो जाती है।

(ब) अगस्त से मध्य सितम्बर तक मोथा की तीव्र वृद्धि की अवस्था पर ग्लाइफोसेट 41 प्रतिशत की 4 लीटर प्रति हेक्टेयर की दर से 400–500 लीटर पानी में घोल बनाकर छिड़काव करें। इस रसायन का छिड़काव खाली खेत पर करें अन्यथा फसल नष्ट हो जायेगी। एक माह के अन्दर सभी खरपतवार नष्ट हो जाते है तत्पश्चात रबी की कोई फसल बोयें।

### 4. पीली कटैया

यह कांटेदार कम्पोजिटी कुल का खरपतवार है। इसका तना तथा शाखायें हल्के सफेद रंग की होती है। इसके फूल नारंगी–पीले रंग के तथा पत्तियाँ चौड़ी तथा 2–4 सेमी चौड़ी होती है। बीज की परिपक्वता मई से लेकर जुलाई के अन्त तक पूरी हो जाती है। इसका प्रसारण बीज द्वारा होता है। यह रबी की सभी फसलों के साथ उगता है।

### नियंत्रण तकनीकी

(अ) 35–40 दिन पर इसमें कांटे बनने शुरू हो जाते हैं। अतः पहली निराई फसल बुवाई के 25–30 दिन पर तथा इसकी 45–50 दिन पर करें।

(ब) फसल पलेवा करके बोयें जिससे खेत की तैयारी के समय खरपतवार उखड़कर सूख जाये।

(स) अरहर की फसल लेने पर पीली कटैया की सघनता कम रहती है।

(द) गन्ना तथा आलू मिट्टी चढ़ाने से खरपतवार नहीं उग पाता।

(य) मेट्रीबुजीन 70 प्रतिशत की 250 ग्राम मात्रा को प्रति हेक्टर की दर से 500–600 लीटर पानी में घोलकर फसल बोने के दूसरे–तीसरे दिन छिड़काव करने पर पीली कटैया के साथ सभी खरपतवार नष्ट हो जाते हैं।

### खरपतवारों का गुणन उत्पादन (Multiplication of weeds)

1. **बीज द्वारा (By seed)**: एक वर्षीय खरपतवार अधिकतर बीज द्वारा जनन करते हैं बहुवर्षीय खरपतवार भी अनुकूल परिस्थितियँ मिलने पर फूलते, फलते तथा बीज तैयार करते हैं। जैसे जंगली चौलाइ, कृष्णनील, जवासा आदि।
2. **जड़ द्वारा (By root)**: कुछ खरपतवार जड़ों से नये पौधे को जन्म देते है जैसे हिरनखुरी।
3. **तने द्वारा (By stem)**: कुछ खरपतवार जैसे दूब इसके तने पर गांठें पाई जाती है जिनसे कलियाँ निकलकर नये पौधे को जन्म देती है।

4. **प्रकंद एवं कन्द द्वारा (By rhizomes and tubers):** मोथा जड़ कन्द से तथा काँस एवं सरपत नामक खरपतवार प्रकंदों से नये पौधो को जन्म देते हैं।
5. **पत्तियों से (By leaves):** वोगनविलिया खरपतवार पत्तियों से कलियाँ विकसित करते हैं।

## खरपतवारों का प्रकीर्णन (Dissemination of weeds)

विभिन्न कारक जिनके द्वारा खरपतवारों का वितरण एक स्थान से दूसरे स्थान में होता है निम्नलिखित है–

1. **वायु द्वारा (By wind):** कुछ खरपतवारों के हल्के किस्म के बीज एक स्थान से वायु द्वारा उड़ा कर दूसरे स्थान में छोड़ दिये जाते है जैसे मदार
2. **जल द्वारा (By water):** जिन खरपतवारों के बीज नहरों या सिंचाई के अन्य तरीकों द्वारा एक स्थान से दूसरे स्थान पहुँचा दिये जाते है। जैसे जलकुम्भी
3. **पशुओं द्वारा (By animals):** ऐसे खरपतवार जिनमें हुक जैसे गोखरू या कांटे आदि होते है एक स्थान से चरते हुये पशुओं के शरीर में लगकर एक स्थान से दूसरे स्थान में पहुँच जाते है। पशु चारे के रूप में खरपतवारों को खाते है बाद में गोबर के साथ दूसरे स्थान पहुँच जाते है।
4. **मनुष्यों द्वारा (By man):** मनुष्य, गोबर की खाद के साथ अथवा चारे के साथ खरपतवारों को एक स्थान से दूसरे स्थान तक पहुँचाने में सहायता करता है।
5. **फसल के बीज के साथ (With crop seeds):** ये कटाई के समय फसल से मिल जाते है तथा एक स्थान से दूसरे स्थान तक पहुँच जाते है।

## एकीकृत खरपतवार प्रबन्धन (Integrated Weed Management)

इसमें खरपतवारों का प्रबन्ध इस प्रकार किया जाता है कि फसलों में एक निश्चित अवधि तक खरपतवारों का नियंत्रण कई विधियों जैसे यांत्रिक, शस्य वैज्ञानिक, जैविक एवं रासायनिक से किया जाय। इसमें शाकनाशी का प्रयोग कम किया जाये जिससे लागत कम आये तथा वायुमंडल को प्रदूषण से बचाया जा सके। यह प्रबन्धन फसल के अनुसार अलग–अलग होता है तथा इस समय इसकी विशेष आवश्यकता/उपयोगिता है।

■■■■

## अध्याय–12

# शुष्क खेती
# (Dry land Agriculture)

**भूमिका**

हमारे देश में लगभग 76 प्रतिशत क्षेत्र पर वर्षा आधारित खेती की जाती है परन्तु यदि हम जल संसाधनों का अधिकतम उपयोग करें तब भी लगभग 60 प्रतिशत वर्षा पर आधारित क्षेत्र है जिनसे लगभग 40 प्रतिशत उत्पादन लिया जाता है। इस क्षेत्र से उत्पादन लेने के लिये वर्षा जल को बहने से रोकना अर्थात जल संरक्षण करना अति आवश्यक है क्योंकि बिना नमी के न तो खेत में कृषि कार्य किये जा सकते हैं तथा न ही बीज का जमाव हो सकता है।

**शुष्क खेती सम्बन्धी प्रमुख बिन्दु**

- शुष्क क्षेत्र खेती एक फसल उत्पादन का तरीका है जिसमें कम वर्षा वाले क्षेत्र में बिना सिंचाई के फसल उगाई जाती है।
- इस क्षेत्र की प्रमुख समस्या वर्षा के पानी के संरक्षण की है क्योंकि बिना जल (मृदा नमी) के किसी भी फसल का उत्पादन लेना सम्भव नहीं है।
- खेत में नमी संरक्षित करके एवं जल संचय प्रबन्धन करके जल को एकत्रित किया जाता है तथा उस एकत्रित जल से फसल उगाई जाती है।
- विभिन्न विधियों से वाष्पोत्सर्जन को कम करके मृदानमी को अधिक समय तक संरक्षित जा सकता है।
- इस क्षेत्र के लिये विभिन्न फसलों की कम समय में तैयार होने वाली एवं सूखा सहन करने वाली फसलों का चुनाव करना अधिक उपयोगी होगा।

जिन फसलों की खेती पूर्णतः वर्षा पर निर्भर होती है उन्हें शुष्क खेती कहते हैं। भारत वर्ष का कुल भौगोलिक क्षेत्रफल 328 मिलियन हेक्टर है। जिसमें से 143.8 मि०हे० क्षेत्रफल पर खेती की जाती है। वर्षा की मात्रा के आधार पर शुष्क खेती (Dry land Agriculture) को तीन भागों में बांटा गया है जो निम्न प्रकार है–

1. **शुष्क खेती (Dry farming):** ''जिन क्षेत्रों में वार्षिक वर्षा 750 मिमी॰ से कम होती है वहां पर फसलों की खेती करना शुष्क खेती कहलाता है।''

   **Dry farming:** "Cultivation of crops in areas where rainfall is less than 750 mm per annum is called dry farming".

2. **शुष्क क्षेत्र खेती (Dry land farming):** ''जिन क्षेत्रों में वार्षिक वर्षा 750 मिमी॰ से अधिक होती है वहां पर फसलों की खेती करना शुष्क क्षेत्र खेती कहलाता है।''

   **Dry land farming:** "Cultivation of crops in areas where rainfall is above 750 mm per annum is known as dry land farming"

3. **बरसाती खेती (Rainfed farming):** ''जिन क्षेत्रों में वार्षिक वर्षा 1,150 मिमी॰ से अधिक हो वहां पर फसलों की खेती करना बरसाती खेती कहते हैं''। इसी को वर्षा आधारित खेती भी कहा जाता है।

   **Rainfed farming:** "Cultivation of crops in areas where rainfall is more than 1, 150 mm per annum is known as rainfed farming".

शुष्क खेती करने वाले क्षेत्रों में 750 मिमी॰ से कम वर्षा होने के कारण इन शुष्क (Dry farming) क्षेत्रों में मृदा कटाव वायु द्वारा अधिक होता है। बरसाती खेती (Rainfed farming) क्षेत्रों में 1,150 मिमी॰ से अधिक वर्षा होती है वहां पर जल कटाव (Water erosion) की अधिक समस्या होती है।

## शुष्क खेती एवं बरसाती खेती में अन्तर

| क्र. स. | विवरण | शुष्क खेती (Dry land farming) | बरसाती खेती (Rainfed farming) |
|---|---|---|---|
| 1. | वर्षा (मिमी॰) | 800 मिमी॰ से कम (<800) | 800 मिमी॰ से अधिक (> 800) |
| 2. | फसलों को उपलब्ध नमी | कम (Short) | काफी (Enough) |
| 3. | फसल उगाने की अवधि | 200 दिनों से कम (<200) | 200 दिनों से अधिक (>200) |
| 4. | फसलें उगाने के क्षेत्र | शुष्क (Arid) और अर्द्धशुष्क (Semi arid) आर्द्रता क्षेत्र एवं अर्द्ध आर्द्रित क्षेत्र (Humid & Sub humid) | आर्द्रित और अर्द्धआर्द्रित क्षेत्र (Humid & Sub humid region) |
| 5. | फसल प्रणाली (Cropping System) | एकल खेती (Single cropping) अथवा अन्तःफसल (Inter cropping) | अन्तः फसल अथवा डबल फसलोत्पादन (Inter cropping or Double cropping) |
| 6. | समस्यायें (Constraints) | वायु एवं जल कटाव समस्या (Wind & water erosion) | जल कटाव (Water erosion) |

## भारत में सिंचित एवं वर्षा आधारित क्षेत्र

| क्र.स. | विवरण | शुष्क खेती (Dry land farming) | बरसाती खेती (Rainfed farming) |
|---|---|---|---|
| 1. | कुल कृषि क्षेत्र (Total Arable) | 143.8 | – |
| 2. | शुष्क क्षेत्र (Dry land) | 34.5 | 24.5 |
| 3. | वर्षा का क्षेत्र (Rainfed) | 65.5 | 45.5 |
| 4. | सिंचित (Irrigated) | 43.8 | 30.5 |

## भारत के शुष्क एवं अर्द्धशुष्क क्षेत्र (Arid and Semi Arid areas of India)

| क्र.स. | राज्य (State) | क्षेत्र (Area) |
|---|---|---|
| 1. | उत्तर प्रदेश | मथुरा, इटावा, अलीगढ़ जिले। |
| 2. | राजस्थान | पश्चिमी क्षेत्र तथा उत्तर पश्चिमी क्षेत्र। |
| 3. | उड़ीसा | पुरी जिला। |
| 4. | हरियाणा | गुड़गांव, हिसार तथा रोहतक जिले। |
| 5. | गुजरात | कच्छ |
| 6. | पंजाब | फिरोजपुर एवं कपूरथला जिले। |
| 7. | कर्नाटक | हगारी तथा तालकोड़ क्षेत्र। |
| 8. | तमिलनाडु | रामेश्वरम क्षेत्र, तिनोमेली, मदुराई, रामनाड़ सलेम तथा कोयम्बटूर। |
| 9. | आन्ध्र प्रदेश | विशाखापट्नम्, कृष्णा, नेल्लूर, गन्टुर। |
| 10. | पश्चिमी वंगाल | मिदनापुर जिला। |

## शुष्क क्षेत्रों की विशेषताएँ (Characteristics of Dry Areas)

शुष्क क्षेत्रों की निम्नलिखित विशेषताएं है–

1. **वर्षा (Rainfall):** शुष्क क्षेत्रों में 40–100 सेमी॰ वार्षिक वर्षा होती है। कुछ क्षेत्रों में वार्षिक वर्षा की मात्रा लगभग 50 सेमी॰ से अधिक नहीं हो पाती है। वर्षा का मानसून पूर्व एवं पश्चिम से उठने वाली हवाओं द्वारा होता है। शुष्क क्षेत्रों में वर्षा का अनियमित समय एवं असामान्य वितरण होना शुष्क क्षेत्रों की विशेषता है।
2. **तापक्रम (Temperature):** सूखे क्षेत्रों का तापक्रम अधिक होता है। गर्मी के महीने मई–जून में तापक्रम 38–40 से॰ग्रेट तक आ जाता है। इन क्षेत्रों में अधिक तापक्रम होने के कारण, मृदा से वाष्पीकरण की क्रिया द्वारा नमी नष्ट हो जाती है।

3. **मृदा (Soil):** शुष्क क्षेत्रों की विशेषता होती है कि इन क्षेत्रों में रेतीली तथा रेतीली दोमट (Sandy Loam) मृदाएं पायी जाती है। इन मृदाओं में पानी धारण क्षमता कम होती है और मृदा सतह से आसानी से जल का वाष्पीकरण हो जाता है।

4. **शुष्क क्षेत्रों की फसलें (Crops of Dry areas):** शुष्क क्षेत्रों में कम पानी चाहने वाली (Low water requiring) फसलें उगायी जाती हैं क्योंकि उन फसलों की पानी आवश्यकता कम होती है जो निम्न है–

   **(क) खरीफ फसलें (Kharif crops):** ज्वार, बाजरा, मक्का, अरहर, उर्द, मूंग, ग्वार तथा लोबिया।

   **(ख) रबी फसलें (Rabi crops):** गेहूँ, जौ, चना, मटर, मसूर, अलसी, सरसो।

5. **वायु (Wind):** शुष्क क्षेत्रों में वायु अधिक तेज चलती है जिससे इन सूखे क्षेत्रों में मृदा सतह से नमी का ह्रास (Loss) वाष्पीकरण द्वारा अधिक होता है। इन क्षेत्रों में वायु अधिक तेज चलने से मृदा का कटाव अधिक होता है।

6. **मृदा उर्वरता में कमी (Low soil fertility):** शुष्क क्षेत्रों की मृदा की उर्वरता में कमी रहती है जिससे फसल उत्पादन में कमी होती है।

7. फसल अवधि में लम्बे समय तक शुष्क क्षेत्रों में सूखा रहने से फसल उत्पादन में समस्या होती है।

## वाष्पोत्सर्जन को कम करने की विधियाँ

शुष्क क्षेत्रों में कृषि करने के लिये नमी एक महत्वपूर्ण कारक है। नमी का ह्रास मृदा से एवं पौधे से होता है। वाष्पोत्सर्जन द्वारा होने वाली नमी को कम करने के लिये निम्नलिखित उपाय करना चाहिए।

(क) पलवार या मल्च (Mulches)

(ख) एन्टीट्रान्सपैरेन्ट (Antitranspirant)

(ग) वायु अवरोधक (Wind breakes)

(घ) खरपतरवार नियंत्रण (Weed Control)

## (क) मल्च (Mulches)

वर्षा का लगभग 60 से 75 प्रतिशत पानी का ह्रास वाष्पीकरण (Evaporation) द्वारा होता है। इस वाष्पीकरण (Evaporation) को मल्च (Mulches) का प्रयोग करके कम कर सकते हैं।

''पलवार या मल्च (Mulch) पौधे के चारों ओर भूमि (Soil) को ढकने में प्रयुक्त पदार्थ, जैसे– फसलों का भूसा, रसायन–क्रिलियम जिससे मृदा नमी को संरक्षित किया जा सके पलवार (Mulch) कहलाता है।''

"Mulch is any material applied on the soil surface to check evaporation and improve soil water is called mulch".

**पलवार (Mulch) के प्रकार (Types of Mulches)**

- **भूसा पलवार (Straw mulch):** विभिन्न प्रकार के भूसा का प्रयोग पलवार के रूप में प्रयोग कर मृदा नमी के ह्रास को कम कर सकते हैं। जैसे– गेहूँ (Wheat) का भूसा, मसूर का भूसा आदि।
- **प्लास्टिक पलवार (Plastic mulch):** पलवार के रूप में प्लास्टिक पीन्नी (Polyethlene), पोलीविनायल क्लोराइड (Polyvinyl chloride) का प्रयोग पलवार (Mulch) के रूप में प्रयोग कर मृदा नमी के ह्रास (वाष्पीकरण) को कम करके नमी संरक्षण किया जा सकता है।
- **ठूंठ पलवार (Stubble mulch):** फसल अवशेष जैसे–गेहूँ का भूसा अथवा कपास ढूंठ आदि का प्रयोग पलवार (Mulch) के रूप में प्रयोग कर वाष्पीकरण को कम करके मृदा नमी संरक्षित किया जा सकता है।
- **मृदा पलवार अथवा धूल पलवार (Soil mulch or Dust mulch):** भूमि सतह (Soil surface) को ढीली (Loose) कर मृदा अथवा धूल पलवार (Soil or Dust mulch) का काम करती है।
- **लम्बवत पलवार (Vertical mulch):** भूमि की सख्त सतह (Hard surface) को लम्बवत (Vertical) तोड़ना जिससे भूमि ढीली होकर पौध व जड़, वायु एवं अन्तःस्रवण (Percolation) आसानी से जल धारण कर सके जिससे अधिक से अधिक जल उपयोग पौधा कर सकें और वाष्पीकरण द्वारा होने वाली जल हानि कम की जा सके। इसे लम्बवत पलवार (Vertical mulch) कहते हैं।

## (ख) एन्टी–ट्रान्सपिरेन्ट्स (Anti-transpirants)

"एन्टी–ट्रान्सपिरेन्ट्स वह पदार्थ जो पौधे की सतह पर प्रयोग करें तो उत्स्वदेन की क्रिया को धीमी कर देते हैं। एन्टी–ट्रान्सपिरेन्ट्स कहलाते हैं"।

"Anti-transpirant is any material applied to transpirating plant surfaces for reducing water loss from the plant is called anti-transpirant".

एन्टी–ट्रान्सपिरेन्ट्स चार प्रकार के होते हैं–

1. **रन्ध्र बन्द प्रकार (Stomatal closing type):** इस प्रकार के एन्टी–ट्रान्सपिरेन्ट्स का पत्तियों की सतह पर प्रयोग करने से रन्ध्र (Stomata) द्वारा होने वाले उत्स्वेदन (Transpiration) को कम किया जाता है। इन एन्टी–ट्रान्सपिरेन्ट्स का प्रयोग कर रन्ध्र बन्द हो जाते हैं और नमी (Moisture) का ह्रस नहीं होता है। इस प्रकार के एन्टी–ट्रान्सपिरेन्ट्स निम्न हैं जैसे – कुल कवकनाशी (Fungicides) फिनायल मरक्यूरिक एसीटेट (Phenyl mercuric acetate (PMA) और शाकनाशी (Herbicide) एट्राजिन (Atrazine) का कम सान्द्रण (Low consentration) का प्रयोग कर रन्ध्र बन्द (Stomata closing) एन्टी–ट्रान्सपिरेन्ट्स का कार्य करते हैं।

   इनका प्रयोग छोटे स्तर पर कर सकते हैं।

2. **फिल्म निर्माण प्रकार (Film forming type):** इस प्रकार के एन्टी–ट्रान्सपिरेन्ट्स जैसे–प्लास्टिक (Plastic) और मोम (Waxy) पदार्थों का प्रयोग कर जो पत्तियों की सतह पर पतली (Thin) फिल्म (Film) का निर्माण कर, पत्तियों द्वारा होने वाले उत्सवेदन (Transpiration) से नमी ह्रास को कम करते हैं। जैसे– मोबीलिफ (Mobileaf), हेक्साडिकोनोल (Hexadeconal), सिलिकोन (Silicone) आदि फिल्म निर्माण एन्टी–ट्रान्सपिरेन्ट्स है।
3. **परावर्तित या प्रतिबिम्बित प्रकार (Reflecting type):** इस प्रकार के पदार्थ सफेद (white) रंग के होते हैं जो पौधों की पत्तियों (Leaves) और पत्ती (Leaf) पर एक परत (Coating) होने से प्रकाश का परावर्तन (Reflecting) हो जाता है जिससे उत्सवेदन (Transpiration) द्वारा होने वाली नमी (Moisture) ह्रास (Loss) को रोकता है। इस प्रकार के एन्टी–ट्रान्सपिरेन्ट्स जैसे–केओलिन (Ksolin) का 5 प्रतिशत तक स्प्रे करें।
4. **वृद्धि रोक (Growth retardants):** इस प्रकार के एन्टी–ट्रान्सपिरेन्ट्स पौधों की शीर्ष (Shoot) वृद्धि को कम कर एवं जड़ (Root) वृद्धि को बढ़ाते हैं। जैसे–साइकोसेल (Cycocel)।

### (ग) वायु अवरोधक पट्टियां (Wind breaks and shelter belts)

वायु अवरोधक पट्टियों में पेड़ों (Trees) की लाइन से रोपाई करते हैं। इन पेड़ों को वायु दिशा के विपरीत लगाते हैं जिससे फसल पर वायु की गति धीमी पड़े जिससे फसल उत्सर्जन कम से कम हो सके जिससे पानी का उपयोग फसल अधिक कर सके।

### (घ) खरपतवार नियंत्रण (Weed control)

फसल की अपेक्षा खरपतवार (Weed), खेतों से अधिक पानी का उपयोग करते हैं। इसलिये खरपतवारों से पानी का ह्रास अधिक होता है जिससे फसल एवं खरपतवारों में प्रतियोगिता होती है तथा फसल उपज प्रभावित होती है। इसलिये शुष्क क्षेत्रों (Dry areas) से खरपतवारों का नियंत्रण करना आवश्यक है जिससे पानी की बचत की जा सके।

### विभिन्न शुष्क क्षेत्रों में फसल के लिये संस्तुत शाकनाशी (Recommended herbicides for different dryland crops)

| Crop | Herbicide | Dose (kg ai/ha) | Time of application |
|---|---|---|---|
| मूंगफली (Groundnut) | Fluchloralin | 1.0 | Pre-plant incorporation |
| | Pendimethalin | 1.0 | Pre-emergence |
| | Alachlor | 1.5 | Pre-emergence |
| | Butachlor | 1.5 | Pre-emergence |
| सूरजमुखी (Sunflower) | Fluchloralin | 1.0 | Pre-plant incorporation |
| | Pendimethalin | 1.0 | Pre-emergence |

| | | | |
|---|---|---|---|
| ज्वार (Sorghum) | Atrazine | 0.5 | Pre-emergence |
| बाजरा (Pearl millet) | Atrazine | 0.5 | Pre-emergence |
| कपास (Cotton) | Diuron | 1.0 | Pre-emergence |
| | Fluchloralin | 1.0 | Pre-plant incorporation |
| दलहन (Pulses) | Fluchloralin | 1.0 | Pre-plant incorporation |
| | Pendimethalin | 1.0 | Pre-emergence |

**शुष्क क्षेत्रों के विभिन्न वर्षा वाले क्षेत्रों के लिये फल उत्पादन फसल (Fruit crops for dry lands in different rainfall zones)**

| वर्षा (मिमी॰) (Rainfall) | मैदानों के लिये फल वाले पेड़ (Fruit trees for plains) |
|---|---|
| 500 मिमी॰ से कम (<500) | फालसा (Phalsa), अन्जीर (Fig), बेर |
| 500–1000 (मिमी॰) (500–1000) | बेर (Ber), जामुन (Jamun), अमरूद (Guava), नींबू (Lime), आम (Mango), नीम (Neem), इमली (Tamarind) आदि |
| 1000 मिमी॰ से अधिक (>1000) | आम (Mango), लीची (Litchi), जामुन (Jamun), इमली (Tamarind) आदि |

**जल संग्रह (Water storage):** वर्ष के अतिरिक्त पानी को निम्न प्रकार संग्रह करते है–

(अ) **खेत में जल समेट (Water Harvesting in situ):** खेत में चारों तरफ से अच्छी मेड़ बन्दी करके जल का संग्रह करते है तथा उपयुक्त नमी की दशा में खेत की तैयारी करके फसल बोई जाती है।

(ब) **जल समेट (Water harvesting):** इस शब्द को सबसे पहले गिडस (Geddes) ने 1963 में प्रयोग किया था।

जल समेट से तात्पर्य उस शब्द से है जब वर्षा ऋतु में वर्षा के पानी की कुछ मात्रा भूमि द्वारा सोखी जाती है लेकिन शेष पानी भूमि सतह पर बहने लगता है। अधिक वर्षा होने पर भूमि सतह पर बहने वाले पानी अर्थात अपवाह की मात्रा अधिक हो जाती है। इस बहने वाले पानी को खेत में गड्ढों या तालाबों में इकट्ठा कर लिया जाता है। इस इकट्ठे जल को वाष्पीकरण एवं निस्यन्दन जैसी हानियों से बचाया जाता है। इस इकट्ठे जल का उपयोग फसल उत्पादन हेतु प्रयोग लाना ही जल समेट (वाटर हारवेस्टिंग) तकनीक कहा जाता है। यह तकनीक कम वर्षा वाले क्षेत्रों में अपनाई जाती है। यह प्रक्रिया शुष्क एवं अर्धशुष्क क्षेत्रों में अपनाई जाती है। इसको इस प्रकार परिभाषित कर सकते है।

"वर्षा जल को एकत्रित एवं संग्रहित करना जो फसल उत्पादन के समय उपयोग किया जा सके वाटर हारवेस्टिंग कहलाता है।"

"Collecting and storing water for subsequent use is known as water harvesting."

शब्द वाटर हारवेस्टिंग (water harvesting) पहली बार मयोरस (Myors) ने दिया।

वाटर हारवेस्टिंग का विकास लगभग 2000 वर्ष पहले नावा टिन्स (Naba Tens) के द्वारा अच्छी कला के रूप में किया गया।

## अपवाह बढ़ाने के उपाय (Method to Induce Runoff)

जहां पर औसत वर्षा 50 से 80 मि॰मी॰ तक होती है वहां पर वाटर हारवेस्टिंग का कार्य सम्भव है। वर्षा का जल जो कि सतह पर बहता रहता है इस वर्षा जल को ढाल वाली जगह से ले जाकर एक जगह एकत्रित कर लिया जाता है। इस छोटे अपवाह को संग्रहीत करके इसका उपयोग छोटे गांवों के घरेलू कार्य, पशुओं के उपयोग में लाते है।

जल समेट में अपवाह बढ़ाने के उपयोग निम्न है–

1. अपवाह बढा़ने के लिये बनो, हरियाली (Vegetetion) और चट्टानों को हटा कर अपवाह बढ़ा सकते है।
2. भूमि पर उगी वनस्पति अत्यधिक जल का उपभोग करके, जल का ताप वाष्पोत्सर्जन करती है जिससे जल हानि अधिक होती है। तथा अपवाह की मात्रा घटने लगती है। इन वनस्पति को भूमि से हटा कर अपवाह को बढ़ाना चाहिए।
3. अपवाह बढ़ाने के लिये, भमि की सतह चिकनी बनाकर करते है।
4. अपवाह बढ़ाने के लिये, भमि की सतह पर प्लास्टिक, सीमेंट, धातु व एस्फाल्ट इत्यादि के प्रयोग द्वारा किया जाता है।
5. अपवाह बढ़ाने के लिये एवं जल ह्रास को रोकने के लिये, भूमि के मृदा रन्ध्र को रासायनिक उपाचार द्वारा रोक सकते है इसके लिए सिलिकान का सोडियम लवण (Sodium salt of silicon), लेटिक्स (Latexes), और मोम (Wax) आदि है।

## वाटर हारवेस्टिंग की विधियाँ (Method of water harvesting)

वाटर हारवेस्टिंग का कार्य शुष्क एवं अर्धशुष्क क्षेत्रों में किया जाता है इसकी विधियां निम्नलिखित है–

**शुष्क क्षेत्र (Arid Regions):** शुष्क क्षेत्रों में वाटर हारवेस्टिंग (Water harvesting) का कार्य निम्नलिखित प्रकार से करते है –

1. **अपवाह खेती (Run off farming):** इसमें 10 से 50 हेक्टेयर जमीन की खेती को छोटे–छोटे टुकड़ों (1 से 3 हेक्टर) में बांट लेते है जिससे इसमें पानी आसानी से एकत्रित (Collect) कर लिया जाय। इसमें नालियों के द्वारा पानी छोटे–छोटे टुकड़ों में मेड़ बन्दी करके इकट्ठा कर लिया जाता है। इस इकट्ठे पानी का उपयोग खेती– पशुपालन में किया जाता है।
2. **पानी को फैलाना (Water spreading):** शुष्क क्षेत्रों में सीमित वर्षा होती है इन क्षेत्रो में कम वर्षा का होना, जो वर्षा का पानी होता है। वह जल्दी बह जाता है जिससे जल का ह्रास होता है। इस दशा मे पानी का फैलाना खेतो

मे अच्छा होता है। इसमें पानी को फैलाकर इकट्ठा कर लिया जाता है छोटे बांध बनाकर इस पानी का प्रयोग फसल उत्पादन में करते है।

3. **सूक्ष्मजलागम (Microcatchments)**: सूक्ष्मजलागम पानी में पौधों को उगाया जा सकता है सूक्ष्मजलागम का प्रयोग नेगेव डीजर्ट (Negev desert) इसकी रेन्ज (Range) 16 M2 में शुष्क के चारों तरफ को दीवार की ऊंचाई 15-20 c.m. तक होती है इसकी गहराई 40 cm. रखते हैं। माइक्रोकैचमेन्ट से अपवाह के पानी को इसमें इकट्ठा कर लेते है।

## अर्द्धशुष्क क्षेत्र (Semi arid regions)

अर्द्धशुष्क क्षेत्रों में वाटर हारवेस्टिंग की निम्नलिखित तकनीक अपनाई जाती है।

1. **कुऐं खोदना (Dug wells)**: हाथों द्वारा खोदे गये कुओं में अन्तः सतह का पानी इकट्ठा कर लेते हैं। इसका प्रयोग सिंचाई में करते हैं। इस पानी में लवणो की अधिकता के कारण जल गुणवत्ता खराब होती है। यह शुद्ध पानी नहीं होता है।
2. **जलाशय (Tanks)**: वनों एवं पहाड़ों से अपवाह जल, मैदान में बने जलाशय में इकट्ठा होता है।

## महत्वपूर्ण जानकारी

- First famine commission – 1880.
- Dry farming research on small plots at manjari near Pune – 1923.
- Report of Royal commission on Agriculture – 1928.
- Dry Farming scheme in 5 centres – 1933-35.
- Soil and water conservation research Institute at Dehradun with 8 soil conservation centres – 1954.
- Central Arid zone Research Institute, Jodhpur – 1959.
- Several dry farming projects – 1956-61.
- All India co-ordinated Research Project for Dry land Agriculture (AICRISAT) at 23 Centres.
- International Crops Research Institute for Semi Arid Tropics (ICRISAT) at Hyderabad – 1972.
- Rural works programme of 1970 renamed as Drought Prone Area Programme – 1973.
- Operational Research Projects to validate technologies in Farmer's Fields – 1976.
- Desert Development Programme – 1977.
- Model watershed at – 47 sites – 1983.

- Central Research Institute for Dry land Agriculture (CRIDA) at Hyderabad – 1985.
- National Research Centre for Agro-Forestry at Jhansi – 1988.
- National Watershed Development Project – For Rainfed Agriculture (NWDPRA-1990).
- Ministry of Rural Development Programme on Water shed Development in DPA districts.

■■■■

# अध्याय–13

# टिकाऊ खेती
# (Sustainable Agriculture)

## भूमिका

प्राकृतिक सम्पदा के अत्यधिक एवं असंतुलित दोहन तथा कृषि के रसायनीकरण से भूमि उत्पादकता में ह्रास, पोषक तत्त्वों की उपलब्धता में असंतुलन, खाद्यान्न विषाक्तीकरण, पर्यावरण, जल एवं वायु प्रदूषण तथा भूमि विकास एवं जीन क्षरण जैसी समस्यायें पैदा हो गई है जिससे कृषि क्षेत्र में स्थायित्व लाने का मुद्दा अति महत्वपूर्ण हो गया है। हमारे देश में जहाँ जनसंख्या उत्त्रोतर गति से बढ़ रही है। तथा जल एवं भूमि संसाधन संकुचन के साथ सूखा एवं बाढ़ जैसी समस्यायें पैदा हो रही है इसलिए आगामी वर्षों में स्थाई रूप से कृषि उत्पादकता बढ़ाना अति आवश्यक है क्योंकि यदि यह प्रक्रिया लम्बी अवधि तक चलती रही तो भूमि एवं जल की उपादेयता समाप्त हो जायेगी तथा भावी पीढ़ी का जीवन असुरक्षित हो जायेगा। भावी पीढ़ी हेतु प्राकृतिक सम्पदाओं का संरक्षण तथा खाद्यान्न उत्पादन में प्रचुरता स्थाई कृषि से ही सम्भव है।

**टिकाऊ खेती के प्रमुख बिन्दु**

- इस पद्धति में उर्वरकों एवं कृषि रक्षा रसायनों को एकीकृत प्रबन्धन से दिया जाता है।
- इससे भूमि का स्वास्थ्य, फसलों की उत्पादकता तथा पर्यावरण सुसंगत (टिकाऊ) रहते हैं।
- इसमें फसलों की उत्पादन लागत कम हो जाती है।
- प्रक्षेत्र में उपलब्ध संसाधनों तथा फसल अपशिष्टों का सही उपयोग होता है।
- खाद्यान्न फसलों की सुनिश्चितता (Food security) रहती है।
- इस पद्धति को अपनाना आसान है।

स्वतंत्रता प्राप्ति के बाद हमारे देश ने जिस गति से कृषि क्षेत्र में विकास किया है वह विश्व में एक मिसाल है। कई विकसित देश इसे 'रोल माडल' के रूप में मानकर इस उपलब्धि का लाभ उठा रहे है। हमारे देश के कृषि वैज्ञानिकों एवं कृषकों के अथक परिश्रम से हरितक्रान्ति का उद्भव हुआ (वर्ष 1966–67) भारत में डा॰ एम॰एस॰ स्वामीनाथन को हरितक्रान्ति का जनक माना जाता है। जिसका शुरू से क्षेत्र धान व गेहूँ फसलों पर रहा परन्तु बाद में सभी प्रमुख फसलों में अधिक उपज देने वाली प्रजातियों

(Improved varieties), संकर किस्मों (Hybrid varieties) तथा संकुल किस्मों (Composite varieties) का विकास कृषि वैज्ञानिकों ने किया जिससे हमारा देश 'भुखमरी से अन्नदाता' की स्थिति से पहुँच गया। कृषि वैज्ञानिकों के चिन्तन, शोध तथा तकनीकी विकास के कारण उर्वरक उद्योगों की स्थापना, सिंचाई के साधनों का विस्तार, कृषि के मशीनीकरण तथा कृषि रक्षा रसायनों के उद्योगों की स्थापना करने को बल मिला जिससे सम्पूर्ण देश में सघन खेती पद्धति को प्रोत्साहन मिला। विभिन्न फसलों की उन्नतिशील प्रजातियों से अधिक उत्पादन तभी सम्भव है जब हम उन्हें देशी प्रजातियों की तुलना में अधिक पोषक तत्त्व रासायनिक उर्वरकों से दे, सिंचित दशा में आवश्यकतानुसार सिंचाई करें, खरपतवारों, बीमारियों एवं कीटों का नियंत्रण उपयुक्त रसायनों से करें तथा भूमि की तैयारी सुचारू रूप से करना सम्मिलित है। सघन खेती में दो, तीन तथा चार फसलें भी एक निश्चित खेत से एक वर्ष में उगाई जाती है जिससे मृदा, फसलों, जल तथा वातावरण में निम्नलिखित हानिकारक प्रभाव दिखई दे रहे है–

- मृदा में भूक्षरण, कार्बनिक पदार्थ में कमी, पोषक तत्त्वों का ह्रास, पोषक तत्त्वों का निक्षालन एवं अपधावन (Nutrient leaching and runoff), जलमग्नता, लवणीयता, विषाक्त पदार्थों का एकत्रीकरण, मृदा जैव विविधता में कमी (Reduction in soil biodiversity) तथा मृदा प्रदूषण आदि है।
- कृषि में प्रयोग होने वाले रसायन मित्र सूक्ष्मजीवों एवं उपयोगी कीटों जैसे केंचुआ जो हानिकारक कीटों को मारने की क्षमता रखते है को मार देते है। साथ ही मृदा सूक्ष्मजीवों जो विभिन्न पोषक तत्त्वों के रूपान्तरण एवं उनकी उपलब्धता तथा कार्बनिक पदार्थों के सड़ाने, गलाने में महत्वपूर्ण भूमिका निभाते है के मर जाने से कृषि उत्पादन पर प्रतिकूल पड़ रहा है।
- जल संसाधनों के अमानवीय दोहन के कारण भूजलस्तर में तेजी से गिरावट, उथला जलस्तर, बाढ़ एवं जलमग्नता, जल की खपत में वृद्धि, मृदा लवणीयता में विस्तार, जलाशयों की क्षमता में लगातार गिरावट तथा उर्वरकों एवं कृषि रसायनों के कारण जल की गुणवत्ता में कमी आ रही है जिसका हानिकारक प्रभाव फसलों के साथ–साथ मानव, जीव जन्तुओं, वातावरण तथा खाद्यान्नों की गुणवत्ता पर पड़ रहा है।
- जैव विविधता कम होती जा रही है जिसके कारण अनेकों प्रजातियों विलुप्त हो रही है अथवा विलुप्तता का खतरा उत्पन्न हो गया है।
- अधिक फसलोत्पादन एवं जल की लालसा से फसल विविधता में कमी (Loss in crop diversity), गलत फसल पद्धतियों का उपयोग, एलीलोपैथी प्रभाव, फसल उत्पाद की गुणवत्ता में कमी, फसलों के उत्पादन स्तर में ठहराव या गिरावट, कृषि निवेशों का अविवेकपूर्ण उपयोग, कृषि संसाधनों का अत्यधिक दोहन एवं अधिक फसलोत्पादन लागत आदि अनेक समस्यायें उत्पन्न हो रही है।
- समय पर फसलों की बुवाई, कटाई तथा वर्ष में 3–4 फसलें लेने हेतु, कृषि यंत्रों के अधिक प्रयोग से मृदा व पर्यावरण पर दुष्प्रभाव पड़ता है जिससे मृदा की निश्चित गहराई पर कड़ी पर्त बनना, मृदा का क्षारीय होना, पर्यावरण का दूषित होना आदि है।

- उर्वरकों, कृषि रसायनों एवं डीजल से चलने वाले कृषि यंत्रों के कारण वातावरण प्रदूषित हो रहा है जिसके दुष्परिणाम, फसलों, जानवरों, मानव आदि को हो रहा है जिससे वैश्वीय ताप (Global warming) जैसे समस्यायें जन्म ले रही है।

उपरोक्त प्रभावों से बचाव हेतु एक ऐसी कृषि पद्धति विकसित करने की आवश्यकता है जिसमें उर्वरकों एवं कृषि रसायनों तथा कृषि यंत्रों का प्रयोग न्यूनतम हो अथवा बिलकुल न हो, यहीं से समगतिशील कृषि (Sustainable Agriculture) की आवश्यकता कृषि वैज्ञानिकों ने महसूस की।

कृत्रिम उर्वरकों एवं कृषि रसायनों पर न्यूनतम सीमा तक आश्रित रहकर खेती करने की पद्धति को स्थाई कृषि (Sustainable Agriculture) कहते है। टिकाऊ खेती भूमि, वन्य प्राणी, फसल, मत्स्य पालन, पशुपालन, वन संरक्षण, पौध आनुवंशिकी, तथा परिस्थितिकीय तंत्र के संतुलित प्रबन्धन के द्वारा पर्यावरण को प्रदूषित होने से बचाकर वर्तमान एवं भावी पीढ़ी के लिए भोजन और जीविकोपार्जन की व्यवस्था के साथ–साथ उत्पादकता एवं प्राकृतवास को बनाये रखने की पद्धति है।

## टिकाऊ खेती की परिभाषा

1. टिकाऊ कृषि खेती का वह रूप है जिसमें भावी पीढ़ी के संसाधनों को बिना कोई क्षति पहुंचाये वर्तमान पीढ़ी की आवश्यकताओं की पूर्ति हो सके।

   Sustainable agriculture is form of agriculture aimed at meeting the needs of present generation without endangering the resource base of future generation.

2. प्राकृतिक संसाधनों की गुणवत्ता को स्थिर बनाये रखने या उनमें सुधार करते हुये मानव की बदलती आवश्यकताओं की संतोषजनक पूर्ति करने हेतु उपलब्ध संसाधनों का सफलतापूर्वक उपयोग करना ही स्थाई कृषि कहलाती है।

   कृषि एवं प्राकृतिक संसाधनों का सफल प्रबन्ध करना ताकि निरन्तर फसलोत्पादन में वृद्धि से मानव आवश्यकताओं की पूर्ति हो, साथ ही पर्यावरण में सुधार हो तथा प्राकृतिक संसाधनों को भविष्य के लिए सुरक्षित रख सके, टिकाऊ कृषि कहलाता है।

   Sustainable agriculture means the successful management of resources for agriculture to satisfy changing human needs while maintaining or enhancing the quality of environment and conserving natural resources. (ICAR)

## टिकाऊ खेती के उपादान (Tools of Sustainable Agriculture)

1. कार्बनिक खादों का प्रयोग (use of organic manures)।
2. हरी खाद का प्रयोग।
3. जैव उर्वरकों का प्रयोग।
4. रासायनिक उर्वरकों का न्यूनतम उपयोग।

5. अकार्बनिक खादों का कार्बनिक खादों द्वारा यथासम्भव प्रतिस्थापन।
6. मृदा सुधारकों द्वारा भूमि सुधार।
7. जलमग्नता तथा लवणीयता नियंत्रण हेतु नियंत्रित सिंचाई।
8. खेत में जल संरक्षण जिससे भूमिगत जल का दोहन न्यूनतम हो।
9. कृषि क्रियाओं में जैव ईंधन का कम से कम उपयोग (Restricted use of fossils fuel in agriculture operation)।
10. न्यूनतम भूपरिष्करण (Minimum tillage or reduced tillage)।
11. फसल विविधीकरण एवं सुसंगत फसलचक्र।
12. कीटों एवं बीमारियों का जैविक विधि से नियंत्रण।

## टिकाऊ खेती के उद्देश्य

- एकीकृत खरपतवारों, कीटों व रोगों के प्रबन्धन पर जोर देना।
- कृत्रिम उर्वरकों एवं कृषि रसायनों का न्यूनतम प्रयोग करके अच्छी गुणवत्तायुक्त खाद्यान्नों का अधिकतम उत्पादन।
- स्थानीय जीवों व स्थानीय पौधों की जैवविविधता में वृद्धि एवं उनका संरक्षण करना।
- जैविक/कार्बनिक खादों का प्रयोग करके मृदा की उर्वरता, जैविक कार्बन, पादप पोषक तत्त्व संतुलन तथा जैव क्रियाशीलता में वृद्धि बनाये रखना।
- मृदा ह्रास (Soil degradation) एवं क्षरण का नियंत्रण, पर्यावरण संरक्षण एवं जैव उत्पादकता में संतुलन लाना है। मृदा एवं जल संरक्षण क्रियाओं का अनुपालन करना।
- कृषकों के प्रक्षेत्र में उपलब्ध सामग्री एवं संसाधनों का अधिकतम सीमा तक पुनः चक्रण (Recycling) करना है।
- पशुओं की स्वास्थ्य सम्बन्धी आवश्कताओं एवं सेवाओं में वृद्धि करना।
- समुचित फसल चक्र अपनाना।

## हानियाँ (Disadvantages)

- खाद्य सुरक्षा में अनिश्चितता।
- उचित प्रबन्धन में कठिनाई।
- कार्बनिक पदार्थों का पर्याप्त मात्रा में उपलब्ध न होना।
- दृष्टि संकल्प की आवश्यकता।
- सघन जागरूकता अभियान की आवश्यकता।
- प्रशिक्षित कृषि प्रसार कार्यकर्त्ताओं की कमी।
- मित्र जीवों की पुनःस्थापना में कठिनाई।

- सुदृढ़ सरकारी नीति की आवश्यकता।
- लाभ घट जाने का जोखिम।
- पर्याप्त शोध की कमी।

**पर्यायवाची (Synonyms):** टिकाऊ खेती को स्थाई कृषि, समगतिशील कृषि, सुसंगत कृषि, ठहराव खेती, रक्षणीय कृषि, परिस्थितिकीय कृषि, जीवांश कृषि, प्राकृतिक कृषि तथा कार्बनिक कृषि भी कहते है।

## टिकाऊ खेती की प्रबन्धन प्रक्रिया (Management practices in sustainable agriculture)

1. **आनुवंशिक विविधता (Genetic variability):** आनुवांशिक विविधता एवं विशिष्ट स्थानीय प्रजातियों के द्वारा स्थाई कृषि से अच्छा उत्पादन सम्भव है।
2. **उपयुक्त फसलचक्र (Suitable crop rotation):** फसलचक्र के सिद्धान्तों को ध्यान में रखकर फसलों को हेरफेर कर बोने से भूमि की नमी, रोग नियंत्रण, कीट नियंत्रण तथा भूमि से पोषक तत्त्वों की मात्रा पर अनुकूल प्रभाव डालने वाले घटकों में वृद्धि होती है।
3. **फसल विविधता (Crop diversity):** खाद्यान्न फसलों के स्थान पर दलहनी, तिलहनी, सब्जियों, औषधीय फसलों, फलों, मसालों तथा अन्य व्यावसायिक फसलों के उगने से अधिक आय के साथ साथ कृषि को वर्तमान आवश्यकताओं के अनुरूप बनाया जा सकता है।
4. **मिश्रित खेती (Mixed cropping):** मिश्रित खेती के सिद्धान्तों के अनुसार मिश्रित फसलों को चयनित करके उगाने से भूमि को उपरि एवं अधोभूमिक स्रोतों जैसे प्रकाश, स्थान आदि का उपयोग होने के साथ–साथ भूमि की उर्वरता में सुधार तथा उत्पादकता में वृद्धि होती है।
5. **फसलों पर मृदा जीवाणुओं का प्रभाव (Effect of soil organisms on crops):** असंख्य सूक्ष्मजीवी पादप आधारित सूक्ष्म जीवाणु मिट्टी में पोषक तत्त्व वृद्धि करने में सहायक होते हैं। इसी से इनका जीवन चक्र चलता है। जिससे केंचुओं की भूमिका सर्वविदित है। कुछ सूक्ष्म जीवों जैसे फफूंद, जीवाणु एवं गोलकृमि फसलों के विकास में क्षति पहुंचाते है।
6. **जैविक नत्रजन स्थिरीकरण (Biological nitrogen fixation):** फलीदार फसलों की खेती से वायुमंडल में व्याप्त नत्रजन का मृदा में संचय किया जा सकता है। इस प्रकार जैविक माध्यम से संग्रहीत नत्रजन स्थाई प्रकृति का एवं प्रदूषण रहित होता है। इसके अतिरिक्त नीलहरित शैवाल, अजोला, एजोटोबैक्टर इत्यादि जीव भी वायुमंडल की नत्रजन को भूमि में लाकर फसलों को प्रदान करते है। इस प्रकार पादप मृदा के सह सम्बन्ध के गहन अध्ययन से स्थाई कृषि पद्धति में वृद्धि को जा सकती है।
7. **एकीकृत पौध पोषक तत्त्व प्रबन्धन (Integrated plant nutrient management):** एकीकृत पोषक तत्त्व प्रबन्धन के अन्तर्गत रासायनिक उर्वरक, प्रक्षेत्र पर तैयार खाद, कम्पोस्ट, फसलों के अवशेष, हरी खाद, राइजोबियम एजेटोबैक्टर, नीलहरित शैवाल तथा एजोला आदि घटक है। जब

इन घटकों की संतुलित मात्रा एक से अधिक स्रोतों से दी जाती है तो उसे एकीकृत पादप तत्त्व प्रबन्धन कहते है ऐसा करने से भूमि तथा फसलों की स्थाई उत्पादकता बनी रहती है।

8. **समन्वित कीट प्रबन्धन (Integrated pest management)**: कीट प्रबन्धन के क्षेत्र में यह सबसे प्रभावकारी, कम से कम लागत वाला, सबसे अधिक सुरक्षित, पारिस्थतिकीय के अनुकूल तथा सामाजिक रूप से स्वीकार्य भौतिक, रासायनिक एवं जैविक पद्धतियों का सम्मिश्रण है जिससे फसल को कीटों से होने वाली क्षति को सीमित रखा जा सके। इसके अन्तर्गत ग्रीष्मकालीन गहरी जुताई, फेरोमोन टेप का उपयोग, संगरोधन उपाय, मानव द्वारा कीटों का संग्रह एवं विनाश, कीटनाशकों, कीट आकर्षकों, कीट विकर्षकों का, निष्कीटको का प्रयोग, कीट वृद्धि नियंत्रकों तथा नरबन्ध्याकरण पद्धति, कीटों के प्रकोप को सहन करने वाली फसल प्रजातियों का प्रयोग तथा खेती की पद्धतियों का सामयिक उपयोग आदि है।

9. **समन्वित खरपतवार प्रबन्धन (Integrated weed management)**: खरपतवार प्रबन्धन की विधियों में भौतिक, कृषि रासायनिक एवं जैविक विधियाँ प्रयोग में लाई जाती है। टिकाऊ खेती में रसायन के प्रयोग को कम करके अन्य विधियों द्वारा खरपतवार नियंत्रण किया जाता है जिससे रसायनों के कुप्रभाव द्वारा मृदा एवं पौधों को बचाया जा सके तथा उत्पादन में स्थिरता प्राप्त की जा सके।

10. **भूपरिष्करण क्रियायें (Tillage practices)**: इसका उद्‌देश्य मृदा अवघटन में कमी लाना, खरपतवार नियंत्रण करना तथा जीवांश पदार्थों के विघटन के लिए उचित वातावरण उत्पन्न करना होता है। इन क्रियाओं का सामान्य उद्‌देश्य मृदा के लाभकारी जीवाणुओं के लिए इष्टतम वातावरण प्रदान करना भी होता है जिससे जीवांश पदार्थ के विघटन और पोषकतत्त्वों के पुनः चक्रण में अधिक क्षमता पूर्वक क्रियाशील हो। न्यूनतम भूपरिष्करण टिकाऊ खेती के लिए अधिक उपयुक्त है।

11. **स्थाई जल प्रबन्धन (Sustainable water management)**: हमारे देश के कम और अधिक वर्षा वाले क्षेत्रों में वर्षा का वार्षिक वितरण 50 मिमी॰ से कम और 2000 मिमी॰ से अधिक के बीच में है। इस विषमता के आधार पर अत्यन्त आवश्यक है कि वर्षा के जल का स्थानीय आधार पर संग्रह एवं उसके उपयोग की विशेषकर देश के अर्द्धशुष्क क्षेत्रों हेतु उचित प्रौद्योगिकी विकसित की जाये। टपकाव एवं बौछारी सिंचाई पद्धति को प्रोत्साहित किया जाये, नहरों, भूमिगत जल संसाधनों का विकास एवं विद्युतीकरण किया जाये, भूमिगत जल के दोहन और उसके समुचित पुनः प्रयोग की तकनीक विकसित की जाये, क्षारीयता की रोकथाम हेतु सिंचाई प्रणाली की उचित रूप रेखा एवं प्रबन्धन, जल संसाधन का उचित ढंग से उपयोग, नलकूपों के अन्तर एवं गहराई एवं पम्प किये जाने वाले जल के सम्बन्ध में कानून बनाये जाये।

12. **कटाई के बाद तकनीकी पद्धति को अपनाना (Post harvest technology)**: समूचे पौधों को उपयोग में लाने के तरीके तथा उपलब्ध कृषि सामग्री मूल्य सम्बन्धित उत्पाद तैयार करना, उपज बढ़ाने और अच्छी

पौष्टिकता और उपभोक्ता के स्वीकार्य प्राथमिकतायें सुनिश्चित करना दोनों के लिए महत्वपूर्ण है। सुखाने, भण्डारण करने और विपणन की लागत की पौद्योगिकी कृषि उत्पादों को गुणात्मक और मात्रात्मक क्षति पहुंचाने से रोकती है तथा उसके ऊर्जा के स्रोत भी प्रयोग नहीं करने पड़ते है।

13. **प्रसार कार्यक्रम (Extension programme)**: कृषकों के ज्ञानवर्धन, शैक्षणिक कार्यक्रम चलाकर टिकाऊ कृषि पद्धतियों को लोकप्रिय बनाया जा सकता है। कम्प्यूटर, वीडियो टेप, लोकप्रिय अखबार तथा कृषि पत्रिकाओं का प्रयोग करके किसानों को नवीन प्रबन्ध प्रणालियों एवं प्रौद्योगिकी विकास का ज्ञान दिया जा सकता है। इस समय फसल सम्बन्धी जानकारी और कीट परामर्श का उपयोग किसान कर रहे हैं।

स्थाई कृषि प्रणाली की विस्तार तकनीक का महत्त्वपूर्ण विकास सामाजिक अभियांत्रिकी (Social Engineering) है जिसका उद्देश्य किसान के दृष्टिकोण को परिवर्तित करना होता है ताकि वह किसी नई तकनीकी अथवा अपनाई हुई पद्धति के पारिस्थितिकी विषयक उत्पादन और आर्थिक परिणामों के प्रति जागरूक हो सके।

## लाभ (Advantages)

1. कार्बनिक अवशेष आसानी से सड़ जाते है जिनका खाद के रूप में उपयोग किया जाता है।
2. संतुलित उपयोग के कारण प्राकृतिक संसाधनों जैसे – मृदाक्षरण, भूमिगत जल प्रदूषण एवं भूमिगत जल अतिदोहन के कारण कोई समस्या पैदा नहीं होती।
3. फसलोत्पादन के लिए जरूरी पदार्थों की अधिकांश पूर्ति आस–पास से हो जाने के कारण खेती की लागत कम आती है।
4. फसलों के विविधीकरण के कारण किसानों को वर्षभर रोजगार मिलता है तथा कई बार आय मिलती है।
5. जैवमंडल की जैव विविधता (Bio-diversity) बनाये रखने में मदद मिलती है।
6. कृषि उत्पाद, उच्च गुणवता तथा विषाक्तीकरण रसायनों से रहित होते है।
7. फसलोत्पादन अच्छा मिलता है।
8. पर्यावरण प्रदूषित नहीं होता क्योंकि कृषि रसायनों का प्रयोग निम्नतम होता है।
9. मृदा क्षारीय नहीं हो पाती।
10. अन्तर्राष्ट्रीय बाजार में कृषि उत्पाद की मांग में वृद्धि।

## कृषि रसायनों के प्रयोग की आवश्यकता

प्रायः भारतीय कृषक कृत्रिम उर्वरकों एवं रसायनों का प्रयोग फसलोत्पादन में निम्न प्रकार करता है–

1. प्राथमिक, द्वितीयक तथा सूक्ष्म पोषक तत्त्वों की पूर्ति अधिकतम कृत्रिम उर्वरकों द्वारा की जाती है। जैसे नत्रजन की यूरिया, अमोनियम सल्फेट से, फास्फेट डी॰ए॰पी॰ व सुपरफास्फेट से, पोटाश म्यूरेट आफ पोटाश से, जिंक की जिंक सल्फेट आदि से।
2. खरपतवारों के नियंत्रण हेतु शाकनाशी रसायनों का प्रयोग विभिन्न फसलों में विशेष प्रकार के खरपतवार के नियंत्रण हेतु किया जाता है।
3. फसलों को बीमारियों से बचाने हेतु फफूंद नाशक रसायनों का प्रयोग विभिन्न फसलों में किया जाता है।
4. कीटों से फसल सुरक्षा हेतु कीटनाशक रसायनों का प्रयोग फसल व कीटों को ध्यान में रखकर किया जाता है।
5. कुछ मृदा सुधारकों का प्रयोग कृषि रसायन के रूप में किया जाता है। जैसे जिप्सम का प्रयोग क्षारीय मृदा सुधारक के रूप में किया जाता है।

## उर्वरकों एवं कृषि रसायनों के विकल्प (Substitute of fertilizers and agrochemicals)

### (अ) रासायनिक उर्वरकों का विकल्प (Substitute of fertilizers)

1. **जैविक उर्वरकः** इसमें सूक्ष्मजीवी बैक्टीरिया, फफूंदी, शैवाल, प्रोटोजोआ आदि पाये जाते है। इनमें से कुछ सूक्ष्मजीव वायुमंडल से स्वतंत्र रूप से पाई जाने वाली 78 प्रतिशत नत्रजन जिन्हें पौधे सीधे उपयोग करने में अक्षम होते हैं, को अमोनियम एवं नाइट्रेट तथा फास्फोरस को उपलब्ध अवस्था में बदल देते है। जैव उर्वरक इन्ही सूक्ष्म जीवों का पीट, लेग्नाइट या कोयले के चूर्ण का मिश्रण होता है जो पौधों को नत्रजन व फास्फोरस की उपलब्धता बढ़ाता है। इस समय निम्नलिखित जीवाणु खाद उपलब्ध है।

   (i) **राइजोबियम कल्चरः** इसका प्रयोग दलहनी फसलों में किया जाता है। अलग–अलग फसलों के लिए अलग प्रकार को राइजोबियम कल्चर प्रयोग करने की अनुशंसा की जाती है। इसके प्रयोग करने से 10–20 किग्रा॰ प्रति हेक्टयर की दर से रासायनिक नत्रजन की बचत होती है।

   (ii) **एजोटोबैक्टरः** यह जीवाणु खाद दलहनी फसलों के अतिरिक्त अन्य सभी फसलों में प्रयोग की जा सकती है। इसके प्रयोग से 20–30 किग्रा॰/हैक्टर नत्रजन की बचत की जा सकती है। ये हारमोन्स तथा विटामिन्स का भी उत्सर्जन करते है।

   (iii) **एजोस्पाइरिलमः** यह जीवाणु खाद खरीफ के मौसम में धान, मोटे अनाज तथा गन्ने की फसलों के लिए विशेष उपयोगी है। इसके प्रयोग से 20–30 किग्रा॰/हे॰ नत्रजन की बचत हो जाती है।

   (iv) **नीलहरित शैवाल खादः** इसका प्रयोग धान की रोपाई के 3–4 दिन बाद स्थिर पानी में 12.5 किग्रा॰/हे॰ की दर से सूखे जैव उर्वरक (नील हरित शैवाल) को डालते है तथा 4–5 दिन पर खेत में पानी भरा रहने देते है। इसके प्रयोग से 30 किग्रा॰/हैक्टर नत्रजन प्राप्त होती है तथा

साथ ही वृद्धि नियंत्रक (हारमोन्स), विटामिन बी–12, अमीनो अम्ल आदि स्रवित होते है।

(v) **फास्फेटिका कल्चर:** यह भी स्वतंत्र जीवों जीवाणुओं का एक नम चूर्ण रूप से उत्पाद है। इसके प्रयोग से भूमि में अघुलनशील फास्फोरस घुलनशील अवस्था में बदल जाता है तथा पौधों को उपलब्ध हो जाता है। इसके प्रयोग से 25–30 किग्रा॰/हेक्टर की दर से फास्फेट की बचत की जा सकती है।

(vi) **एजोला फर्न:** यह देखने में हरे या लाल रंग की चटाईनुमा लगता है जो ठंडे मौसम में स्थिर पानी के ऊपर तैरते हुये पाया जाता है। इसकी पत्तियाँ छोटी तथा मोटी होती है। पत्तियों के नीचे छिद्रों में सहजीवी साइनोबैक्टीरिया (एनावीना एजोली) पाया जाता है जो नत्रजन का स्थिरीकरण करते है। यह 10 कुन्तल/हे॰ की दर से जलमग्न धान के खेत में डाला जाता है तथा 2 किग्रा॰ नत्रजन प्रति दिन की दर से स्थिर करता है। इसमें 40 से 80 किग्रा॰/है॰ तक नत्रजन की बचत की जा सकती है।

(vii) **माइकोराइजा:** इसमें फफूंद का पौधों की जड़ों से सहजीवन होता है जिसमें फफूंदी अपने जड़ों से पोषक तत्त्वों को अवशोषित करती है तथा पौधों को इन तत्त्वों को तुरन्त उपलब्ध कराती है इसके बदले कवक पौधों से भोजन लेते हैं। यह दो प्रकार का होता है पहला एक्टोमाइकोराइजा दूसरा इन्डोमाइकोराइजा। इसके प्रयोग से फास्फोरस, कैल्शियम तथा सूक्ष्म तत्त्वों की उपलब्धता बढ़ती है।

2. **गोबर की खाद:** जानवरों के मल–मूत्र तथा पशुओं के नीचे के बिछावन को गड्ढे में सड़ाकर यह खाद तैयार की जाती है। इसकी सड़ी खाद में लगभग 0.5 प्रतिशत नत्रजन, 0.25 प्रतिशत फास्फोरस तथा 0.50 प्रतिशत पोटाश पाया जाता है।

3. **प्रक्षेत्र की कम्पोस्ट खाद:** यह खाद प्रक्षेत्र की घासफूस पौधों की पत्तियों तथा मकान के कचरे को गड्ढे में सड़ाकर तैयार की जाती है। इस खाद में भी लगभग 0.5 प्रतिशत नत्रजन, 0.25 प्रतिशत फास्फोरस तथा 0.50 प्रतिशत पोटाश तत्त्व पाया जाता है।

4. **नेडप कम्पोस्ट खाद:** इस विधि को महाराष्ट्र के किसान कृष्ण नारायण राव पाण्डेय ने विकसित किया है। इस विधि में कम्पोस्ट खाद जमीन की सतह पर टाँका बनाकर उसमें प्रक्षेत्र अवशेष तथा बराबर मात्रा में मिट्टी तथा गोबर मिलाकर बनाया जाता है। इस विधि में एक किलो गोबर से 30 किलो खाद चार माह में बनकर तैयार हो जाती है। इस कम्पोस्ट में लगभग 0.5 से 1.5 प्रतिशत नत्रजन, 0.5 से 0.9 प्रतिशत फास्फोरस तथा 1.2 से 1.4 प्रतिशत पोटाश तत्त्व पाया जाता है।

5. **वर्मीकम्पोस्ट (Vermi compost):** कृषि के अवशिष्ट पदार्थ, शहर तथा रसोई के कूड़े कचरे को केचुओं की सहायता से सड़ाकर वर्मीकम्पोस्ट तैयार की जाती है। इसमें नत्रजन 1 से 1.5 प्रतिशत, फास्फोरस 1.5 प्रतिशत तथा

पोटाश 1.5 प्रतिशत होता है। इसके अतिरिक्त इसमें द्वितीयक एवं सूक्ष्म तत्त्व भी मौजूद होते हैं।

6. **हरी खाद (Green manure)**: इसमें द्विबीज पत्रीय फसलों जैसे सनई, ढैंचा, मूंग को उगाकर हरी अवस्था में खेत में पलट देते है जिससे वे सड़कर खाद बन जाते हैं। इसमें पोषक तत्त्व फसलों के अनुसार अलग–अलग पाये जाते हैं। द्विबीज पत्रीय फसलें वायुमंडल के नत्रजन के स्थिरीकरण करते हैं, पत्तियाँ, तना तथा जड़ सड़कर खाद का कार्य करती है जिससे मिट्टी की भौतिक दशा में सुधार होता है। ढैंचा को हरीखाद के रूप में प्रयोग करने से लगभग 60 किलो नत्रजन की बचत होती है।

7. **फसल अवशेषों द्वारा (Crop residues)**: कुछ फसलों के अवशेष जैसे धान का पुआल, मूंग, उर्द, मक्का, ज्वार, बाजरा, सोयाबीन (पौधों से दाना निकालने के बाद बचा भाग) के पौधों को छोटे–छोटे टुकड़े करके खेत में बिखेर देते हैं तत्पश्चात् जुताई करके मिट्टी में मिलाकर पानी लगा देते हैं जिससे ये खेत में सड़कर खाद का काम करते हैं।

## (ब) कृषि रसायनों का विकल्प (Substitute of Agro-chemicals)

### कीटों एवं बीमारियों का जैविक विधि से नियंत्रण

जैविक एजेन्ट तथा जैविक पेस्टीसाइड, कीटों, फफूंदों, जीवाणुओं एवं वनस्पतियों पर आधारित उत्पाद है जो फसलों, सब्जियों एवं फलों को कीटों एवं बीमारियों से सुरक्षित करके उत्पादन बढ़ाने में सहायता करते हैं। जैविक कीटनाशक लगभग एक माह में भूमि में मिलकर अपघटित हो जाते है तथा उनका कोई अंश अवशेष नहीं रहता इसी कारण इन्हे परिस्थितिकीय मित्र (Eco-friendly) के रूप में जाना जाता है। ये केवल लक्षित कीटों एवं बीमारियों को मारते है, इनके प्रयोग से कीटों/व्याधियों में सहनशीलता एवं प्रतिरोध नहीं उत्पन्न होता। इनके प्रयोग के बाद तुरन्त फलियों, फलों, सब्जियों की कटाई करके उपयोग किया जा सकता है। ये पर्यावरण, मनुष्यों एवं पशुओं के लिए सुरक्षित तथा हानिरहित है। ये कृषि रसायनों का एक अच्छा विकल्प है जिससे जैविक खेती को बढ़ावा मिलता है। इनमें से कुछ का वर्णन निम्नवत है–

1. ***ट्राइकोग्रामा (Trichograma)***: ट्राइकोग्रामा की पूर्ति ट्राइकोकार्ड के रूप में होती है जिसमें एक कार्ड में लगभग 20000 अंडे होते है। इसको विभिन्न फसलों में 10 से 15 दिन के अन्तराल पर 3 से 4 बार लगाया जाता है। खेती में कीटों के अंडे दिखाई देने पर कार्ड को छोटे–छोटे समान टुकड़ों में कैंची से काटकर पत्तियों की निचली सतह पर या तने के जोड़ पर धागे से बांध दें। सामान्य फसलों में 5 एवं बड़ी फसलों जैसे गन्ने में 10 कार्ड प्रतिहेक्टर का प्रयोग किया जाता हैं इसका प्रयोग तना छेदक, फलीवेधक तथा पत्ती मोड़क कीटों के उपचार हेतु प्रयोग किया जाता है।

2. ***ट्राइकोडर्मा (Trichoderma)***: यह एक घुलनशील जैविक फफूंद नाशक है जो ट्राइकोडर्मा विरडी तथा ट्राइकोडर्मा हरिजेनम पर पर आधारित है। ट्राइकोडर्मा के कवक तन्तु फसल के नुकसान दायक फफूंदी के कवक तन्तुओं को लपेटकर या सीधे अन्दर घुसकर उनका जीवन रस चूस लेते है

एवं नुकसानदायक फफूंदी का नाश करते हैं। ये भोजन स्पर्धा के द्वारा कुछ ऐसे विषाक्त पदार्थ का स्त्राव करते हैं जो बीजों के चारों ओर से सुरक्षा दीवार बनाकर हानिकारक फफूंदों से सुरक्षा देते हैं। ये बीजोपचार एवं भूमि उपचार दोनों में प्रयोग किया जाता है। ये फसलों में जड़ तथा तना गलन, सड़न, उकठा बीमारियों में लाभ दायक हैं बीज शोधन में 4 ग्राम ट्राइकोडर्मा प्रतिकिलो बीज की दर से संस्तुति है। भूमि शोधन में 3 किलो ट्राइकोडर्मा को 50–60 किग्रा॰ गोबर की खाद में मिलाकर पानी का हल्का छिड़काव 6–7 दिन तक करके खेत में बिखेर देते हैं।

3. ***एन॰पी॰वी॰* (Neuclear Poly hydrosis virus)**: ये तरल रूप में उपलब्ध है जिसमें वायरस के कण होते हैं। सूड़ी द्वारा खाने या सम्पर्क में आने पर सूड़ियों का शरीर 2 से 4 दिन के अन्दर गाढ़, भूरा, फूला हुआ व सड़ा हो जाता है, सफेद तरल पदार्थ निकलता है तथा मृत्यु हो जाती है व टहनियों में लटकी हुई दिखाई देती है। प्रयोग करने से पूर्व एक मिली लीटर एन॰पी॰वी॰ को एक लीटर पानी में घोल बनाये तथा ऐसे घोल को 250 से 500 मिलीमीटर प्रति हेक्टर की दर से 15 दिन के अन्तर पर 2–3 छिड़काव करे। ये फसलों में लगने वाले लार्वा को मारता है।

4. ***ब्यूवेरिया वैसियाना***: यह फफूंद जनित उत्पाद है जो विभिन्न प्रकार के फुदको (फलीछेदक, कैलर पिलर) को नियंत्रित करता है। इसके छिड़काव से कीट अपंग हो जाते है तथा निष्क्रिय होकर मर जाते हैं। इसकी एक मिली मात्रा को एक लीटर पानी में घोलकर प्रति हेक्टर की दर से 12–15 दिन के अन्तराल पर छिड़काव करें। इससे भूमि उपचार भी किया जा सकता है। (3 किलो ब्यूवेरिया वैसियाना +60 किलो गोबर की खाद को 5–6 दिन तक हल्का पानी का छींटा देने के बाद)।

5. ***स्यूडोमोनास (Pseudomonas)***: यह जीवाणु चने के पौधों में लगने वाले कवकों जैसे पीथियम, राइजोक्टोनिया आदि के उपचार में उपयोगी पाया गया है। इसे बीजोपचार, पौध उपचार तथा भूमि उपचार में उपयोगी पाया गया है। भूमि उपचार हेतु इसके 800 ग्राम मात्रा को फसलों के अनुसार 10–20 किग्रा॰ महीन पिसी हुई मृदा या बालू मिलाकर प्रति हेक्टर की दर से फसलों की बुवाई के पूर्व भूमि में छिड़काव कर देते हैं।

6. ***काईसोपर्ला***: काइसोपर्ला के अंडों को कोरसियरा के अंडों के साथ लकड़ी के बुरादे में बाक्स में आपूर्ति किया जाता है। इसके लार्वा कोरसियरा के अंडों को खाकर वयस्क बनते हैं। विभिन्न फसलों में काईसोपर्ला के 50,000 से 100000 लार्वा या 500 से 1000 वयस्क प्रति हेक्टर डालने से सफेद मक्खी, माहू, जैसिड, थ्रिप्स आदि के अंडे तथा लार्वा को खा डालते हैं।

7. ***नीम का तेल (Azadiractin)***: यह नीम के बीज एवं गूदा के तत्त्वोपर आधारित तरल वानस्पतिक प्राकृतिक कीटनाशक है जिसमें एजाडिरेक्टिन एवं सैलनिन तत्त्व पाये जाते है। इसकी गंध एवं स्वाद कीड़ों को भगाती है, खाने की अनिच्छा उत्पन्न करती है, जीवन चक्र को धीमा एवं प्रजनन शीलता को कमजोर बनाकर अंडो तथा बच्चों की संख्या में कमी लाती है। इसकी एक लीटर मात्रा को 200–300 लीटर पानी में घोलकर प्राथमिक अवस्था में

छिड़काव करने से कपास, चना, अरहर, तिलहन एवं टमाटर में सफेद मक्खियों, कटुआ, सूड़ी, फुदका, फलीवेधक सूड़ी कीटों को मारने में लाभदायक है।

8. ***बी॰टी॰* (बेसिल्सथ्यूरिन जिएन्सिस)**: एक बैक्टीरिया आधारित जैविक कीटनाशक है। इसको डालने पर सूड़ियों पर लकवा, आंतों का फटना, भूखापन या संक्रमण होता है तथा वे 1–2 दिन में मर जाते है। यह पाउडर एवं तरल दोनों रूपों में उपलब्ध है। इसकी 500 से 1000 ग्राम मात्रा को 500–700 लीटर पानी में घोलकर 15 दिन के अन्तर पर 2–3 छिड़काव करते है। इसका प्रयोग तिलहन, दलहन व सब्जियों में किया जाता है।

9. ***गंधपास* (फेरोमोनट्रेप)**: यह फसलों को हानि पहुँचाने वाली सूड़ियों के नर पतंगों के फँसाने के लिए चमकीले प्लास्टिक का बना होता है। इसमें कीप के आकार के मुख्य भाग पर लगे ढक्कन के मध्य में मादा कीट की गन्ध (ल्योर) को लगाया जाता है जो नर पतंगों को आकर्षित करता हैं कीप के निचले भाग पर पालीथीन की थैली लगाई जाती है जिसमें पतंगे फंस जाते है। थैली के निचले मुख पर से रबड़बैंड हटाकर फंसे पतंगों को निकाल कर मार देते है। विभिन्न प्रकार के पतंगों के लिए अलग–अलग ल्यूर प्रयोग किये जाते है। खेती में पतंगों की उपस्थिति का पता लगाने के लिए 5–6 ट्रैप प्रति हेक्टर की दर से तथा अधिक संख्या में पकड़ने के लिए 15 से 20 ट्रैप प्रति हेक्टर की दर से लगाया जाता है। यह ल्यूर 3–4 सप्ताह तक कार्य करता है। चना, अरहर, मटर, टमाटर, कपास, बन्दगोभी, उर्द, भिण्डी तथा धान में इसका प्रयोग अधिक किया जाता है।

## (स) खरपतवार नाशक रसायनों का विकल्प (Substitute of herbicides)

- गर्मी के मौसम में खेत की गहरी जुताई करने से अधिकतर खरपतवार जड़ समेत उखड़ कर सूख जाते है।
- खेती की तैयारी पलेवा करके करने पर अधिकतर खरपतवार उगने के पश्चात नष्ट हो जाते है।
- जीरो ट्रिल सीडड्रिल से बुवाई करने पर गेहूँ के खेत में गेहूँसा खरपतवार कम उगता है।
- खड़ी फसल में खुर्पी, हो, हैरो अथवा कल्टीवेटर से पक्तियों के मध्य खरपतवारों को नष्ट किया जा सकता है।
- झड़बेरी जैसे खरपतवारों को खुर्पी अथवा दरांती से काटकर सूखने के पश्चात आग से जला देते है।
- धान–बरसीम फसल चक्र तीन–चार वर्षों तक करने से काँस खरपतवार नहीं उगते अथवा कम उगते है।
- लोबिया अथवा तिल की फसल लेने पर मोथा खरपतवार नष्ट हो जाता है अथवा सघनता कम हो जाती है।

- जैविक विधि (Biological method) से खरपतवारों को नष्ट किया जा सकता है जैसे कांग्रेसघास (*Parthenium hysterophonus*) जाइग्रोग्रामा बायोकोलोरेटा कीट द्वारा भोजन करने पर नष्ट हो जाता है।

## एकीकृत नाशीजीव प्रबन्धन (Integrated pest management)

यह कीटों, रोगों एवं खरपतवारों आदि के उन्मूलन या नियंत्रण के स्थान पर उनका इस प्रकार प्रबन्धन है जिसमें किसी जीव को हमेशा के लिए नष्ट न करके उनकी संख्या/घनत्व को सीमित रखे जिससे उनसे आर्थिक क्षति न पहुंच सके। इसके निदान के लिए केवल एक तरीके को अपनाने के बजाय कई साधनों का समन्वय किया जाता है जैसे अवरोधी किस्मों का प्रयोग, सस्य क्रियाओं का अपनाना, तकनीकी साधन, जैविक साधन एवं रसायनों का प्रयोग आदि। जो साधन अपनाये जाये वे प्रभावी हो, कम खर्चीले हो, पर्यावरण एवं वातावरण को प्रदूषित होने से बचायें। कीटों एवं रोगों की निर्धारित संख्या/घनत्व के पहुँचने पर ही (Above Economic thresh hold level) रसायनों का प्रयोग किया जाये। इसके लिए पहली आवश्यकता है कि लगातार फसलों का सर्वेक्षण किया जाय ताकि किसानों एवं कृषि कार्यकर्त्ताओं को कीटों व रोगों की स्थिति के बारे में ज्ञान होता रहे साथ ही उनके प्रशिक्षण का उचित प्रबन्ध किया जाये ताकि समस्याओं को पहचानने अथवा अवस्था की जानकारी समझ सकें जिनपर रसायनों के प्रयोग अथवा दूसरे कार्य करने आवश्यक है। एकीकृत नाशीजीव प्रबन्धन फसलों व कीट तथा रोगों के अनुसार भिन्न–भिन्न संस्तुतियाँ है।

1. **जैविक साधनः** विभिन्न प्रकार के परजीवी/परभक्षी कीट, फफूंदी, बैक्टीरिया, विषाणु एवं अन्य जीव–जन्तु है जिनके द्वारा फसलों के हानिकारक कीटों एवं रोगों का निदान किया जाता है।

2. **सस्य क्रियायें**

   **गर्मी की जुताईः** इससे भूमि में छिपे कीटों तथा रोगों की विभिन्न अवस्थायें ऊपर आकर सूर्य की तेज धूप की गर्मी से नष्ट हो जाती है तथा पक्षियों द्वारा जीवित तथा मृत कीड़े उनके भोजन बनकर नष्ट हो जाते है।

   **खेतों की सफाईः** खेतों में खरपतवार फसलों के साथ–साथ उग आते है जो नाशीजीवी कीटरोगों को संरक्षण प्रदान करते है। खेतों के निराई–गुड़ाई से साफ रखते है इससे नाशीजीवों की वृद्धि पर अंकुश लगता है।

- प्रतिरोधी/सहनशील किस्मों के स्वस्थ बीजों का चुनाव।
- बीज जनित रोगों की रोकथाम के लिए बीजों को संस्तुत रसायन से बीज शोधन करके बोना।
- उपयुक्त (उचित) समय पर फसलों की बुवाई करें। विलम्ब से बोई गई फसलों पर कीटों व रोगों का प्रकोप अधिक होता है।
- फसल को पंक्तियों में अधिक दूरी पर बोने से निराई–गुड़ाई आसानी से हो जाती है जिससे रोगों व कीटों का प्रकोप कम होता है।
- उर्वरकों, खादों एवं सूक्ष्मतत्त्वों का संतुलित उपयोग करना चाहिए।

- पानी का समुचित प्रबन्धन करें तथा अधिक पानी के निकास का प्रबन्ध रखना।
- फसल की कटाई जमीन के स्तर से बिल्कुल सतह से करनी चाहिए।

**3. यांत्रिक नियंत्रण**

- नाशीजीव के अंडे, गुच्छे एवं उनकी इल्लियों को एकत्रित करके नष्ट करना।
- कीट अथवा रोग द्वारा ग्रसित पौधों के प्रभावित हिस्से को अलग करके नष्ट करना चाहिए।
- लाइट ट्रेप अथवा फेरोमोन ट्रेप का प्रयोग करना चाहिए।

**4. खरपतवारों की रोकथाम से जुड़े कार्य**

- मेड़ों एवं सिंचाई के लिए बनाई गई नालियों से खरपतवार निकाल दें।
- गर्मी के मौसम में खेत में जुताई करनी चाहिए।
- बुवाई करने वाले बीजों को खरपतवार रहित रखना चाहिए।
- बुवाई के 4–6 सप्ताह बाद आवश्यकतानुसार हाथ से निराई–गुड़ाई करनी चाहिए।

■■■■

अध्याय–14

# जैविक खेती
# (Organic Farming)

## भूमिका

जैविक खेती कृषि की वह पद्धति है जिसमें पर्यावरण को स्वच्छ, प्राकृतिक संतुलन को कायम रखते हुये भूमि, जल एवं वायु को प्रदूषित किये बिना दीर्घकालीन व टिकाऊ उत्पादन प्राप्त किया जाता है। यह पद्धति रासायनिक कृषि की अपेक्षा सस्ती, स्वावलम्बी एवं स्थाई है। इसमें मिट्‌टी को जीवित माध्यम माना गया है। इससे प्राप्त उत्पाद स्वादिष्ट, पोषक तत्त्वों से भरपूर एवं रसायनों से मुक्त होते हैं। इसे लीसा (Low External input for sustainable Agriculture) भी कहते हैं।

**जैविक खेती के प्रमुख बिन्दु**

- यह एक कृषि पद्धति है जिससे खेत के संसाधनों, फसलचक्र, जुताई के सही तरीकों का प्रयोग करते हुए अच्छी उपज लेना, मृदा की उर्वरता व वातावरण को खराब होने से रोकना है।
- जैविक खेती एक व्यापक प्रयास है जिसमें अच्छी खेती के सभी अवयव निहित हैं।
- यह पद्धति प्रकृति आधारित, वातावरण मित्र एवं सुलभ है।
- जैविक खेती से उत्पन्न किये गये खाद्य पदार्थ देखने में अपेक्षाकृत अच्छे, स्वादिष्ट और पोषक होते है।
- कार्बनिक खाद्य पदार्थ सभी प्रकार के रासायनिक अवशेषों से मुक्त होते हैं, जिससे मानव एवं पशुओं के लिए लाभप्रद होते हैं।
- जैविक खेती स्थानीय तौर पर उपलब्ध साधनों पर आधारित होती है। इसलिए लघु एवं सीमान्त कृषकों के लिए भी परमोपयोगी होती है जिससे कृषक ऋणों से मुक्त होते हैं।
- इस पद्धति से उत्पन्न किये गये उत्पादों को प्रमाणीकरण के पश्चात निर्यात करके अच्छा लाभ कमाया जा सकता है।
- प्रमाणीकरण के लिए अधिकृत एजेन्सियाँ भारत में "नेशनल प्रोग्राम फार आरगेनिक प्रोडक्शन" के अन्तर्गत कार्य कर रही है।

- निर्यात के लिए जैविक प्रमाणीकरण का कार्य ''एग्रीकल्चर प्रोसेस्ड फूड एक्सपोर्ट डेवलपमेन्ट अथारिटी''(APEDA) वाणिज्य मंत्रालय के अन्तर्गत कार्य करती है।
- जैविक खेती 1980 में एक अंग्रेज वैज्ञानिक सर अल्बर्ट हावर्ड द्वारा उत्तरीप्रांत के एक गाँव से शुरू की गई थी।

यह फसलोत्पादन की वह पद्धति है जिसमें कृषि रसायनों जैसे – उर्वरक, कीटनाशी, फफूंदीनाशी, पौध बढ़वार को बढ़ाने वाले रसायनों का प्रयोग नहीं करते। जैविक खेती में फसल–चक्र, फसल अवशेष, पशुओं के मलमूत्र से तैयार खाद, दलहनी फसलों, हरी खाद, प्रक्षेत्र के बाहर के बेकार कार्बनिक पदार्थों को सम्मिलित करते हैं तथा जैविक विधि से खरपतवारों, कीटों व बीमारियों को नियंत्रित किया जाता है इससे भूमि की उत्पादकता तथा भूमि की दशा कायम (Sustain) बनी रहती है।

मार्च 2008 में World Board of International Federation of Organic Agriculture Movements (IFOAM) ने जैविक खेती की निम्नलिखित परिभाषा को अनुमोदन किया है:

"Organic agriculture is a production system that sustains the health of soils, ecosystems and people. It relies on ecological processes, biodiversity and cycles adapted to local conditions rather than the use of inputs with adverse effects. Organic agriculture combines tradition, innovation and science to benefit the shared environment and promote fair relationships and a good quality of life for all involved."

## हरितक्रान्ति का प्रभाव (Effect of green revolution)

धान, गेहूँ तथा अन्य सभी फसलों में हरितक्रान्ति के फलस्वरूप अधिक उपज देने वाली प्रजातियों का विकास हुआ जिनको पोषक तत्त्वों तथा पानी की आवश्यकता अधिक होती है तथा इन फसलों में खरपतवारों, बीमारियों का कीटों का आक्रमण अधिक हुआ। इसके फलस्वरूप भूमि, वातावरण, पानी, सूक्ष्मजीव आदि प्रतिकूल रूप से प्रभावित हुए।

### प्रभाव

- भूमि की प्राकृतिक उर्वरता में ह्रास हुआ।
- भूमि की संरचना, वायुसंचार तथा जलधारण क्षमता कम हुई।
- भूमि जल व वायुक्षरण के लिये उपयुक्त बनी।
- भूमि में लाभदायक कीट व सूक्ष्मजीवों की कमी हुई।
- पौधों की किस्मों में आनुवांशिक विभिन्नता (genetic diversity) कम हुई।
- कृषि रसायनों के कारण वातावरण, भूमि तथा पानी में प्रदूषण बढ़ा।
- कीटनाशकों व खतपतवार नाशकों के कारण फसल उत्पाद की गुणवत्ता में कमी आयी।
- पौष्टिक भोजन वाली फसलों का स्थान नगदी फसलों ने ले लिया।

- रसायनों के कारण भोजन का स्वाद बदल गया।
- अधिक लागत (Input) लगने से कृषि अधिक खर्चीली हो गयी।
- किसानों का कार्य, जिम्मेदारी तथा तनाव बढ़ गया।
- सिंचाई की आवश्यकता अधिक होने से सिंचाई की परियोजनायें बढ़ी जिसके फलस्वरूप भूमि में लवणता (Salinity) बढ़ गयी।
- भूमिगत जल का स्तर घट गया।
- फसलों में सूखा सहन करने की क्षमता घट गयी।
- कष्टदायक खरपतवारों का आगमन हुआ – जैसे जंगली गाजर, फेलरिस माइनर।
- लोगों में सामाजिक व आर्थिक असमानता आ गयी।
- राजनैतिक व सरकारी अफसरों में भ्रष्टाचार (Corruption) बढ़ गया।
- स्थानीय (Local culture) संस्कृति समाप्त हो गयी।

## कार्बनिक खेती के उद्देश्य

जैविक खेती का मुख्य उद्देश्य प्रकृति एवं उत्पादन से ऐसा समन्वय रखना है जिसमें वातावरण की क्षति न हो। ऐसा सिद्ध हो चुका है कि जैविक खेती केवल दिये गये उर्वरकों की उपयोगिता भर नहीं बढ़ाती बल्कि भूमि को उत्पादक बनाती है तथा उत्पादकता को काफी समय तक कायम (Sustain) भी रखती है।

## अन्तर्राष्ट्रीय फेडरेशन आफ कार्बनिक खेती Movement (IFOAM) के द्वारा सुझाये गये कार्बनिक खेती के उद्देश्य निम्नलिखित है–

- पर्याप्त मात्रा में अधिक पोषक तत्त्वों से भरपूर भोजन पैदा करना।
- प्राकृतिक प्रणाली के साथ कार्य करना।
- इस प्रणाली में जैविक चक्र (Biological cycle) जैसे सूक्ष्म जीवों, भूमि के Flora and fauna, पौधों तथा पशुओं को प्रोत्साहित करना व बढ़ोत्तरी करना (Encourage and enhance)।
- अधिक समय तक भूमि की उर्वरता को बनाये रखना अथवा बढ़ाना।
- जहाँ तक सम्भव हो स्थानीय कृषि प्रणाली के पुनर्नवीनीकृत (Renewable) संसाधनों के साथ कार्य करना।
- उन सभी तरह के प्रदूषणों से मुक्त हो जो कृषि तकनीक को प्रभावित करते हैं।
- कृषि प्रणाली में आनुवांशिकी विविधता (genetic diversity) को कायम रखना जिसमें पौधे तथा जंगली जानवर सुरक्षित रहे (Wild life habitats)।
- कृषि उत्पादक को पर्याप्त लाभ मिले व संतुष्टि हो तथा कार्य करने का वातावरण सुरक्षित रहे।

- कृषि प्रणाली ऐसी हो जो सामाजिक दायरे को भी बढ़ाये।
- पोषक तत्त्व तथा कार्बनिक पदार्थ अधिक मिले।

## जैविक खेती के बारे में किसानों की भ्रान्तियाँ

- जैविक खेती वैज्ञानिक नहीं है।
- जैविक खेती के लिये अधिक मात्रा में कम्पोस्ट खाद उपलब्ध नहीं है।
- जैविक खेती में अधिक कृषि श्रमिकों की आवश्यकता होती है।
- जैविक खेती से तैयार उत्पाद अधिक पौष्टिक है या नहीं।
- जैविक खेती में रासायनिक उर्वरक न देने से भूमि की उर्वरता कम हो सकती है।
- जैविक खेती में फसलों को खरपतवारों, कीटों व बीमारियों से नहीं बचाया जा सकता।
- जैविक खेती से अधिक उत्पादन सम्भव है या नहीं।
- किसानों का समूह जैविक खेती करेगा या नहीं।

## जैविक खेती की भारत में परिस्थितियाँ

- छोटे एवं सीमान्त किसान अधिक है।
- शुष्क खेती का क्षेत्र लगभग 60 प्रतिशत है।
- जैविक उत्पाद की माँग बढ़ रहीं है। अर्थात् जैविक उत्पाद का बाजार विकसित हो रहा है।
- किसान कृषि रसायनों का प्रयोग नहीं करना चाहता।
- भूमि को खराब होने से बचाव चाहता है।
- किसान खेती में बदलाव (Alternative) चाह रहा है।

## जैविक खेती की मूलभूत विचारधारा (Basic concept of organic-farming)

- भूमि की जैविक उर्वरता बनाये रखने पर ज्यादा ध्यान देना जिससे पौधे को आवश्यकता पड़ने पर भूमि से पोषक तत्त्व मिल सके।
- कीड़े, बीमारियों व खरपतवारों का नियंत्रण जैविक कीटनाशी (Biopesticide) तथा तकनीकी (Cultural) जैसे फसल चक्र, मिश्रित खेती तथा जुताइयाँ करके करें।
- जैविक किसान प्रक्षेत्र के सभी बेकार पदार्थों तथा खादों को पुनः चक्रित (Recycle) करें।
- भूमि उर्वरता को उच्च (Top-up) बनाये रखने का है, शक्ति (Energy) व (Resources) संसाधनों को अधिक महत्त्व देना अर्थात् शहर व गाँवों के बेकार पदार्थों को पुनः चक्रित (Recycle) करके कृषि कार्यों में उपयोग करें।

## जैविक खेती के मुख्य गुण
## (Essential characteristics of organic farming)

- स्थानीय संसाधनों का अधिकतम लेकिन टिकाऊ (Sustainable) प्रयोग करना।
- स्थानीय संसाधनों के अभाव में खरीदी गयी वस्तुओं (Input) का कम से कम प्रयोग करना।
- भूमि, जल, पोषक तत्त्व, ह्यूमस के जैविक कार्यों को निश्चित करना।
- आकर्षित हो जिससे स्थानीय लोगों को संतुष्टि मिले।
- कम जोखिम के साथ फसल व जानवरों की विविधता (diversity) बढ़े जैसे पाली कल्चर (Polyculture), कृषि वानिकी (Agroforestry), एकीकृत फसल/पशुपालन प्रणाली (integrated crop/ live stock system)।
- फसल निष्पादन (कार्य) व वातावरण गुणवत्ता के सुधार हेतु परिशुद्ध खेती (Precision farming) को सम्मलित किया जाये जिससे फसलोत्पादन तकनीकी को ठीक तरह से लगाया जा सके।

## जैविक खेती हेतु कृषि रसायन
## Alternative of Agro chemicals for organic farming

खेती में कृषि रसायन मुख्यतः उर्वरकों, खरपतवार नाशकों (Herbicide), बीमारी नाशकों (Fungicide) तथा कीट नाशकों (Insecticide/pesticide) के रूप में प्रयोग किये जाते हैं जिनके विकल्प (Alternative) जैविक खेती में निम्न है–

### उर्वरकों के स्थान पर

- कम्पोस्ट, वर्मीकम्पोस्ट, गोबर की खाद का प्रयोग करें।
- हरी खाद मुख्यतः दलहनी फसलों की करें।
- फसल अवशेषों को छोटे–छोटे टुकड़ों में काटकर खेत में पानी भर कर व जुताई करके सड़ाना।
- फसल चक्र व मिश्रित/सहफसली खेती में दलहनी फसलों को सम्मिलित करें।
- जैव उर्वरकों जैसे– राइजोबियम कल्चर, एजोटोबैक्टर, नीलहरित शैवाल, फास्फेटिका, माइकोराइजा, एजोलाफर्न का प्रयोग करें।
- खलियों का प्रयोग करके पूर्ति करें।

### खरपतवार नाशी के स्थान पर

- गर्मी की जुताई करके।
- मिट्टी पलटने वाले हल से गहरी जुताई करके।

- उपयुक्त फसल का चुनाव करके जैसे– तिल व लोबिया के खेत में मोथा घास कम उगती है।
- उचित फसल चक्र अपनाकर जैसे– धान– बरसीम फसल चक्र में कांस का नियंत्रण हो जाता है।
- हाथ/खुरपी से निकाई–गुड़ाई करके।
- कष्टदायक खरपतवारों को काट कर जला दें जैसे– झड़बेरी।
- मिश्रित खेती/अन्तरवर्ती खेती में फसल बढ़वार (Somethering effect) से भूमि ढक जाती है जिससे खरपतवार कम उगते हैं।
- जैविक विधि से– मनुष्यों द्वारा (उखाड़ने से), जानवरों द्वारा (चरने/खाने से), कीटों द्वारा खाने से (कांग्रेस घास) आदि।

## बीमारीनाशी/ कीटनाशी के स्थान पर

- गर्मी की जुताई करके।
- जैविक एजेन्ट/जैविक कीटनाशकों जैसे– ट्राइकोकार्ड, एन.पी.वी. ब्यूवेरिया वैसियाना, काइसोपर्ली, नीम का तेल, बेसिलस थ्यूरिन जिएन्सिस, फेरोमोन ट्रेप (गंधपाश) का प्रयोग करके।

## जैविक एजेन्ट्स/जैव कीटनाशकों का प्रयोग

1. **ट्राइकोग्रामा (ट्राइकोकार्ड)**: ट्राइकोग्रामा जाति की छोटी ततैया जो अंड परजीवी है तथा यह लैपीडाप्टेरा परिवार के लगभग 200 प्रकार के नुकसानदेह कीड़ों के अंडों को खाकर जीवित रहता है। मादा ट्राइकोग्रामा अपने अंडे हानि पहुँचाने वाले कीड़ों के अंडों के बीच देती है तथा वहीं पर इनकी वृद्धि होती है। अंडों के निषेचन होने पर ट्राइकोग्रामा के लार्वा कीड़ों के अंडों के भ्रूण को खाकर अपना जीवन चक्र पूरा करते हैं।

ट्राइकोग्रामा की पूर्ति कार्ड के रूप में होती है, जिसमें एक कार्ड पर लगभग 20,000 अंडे होते हैं। धान, मक्का, गन्ना, सूरजमुखी, कपास, दलहनी, फलों एवं सब्जियों के नुकसानदायक, तनाछेदक, फली छेदक, पत्ती मोड़क प्रकार के वेधक कीड़ों को जैविक विधि से नाश करने हेतु इसका प्रयोग किया जाता है। इससे 80–90 प्रतिशत क्षति को रोका जा सकता है।

ट्राइकोकार्ड को विभिन्न फसलों में 10 से 15 दिन के अन्तराल पर 3–4 बार लगाया जाता है। खेतों में जैसे ही हानिकारक कीटों के अंडे दिखाई दें शीघ्र ही कार्ड को छोटे–छोटे टुकड़ों में कैंची से काटकर खेत के विभिन्न जगहों में पत्तियों की निचली सतह पर या तने पत्तियों के जोड़ पर धागे से बांध देते हैं। सामान्य फसलों में 5 किन्तु बड़ी फसलों (जैसे – गन्नें) में 10 कार्ड प्रति हेक्टर की दर से प्रयोग किया जाता है। इसे सायंकाल खेत में लगाते है। इसके लगाने के पहले व बाद में खेत में कीटनाशक रसायन का प्रयोग न करें।

2. **ट्राइकोडर्मा**: यह एक घुलनशील जैविक कवक नाशक है जो ट्राइकोडर्मा विरडी या ट्राइकोडर्मा हरजिएनम पर आधारित है। ट्राइकोडर्मा फसलों में जड़

तथा तना गलन, सड़न, उकठा (फ्यूजेरियम आक्सीस्पोरम) जो फफूंद जनित है में फसलों पर लाभप्रद पाया गया है। धान, गेहूँ दलहनी फसलों, गन्ना, कपास, सब्जियों, फलों एवं फल वृक्षों पर लगे रोगों में यह प्रभावकारी रोकथाम करता है।

*ट्राइकोडर्मा* के कवकतन्तु फसल के नुकसानदायक फफूंदी के कवकतन्तुओं को लपेटकर अथवा अन्दर घुसकर उनका जीवन रस चूस लेते हैं और नुकसानदायक फफूंदी का नाश करते हैं। इसके अतिरिक्त भोजन स्पर्धा के द्वारा कुछ ऐसे विषाक्त पदार्थों से सुरक्षा देते हैं। इसके प्रयोग से बीजों में अंकुरण अच्छा होता है।

**ट्राइकोडर्मा का प्रयोग**

- **कन्द, कार्न, राइजोम, नर्सरी पौधों का उपचारः** 5 ग्राम *ट्राइकोडर्मा* को एक लीटर पानी में घोलकर कन्द को 10 मिनट तक उसमें भिगो कर बुवाई अथवा रोपाई करें।
- **बीज शोधनः** 4 ग्राम सूखा *ट्राइकोडर्मा* प्रति किलो बीज की दर से मिलाकर बुवाई करें।
- **भूमि शोधनः** 2.5 किलो *ट्राइकोडर्मा* को 60–75 किग्रा॰ सड़ी गोबर की खाद के साथ मिलाकर एक सप्ताह तक साये में पानी का छींटा दें तत्पश्चात् अन्तिम जुताई के समय खेत में मिलाकर बुवाई करें।
- **बहुवर्षीय पेड़ों में:** इसको जड़ के चारो तरफ गड्ढा खोदकर 100 ग्राम *ट्राइकोडर्मा* पाउडर खाद के साथ मिलाकर दिया जाये।

3. **एन.पी.वी. (न्यूक्लियर पाली हेड्रासिस वायरस):** यह एन.पी.वी. पर आधारित हरी सूंड़ी (हेलिकोवर्मा आरमीजेरा) अथवा तम्बाकू सूंड़ी (स्पोडाप्टेरा लिटूरा) का जैविक कीटनाशक है जो तरल रूप में उपलब्ध है। इसमें वायरस कण होते हैं जिनसे सूंड़ी द्वारा खाने या सम्पर्क में आने पर सूड़ियों का शरीर 2–4 दिन के भीतर गाढ़ा भूरा फूला हुआ व सड़ा जैसा हो जाता है, इससे सफेद तरल पदार्थ निकलता है तथा मृत्यु हो जाती है। रोग ग्रसित तथा मरी हुई सूंड़ियाँ पत्तियों एवं टहनियों पर लटकी हुई पायी जाती है।

एन.पी.वी. कपास, फूलगोभी, टमाटर, मिर्च, भिण्डी, मटर, मूंगफली, सूरजमुखी, अरहर, चना, मोटा अनाज, तम्बाकू एवं फूलों को हानि से बचाता है। प्रयोग करने से पूर्व 1 मिली एन.पी.वी. का 1 लीटर पानी में घोल बनायें तथा ऐसे घोल को 250 से 500 मिली॰ प्रति हेक्टर की दर से 12–15 दिनों के अन्तराल पर 2–3 छिड़काव फसलों में करें। जहाँ तक सम्भव हो इसका छिड़काव सायंकाल किया जाये।

4. **ब्यूवेरिया वैसियानाः** यह एक फफूंदी जनित उत्पाद है जो विभिनन प्रकार के फुदकों को नियंत्रित करता है। यह फली छेदक तथा बाल वाले कैटरपिलर को नियंत्रित करता है। इसका छिड़काव करने पर उनमें बीमारी पैदाकर देता है जिससे कीड़े पंगु हो जाते है और निष्क्रिय होकर मर जाते है। ये सब्जियों, फलों, फूलों, आलू पर उपयोगी है।

ब्यूवेरिया बैसियाना का छिड़काव 1 किलो प्रति 1 लीटर पानी की दर से 12–15 दिन के अन्तराल पर सायंकाल किया जाये। 2.5 किग्रा॰ ब्यूवेरिया बैसियाना को 60–75

किलो गोबर की खाद में मिलाकर एक सप्ताह तक पानी का छींटा देने के बाद अन्तिम जुताई पर खेत में बिखेरने के बाद बुवाई करने पर दीमक लगने की सम्भावना कम हो जाती है।

5. **स्यूडोमोनास फ्लोरेसेन्सः** यह जीवाणु चने की फसल में उपयोगी पाया गया है। यह जीवाणु पौधों में लगने वाले तीन रोग कारक कवकों फ्यूजेरिम आक्सीस्पोरम प्रजाति साइसेरी, राइजोक्टोनिया बटाटीकोला व पीथियम को रोकने में सक्षम है।

## प्रयोग विधि

**बीज उपचारः** सवा लीटर पानी में 115 ग्राम गुड़ अथवा 55 ग्राम शक्कर को गरम करके चिपचिपा घोल तैयार करने के उपरान्त उसमें 500 ग्राम स्यूडोमोनास का संवर्धन डालकर गाढ़ा घोल तैयार कर लेना चाहिए। यह घोल 10 किग्रा॰ बीज को उपचारित करने हेतु पर्याप्त होता है। बीज में घोल अच्छी तरह मिलाने के पश्चात् छाया में सुखाकर ही बुवाई की जाये।

**पौध की जड़ का उपचारः** 500 ग्राम सूखी गोबर की खाद को 2.5 लीटर पानी में डालकर गाढ़ा घोल (स्लरी) बनाने के बाद 500 ग्राम स्यूडोमोनास को डालकर इस गाढ़े घोल में पौधों की जड़ को डुबोकर उपचारित करने के उपरान्त पौध की रोपाई करें। यह फूल गोभी, टमाटर, बैंगन, मिर्च, प्याज, धान आदि फसलों में अधिक उपयोगी है।

**मृदा उपचारः** स्यूडोमोनास के सम्वर्धन की 800 ग्राम मात्रा को 10–20 किग्रा॰ (फसलों के अनुसार) महीन पिसी हुई मिट्टी या बालू में मिलाकर प्रति हेक्टर की दर से खेत में बुवाई से पूर्व छिड़काव करें।

6. **क्राइसोपर्लाः** इसके हरे कीट की लम्बाई 1 से 1.3 सेमी॰, पंख लम्बे, हल्के रंग के, पारदर्शी सुनहरी आंखे तथा 5 एन्टिना धारक होते हैं, इसके लार्वा सफेद मक्खी, माहू, जैसिड थ्रिप्स आदि के अंडो तथा लार्वा को खा जाते है।

क्राइसोपर्ला के अंडों को कोरसियरा के अंडों के साथ लकड़ी के बुरादे में बाक्स में आपूर्ति की जाती है। इनके लार्वा कोइसियरा के अंडों को खाकर वयस्क बनते हैं। विभिन्न फसलों में क्राइसोपर्ला के 50,000 से 10,00,00 लार्वा या 500 से 1000 वयस्क प्रति हेक्टर डालने से कीटों का नियंत्रण हो जाता है। सामान्यतः दो बार इन्हें छोड़ना चाहिए। सामान्य तापक्रम पर इनका जीवन चक्र आरम्भ हो जाता है।

7. **एजाडिरेक्टिन (नीम का तेल):** यह नीम के बीज एवं गूदा के तत्त्वों पर आधारित वानस्पतिक कीटनाशक है। इसकी गंध एवं स्वाद कीड़ों को भगाती है, खाने की अनिच्छा उत्पन्न करती है। जीवन चक्र को धीमा एवं प्रजनन शीलता को कमजोर बनाकर अंडे तथा बच्चों की संख्या में कमी लाती है। नीम का तेल कपास, चना, धान, अरहर, तिलहन तथा टमाटर के नुकसान पहुँचाने वाले गोलवर्म, माहू, सफेद मक्खियों, मृग, फुदका, कटुआ सूड़ी तथा फलवेधक सूड़ी पर प्रभावशाली है। एक लीटर मात्रा को 200 से 300 लीटर पानी में घोलकर (अंडों से बच्चे निकलने या उसके तुरन्त बाद) छिड़काव करना लाभदायक है। इसकी सेल्फ लाइफ एक वर्ष है।

8. **बी॰टी॰ (वेसिलस थ्यूरिनजिएन्सिस):** यह एक बैक्टीरिया आधारित कीटनाशक है, जो सूड़ियों पर तुरन्त प्रभाव डालता है। इससे सूड़ियों पर लकवा, आंत का फटना, रूखापन तथा संक्रमण होता है तथा वे 2–3 दिन में मर जाती है। यह पाउडर तथा तरल दोनों रूपों में उपलब्ध है। इसकी 500 से 1000 ग्राम मात्रा को 500–700 लीटर पानी में घोलकर 15 दिन के अन्तराल पर दो बाद छिड़काव करना चाहिए। इसका प्रयोग धान, मटर, चना, कपास, अरहर, सूर्यमुखी, मूंगफली, टमाटर, बैंगन, मिर्च, पातगोभी, फूलगोभी तथा भिण्डी आदि फसलों में प्रभावशाली है।
9. **फेरोमोनट्रेप (गंधपाश):** यह फसलों को नुकसान पहुँचाने वाली सूड़ियों के नर पतंगों के फसाने के लिये चमकीले प्लास्टिक का बना होता है। इसमें कीप के आकार के मुख्य भाग पर लगे ढक्कन के मध्य में मादा कीट की गंद (ल्योर) लगायी जाती है जो नर पतंगों को आकर्षित करता है। कीप के निचले भाग पर पोलीथीन की थैली लगाई जाती है जिसमें पतंगे फंस जाते हैं। थैली के निचले मुख पर से रबर बैण्ड हटाकर फंसे पतंगे निकालकर मार दिये जाते हैं। गंध रबर (ल्यूर) में गंधक रहित रवर पर मादा पतंगों की विशेष गंध (फरोमोन) भरी होती है। विभिन्न प्रकार के पतंगों के लिये अलग–अलग ल्यूर उपयोग किये जाते है। ल्यूर थैली में बन्द मिलता है जिसे खोलकर ट्रैप के ढक्कन में बने स्थान पर लगाया जाता है। ल्यूर 3–4 सप्ताह तक कार्य करता है। इसे खेत में कीप पर लगे हत्थे द्वारा डंडे पर फसल की ऊँचाई से 1–2 फुट ऊपर लगाया जाता है। अधिक संख्या में पतंगों को पकड़ने के लिये 15–20 ट्रैप प्रति हेक्टर की दर से लगाये जाते है। कपास, चना, अरहर, भिण्डी, धान, टमाटर, गोभी फसलों में इसका प्रयोग करते हैं।

## जैविक खेती के अवयव (Component of Organic Farming)

- गोबर की खाद
- कम्पोस्ट खाद
- वर्मी कम्पोस्ट
- हरी खाद
- जैव उर्वरक
- बायोएजेन्ट एवं बायो पेस्टीसाइड्स
- फसलों के अवशेषों को सड़ाकर खाद के रूप में प्रयोग
- जैविक शाकनाशी

## वर्मी कम्पोस्ट (Vermi compost)

इस खाद के निर्माण में महत्वपूर्ण भूमिका केचुओं की है। इसमें जीवांश पदार्थों को सड़ाकर (विघटित करके) खाद तैयार की जाती है। इसे वर्मी कम्पोस्ट का केचुयें की खाद कहा जाता है। इससे पर्यावरण प्रदूषण कम होता है। इस खाद में नत्रजन लगभग 1–1.5 प्रतिशत, फास्फोरस 1.5 प्रतिशत तथा पोटाश 1.5 प्रतिशत पाया जाता है। इसके अतिरिक्त इनमें द्वितीयक एवं सूक्ष्म तत्त्व भी मौजूद होते हैं।

### जीवांश पदार्थ

- **कृषि या फसल अवशेषः** जैसे पुवाल, भूसा, गन्ने की खोई, पत्तियाँ, खरपतवार, फूस, फसलों के डंठल, गोबर, बायोगैस अवशेष आदि।
- **घरेलू तथा शहरी कूड़ा कचराः** जैसे सब्जियों के छिलके तथा अवशेष, फलों के छिलके तथा अवशेष, सब्जीमंडी का कचरा, भोजन का अवशेष आदि।
- **कृषि उद्योग सम्बन्धी व्यर्थ पदार्थः** जैसे वनस्पति तेल शोध मिल, चीनी मिल, शराब उद्योग, बीज तथा खाद्य प्रसंस्करण उद्योग तथा नारियल उद्योग के अवशिष्ट पदार्थ।

### केचुओं की प्रजातियाँ

कम्पोस्ट बनाने की सक्षम प्रजातियों में मुख्य रूप से इसेनिया फोटीडा, इयूड्रिल्स इयूजीनी है जिन्हें लाल प्रजाति भी कहते है। इससे कम प्रभावी प्रजातियाँ पेरियानिक्स एक्सव केप्स, लैम्पीटो माऊरीटी, डवीटा कलेवी तथा डिगोगास्टर बोलाई है जो कम्पोस्टिंग में प्रयोग की जाती है।

वर्मी कम्पोस्ट को केचुआ पालन भी कहा जाता है। गोबर सूखे एवं हरे पत्ते, घास फूस, धान का पुआल, मक्का/बाजरा की कड़वी, खेतों के अवशेष डेयरी/कुक्कुट वेस्ट सिटी गारबेज इत्यादि खाकर केंचुओं द्वारा प्राप्त मल से तैयार खाद ही वर्मी कम्पोस्ट कहलाती है। केंचुए का मल (Varmi-cast) तथा वर्मी–वाश (Wami-Wash) उपयोगी होता है।

### केंचुए की महत्ता (Importance of Earth worm)

1. इसे प्राकृति हलवाहा (Nature's ploughman) कहते हैं।
2. इसे पृथ्वी की आंत (Intestines of the earth) कहते हैं। **(अरस्तू)**
3. भूमि को उर्वरक (Fertile) करने में केंचुआ को State Secret की संज्ञा दी गयी है। **An Ancient Egyption**
4. इसे मृदा उर्वरता का बैरोमीटर कहा जाता है। **Charles Darwin**
5. ये किसानों का सच्चा मित्र होता है।
6. बगैर केंचुए के पृथ्वी की वनस्पति लुप्त (Vanish) हो सकती है।
7. केचुआं भूमि संरचना (Soil structure) में सुधार करता है।

### जैविक खेती का प्रमाणीकरण

अपनी खेती को जैविक खेती में परिवर्तित करने के लिए प्रमाणीकरण का रजिस्ट्रेशन कराना आवश्यक है। भारत में प्रमाणीकरण करने के लिए जिन एजेन्सियों को अधिकृत किया गया है वे नेशनल प्रोग्राम फार आरगेनिक प्रोडक्शन (NPOP) के अन्तर्गत कार्य करती हैं निर्यात के लिए जैविक प्रमाणीकरण का कार्य एग्रीकल्चर प्रोसेस्ड फूड एक्सपोर्ट डेवलपमेन्ट अथारिटी (APEDA) वाणिज्य मंत्रालय के अधीन कार्य करती है।

**जैविक प्रमाणीकरणः** यह प्रमाणीकरण की वह प्रक्रिया है जिसमें उत्पादन को जैविक उत्पाद का प्रमाण–पत्र दिया जाता है। इसके लिए उत्पादन के कुछ मानक निर्धारित किये गये है जिसमें उत्पादन करना, भंडारण, प्रोसेसिंग, पैकिंग तथा ढुलाई आदि के मानक है। इसमें निम्नलिखित शर्तों का पालन करना होता है।

- खेत ऐसे हो जिनमें 3 वर्षों तक रसायनों का प्रयोग न हुआ हो।
- उत्पादन व बिक्री का रिकार्ड रखा जाये।
- जैविक उत्पाद व परम्परागत उत्पाद को अलग–अलग रखा जाये।
- रूपान्तरण की अवधि में खेत का निरीक्षण प्रमाणीकरण संस्था द्वारा कराया जाये।

**प्रमाणीकरण प्रक्रियाः** परम्परागत प्रक्षेत्र को जैविक प्रक्षेत्र में तब्दील होने में लगभग 3 वर्ष लगते है इन तीन वर्षों का उत्पाद जैविक उत्पाद नहीं माना जाता अगर उस प्रक्षेत्र में पहले से रसायनों का प्रयोग हो रहा है। जैविक खेती के लिए दैनिक डायरी पर निम्न विवरण रखा जाता है।

## रिकार्ड रखना

- भूमि की तैयारी कैसे व किस माध्यम से की गई।
- खादों का विवरण रखा जाये।
- बीज के स्रोत क्या थे, कब एवं कैसे बुवाई की गई।
- खरपतवार प्रबन्धन एवं फसलों की सुरक्षा के क्या उपाय किये गये।
- फसलों की कटाई, मड़ाई व सुखाने का विवरण
- स्टोर, पैकिंग व स्थानान्तरण का पूर्ण विवरण रखना होता है।
- प्रसंस्करण, भंडारण, पैकिंग, यातायात व विपणन तथा जैविक मानकों के अनुरूप निरीक्षण होता है।
- जैविक प्रमाणीकरण करने के लिये उत्पादक प्रसंस्करणकर्त्ता और विपणन कर्त्ता को जैविक प्रमाणीकरण संस्था को आवेदन करना पड़ता है जिनमें निम्नलिखित बिन्दुओं का ध्यान रखा जाता है।
- सारे कार्य मानकों के अनुरूप होना आवश्यक है।
- सर्वप्रथम उत्पादक का प्रमाण होना आवश्यक है।
- प्रसंस्करण इकाई का प्रमाणन भी होता है।
- प्रसंस्करण विधि का अवलोकन/निरीक्षण।
- विपणन इकाई का प्रमाणन

**प्रमाणीकरण व लेवलिंगः** इसमें तीन श्रेणियाँ होती है–

**प्रथमः**ऐसे उत्पाद जो पूर्णतः प्रमाणित जैविक उत्पादो से बने हैं उन पर 100 प्रतिशत जैविक का लेबल लगाया जाता है।

**द्वितीयः** ऐसे उत्पाद जो 95 प्रतिशत जैविक उत्पादों से बने है उन पर 'जैविक' का लेबल लगा होता है। ये दोनों ऑरगेनिक चिन्ह का प्रयोग कर सकते हैं।

**तृतीयः** तीसरे श्रेणी में वे उत्पाद आते है जो 70 प्रतिशत जैविक उत्पादों से बने होते है उन पर 'जैविक उत्पादों से तैयार' का लेबल होगा।

इसके अतिरिक्त पैकिंग पर प्रमाणीकरण संस्था का चिन्ह भी अंकित कर सकते हैं। 70 प्रतिशत से कम जैविक उत्पादों से बना खाद्य पदार्थ जैविक नाम से नहीं बेचा जा सकता है।

**लोगोः** प्रत्येक देश के जैविक उत्पाद का अपना लोगो होता है जैसे भारत का लोगो 'इंडिया आरगेनिक' है।

## जैविक खेती से उत्पादित वस्तुओं की विदेश में माँग

कई जैविक वस्तुओं की विदेश में अधिक माँग है जिनका निर्यात काफी मात्रा में रहा है तथा भविष्य में सम्भावनायें है जो निम्नवत है–

1. चावल (बासमती)
2. दाल (सोयाबीन, मसूर)
3. तिलहन (तिल, मूँगफली)
4. गन्नें के उत्पाद (गुड़ एवं शक्कर)
5. फल (आम, अनानास, लीची, केला, अखरोट)
6. औषधीय पौधे
7. कपास
8. सूखे मेवा आदि।

■■■■

अध्याय–15

# कृषि प्रणाली
# (Farming System)

## भूमिका

कृषक गाँव में रहते है तथा वे चाहते है कि हमारी सभी सतह की आवश्यकतायें जैसे खाद्यान्न, दूध, मांस, सब्जी, फल आदि प्रक्षेत्र से पूरी हो जाये। इसलिये प्रत्येक कृषक फसलोत्पादन के साथ–साथ कम से कम एक दुधारू पशु जरूर घर में रखता है जिससे भोजन के साथ दूध भी परिवार को मिल जाये। इस प्रकार प्रत्येक कृषक कृषि प्रणाली अपना रहा है।

**कृषि प्रणाली के प्रमुख बिन्दु**

- प्रक्षेत्र पर अपनाये जाने वाले उद्यमों के मिश्रण को कृषि प्रणाली कहा जाता है।
- कृषि प्रणाली विशिष्ट, विविधीकृत तथा एकीकृत होती है।
- इसके अपनाने से कृषकों की भोजन सम्बन्धी अधिकांश आवश्यकताओं की पूर्ति हो जाती है।
- इससे कृषकों की आय बढ़ जाती है।
- कृषि प्रणाली प्रारूप (Farming System Modules) का प्रदर्शन कृषि वैज्ञानिकों को करना चाहिए जिससे कृषक लाभान्वित हो।

कृषि प्रणाली (Farming System) को लोग विभिन्न प्रकार से परिभाषित करते हैं। ये कृषि (Farming) एवं प्रणाली (System) दो शब्दों से मिलकर बना है जिसमें फार्मिंग (कृषि) एक प्रक्रिया है जिसमें सूर्य की ऊर्जा का दोहन करके पौधे तथा पशुओं के उत्पादों को आर्थिक रूप में लाये जाने से है। सिस्टम (प्रणाली) से तात्पर्य स्थिर पारस्परिक क्रियाओं (Interrelated practices) को कार्यात्मक इकाई (Functional entity) में संगठित करने से है। इस प्रकार कृषि प्रणाली एक स्थिर कृषि क्रियाओं का संगठन है जिसमें मृदा की उत्पादकता, पर्यावरण गुणवत्ता को संरक्षित तथा जैविक विविधता एवं पारिस्थितिकीय स्थिरता को बनाये रखा जाता है।

## परिभाषा (Definition)

Farming System is an appropriate combination of farm enterprises viz. crop production, live stock, Fishery, Poultry, Piggery and Agro-forestry and the farm resources available with the farm with an object to maintain socio-economic balance without degrading our national resource base and meeting the national goal.

क्षेत्र विशेष पर विद्यमान कृषि संसाधनों, जलवायवीय परिस्थितियों तथा कृषकों की आर्थिक–सामाजिक रीतियों के समागम से विभिन्न कृषि उद्यमों जैसे कि फसलोत्पादन, पशुपालन, मत्स्य पालन, मुर्गी पालन, सुअरपालन व वनोत्पादन का अनुकूलतम सामंजस्य बनाये रखना कृषि प्रणाली कहलाता है जिससे कि क्षेत्र विशेष में सामाजिक, आर्थिक संतुलन बनाये रखते हुये राष्ट्रीय उद्‌देश्यों की पूर्ति की जा सके।

## कृषि प्रणाली की अवधारणा (Concept of Farming System)

हरितक्रान्ति के पश्चात सघन खेती करने से सम्पूर्ण विश्व का कृषि स्वरूप बदल गया है अर्थात् बढ़ती हुई जनसंख्या के बावजूद भोज्य पदार्थ अतृप्ति (Food deficient) खाद्य संकट से खाद्यान्न आत्मनिर्भरता भोज्य तृप्त (Food surplus) तक हमारा देश आ गया है। सघन कृषि एवं अधिक बाह्य निवेश में मृदा, जल और आनुवांशिकी संसाधनों में विघटन से फसल उत्पादकता पर प्रतिकूल प्रभाव पड़ा। बड़े पैमाने पर भूमि अपरदन, पोषक तत्त्वों की कमी (Nutrient minining), जलस्तर का घटना, जैव विविधता में क्षीणता जो वैश्विक स्तर से सम्बन्धित थे के कारण भोज्य पदार्थों की सुरक्षा तथा खुशियों में विशेषकर गरीब कृषकों में भयंकर कमी आई। इन दुष्परिणामों को ध्यान में रखते हुये सम्पूर्ण विश्व के कृषिविदों ने एक आवाज उठाई कि कृषि का वर्तमान स्वरूप स्थानीय कृषि प्रणालियों के अच्छे चुनाव तथा कृषि उत्पादकता में समगतिशीलता को आधार मानकर होना चाहिए जिससे कि भविष्य में मूलभूत कृषि संसाधनों (मृदा एवं जल) की उपयोगिता को बनाये रखते हुये भविष्य में भोजन आदि की पूर्ति की जा सके तथा पर्यावरणीय व सामाजिक संतुलन भी बनाये रखा जा सके।

## कृषि प्रणाली के अवयव या उद्यम (Component or enterprises of farming system)

1. फसल उत्पादन (Crop production)
2. पशुपालन (Dairy)
3. मछली पालन (Fish culture)
4. मुर्गीपालन (Poultry)
5. सुअर पालन (Piggery)
6. बतख पालन (Duck farming)
7. रेशम पालन (Seri culture)
8. मधुमक्खी पालन (Api culture)
9. कृषि वानिकी (Agro Forestry)

10. सब्जी उत्पादन (Vegetable production)
11. बागवानी (Horticulture)

## कृषि प्रणाली अवयवों को प्रभावित करने वाले कारक
## Factors affecting components of farming system

- भूमि एवं जलवायवीय दशायें (Soil and climatic conditions)।
- भूमि, श्रम, पूँजी आदि की उपलब्धता (Availability of land, labour and capital)।
- कृषक की प्रबन्धकीय योग्यता (Managerial capacity of farmer)।
- कृषि उत्पाद का बाजार (Market of agricultural product)।
- कृषि प्रणाली में सम्मिलित कृषि उद्यमों का ज्ञान (Knowledge of enterprises included in farming system)।

## कृषि प्रणाली के उद्देश्य (Objectives of farming system)

कृषि प्रणाली का मुख्य उद्देश्य विभिन्न कृषि अवयवों (Agricultural enterprises) का मिश्रण करना है। कृषि प्रणालियाँ विभिन्न परिस्थितियों जैसे सिंचित, असिंचित, पर्वतीय एवं समुद्रतटीय क्षेत्रों के लिये अलग–अलग होती है तथा उनका उद्देश्य प्रक्षेत्र से अधिक आय प्राप्त करना एवं रोजगार प्रदान करना होता है। कृषि प्रणालियों के मुख्य उद्देश्य निम्नवत् है–

- कृषि उद्यमों के मिश्रण से कृषि आय को बढ़ाना।
- विभिन्न परिस्थितियों की पहचान करके उनकी आर्थिक उपयोगिता का मूल्यांकन करना।
- ऐसी कृषि प्रणाली का विकास करना जो कृषि संसाधनक्षरण को बचाये तथा साथ ही पर्यावरणीय संतुलन स्थापित करें।
- कृषि उत्पादों के पुनः चक्रण की योजना बनायें जिससे उत्पादन व्यय कम हो तथा पर्यावरणीय गुणवत्ता में सुधार हो।

## आदर्श कृषि प्रणाली की विशेषतायें
## Characteristics of an ideal farming system

यद्यपि एक कृषि प्रणाली एक प्रक्षेत्र स्तर पर टिकाऊ हो सकती है परन्तु वही प्रणाली किसी समुदाय अथवा अन्य प्रक्षेत्र पर टिकाऊ नहीं भी हो सकती। एक आर्दश कृषि प्रणाली की निम्नलिखित विशेषतायें होती है–

- कृषि प्रणाली स्थान विशेष के कृषकों की क्षेत्रीय, सामाजिक, राजनैतिक व्यवस्था के अनुरूप होनी चाहिए।
- कृषि प्रणाली कृषकों के जीवनस्तर को ऊपर उठाने वाली होनी चाहिए।
- इसे दीर्घ कालीन (Long term) आधार पर प्राकृतिक संसाधनों एवं जैविक परिस्थितियों में सामंजस्य होना चाहिए।

- कृषि प्रणाली मृदा एवं जल साधन संरक्षण, उत्पादकता पुनः भरण, जल गुणवत्तावर्धक, पर्यावरण सुधारक एवं प्रक्षेत्र लागत कारकों पर कम से कम आश्रित रहने वाली होनी चाहिए।

## कृषि प्रणाली के प्रकार अथवा कृषि प्रणाली के प्रारूप
## Types of farming system or farming system models

1. धान + मछली प्रणाली (Paddy + Fish culture)
2. मछली + बतख प्रणाली (Fish + Duck farming)
3. धान + मछली + अजोला प्रणाली (Paddy + Fish + Azolla farming)
4. धान + मछली + सब्जी प्रणाली (Paddy + Fish + Vegetable farming)
5. फसलोत्पादन + मछली प्रणाली (Crop production + fish culture farming)
6. मछली + मुर्गी प्रणाली (Fish + Poultry farming)
7. मछली + सूकर प्रणाली (Fish + Piggery farming)
8. मछली + रेशम कीट प्रणाली (Fish + Sericulture)
9. मछली + उद्यानकी (Fish + Horticulture farming)
10. मछली + बायोगैस (Fish + Biogas plant)
11. फसलोत्पादक + मधुमक्खी पालन प्रणाली (Crop production+Apiculture)
12. कृषि वानिकी + फसलोत्पादन प्रणाली (Agro forestry +Crop production farming)
13. फसलोत्पादन + पशुपालन (Crop production + Dairy)
14. फसलोत्पादन + पशुपालन + मछली (Crop production + Dairy + Fish)

**विशिष्ट कृषि प्रणाली (Specialized Farming System)**: जब किसी प्रक्षेत्र पर विभिन्न प्रकार के उद्यम (Enterprise) अपनाये जाते है जैसे फसलोत्पादन, दुग्धपालन, मछली पालन, सब्जी उत्पादन आदि तथा इनमें से कुल आय की 50 प्रतिशत आय किसी एक उद्यम (Enterprise) से मिलती है तो उसे उस उद्यम का विशिष्ट प्रक्षेत्र (Specialized Farm) तथा उस प्रणाली को विशिष्ट कृषि प्रणाली कहा जाता है। जैसे फसलोत्पादन प्रक्षेत्र, दुग्ध प्रक्षेत्र।

**विविधीकृत कृषि प्रणाली (Diversified Farming)**: इस प्रणाली में भी विभिन्न प्रकार के उद्यम (Enterprise) प्रक्षेत्र पर किये जाते है जैसे फसलोत्पादन, मछलीपालन, मत्स्य पालन, रेशम कीट पालन, दुग्ध पालन आदि परन्तु इनमें से किसी उद्यम से कुल आय का 50 प्रतिशत आय नहीं मिलती अर्थात 50 प्रतिशत से कम आय मिलती है। इस प्रकार के प्रक्षेत्र को विविधीकृत प्रक्षेत्र तथा प्रणाली को विविधीकृत कृषि प्रणाली कहते है।

**एकीकृत कृषि प्रणाली (Integrated Farming System):** तब किसी प्रक्षेत्र पर दो या दो से अधिक उद्यम अपनाये जाते है तथा दोनों एक दूसरे को लाभ पहुँचाते है अथवा एक दूसरे के लिए उपयोगी होते है तो उस प्रणाली को एकीकृत कृषि प्रणाली कहते है। जैसे फसलोत्पादन+दुग्ध उत्पादन। फसलोत्पादन का भूसा, पुआल, दाना, दुग्धोत्पादन वाले जानवर खाते है तथा जानवरों के मलमूत्र से खाद बनती है जो फसलोत्पादन के काम आती है।

## कृषि प्रणाली के प्रारूप

उपरोक्त दर्शायी गयी कृषि प्रणाली को जब प्रक्षेत्र पर अपनाते है तथा उनके लाभ एवं व्यय का लेखा–जोखा (Record) दर्शाया जाता है तो एक आदर्श के रूप में होता है। कृषकों को अपनाने के लिऐ प्रेरित किया जाता है कृषि प्रणाली प्रारूप कहा जाता है।

## कृषि प्रणाली से लाभ (Advantages of Farming System)

- कृषकों की अधिकतर आवश्यकताओं की पूर्ति हो जाती है।
- कृषि उद्यमों के मिश्रण से आय बढ़ती है।
- कृषि संसाधनों का समुचित उपयोग होता है।
- मजदूरों को वर्षभर कार्य मिलता है।
- पर्यावरण को प्रदूषित होने से बचाता है।
- कृषि क्षेत्र के जोखिम को कम करता है।
- कृषि प्रणाली से सम्बन्धित उद्योग धंधे भी स्थापित किये जा सकते है जैसे दूध से दुग्ध पदार्थ।

■■■■

# अध्याय–16

# परिशुद्ध खेती
# (Precision Farming)

## भूमिका

परिशुद्ध खेती का अभिप्राय कृषि निवेशों एवं क्रियाओं को फसल एवं कृषि जलवायवीय दशाओं के अनुरूप ऐसे मिलान (Match) से है जिससे उसके उपयोग की परिशुद्धता में सुधार हो (बढ़े)। फसलोत्पादन निवेश जैसे जल, बीज, उर्वरक इत्यादि का प्रबन्धन ऐसे किया जाये जिससे फसलोत्पादन, उत्पाद गुणवत्ता तथा लाभ बढ़े, निवेशों को बरबाद होने से बचाया जा सके तथा प्रणाली पर्यावरणीय हितैषी हो। इसलिये परिशुद्ध खेती में कृषि निवेशों को सही स्थान पर, सही विधि से सही समय पर तकनीकी सूचनाओं के आंकड़े प्राप्त करने के पश्चात दिया जाता है। कृषकों के खेतों की जानकारी प्राप्त करने के लिये भौगोलिक सूचनातंत्र (जी॰आई॰एस॰), भूमिक स्थितिक तंत्र (जी॰पी॰एस॰), सुदूरतंत्र (Remote sensing system) तथा सूचना तकनीक की आवश्यकता होती है। इन यंत्रों से सूचना एकत्रित करके साधन की मात्रा तथा दर निर्धारित की जाती है।

**परिशुद्ध के प्रमुख बिन्दु**

- परिशुद्ध खेती में कृषि निवेश को सही समय पर, स्थान में, सही विधि से डाला जाता है।
- परिशुद्ध खेती का प्रारम्भ संयुक्त राष्ट्र अमरीका से सन् 1980 से हुआ था।
- परिशुद्ध खेती में सबसे पहले परिवर्तनशीलता का आंकलन करते है तत्पश्चात् परिवर्तनशीलता का प्रबन्धन करते हैं।
- इसमें कम्प्यूटर, भौगोलिक सूचना तंत्र, विश्वस्थितिक तंत्र तथा दूरस्थ जानकारी तंत्र की आवश्यकता होती है।
- भारत में कपास, काफी, चाय, धान व गेहूँ फसलों में परिशुद्ध खेती पर अनुसंधान कार्य चल रहे है।

**पर्यायवाची (Synonyms)**: परिशुद्ध कृषि (Precision agriculture), उपग्रह खेती (Satellite farming), स्थान विशेष फसल प्रबन्धन (Site specific crop management), स्थान विशेष खेती (Site specific farming), नुक्सा खेती (Prescri-ption farming), परिवर्तनशील दर तकनीकी खेती (Variable rate technology farming)।

## परिशुद्ध खेती (Precision farming)

### परिभाषा

1. परिशुद्ध खेती आधुनिक फसलोत्पादन के एक स्थान विशेष का प्रबन्धन दृष्टिकोण है जिसमें कृषि रसायनों को खेत में मितव्यय एवं पूर्ण सुरक्षित पर्यावरणीय दृष्टि से दिया जाता है।

   Precision farming is a site specific management approach in modern crop production for applying agrochemicals to the field in an economic and environmentally sound fashion.

2. परिशुद्ध खेती कला एवं विज्ञान के उपयोगिता की उच्च तकनीकी है जिसमें गृहों के पर्यावरणीय खतरे को कम करते हुये फसलों की उत्पादकता बढ़ाई जाती है।

   Precision farming is art and science of utility of advanced technologies for enhancing crop yield and minimizing environmental threat to the plannet.

3. परिशुद्ध कृषि खेती के प्रबन्धन की परिकल्पना है जो खेत की आन्तरिक एवं बाह्य परिवर्तनशीलताओं के अवलोकन, माप एवं उसके प्रभावों के आधार पर फसल में किया जाता है।

   Precision agriculture is a farming management concept based on observing, measuring and responding to inter and intera field variability in crops.

4. परिशुद्ध खेती सतत एवं अस्थाई परिवर्तनशील प्रबन्ध करने के सिद्धान्तों की तकनीकी है जिसका सम्बन्ध फसलोत्पादन एवं पर्यावरणीय गुणवत्ता को सुधारने हेतु कृषि उत्पादन के सभी पहलुओं से है।

   Precision agriculture is the application techniques of principles to manage spatial and temporal variability associated with all aspects of agricultural production for improving production and environmental quality.

5. परिशुद्ध कृषि अथवा परिशुद्ध खेती सही चीज को, सही स्थान पर, सही तरीके से सही समय पर करना है।

   Precision agriculture or precision farming is about doing the right thing, in the right place, in the right way at the right time.

### भारत में परिशुद्ध खेती की सीमायें (Limitations of precision farming in India)

- प्रक्षेत्र के आकार का छोटा होना, फसल प्रणालियों में असमानता, भूस्वामित्व में प्रतिबंध, स्थान विशेष के आंकड़े एकत्रित करने में अधिक लागत।
- यंत्रों में जटिलता तथा तकनीकी के लिए कुशल व्यक्ति की आवश्यकता।

- नई तकनीकी के अपनाने तथा पर्यावरणीय समस्याओं की जानकारी का अभाव।
- परिशुद्ध खेती एक नई कहानी के रूप में है जिसे प्रदर्शित करके जागरूक करने की जरूरत है।
- बुनियादी ढाँचा एवं संस्थागत कमी।
- प्रारम्भिक लागत का अधिक होना।
- स्थानीय तकनीकी विशेषज्ञों की कमी।
- परिशुद्ध खेती के ज्ञान एवं तकनीकी में अन्तर (gap)।
- इस प्रकार की खेती की आय में अनिश्चितता।
- सस्य कारकों एवं उनके आपसी प्रभाव का पर्याप्त ज्ञान न होना।
- भूसांख्यिकी के ज्ञान की कमी जिससे फसल व भूमि की विविधता का मानचित्र साफ्टवेयर की सहायता से तैयार किया जाता है।

## परिशुद्ध खेती की आवश्यकता (Need of precision farming)

- कृषि की उत्पादकता बढ़ाना।
- खेती योग्य भूमि को खराब होने से बचाना।
- फसलोत्पादन में कृषि रसायनों के प्रयोग में कमी लाना।
- जलसंसाधनों का दक्षता पूर्ण प्रयोग करना।
- कृषि फसलों का लागत व्यय कम करने, उत्पाद तथा गुणवत्ता को बढ़ाने हेतु आधुनिक प्रक्षेत्र क्रियाओं के प्रसार के लिए।

## परिशुद्ध खेती से लाभ (Advantages in precision farming)

- कृषि विज्ञान के दृष्टिकोण से कृषि क्रियाओं का प्रयोग फसलों की विशेष आवश्यकतानुसार किया जाता है।
- तकनीकी दृष्टिकोण से समयानुसार दक्षतापूर्ण प्रबन्ध किया जाता है।
- पर्यावरणीय परिप्रेक्ष्य में परिशुद्ध खेती की कृषि क्रियायें पर्यावरण मित्र के रूप में (Eco-friendly) है अर्थात पर्यावरण प्रदूषण मुक्त रहता है।
- आर्थिक दृष्टिकोण से फसलोत्पादन व गुणवत्ता बढ़ती है, प्रक्षेत्र निवेशों, मजदूरों तथा जल के दक्षतापूर्ण प्रयोग से उत्पादन लागत कम हो जाती है।

## परिशुद्ध खेती की परिकल्पना (Concept of precision farming)

परिशुद्ध खेती के मूलभूत दो चरण (step) है–

**(अ) परिवर्तनशीलता का आँकलन (Assessing variability):** परिशुद्ध खेती में प्रक्षेत्र की परिवर्तनशीलता के आधार पर कृषि निवेशों को दिया जाता है इसलिये परिशुद्धता के लिए सबसे पहले प्रक्षेत्र की परिवर्तनशीलता का आंकलन किया जाता है। सतत परिवर्तनशीलता से फसलोत्पादन निश्चित

किया जाता है। भूमि की दशाओं का मानचित्र जैसे मिट्टी का ढाल कार्बनिक कार्बन की मात्रा, भूमि का पी०एच० मान, भूमि का रंग, भूमि में पोषक तत्त्वों की मात्रा इत्यादि की सूचना (आँकलन) तैयार करना परिशुद्ध खेती का सबसे कठिन अवयव है। भूमि की दशाओं का मानचित्र निम्नलिखित की सहायता से तैयार किया जाता है।

1. सर्वेक्षण करके (By surveying)
2. नमूना एकचित्र करके इन्टरपोलेशन द्वारा (Sampling and interpolation)
3. दूरस्थ जानकारी तन्त्र से (Remote sensing)
4. माडलिंग द्वारा (By modeling)

(ब) **परिवर्तनशीलता का प्रबन्धन (Managing variability)**: प्रक्षेत्र की भूमि की परिवर्तनशीलता के आंकलन के पश्चात खेत का समतलीकरण, परिवर्तनदर तकनीकी स्थान विशेष पर बुवाई, स्थान विशेष के आधार पर जलप्रबन्धन, खरपतवार प्रबन्धन, कीटों व बीमारियों का प्रबन्धन किया जाता है। परिशुद्ध खेती की क्रियाओं का मुख्य उद्देश्य प्रक्षेत्र निवेशों को परिवर्तनशीलता के अनुसार करने से है जिसे आवश्यकतानुसार निश्चित समय व निश्चित स्थान पर दिया जाये। इसमें निम्नलिखित अवयव सम्मलित है–

1. भूमि का समतलीकरण
2. जी०आई०एस० से सम्बन्धित सूचनायें
3. स्थान विशेष के अनुसार भूपरिष्करण
4. स्थान विशेष के अनुसार पोषक तत्त्व प्रबन्धन
5. स्थान विशेष के अनुसार बौछारी अथवा टपक विधि से जल प्रबन्धन
6. स्थान विशेष के अनुसार खरपतवार प्रबन्धन
7. परिशुद्ध हानिकारक कीटों व बीमारियों का प्रबन्धन

## परिशुद्ध खेती के अवयव (Components of precision farming)

परिशुद्ध खेती के मुख्य अवयव निम्नलिखित है–

### कम्प्यूटर (Computer)

कम्प्यूटर के द्वारा सूचना का संचार बहुत तेजी से होता है। परिशुद्ध खेती के लिए मानसिक उपर्जन, प्रबन्धन, विश्लेषण एवं अधिक मात्रा में स्थानीय तथा सामाजिक सूचनाओं को परिणाम की आवश्यकता होती है। ये सभी कार्य कम्प्यूअर की सहायता से आसानी से किये जाते है। खेत (प्रक्षेत्र) पर कृषि प्रक्रियाओं को करने के लिये कम्प्यूटर (लेपटाप) की आवश्यकता होती है। इसमें लाखों सूचनाओं का विश्लेषण बहुत ही कम समय (क्षण भर) में पूरा कर देते है साथ ही इसके अन्दर बहुत अधिक स्मरण शक्ति तथा काफी अधिक मात्रा में सूचनाओं को संरक्षित करने की क्षमता होती है। इस प्रकार यह परिशुद्ध खेती का बहुत आवश्यक अवयव है।

### भौगोलिक सूचनातंत्र (Geographical information system)

यह परिशुद्ध खेती का भाग व खण्ड है, यह एक साफ्टवेयर एप्लीकेशन प्रोग्राम है जो एक ऐसे तंत्र की रूपरेखा तैयार करके कुशलतापूर्वक स्थानीय सूचनाओं को प्रदर्शित करता है। जी॰आई॰एस॰ तकनीक की सहायता से प्रबन्ध आसानी से कृषि लागतों एवं उत्पादन को अलग–अलग अंकित तहों में जमा करता है और भविष्य में इन्हें सूचनाओं को विश्लेषण कर कृषि लागतों के प्रयोग का स्थान निर्धारित करता है। यह परिशुद्ध खेती में मस्तिष्क का कार्य करता है क्योंकि इसकी सहायता से स्थानीय तथा सामयिक विविधताओं का विश्लेषण कर सही स्थान का परिणाम निकाला जाता है। इसके साफ्टवेयर पैकेज के जटिल होने के कारण बिना विशेषज्ञ के इसकी क्रियाओं को करना कठिन होता है।

### विश्व स्थितिक तंत्र (Global positioning system)

यह परिशुद्ध खेती का मार्ग निर्देशक तंत्र है जो ग्रहीय पृथ्वी उपग्रह के नेटवर्क पर आधारित है। इसकी सहायता से आक्षांशिक, देशान्तरीय तथा ऊँचाई की स्थिति का पता लगाया जाता है जिससे प्रबन्धन को स्थिति विशेष की जानकारी प्राप्त होती है। इसकी सहायता से वह सही स्थान को चिन्हित कर लागत साधनों का प्रयोग कर सकता है। जी॰पी॰एस॰ बहुत महत्वपूर्ण अवयव है क्योंकि परिशुद्ध खेती में पूरी सस्य प्रक्रिया स्थिति विशेष की सूचनाओं पर आधारित होती है जिसके द्वारा कृषि लागतों का प्रयोग अधिक दक्षता के साथ उस स्थान विशेष पर किया जाता है। यह प्रारम्भ में यूनाइटेड स्टेट के द्वारा मिलेट्री के लिए विकसित किया गया था। इसको दो प्रकार से प्रयोग किया जाता है जैसे एकल प्राप्त करता वाला साधन व अन्तर सम्बन्धी साधन जिसमें दो प्राप्त करता साधन होते हैं।

### दूरस्थ जानकारी तन्त्र (Remote sensing system)

इसके द्वारा एकत्रित आंकिक सूचनाओं का कई वर्षों तक उपयोग किया जा सकता है तथा किसी स्थान पर फसल की स्थिति तथा प्रक्षेत्र में विभिन्न प्रकार की तनाओं की स्थितियों का पता लगाया जा सकता है। रिमोट सेसिंग के विभिन्न ऊर्जा स्तर के फोटोन्स की पहचान तथा माप किया जाता है। इन फोटोन्स की सहायता से किसी पदार्थ के स्थान विशेष में वितरण की जानकारी प्राप्त की जाती है। इसके लिये विभिन्न प्रकारके सेंसरों का प्रयोग किया जाता है जैसे मृदा पोषक सेन्सर, मृदा जलसेन्सर आदि। मृदा पोषक सेन्सर का उपयोग मृदा उर्वरता की स्थिति का पता लगाने के लिये किया जाता है। इन मृदा पोषक सेंसरों की सहायता से उर्वरक की मात्रा निर्धारित की जाती है। परिशुद्ध खेती में स्थानीय विविधता के प्रबन्धन में रिमोट सेंसिंग का बहुत ही महत्त्वूपर्ण स्थान है तथा इसके अभाव में परिशुद्ध खेती की सार्थकता असम्भव है।

### नियंत्रण प्रक्रिया (Control system)

नियंत्रण प्रक्रिया एक स्वचालित तन्त्र है जो विभिन्न स्रोतों से प्राप्त सूचनाओं पर आधारित होती है। परिशुद्ध खेती में स्थान एवं समय के साथ–साथ एक या एक से अधिक कृषि लागतों की दर विभिन्न मृदा गहराइयों तथा एक समान वितरण या स्थान

विशेष की आवश्यकता के अनुसार नियंत्रण होना चाहिए क्योंकि इसकी सहायता से कृषि लागतों को सही स्थान पर आवश्यक मात्रा में प्रयोग किया जाता है। नियंत्रण प्रक्रिया के बिना परिशुद्ध खेती सफल नहीं हो सकती। नियंत्रण प्रक्रिया में जी॰आई॰एस॰, जी॰पी॰एस॰ तथा सेन्सरों से सूचनायें प्राप्त की जाती है तथा उनकी सहायता से उर्वरकों की मात्रा, बीजदर, शाकनाशी का चयन एवं उनकी दर आदि निर्धारित की जाती है जो परिवर्तनीय तकनीकी (Variable rate of technology) के लिये बहुत ही महत्वपूर्ण है।

## परिशुद्ध खेती का उपयोग (Utilization of precision farming)

हरितक्रान्ति के पश्चात् विभिन्न फसलों की उन्नत प्रजातियों के साथ–साथ उर्वरकों, सिंचाई एवं कृषि रसायनों के अधिक उपयोग से कृषकों के खेतों पर उत्पादन बढ़ा है परन्तु उसी वृद्धि को कायम रखना बड़ा कठिन हो रहा है। कृषि निवेशों (लागत साधन) का अत्यधिक मात्रा में उपयोग करने से उत्पादन लागत में वृद्धि हुई है साथ ही इससे पर्यावरण को प्रदूषित कर टिकाऊ कृषि आधारित खाद्यान्न उत्पादन में बहुत बड़ी बाधा पहुँची है। हमारे देश की 70 प्रतिशत से ज्यादा खेती वर्षा पर आधारित होने के कारण भारतीय कृषकों को आने वाले दशक में कम क्षेत्रफल और पानी तथा जैविक एवं अजैविक समस्याओं का सामना करते हुये अधिक खाद्यान्न एवं अन्य खाद्य उत्पाद उगाने पड़ सकते हैं। ऐसी परिस्थिति में खाद्यान्न उत्पादन को बढ़ाने का एक मात्र विकल्प उपलब्ध लागत साधनों जैसे उर्वरक, शाकनाशी, सिंचाई आदि की मात्रा न बढ़ाकर इसकी उपयोगिता बढ़ाई जाये।

1. **परिशुद्ध पोषक प्रबन्धन (Precision nutrient management):** पोषक तत्त्व का प्रबन्धन परिशुद्ध खेती में स्थान विशेष द्वारा किया जाता है। स्थान विशेष पोषक प्रबन्धन, स्थान विशेष सूचनाओं, उत्पादन लक्ष्य, फसल के द्वारा पोषक तत्त्वों की माँग, उपलब्ध संसाधन तथा पोषक तत्त्वों की आर्थिक उपयोगिता ग्राफ पर निर्भर करती है। यदि फसल चक्र के उत्पादन लक्ष्य को ज्यादा करना है तो पोषक प्रबन्धन के लिए उस विशेष स्थान की स्थानीय जानकारी तथा अन्य सस्य प्रक्रियाओं की सहायता से बढ़ाया जा सकता है। स्थानीय जानकारी द्वारा इस स्थान विशेष की पोषक तत्त्व माँग निर्धारित कर ली जाती है इससे आवश्यक पोषक तत्त्वों की मात्रा की बचत की जा सकती है।
2. **बीजों की बुवाई (Sowing of seed):** परिशुद्ध खेती से उपयुक्त बीजदर तथा बुवाई की गहराई निर्धारित कर एक समय में इष्टतम पौध संख्या ज्ञात की जा सकती है जिसके फलस्वरूप अधिक से अधिक उत्पादन प्राप्त होता है। इस प्रकार फसल की बुवाई करने से स्थानीय विविधतायें कम हो जाने से उत्पादन बढ़ता है।
3. **खरपतवार नियंत्रण (Weed control):** परिशुद्ध खेती में खरपतवार नियंत्रण के मुख्य तीन अवयव होते है–
   (i) फसल प्रबन्धन द्वारा खरपतवार नियंत्रण
   (ii) तत्काल खरपतवार नियंत्रण का निर्णय
   (iii) परिशुद्ध खरपतवार नियंत्रण तकनीक

खरपतवार नियंत्रण को प्रभावी बनाने के लिये फसल खरपतवार सम्बन्ध तथा खरपतवारों की संख्या का गुणात्मक अध्ययन आवश्यक है। खरपतवार नियंत्रण की कुछ क्रियाओं द्वारा वातावरण के प्रदूषण तथा रसायनों की क्रियाशीलता बढ़ने से लागत में कमी आती है।

4. **सिंचाई प्रबन्धन (Irrigation management)**: बौछारी एवं टपक सिंचाई के माध्यम से स्थान विशेष पर सिंचाई करके सिंचाई जल की बचत की जा सकती है।

5. **कीटों एवं बीमारियों का प्रबन्धन (Management of insect pest and diseases)**: स्थान विशेष पर कीटों एवं बीमारियों की सघनता (प्रकोप) के आधार पर कीटनाशक एवं बीमारी नाशक रसायनों का प्रयोग किया जाता है।

6. **फसलों की कटाई में प्रबन्धन (Management in harvesting)**: परिपक्वता के आधार पर स्थान विशेष की कटाई करके फसल को हानि से बचाया जा सकता है। जैसे – सरसो, चना, मसूर, मूँग, कपास आदि फसलें।

## भारत में परिशुद्ध खेती का क्षेत्र (Scope of precision farming in India)

परिशुद्ध खेती का प्रारम्भ संयुक्तराष्ट्र अमरीका से सन् 1980 में हुआ था। परिशुद्ध खेती, खेती का ऐसा प्रबन्धन है जिसका मुख्य आधार आधुनिक सूचना तकनीकी जैसे विश्व स्थितिक तंत्र (जी॰पी॰एस॰), भौगोलिक सूचना तन्त्र (जी॰आई॰एस॰) एव दूरस्थ जानकारी तंत्र (रिमोट सेन्सिंग सिस्टम) है। परिशुद्ध खेती फसल की बढ़वार के मुख्य कारक जैसे भूमि, मौसम एवं फसल प्रबन्धन क्रियाओं से सम्बन्धित कृषि निवेशों को परिशुद्ध रूप से देना है। यह वास्तव में सूचना एवं तकनीकी आधारित खेती प्रणाली है जहाँ निवेशों का प्रबन्धन एवं वितरण स्थान विशेष के आधार पर दीर्घकालीन समय तक लाभ प्राप्त करने के लिये किया जाता है। सबसे पहले खेत की परिवर्तनशीलता का अध्ययन करते है तत्पश्चात् इन विविधताओं के आधार पर खेत को छोटी–छोटी इकाइयों में बाँट लेते हैं। इसमें एक इकाई को जो छोटी–छोटी भागों में बांटी गई है। को एक यूनिट मानते हैं पूरे खेत को नहीं। इसके पश्चात इन छोटी इकाइयों में अनुकूलित प्रबन्धन करते हैं। परिशुद्ध खेती में कई चीजे (Issue) सम्मिलित है जैसे लागत में मितव्ययता, प्रबन्धन सम्बन्धित, पर्यावरण एवं तकनीकी सम्बन्धित। मितव्ययता सम्बन्धित में मुख्य रूप से लागत में परिवर्तन, सरकारी धन (Revanues), नकदी बहाव (Cash flows) एवं दूसरे सम्बन्धित जोखिम (Other realted risk) इत्यादि। प्रबन्धन सम्बन्धित में मुख्य रूप से आंकड़ों को प्राप्त करना, उनका विश्लेषण करना एवं निर्णय समर्थन प्रणाली। पर्यावरणीय सम्बन्धित में निवेशों की हानियाँ एवं जल तथा पोषक तत्त्वों के उपयोग दक्षता में कमी है। तकनीकी से सम्बन्धित में, विश्वस्थितिक तन्त्र (जी॰पी॰एस॰) को सही तरीके से स्थापित करना, विविध दर तकनीकी (वी॰वी॰टी॰) एवं स्थान विशेष प्रबन्धन सेवायें हैं।

सब मिलाकर यह कहा जा सकता है कि परिशुद्ध खेती में सम्मिलित जोखिम का नियंत्रण होने से लाभ बढ़ जाता है। परिशुद्ध खेती में निवेशों की सही मात्रा दी जाती है जिससे संसाधनों की उपयोग क्षमता सबसे अधिक होती है जिसके फलस्वरूप फसलोत्पादन एवं उत्त्पादकता प्रति इकाई क्षेत्र बढ़ जाती है। भारत में कई प्रकार की

फसलें विभिन्न जलवायवीय दशाओं में उगाई जाती है। अतः हमारे देश में परिशुद्ध खेती की सम्भावनायें बहुत अधिक है जिससे उन फसलों का उत्पादन बढ़ाया जा सके। भारत की दशाओं में कई प्रकार की विभिन्नतायें है जिनका आंकलन व प्रबन्धन करना अति आवश्यक है।

## परिशुद्ध खेती के अवसर (Opportunities in precision farming)

भारत में कुछ निजी क्षेत्र के अनुसंधान कर्त्ताओं ने अधिक मूल्यवान फसलें जैसे कपास, काफी एवं चाय में परिशुद्ध खेती का अध्ययन शुरू किया है। भौगोलिक सूचना तन्त्र एवं दूरस्थ जानकारी तन्त्र की सहायता से कपास में कीट प्रबन्धन व फसल कटाई में परिशुद्ध सुधार हुआ है। भारतीय कृषि अनुसंधान संस्थान में धान व गेहूँ फसलों के टिकाऊ उत्पादन के लिए परिशुद्ध खेती का तकनीकी परीक्षण कार्य प्रगति पर चल रहा है। परिवर्तनशीलता नापने के लिए दूरस्थ जानकारी तन्त्र के महत्व पर स्पेस अप्लीकेशन केन्द्र (SAC, ISRO), अहमदाबाद एवं केन्द्रीय आलू अनुसंधान संस्थान, शिमला के समन्वय से केन्द्रीय आलू अनुसंधान स्टेशन, जालन्धर (पंजाब) में प्रयोग चल रहे हैं। एकीकृत प्राकृति संसाधन प्रबन्धन के आधार पर परिशुद्ध खेती के विकास एवं फैलाव उत्पादन तकनीकी का संसाधन केन्द्र, केन्द्रीय कृषि एवं ग्रामीण विकास बैंक (NABARD) एवं एम॰एस॰ स्वामीनाथन फाउन्डेशन, चेन्नई और आरवा आर एण्ड डी सेन्टर इसराइल में स्थापित किया गया है। परिवर्तनशीलता एवं विविध दर निवेश देने पर कब्जा करने हेतु परियोजना निदेशालय, कृषि प्रणाली अनुसंधान संस्थान, मोदीपुरम (मेरठ), सैक (SAC), नेशनल रिमोट सेन्सिंग एजेन्सी (NRSA), इक्रीसेट (ICRISAT), क्रीडा (CRIDA) एवं एन्ग्रारू (ANGRAU) मिलकर परिशुद्ध खेती पर अनुसंधान कार्य कर रहे हैं।

## रणनीति (Strategy)

यद्यपि भारत में परिशुद्ध खेती करने बहुत सी सीमायें है जिननें मुख्य रूप से बहुत से मंहगे यन्त्र है जिनको अकेला एक किसान वहन नहीं कर सकता। निम्न सुझाव हैं–

- यह समस्या सहकारी खेती से आसानी से दूर की जा सकती है।
- परिशुद्ध खेती को लागू करने हेतु कृषि नीतियों को बदलना होगा।

■■■■

## अध्याय–17

# नैनोप्रौद्योगिकी
# (Nano Technology)

### भूमिका

नैनो प्रौद्योगिकी एक अभियांत्रिकी है। यह भौतिक विज्ञान के नियमों द्वारा किसी भी रासायनिक स्थिर संरचना का निर्माण कर सकता है। सैद्धान्तिक एवं कम्प्यूटेशनल माडलों ने आणविक उत्पादन प्रणालियों की संभावनाओं को दर्शाया है। नैनो को छोटे विज्ञान का रूप भी कहा जाता है। यह परमाणु स्तर पर कणों के हेरफेर से सम्बन्धित है। नैनो उपकरण को डिजाइन करने के समय वैज्ञानिक को आकार, आकार और शक्ति, बल, गति एवं अन्य विशेषताओं जैसे मानकों को जानना चाहिये। इन सभी मापदंडों को समझना वास्तव में वैज्ञानिकों के लिये एक चुनौती है। नैनो मापन के सामग्रियों की बड़े आकार की सामग्रियों की तुलना में विभिन्न रासायनिक गुण प्रस्तुत होते है। ये सभी रासायनिक एवं भौतिक गुण नई प्रयुक्त (प्रायोगिक) विज्ञानों की नींव बनाते है। ''नैनो'' ग्रीक भाषा के शब्द से लिया गया है जिसका अर्थ 'बहुत छोटा' है। नैनो प्रौद्योगिकी 1–100 एन.एम. (नैनोमीटर) की आकार सीमा के साथ प्रबन्धन करती है। यह प्रयुक्त विज्ञान (Applied science) एक कला है एवं नैनो आकार में कुशलता से काम करने का विज्ञान भी है। वर्ष 1959 में रिचर्ड फेनमैन (Richard Feynman) जो एक महान वैज्ञानिक एवं पुरस्कार विजेता थे ने शुरू में अपने भाषण में आणविक निर्माण के विचार को डिजाइन किया 'यह कि अणु के तल में प्रचुरमात्रा में कक्ष हैं'। इन्होंने यह भी सुझाव दिया कि मसीन और सामग्री किसी दिन परमाणु वर्णन की आवश्यकता हो सकती है। वर्ष 1986 में गर्डबिलिंग और हेनरिच रोहर (Gerd Binning and Heinrich Rohrer) ने स्कैनिंग सुरंग सूक्ष्मदर्शी का आविष्कार किया और इस आविष्कार के कारण उन्हें महान पुरस्कार से सम्मानित किया गया।

**नैनो प्रौद्योगिकी के प्रमुख बिन्दु**

- सर्वप्रथम रिचर्ड फाइनमैन सन् 1959 में अपने भाषण में आणविक निर्माण के विचार को डिजाइन किया जिसे 'नैनो' नाम से जाना गया।
- नैनो ग्रीक भाषा के शब्द से लिया गया है जिसका अर्थ 'बहुत छोटा' है।
- किसी पदार्थ को हस्त कौशल द्वारा हेरफेर करके छोटे से छोटे मापन (1 से 100 नैनोमीटर) में करना 'नैनो प्रौद्योगिकी' है। इससे उत्पन्न उत्पाद अधिक टिकाऊ, प्रभावी व किफायती होता है।

- इस प्रौद्योगिकी का उपयोग परिवहन, कृषि, चिकित्सा तथा आणविक इलेक्ट्रॉनिक्स आदि में किया जाता है।
- इसके प्रयोग में कुछ समस्यायें एवं सीमाएँ भी हैं।

## नैनो टेक्नोलॉजी

स्थूल से सूक्ष्म और सूक्ष्मतर या यों कहें कि दृश्य से अदृश्य होने की सीमा, विज्ञान की ही नई शाखा का नाम है, नैनों विज्ञान या नैनो प्रौद्योगिकी। ग्रीक भाषा की प्राचीनतम गहराइयों से निकला नैनोज आज समूचे विश्व को अपनी गिरफ्त में ले रहा है।

सर्वप्रथम रिचर्ड फाइनमैन सन् 1959 में इसकी खोज की। बाद में इसके जन्म दाता व नामकरण दाता एरिक डैक्सलर केशों के ग्रन्थ से उपजा, पनपा व विकसित विज्ञान आज सबकी उत्सुकता का कारण है। वस्तुतः फाइनमैन और डैक्सलर ने ही नैनो विज्ञान के माध्यम से सूक्ष्मतर की प्रबल क्षमता को संसार के सामने रखा है और उन्होंने यह भी स्पष्ट रूप से रेखांकित किया कि अत्यधिक सूक्ष्मतर स्तर पर पदार्थों के गुण धर्म में तीव्र बदलाव आ जाता है। वरन् उससे जुड़ी नई सम्भावनायें भी प्रकट होने लगती है। इसके साथ–साथ तीन मूलभूत सम्भावनाएं/अवधारणायें भी बतायी–

1. प्रत्येक परमाणु को सही एवं आवश्यक व उपयोगी स्थान पर स्थापित किया जा सके।
2. किसी भी संरचना को भौतिक शास्त्र के नियमों के अनुकूल बनाया जा सके ताकि उसकी व्याख्या आण्विक स्तर पर सम्भव हो सके।
3. किसी भी वस्तु को बनाने में आने वाली लागत, उसमें प्रयुक्त पदार्थ व ऊर्जा से अधिक नहीं होनी चाहिए।

## नैनो विज्ञान का अर्थ व महत्त्व

- ये मानव व उसके जगत को सुन्दर, स्वस्थ्य व टिकाऊ बनाने में बेहद सार्थक है।
- नैनो विज्ञान जगत में नैनो टेक्नोलॉजी, नैनों इलेक्ट्रानिक्स, नैनो कम्प्यूटरिंग, नैनो रोबोट, नैनो सेटलाइट, नैनों पार्टिकल्स, नैनों मीटर, नैनो कम्पोनेन्ट, नैनो ट्यूब्स, नैनोवायरस, नैनो क्रिस्टल्स आदि का अध्यन किया जा रहा है।
- मानव जीनोम जगत में आनुवंशिकी, जीनोम तथा मानव देह में नैनो विज्ञान बेहद सफल साबित हो रहा है।

  आज यह कहावत सत्य साबित हो रही है कि

  नैनो सहारे, स्वास्थ्य सवारें।<br>
  दर्द कोई देगा, दवा नैनो देगी।।

- खाद्य समस्या व स्वास्थ्य पर्यावरण की आवश्यकता को भी महत्त्वपूर्ण ढंग से समाधान किये गये हैं।

## नैनीटैक्नोलॉजी की अनुसंधान एवं विकास संस्थायें

- सेन्टर फार रिसर्च इन नैनोटेक्नोलॉजी एण्ड साइंस (CRNTS), आई॰आई॰टी॰, बाम्बे।
- सेन्टर आफ नैनोटेक्नोलाजी, आई॰आई॰टी॰, रुड़की
- भाभा एटामिक रिसर्च सेन्टर, मुम्बई
- इन्स्टीट्यूट आफ नैनोसाइंस एण्ड टेक्नोलॉजी (INST), पंजाब
- आई॰वी॰एम॰ सेमीकंडक्टर रिसर्च एण्ड डेवलपमेन्ट, बंगलोर
- सेन्टर फार नैनो टेक्नोलाजी, आई॰आई॰टी॰, गोहाटी

## नैनो प्रौद्योगिकी के उपकरण (Tools of nano technology)

1. **स्थिति नियंत्रण (Positional control)**: यह नैनो प्रौद्योगिकी का सबसे महत्त्वूपर्ण सिद्धान्त है। वर्ष 1959 में रिचर्ड फेरमैन, जो महान पुरस्कार विजेता थे ने कहा कि लोग परमाणु व्यवस्था के रास्ते को भौतिक विज्ञान के नियमों से नहीं रोक सकते।
2. **स्वयं को एकत्रित करना (Self assembly)**: यह जटिल आणविक संरचनाओं के संश्लेषण करने की एक अच्छी व्यवस्था और मजबूत तरीका है।
3. **स्थितिगत उपकरण एवं स्थितीय नियंत्रित प्रतिक्रियायें (Positional devices and positional controlled reactions)**: स्थितिगत यंत्र तथा स्थितीय नियंत्रित प्रतिक्रियायें ऐसी चीजें बनाने में सहायक होती हैं जो थोड़ा जटिल होती हैं।
4. **कठोरता (Stiffness)**: कठोरता क्षमता का एक उपाय है। जब हम किसी वस्तु को धक्का देते है तो कितनी दूर आगे बढ़ती है। जब किसी वस्तु पर थोड़ा सा धक्का देने पर अधिक आगे बढ़ती है तब यह कठोर नहीं है। और यदि यह अधिक दूर नहीं बढ़ती तब हम ज्यादा दबाव देते है तब हम कहते है कि यह वस्तु बहुत कठोर है।
5. **अवलोकन, सुरंग सूक्ष्मदर्शी (Scanning Tanneling microscope)**: यह एक ऐसी मशीन है जो किसी सतह के पास परमाणु सटीकता की टिप लगा सकती है और उसे चारों ओर भी स्थानांतरित किया जा सकता है।

## नैनो प्रौद्योगिकी (Nano technology)

### परिभाषा

1. Nano technology is the manipulation of matter at the smallest scale (in order of a nano meter) to produced enhanced product that are more durable, effective and economical.

किसी पदार्थ को हेरफेर करके (हस्त कौशल द्वारा) छोटे से छोटे मापन (नैनोमीटर के क्रम में) में करना नैनो प्रौद्योगिकी है। इससे उत्पन्नवर्धक उत्पाद अधिक टिकाऊ, प्रभावी व किफायती है।

2. Nano technology is an art and also the science of skillfully operating the matter at the nano size.

नैनो प्रौद्योगिकी एक कला है तथा नैनो आकार में कुशलता से काम करने का विज्ञान भी है।

## नैनो प्रौद्योगिकी के उपयोग (Applications of Nano technology)

- बेहतर परिवहन में
- परमाणु कम्प्यूटर में
- उन यादों में जिनकी उच्च भंडारण क्षमता है।
- आणविक इलैक्ट्रॉनिक्स में
- स्मार्ट फर्नीचर में
- चिकित्सा उपयोग में
- कृषि के क्षेत्र में
- और भी कई क्षेत्रों में इसका प्रयोग किया जाता है।

## नैनो की समस्यायें एवं सीमायें (Problems and limitation of Nano)

सभी बड़े विकास सम्बन्धित समस्याओं के साथ आते है इनमें कुछ निम्नलिखित हैं–

- नैनो हमारे सभी मौजूदा मुद्दों को हल नहीं कर सकता।
- अरबअुण (Billion molecules) इलेक्ट्रानिक सर्किट के परीक्षण में एक समस्या है।
- नैनो पैमाने पर गणना अनाकार है।
- इसमें कार्यक्रम योग्यता की कीमत है।

## नैनो प्रौद्योगिकी का आशय (Implication of Nano technology)

### 1. स्वास्थ्य एवं सुरक्षा के मुद्दों पर

- नैनोगण गम्भीर बीमारी का कारण बन सकते है तथा मानव स्वास्थ्य के लिये खतरनाक हो सकता है।
- नैनो प्रौद्योगिकी के पास बड़े पैमाने पर क्षति के विनाशकारी हथियार है।

### 2. राजनीतिक एवं सामाजिक मुद्दों पर

- यह धन का अन्तर (gap) बढ़ाकर सामाजिक संघर्ष पैदा करता है।
- इसमें सलाहकार व्यावहारिक विज्ञान के दायरे को बढ़ाकर राजनीतिक संकट की स्थिति पैदा करता है।

## नैनो प्रौद्योगिकी के लाभ (Advantages of the Nano technology)

- नैनो प्रौद्योगिकी से कम लागत में अधिक मात्रा में उत्पादन मिल जाता है।
- इसमें उच्च कार्य क्षमता के साथ कम आकार, द्रव्यमान एवं बिजली की खपत है।
- इसमें उन्नत सुविधाओं जैसे विश्वसनीयता एवं मजबूती है।

## नैनो की अवधारणा (Concept of Nano technology)

नैनो परमाणु पैमाने पर कार्यात्मक प्रणालियों की अभियांत्रिकी है। इसमें मौजूद उच्च कार्य एवं अवधारणाओं को सम्मिलित किया गया है। नैनो प्रौद्योगिकी का इस्तेमाल करके आज पूर्ण, उच्च निष्पादन उत्पादों को बनाने के लिये विकसित किये जा रहे उपकरणों का उपयोग करके नीचे की ओर से (down up) वस्तुओं का निर्माण करने की अनुमानित क्षमता को दर्शाता है। मीटर का एक नैनोमीटर एक अरब है ($10^{-9}$ एन.एम.)। तुलनात्मक दृष्टि से, कार्बन–कार्बन बंध की विशिष्ट लम्बाई या अणु में इन परमाणुओं के बीच की दूरी 0.12–0.15 एन.एम. है। दूसरी ओर, माइक्रोप्लाज्मा जीनस का जीवाणु सबसे छोटा सेलुलर जीवनरूप है इसकी लम्बाई लगभग 200 एन.एम. है। निचली सीमा को परमाणुओं के आकार से निर्धारित किया जाता है (नैनो परमाणुओं और अणुओं से अपने उपकरणों का निर्माण करना चाहिए) क्योंकि परमाणुओं के आकार (हाइड्रोजन) के पास सबसे छोटे परमाणु होते है जो लगभग एन.एम. व्यास का एक चौथाई होता है। ऊपरी सीमा अधिक या कम है लेकिन नीचे के आकार के आस–पास है। नैनो में मुख्यतः दो दृष्टिकोण का उपयोग किया जाता है नीचे–ऊपर (down-up approach) दृष्टिकोण में सामग्री और उपकरणों को आणविक घटकों से बनाया गया है जो स्वयं को आणविक मान्यता के सिद्धान्तों से रासायनिक रूप से एकत्रित करते हैं। 'ऊपर–नीचे' (top-down approach) दृष्टिकोण में नैनोवस्तुओं परमाणु स्तर पर नियंत्रण के बिना बड़ी संस्थाओं से बना है। भौतिकी के क्षेत्रों में नैनो प्रौद्योगिकी के द्वारा नैनो इलेक्टोनिक्स, नैनो मेकेनिक्स, नैनोफोटोनिक्स एवं नैनो आनिक्स का विकास पिछले कुछ दशकों के दौरान किया गया है।

## नैनो प्रौद्योगिकी का क्षेत्र (Scope of Nano technology)

नैनो प्रौद्योगिकी के क्षेत्र में भारत इस समय विकास की अवस्था में है। कुछ वर्षों पश्चात इस क्षेत्र में भारत स्थापित हो जायेगा। कुछ अनुसंधान प्रयोगशालायें तथा संस्थायें जैसे आई॰आई॰एस॰सी॰, टी॰आई॰एफ॰आर॰, एन॰सी॰बी॰एस॰, आई॰आई॰टी॰ इत्यादि भारत में अच्छे कार्य कर रही है। परन्तु जब हम यू॰के॰, जर्मनी, यू॰एस॰ए॰ आदि देशों से तुलना करते है तो हमारे उच्च गुणवत्तायुक्त अनुसंधान का उत्पादन काफी कमजोर है जिससे बहुत से कारण है जैसे विभिन्न विभागों का समन्वय ठीक से न होना। नैनो प्रौद्योगिकी ने बड़े पैमाने पर यू॰एस॰ए॰, यू॰के॰, सिंगापुर, जर्मनी, चीन आदि देश अनुसंधान एवं विकास (R & D) पर अच्छा कार्यकर रहे है। वहाँ पर इस तकनीक का उपयोग सौन्दर्य प्रसाधन, भोजन वं कपड़ा उद्योगों पर उपयोग हो रहा है। नैनोचिकित्सा इस समय अनुसंधान एवं विकास की अवस्था में है।

## नैनो प्रौद्योगिकी का प्रयोग (Uses of Nano technology)

अभी कुछ वर्षों में कुछ यंत्रों एवं उपकरणों जैसे नैनो द्वारा विकसित नैनोविसनस, नैनो कैपसेल्स का प्रयोग किया जा रहा है।

- संयंत्र रोगों का पता लगाना और उनका इलाज करना।
- वांछित लक्ष्य साइटों के लिये सक्रिय घटक, अपशिष्ट जल के उपचार पौधों में पोषक तत्त्वों का अवशोषण बढ़ाते हैं। लक्षित नैनोकणों का वितरण न केवल कम करता है गैर लक्षित पौधों के ऊतकों को नुकसान अर्थात् ये हानिकारक रसायनों की मात्रा को कम करता है।
- विशिष्ट नैनो उत्पाद मिट्टी बढ़ाने वाले उत्पादों के उपयोग के लिये पानी के वितरण को बढ़ावा देने तथा भंडारण कर पानी की बचत में उपयोगी है।
- पौधों, पशु प्रजनन, आनुवंशिक अभियांत्रिकी
- पौधों में पोषक तत्त्वों, कीटनाशकों, मिट्टी के नमूने और अपशिष्ट जल का विश्लेषण उपचार।
- जलवायु परिर्वतन में।
- फास्फोरस व पोटाश पोषक तत्त्व का नैनो से पता लगाया जा रहा है।

■■■■

अध्याय–18

# भौगोलिक सूचना विज्ञान (Geo Informatics)

भौगोलिक सूचना विज्ञान स्थानिक जानकारी से सम्बन्धित विभिन्न विषयों का एकीकरण है। इसे भू सूचना विज्ञान भी कहा जाता है। उपग्रह (Satellite), सुदूर संवेदन (Remote sensing), वैश्विक स्थितिकीय तंत्र (जी०पी०एस०) एवं भौगोलिक सूचना प्रणाली (जी०आई०एस०) के विकास ने सर्वेक्षण और नक्शा बनाने में महत्वपूर्ण बदलाव किये है। इस संदर्भ में दोनों शिक्षा एवं उद्योग (Industry) को भौगोलिक सूचना विज्ञान (Geoinformatics) के तहत एक साथ लाया गया है। यह छात्रों एवं पेशेवरों के लिये भौगोलिक सूचना विभाग का प्रथम व्यापक अध्ययन है जो फोटोट्रामरी, सुदूर संवेदन, वैश्विक स्थितकीय तंत्र एवं भौगोलिक सूचना प्रणाली के आवश्यक तत्त्वों को एक साथ लाता है। इन घटकों की बुनियादी समझ विभिन्न प्रकार के सर्वेक्षणों, नेविगेशन, भूगर्भ विज्ञान, जल विज्ञान, आपदा प्रबन्धन आदि के लिए महत्वपूर्ण है।

**भौगोलिक सूचना विज्ञान के प्रमुख बिन्दु**

- भौगोलिक सूचना विज्ञान एक विज्ञान एवं प्रौद्योगिकी है जिसमें उपग्रह, सुदूर संवेदन, वैश्विक स्थितिकीय तंत्र एवं भौगोलिक सूचना प्रणाली को शिक्षा एवं उद्योग के क्षेत्र में एक साथ लाया गया है।
- यह कम्प्यूटर आधारित है जिसमें वैश्विक स्थितिकीय तंत्र, भौगोलिक सूचना प्रणाली तथा सुदूर संवेदन (Remote sensing) की आवश्यकता होती है।
- इसका उपयोग विभिन्न प्रकार के सर्वेक्षणों, अन्तरिक्ष, कृषि, नाविकों आदि में विस्तृत रूप से किया जाता है।
- इसकी शिक्षा एवं प्रशिक्षण का कार्य आई.आई.आर.एस. देहरादून में हो रहा है।

## परिभाषा

Geo-informatics is the science and technology which develops and uses information science infrastructure to address the problems of geography, cartography, geosciences locations and related branches of science and engineering.

भौगोलिक सूचना विज्ञान, विज्ञान एवं प्रौद्योगिकी है जो भूगोल, मानचित्रग्राफी, भौगोलिक स्थानों और विज्ञान एवं अभियांत्रिकी से सम्बन्धित सभी शाखाओं की समस्या के समाधान के लिये सूचना विज्ञान के बुनियादी ढाँचे का विकास एवं उपयोग करता है।

## भौगोलिक सूचना विज्ञान की अवधारणा एवं सिद्धान्त (Concept and Principles of Geo informatics)

भौगोलिक सूचना विज्ञान स्थानिक आंकड़ा तंत्र के माडलिंग और स्थानिक सूचना प्रणालियों में प्रसंस्करण प्रौद्योगिकी से सम्बन्धित एक नया अनुशासन है। यह एक बहुआयामी विज्ञान है जो डिजिटम मानचित्र ग्राफी, सुदूर संवेदन, फोटोग्राफरी, सर्वेक्षण, वैश्विक स्थितिक प्रणाली, भौगोलिक सूचना प्रणाली और उच्च संकल्प (Resolution) भूसंदर्भित स्थानीय सूचनाओं का उपयोग कर अन्तरिक्ष से सुदूर संवेदन द्वारा स्वचालित आंकड़े प्राप्त करके एकीकृत करता है। इस तकनीक में आंकड़ों का संग्रह, आंकड़ों की प्रक्रिया, आंकड़ों के आधार पर प्रबन्धन, आंकड़ों का विश्लेषण, मॉडलिंग एवं आंकड़ों की प्रस्तुति के सभी चरणों को शामिल किया जा सकता है जिससे मानचित्र तथा स्थानीय सूचना उत्पादों के निर्माण में उपयोग समाप्त हो सके। हम निम्नलिखित घटक उपक्षेत्रों के सिद्धान्तों पर विचार करते समय अवधारणाओं को समझ सकते हैं–

- कार्टोग्राफिक सिद्धान्तों में मैप संकलन, मानचित्र डिजाइन, मानचित्र को दृष्टिगत करना एवं अंकीय कम्प्यूटर पर्यावरण का उत्पादन करना शामिल है।
- सुदूर संवेदन (Remote sensing) में डिजिटल स्वरूपों में विद्युत चुम्बकीय ऊर्जा विकरण सम्पर्क एवं पता लगाने के सिद्धान्तों का उपयोग करके वस्तुओं या सुविधाओं के साथ भौतिक सम्पर्क के बिना पर्यावरण के स्थानिक आंकड़ों का अधिग्रहण शामिल है।
- फोटोग्राममेट्रिक सिद्धान्तों में डिजिटल स्वरूपों को दूर संवेदनित एयरोस्पेस आंकड़ों (हवाई फोटो और अन्तरिक्ष छाया) की व्याख्या करके भौतिक वातावरण के बारे में विश्वनीय जानकारी प्राप्त करने की कला और वैज्ञानिक प्रक्रियायें शामिल है।
- सर्वेक्षण के सिद्धान्तों में पृथ्वी की सतह पर अंक विशेषताओं की सटीक स्थिति एवं आयाम और अंक प्रारूप में परिणामों की प्रस्तुति का निर्धारण करने के लिये मौलिक प्रक्रियाओं (तरीकों) और तकनीकी (यंत्र) के निपुण उपयोग शामिल है।
- वैश्विक स्थितिक तंत्र में (जी॰पी॰एस॰) रेशेसन और उपग्रह नक्षत्र सिद्धान्तों और मानचित्र तालिकाओं या अंक स्वरूपों में परिणामों की प्रस्तुति को लागू (शुरू) करके सटीक सर्वेक्षण स्थिति का निर्धारण एवं अंक के आयाम शामिल है।
- भौगोलिक सूचना प्रणाली (जी॰आई॰एस॰) सिद्धान्तों में आंकड़ों को इकट्ठा करना, आंकड़ों की प्रक्रिया (प्रोसेसिंग), आंकड़ों के आधार पर प्रबन्धन, आंकड़ों की माडलिंग और अंक (डिजिटल) कम्प्यूटर वातावरण में दृश्यता शामिल है।

- स्वचालित आंकड़े प्राप्त करने के तरीकों में बहुछाया सम्बन्धी सुदूर संवेदन प्रक्रियायें, वैश्विक स्थितिक तंत्र आंकड़े, मैप का आँकिकीकरण एवं स्कैनिंग और कम्प्यूटर निवेश, उत्पादन तकनीक शामिल है।

## भौगोलिक सूचना प्रणाली (Geographical information system)

जी॰आई॰एस॰ पृथ्वी की सतह पर स्थित स्थानों से आंकड़ों को इकट्ठा करने, भंडारण करने एवं प्रदर्शित करने के लिये एक कम्प्यूटर प्रणाली है। जी॰आई॰एस॰ एक नक्शे पर विभिन्न प्रकार के कई आंकड़े दिखा सकता है। यह लोगों के स्वरूप एवं सम्बन्धों को अधिक देखने, विश्लेषण करने तथा समझने में सक्षम बनाता है।

## भौगोलिक सूचना प्रणाली का मानचित्र (G.I.S. Map)

एक भौगोलिक सूचना प्रणाली के साफ्टवेयर में सभी प्रकार के आंकड़ों को संग्रहीत, पुनः प्राप्त, प्रबन्धित, प्रदर्शन और विश्लेषण करने के लिये डिजाइन किया गया है। जी॰आई॰एस॰ सॉफ्टवेयर मानचित्र, विश्लेषण और प्रस्तुत करने के लिये भौगोलिक सूचनाओं के अतिरिक्त अन्य ग्राफिक प्रदर्शन प्रदान करने देता है।

## आँकड़ा आधारित भौगोलिक सूचना प्रणाली (Data base G.I.S.)

एक भौगोलिक सूचना प्रणाली एक प्रणाली है जिसे स्थानिक या भौगोलिक आंकड़ों पर कब्जा करने, संग्रह करने, विश्लेषण करने, प्रबन्धन करने और पेश करने के लिये डिजाइन किया गया है।

## भौगोलिक आंकड़े (Geographical data)

ये आंकड़े या जानकारी है जो पृथ्वी पर सुविधाओं और सीमाओं के भौगोलिक स्थान की पहचान करता है जैसे प्राकृतिक या निर्माण सुविधाओं, महासागरों और स्थानिक आंकड़ों को आमतौर पर समन्वय एवं टोपोलॉजी के रूप में संग्रहीत किया जाता है। यह वह आंकड़े है जिन्हें मैप के रूप में प्रस्तुत किया जा सकता है।

वास्तविक दुनिया में हम जो आकड़ों का अवलोकन करते है वे होते है। स्थानिक आंकड़ों को भूस्थानिक आंकड़ा भी कहा जाता है जिसका भौगोलिक सूचना (GIS) में कब्जा किया गया है। जी॰आई॰एस॰ में उपयोग किये जाने वाले दो प्राथमिक आंकड़े के प्रकार वेक्टर और रास्टर आंकड़े है।

## भौगोलिक सूचना प्रणाली का अनुप्रयोग (GIS Applications)

Geographic information system is also known as geospatial information system. GIS are computer software and hardware system that enable users to capture, store, analyse and manage spatially reference data. GIS have transformed the way spatial (Geographic) data, relationships and patterns in the world are able to be interactively queried, processed, analysed, mapped, modeled, visualized and displayed for an increasingly large range of users for a multitude of purposes.

भौगोलिक सूचना प्रणाली भूस्थानिक सूचना प्रणालियों के रूप नें भी जाना जाता है। जी॰आई॰एस॰ कम्प्यूटर साफ्टवेयर और हार्डवेयर सिस्टम है जो उपयोगकर्त्ताओं को अलग–अलग संदर्भित आंकड़ों को पकड़ने, संग्रहीत करने, विश्लेषण करने और प्रबन्धित करने में सक्षम बनाती है। जी॰आई॰एस॰ ने विश्व के भौगोलिक आंकड़ों, रिश्तों व स्वरूप को जिस तरीके से बदल दिया है वह कई प्रकार के प्रयोजनों के लिए परस्पर संवादात्मक जांच करना, प्रसंस्करण, विश्लेषण, मानचित्र, माडलिंग, दृष्टिगत करना और उपयोगकर्त्ताओं की तेजी से बड़ी रेंज के लिए प्रदर्शित किया जा सकता है।

सभी स्तरों पर स्वदेशी लोगों, समुदायों, अनुसंधान संस्थाओं, पर्यावरण वैज्ञानिकों, स्वास्थ्य संगठनों, भूमि उपयोग योजनाकारों, व्यवसायों तथा सरकारी एजेन्सियों में जी॰आई॰एस॰ का उपयोग किया जा रहा है। जैसे–

- अपराध मानचित्रण (Crime mapping)
- जी॰आई॰एस॰ और जलविज्ञान (GIS and hydrology)
- सुदूर संवेदन अनुप्रयोग (Remote sensing applications)
- पारम्परिक ज्ञान (Traditional knowledge GIS)
- सार्वजनिक भागीदारी (Public participation GIS)
- सड़क नेटवर्किंग (Road networking)
- अपशिष्ट जल एवं तूफान प्रणाली (Waste water and storm water system)
- कचरा प्रबन्धन (Waste management)

## कृषि में भौगोलिक सूचना प्रणाली का प्रयोग (Use of GIS in Agriculture)

- भौगोलिक सूचना प्रणाली वर्षा, तापमान, फसल उत्पादन, वर्तमान एवं भविष्य के उतार–चढ़ाव के मानचित्र एवं उपाय करने में, सक्षम होने में सहायक है।
- वर्तमान एवं सम्भावित प्रक्षेत्र भूमि के वैज्ञानिकों और किसानों की भौगोलिक एवं भूगर्भिक विशेषताओं का मान चित्रण करके अधिक प्रभावी तथा कुशलखेती तकनीक बनाने के लिए मिलकर काम कर सकते है जिससे उत्पादन में वृद्धि हो सकती है।
- यह मिट्टी के आंकड़ों का विश्लेषण कर, मिट्टी में पौष्टिक स्तर को बनाये रखकर पौधों को सर्वोत्तम लाभ देने में सहायक है।
- यह नगर पालिकाओं और शहरी केन्द्रों में व्यापक आर्थिक मुद्दों को हल करने में सहायता करता है जो कि ग्रामीण कृषि पद्धतियों में सहायक हो सकती है।

## भौगोलिक सूचना प्रणाली से लाभ (Advantages of GIS)

- भौगोलिक सूचना प्रणाली हार्डवेयर, साफ्टवेयर एवं आंकड़ों को एकत्रित करने, प्रबन्धन, विश्लेषण एवं सभी भौगोलिक जानकारी के सभी रूपों को प्रदर्शित करने के लिये एकीकृत करता है।

- भौगोलिक सूचना प्रणाली हमे कई तरीकों से आंकड़ों को देखने, समझने, प्रश्न, व्याख्या एवं कल्पना करने देता है जिससे मानचित्र, ग्लोब, रिपोर्ट तथा चार्ट के रूप में रिश्तों, पैटर्न और प्रवृत्तियों को प्रकट किया जा सकता है।
- ये अपने आंकड़ों को ऐसे तरीको से देखकर समस्याओं का समाधान करने में मदद करता है।
- भौगोलिक सूचना प्रणाली को किसी उद्यम (Enterprise) सूचना प्रणाली ढांचे में एकीकृत किया जा सकता है।
- इसमें अधिक रोजगार के अवसर उपलब्ध है।

### भौगोलिक सूचना प्रणाली से हानियाँ (Disadvantages of GIS)

- साफ्टवेयर महँगे है।
- कुछ कार्यों के व्यावहारिक होने के लिए डेटा इनपुट पर भारी मात्रा में अधिक आंकड़ों की आवश्यकता होती है।
- पृथ्वी गोल है तथा भौगोलिक त्रुटि बढ़ जाती है।
- जी॰आई॰एस॰ पर्ते महँगी गलतियों का कारण बनती है।

### सुदूर संवेदन (Remote sensing)

सुदूर संवेदन (Remote sensing) दूर दराज के स्थानों पर अभिलेखबद्ध (Recording) करना। देख–वस्तु या घटनाओं (Events) की गतिविधियों को संदर्भित करती है। सुदूर संवेदन में संवेदन वस्तुओं या घटनाओं के साथ सीधे सम्पर्क में नहीं है। एक माध्यम के माध्यम से वस्तुओं/घटनाओं से संवेदन तक यात्रा करने की जानकारी को भौतिक वाहक की आवश्यकता होती है। विद्युत चुम्बकीय विकिरण (Electro maganetic radiation) को सामान्यतः सुदूर संवेदन में सूचना वाहक के रूप में उपयोग किया जाता है। सुदूर संवेदन तंत्र का उत्पादन आमतौर पर एक छवि है। छवि से उपयोगी जानकारी निकालने के लिए छवि विश्लेषण एवं व्याख्या आवश्यक है। सुदूर संवेदन आमतौर पर पृथ्वी की सतह (भूमि और समुद्र) और वायुवाहन (वायुयान, गुब्बारे) या स्पेस ब्रेर्न (सैटेलाइट, स्पेस शटल) प्लेटफार्मों पर संवेदन के बारे में जानकारी प्राप्त करने की तकनीक को संदर्भित करता है। सुदूर संवेदन का उपयोग भूगोल, भूमि सर्वेक्षण और अधिकतर पृथ्वी विज्ञान सहित कई क्षेत्रों में किया जाता है। इनमें से सैन्य, बुद्धि, वाणिज्यिक, आर्थिक, योजना और मानवीय अनुप्रयोग भी है।

## सुदूर संवेदन (Remote sensing)

### परिभाषा (Definition)

1. Remote sensing refers to the activities of recording, observing or perceiving objects or events at far away places.

सुदूर संवेदन का आशय दूरदराज के स्थानों पर रिकार्डिंग, देखरेख वस्तुओं या घटनाओं की गतिविधियों की जानकारी से है।

2. Remote sensing is the acquisition of information about an object or event without physical contact with the object and thus contrary to the site observation.

सुदूर संवेदन वस्तुओं (Object) के साथ भौतिक सम्पर्क किये बिना किसी वस्तु या घटना के बारे में जानकारी का अधिग्रहण है और इस प्रकार अन्तः स्थल (Insite) के विपरीत है।

## सुदूर संवेदन तंत्र की विशेषतायें (Characteristics of remote sensing system)

इसकी अद्वितीय चार विशेषतायें है–

1. अन्तरिक्ष सम्बन्धी समाधान (Spacetial resolution)
2. छाया सम्बन्धी प्रतिक्रिया (Spectral response)
3. छाया सम्बन्धी समाधान (Spectral resolution)
4. आवृत्त क्षेत्र की आवृत्ति (Frequency of coverage)

## सुदूर संवेदन के अनुप्रयोग (Remote sensing applications)

- फसल की पहचान करने।
- फसल का आंकलन करने हेतु।
- फसल की स्थिति, मूल्यांकन एवं तनाव (Stress) का पता लगाना।
- रोपण एवं फसल की कटाई की तारीखों की पहचान।
- फसल उपज माडलिंग एवं आंकलन
- कीटों एवं बीमारियों के उपचारात्मकता की पहचान।
- मृदानमी का आंकलन
- सिंचाई की निगरानी (देखरेख) एवं प्रबन्धन
- मृदा मैपिंग
- सूखे की निगरानी
- भूमि आच्छादन तथा भूमि क्षरण मानचित्रण (Moltenization)
- समस्या ग्रस्त मिट्टी की पहचान।

वर्तमान में सुदूर संवेदन (Remote sensing) आमतौर पर उपग्रह या विमान आधारित सेंसर तकनीकों का उपयोग पृथ्वी पर वस्तुओं का पता लगाने और वर्गीकृत करने के लिये करता है जिसमें सतह पर और वायुमंडल एवं महासागरों पर, प्रचारित संकेतों पर आधारित विद्युत चुम्बकीय विकरण। इसे 'सक्रिय' रिमोट सेन्सिंग में विभाजित किया जा सकता है (यानी जब किसी उपग्रह या विमान द्वारा एक संकेत उत्सर्जित होता है) और सेंसर द्वारा आब्जेक्ट का प्रतिबिम्ब पाया जाता है, और 'निष्क्रिय' रिमोट सेन्सिंग (यानी जब सूर्य के प्रकाश का प्रतिबिंब होता है सेंसर द्वारा पता लगाया गया)।

वर्तमान वैज्ञानिक परिप्रेक्ष्य में सुदूर संवेदन का तात्पर्य आकाश में स्थित किसी प्लेटफार्म (हवाई जहाज, उपग्रह या गुब्बारे) से पृथ्वी से किसी भू–भाग का चित्र लेना। यह एक ऐसी उन्नत विधा है जिसके माध्यम से ऊँचाई पर जाकर बिना किसी भौतिक सम्पर्क के पृथ्वी के धरातलीय रूपों और संसाधनों का अध्ययन वैज्ञानिक विधि से किया जाता है। सुदूर संवेदन की तकनीक को संवेदक (Sensor) की प्रकृति के आधार पर दो प्रकारों में बांटा जाता है।

1. सक्रिय (Active); 2. निष्क्रिय (Passive)

1. **सक्रिय संवेदक (Active sensor)** : ये वे संवेदक है जो स्वयं ही विद्युत चुम्बकीय विकिरण उत्पन्न करके उसे पृथ्वी की ओर फेंकते हैं और परावर्तित विकिरणों को संवेदित (Record) करते हैं।
2. **निष्क्रिय संवेदक (Passive sensor)** : ज्यादातर इन संवेदकों द्वारा सूर्य का परावर्तित प्रकाश संवेदित किया जाता है।

हवाई छाया चित्र और उपग्रह चित्र संवेदन के दो प्रमुख उत्पाद हैं जिनका उपयोग वैज्ञानिक अध्ययनों से लेकर अन्य बहुत से कार्यों में हो रहा है।

## आंकड़ों का प्रसंस्करण (Processing of data)

सुदूर संवेदन से प्राप्त आंकड़ों का प्रसंस्करण करना पड़ता है।

## भारत में सुदूर संवेदन (Remote sensing in India)

भारत में सुदूर संवेदन के सभी कार्यों का आयोजन एवं निरीक्षण राष्ट्रीय सुदूर संवेदन केन्द्र, हैदराबाद द्वारा किया जाता है। यह भारत सरकार के विज्ञान मंत्रालय के अंतरिक्ष विभाग के अन्तर्गत काम करने वाली एजेन्सी है।

## प्रशिक्षण एवं शिक्षा (Training and education)

भारत में इस विधा की शिक्षा एवं प्रशिक्षण के लिये मुख्य संस्थान भारतीय संवेदन सुदूर संस्थान (I.I.R.S.), देहरादून में है। अन्य कई विश्वविद्यालयों में इसका प्रशिक्षण दिया जाता है जैसे इलाहाबाद विश्वविद्यालय के भूगोल विभाग स्थित रिमोट सेन्सिंग विभाग में स्नातकोत्तर डिप्लोमा कराया जाता है।

## भौगोलिक सूचनातंत्र (Geographical information system)

सुदूर संवेदन की यह तकनीक भौगोलिक सूचना तंत्र के साथ मिलकर भौगोलिक सूचना विज्ञान (Geo informatics) का निर्माण करती है।

## सुदूर नियंत्रण से लाभ (Advantages of remote control)

रिमोट कन्ट्रोल के साथ यह लोगों को साथ लाने के लिए कम्पैक्ट है। यह बीमार या अक्षम लोगों के लिए उपयोगी है। लोगों को आसानी से स्लाइड करने और आसानी से आडियन्स के साथ इन्टरैक्ट करने में सहायता मिलती है।

## सुदूर नियंत्रण से हानियाँ (Disadvantage of remote control)

इसमें अक्सर बैटरी का इस्तेमाल होता है समय–समय पर अनुरोध पर बैटरी को बदलना पड़ता है। प्रयोग करने पर दूरी व कोण की कुछ सीमायें होती है।

## सुदूर संवेदन का इतिहास (History of remote sensing)

- वर्ष 1826 में गुब्बारे से फोटोग्राफी
- वर्ष 1950 में फोटोग्राफी का आविष्कार
- वर्ष 1958 में जी॰ तोरांकन नामक गुब्बारे–बाज ने पेरिस शहर का गुब्बारे से चित्र खींचा।
- 1873 में जे॰सी॰ मैक्सिबेल द्वारा विद्युत चुम्बकीय ऊर्जा का सिद्धान्त
- वर्ष 1909 में हवाई जहाज से फोटोग्राफी
- वर्ष 1910 में प्रथम विश्वयुद्ध
- वर्ष 1920 में फोटोग्राफी एवं फोटोग्रामेट्री का विकास
- वर्ष 1930 में जर्मनी, अमरीका में रडार का विकास
- वर्ष 1940 में द्वितीय विश्वयुद्ध
- वर्ष 1950 में इन्फ्रारेड और माइक्रोवेव क्षेत्र के सैन्य अनुसंधान एवं विकास का आवेदन
- वर्ष 1960 में उपग्रह युग आया जिसमें अमरीका और यू॰एस॰एस॰आर॰ के बीच अंतरिक्ष की दौड़ शुरू हुई तथा पहला मौसम उपग्रह (टी॰आई॰आर॰ओ॰ओ॰एस॰–1) था जिसमें सबसे पहले सुदूर संवेदन (रिमोट सेन्सिंग शब्द का प्रयोग किया गया)

'स्काई लैब रिमोट सेन्सिंग' अवलोकन से अन्तरिक्ष 1972 की शुरूआत पहली पृथ्वी संसाधन उपग्रह (लैब सेट–1) का प्रारम्भ 1970 की डिजिटल इमेज प्रक्रियाओं में तेजी से प्रगति वर्ष 1980 के लैंडसेट–4 लैंडेट सेक्सर की नई पीढ़ी वर्ष 1986 फ्रेंच पृथ्वी अवलोकन उपग्रह (स्पाट–1) वर्ष 1990 में हाईपर स्पेक्ट्रल सेंसर के विकास से राष्ट्रीय अन्तरिक्ष एजेन्सियों और वाणिज्यिक कम्पनियों द्वारा पृथ्वी संसाधन उपग्रहों का प्रक्षेपण।

■■■■

## अध्याय–19

# सन्दर्भ
# (References)


1. Arun Kumar Sharma (2001). A Handbook of Organic Farming, Published by AGROBIOS (India), Agro-House, Chopasani Road, Jodhpur - 342 002.
2. D. Lenka (1991). Irrigation and Drainage, Published by *Kalyani Publishers,* 1/1, Rajendra Nagar, Ludhiana - 141 008.
3. D.P. Patel (1968). Indian Field Crops, Published by Atul Prakashan, Vasnabuzarg, (Matar) District - Kaira, Gujarat.
4. Dr. K.L. Nandeha (2011-12). Introductory Agriculture Published by Kushal Publications and Distributors, Gyanmandal Plaza IInd Floor, Shop No. 28, Maidagin Varanasi- 221 001 (UP).
5. Dr. S.C. Panda, Cropping and Farming System Published by AGROBIOS (India).
6. कल्याण सिंह, जे.एस. बोहरा और वी.के. श्रीवास्तव (1993)। लवणीय–क्षारीय मृदा एवं फसलोत्पादन, प्रकाशक प्रमोद बुक हाउस, डी. 39/9 कोदई चौकी, नई सड़क, वाराणसी–221 001।
7. निदेशालय, खरीफ फसलों की सघन पद्धतियाँ (2011), कृषि विभाग, उ०प्र० लखनऊ।
8. निदेशालय, कृषि विज्ञान मंजूषा (चतुर्थ संस्करण), कृषि विभाग, उ०प्र० लखनऊ।
9. निदेशालय, रबी फसलों की सघन पद्धतियाँ (2011), कृषि विभाग, उ०प्र० लखनऊ।
10. G.R. Chary, C. Srinivasrao, K. Srinivas, G.R.M. Sankar, R.N. Kumar and B. Venkateswar (2013). Adaptation and mitigation strategies for climate resilient agriculture Published by: Central Research Institute for Dryland Agriculture, Santoshnagar, Hyderabad 500 059.
11. Gopal Chand De, Fundamentals of Agronomy.
12. H.S. Mavi (1986) Introduction to Agrometerology, Published by Oxford and IBH Publishing Co., 66 Janpath New Delhi - 110 001.

13. प्रतियोगिता दर्पण (हिन्दी मासिक) – 2006 उपकार प्रकाशन, 2/11, ए स्वदेशी बीमा नगर, आगरा – 282 002 (यू॰पी॰)

14. डा॰ पी॰के॰ सिंह एवं डा॰ एस॰पी॰ विश्वकर्मा, कृषि प्रणालियाँ एवं समगतिशील कृषि।

15. डा॰ आर॰एल॰ आर्य, डा॰ केशव आर्य, देवकरन और डा॰ ए॰एल॰ जाटव (2007)। इन्दिरा कृषि प्रतियोगिता दर्पण, प्रकाशकः कल्याणी पब्लिशर्स, 1/1 राजेन्द्र नगर, लुधियाना – 141 008।

16. Prof. I.D. Tyagi (2002), Modern Agriculture, (New Paradigm), Published by Jain Brothers, 16/873, East Park Road, Karol Bagh, New Delhi - 110 005.

17. R.A. Singh and S.r. Singh (1985). Water Management, Principles and Practices, Published by Ratna Publications, B-21/42 A, Kamacha, Varanasi - 221 005.

18. Ram Pyare and Kedar Prasad Kushwaha (2016). Agrometerology, Concepts and Applications, Published by Biotech Books, 4762-62/23, Ansari Road, Darya Ganj, New Delhi - 110 002.

19. S.R. Reddy (2000). Principles of Agronomy Published by : Kalyani Publishers, 1/1, Rajendra Nagar, Ludhiana - 141 108.

20. S.R. Reddy (200). Principles of Crop Production Published by Kalyani Publishers, 1/1, Rajendra Nagar, Ludhiana - 141 108.

21. S.S. Cheema, B.K. Dhaliwal and T.S. Saheta (1993). Theory and Digest (Agronomy). Published by Kalyani Publishers, 1/1, Rajendra Nagar, Ludhiana - 141 108.

22. S.S. Singh (1991). Principles of Practices of Agronomy, Published by Kalyani Publishers, 1/1, Rajendra Nagar, Ludhiana - 141 108.

23. T. Yellamanda Reddy and G.H. Sankara Reddi (1995). Principles of Agronomy, Published by Kalyani Publishers, 1/1, Rajendra Nagar, Ludhiana - 141 108.

24. T.R. Narayanan and P.M. Dabadghao (1972). Forage Crops of India Published by Indan Council of Agricultural Research, New Delhi.

25. U.S. Walia and S.S. Walia (2015). Crop Management, Published by Scientific Publishers (India), 5A New Pali Road, P.O. Box 91, Jodhpur - 342 001 (India).

26. U.S. Walia, S.S. Walia, D.S. Kler and Dalip Singh (2011). Science of Agronomy. Published by Scientific Publishers (India), 5A New Pali Road, P.O. Box 91, Jodhpur - 342 001 (India).

27. V.T. Subbiah Mudaliar (Revised by Dr. S. Sankaran) (1984). Principles of Agronomy, Published by The Bangalore Priveling and Publishing Co., Ltd., Mysore Road, Bangalore - 18.

28. आर॰एल॰ आर्या एवं अजीत कुमार (2010) सिंचाई प्रबन्ध, प्रकाशकः कल्याणी पब्लिशर्स, 1/1 राजेन्द्र नगर, लुधियाना – 141 008।

29. आर॰एल॰ आर्या एवं खलील खान (2016) मृदा एवं पादप पोषण, प्रकाशकः कल्याणी पब्लिशर्स, 1/1 राजेन्द्र नगर, लुधियाना – 141 008।

30. आर॰एल॰ आर्या एवं आर॰एस॰ कुरील (2017) सस्य विज्ञान के सिद्धान्त, प्रकाशकः साईन्टिफिक पब्लिशर्स, 5ए न्यू पाली रोड़, पो.बॉ. नं. 91, जोधपुर – 342 001 भारत।

■■■■